Dianzi Xitong Sheji yu Shizhan
——STM32+FPGA Kongzhi Ban

高等学校电子系统设计系列教材
全国大学生电子设计竞赛系列教材

高等教育出版社·北京

电子系统设计与实战

STM32 + FPGA
控制版

薛小铃 编著

内容简介

本书是作者多年项目实践、指导大学生电子设计竞赛、创新实验室实践和课程建设的经验总结。书中内容取材于作者多年积累的手记和项目笔记，突出了数模混合、ARM 和 FPGA 综合的电子系统设计经验与技巧，书中所有模块电路、程序和开发实例都经过了实物的调试和验证。全书内容由导读、模拟系统设计、STM32 应用系统设计、现代数字（FPGA）系统设计和综合系统设计五部分组成，各系统后面安排有相应的设计训练题。全书主要内容包含：运放基础，程控放大器和波形变换电路设计，模拟滤波器快速设计，高速数据转换模块设计；STM32 快速入门，键盘、显示和存储模块设计，STM32F103VCT6 微控制器应用系统设计实例；FPGA 快速入门，FPGA 系统设计基础，现代数字系统设计实例；简易数字频率计，正弦信号发生器，红外光通信装置。

本书可作为电子类、电气类、自动化类等专业的电子系统设计课程和实践教学、电子设计竞赛训练、学生课外科技创新、毕业设计等的教材或参考书，也可作为电子工程师进行电子系统设计的参考资料。

图书在版编目（CIP）数据

电子系统设计与实战：STM32+FPGA 控制版/薛小铃编著. --北京：高等教育出版社，2015.7（2024.11 重印）
ISBN 978-7-04-042733-2

Ⅰ．①电… Ⅱ．①薛… Ⅲ．①电子系统-系统设计
Ⅳ．①TN02

中国版本图书馆 CIP 数据核字（2015）第 113584 号

策划编辑	平庆庆	责任编辑 平庆庆	封面设计 钟 雨	版式设计	于 婕
插图绘制	黄建英	责任校对 刘 莉	责任印制 刘思涵		

出版发行	高等教育出版社		咨询电话	400-810-0598
社　　址	北京市西城区德外大街 4 号		网　　址	http://www.hep.edu.cn
邮政编码	100120			http://www.hep.com.cn
印　　刷	三河市骏杰印刷有限公司		网上订购	http://www.landraco.com
开　　本	787mm×1092mm　1/16			http://www.landraco.com.cn
印　　张	28.25		版　　次	2015 年 7 月第 1 版
字　　数	700 千字		印　　次	2024 年 11 月第 5 次印刷
购书热线	010-58581118		定　　价	46.50 元

本书如有缺页、倒页、脱页等质量问题，请到所购图书销售部门联系调换

前　言

　　2001 年，我生平第一次接到横向课题，在产品功能的初步实现方面还算比较顺利，但在可靠性设计方面却遭遇了前所未有的挑战，那时网络资源还比较匮乏，我只好不断地从书本和期刊杂志中寻找解决方法的蛛丝马迹并不断地进行实验验证。由于资料零散，所以我随身携带记事本以备随时用于记录、电路分析、公式推算和实验验证。从那时起我养成了随身携带记事本记录优秀电路与方案、设计经验与技巧的习惯，还会在研发工作中根据需要对某些电路和方案进行实验验证并写下自己的应用体会。2005 年，开始指导学生参加全国大学生电子设计竞赛感到身心疲惫，主要是因为每一届指导都要重复同样的工作，即使引入上一届带下一届的"传帮带"方式，但依然需要付出大量的时间和精力。于是萌生了"项目笔记"这个想法，不但减少了重复劳作之苦，还利于技术的总结和改进。回想起来，正是这些手记和项目笔记，见证了自己这些年的艰辛与不懈的追求，也慢慢铺平了自己电子系统的设计之路。

　　现如今，新技术铺天盖地，新器件层出不穷，主控器件琳琅满目，优秀仿真与调试软件多得让人目不暇接。一方面，好东西诱惑力太强，让人爱不释手；另一方面，苦于精力有限，只能"望洋兴叹"。而信息技术的高速发展为电子工程师的研发提供了极大的便利，可以方便地从网络获取各种设计参考，但是海量的网络资料需要通过大量的甄选和实验才能探索出真理！鉴于现状，我精心挑选了这些年积累的手记和项目笔记中的部分经验、技巧和实例，经过组织和再次整理，展现了电子系统设计、开发和调试过程，期望带给广大读者一股"小清新"，吾愿足矣！

　　书中包含导读和主体两大部分内容，主体又分为四个部分：共 13 章，包括近 50 个典型模块设计实例和 12 个综合应用开发实例（包括 4 个全国大学生电子设计竞赛赛题实例详解）。

　　导读部分通过电子系统构成和设计特点分析，说明了本书电子系统的架构和设计思路，意在强调电子系统的学习和设计方法。

　　第一部分是模拟系统设计，从第 1 章至第 4 章，介绍了运放、程控放大器、波形变换电路、模拟滤波器、高速数据转换器等常用模拟器件或模块的使用基础、器件选型、电路设计、调试结果分析、应用方法和注意事项，可使读者较快地掌握包括信号调理电路、高速 A/D 和高速 D/A 在内的模拟系统设计方法和技巧。

　　第二部分是 STM32 应用系统设计，从第 5 章至第 7 章，首先以 8051 单片机为基础，说明了 STM32 微控制器硬软件设计的快速入门方法；然后通过矩阵键盘、字符和彩色液晶以及存储等模块的硬软件设计，进一步说明了 STM32 常用外设的原理、应用方法和技巧；最后结合第一部分的信号调理电路，列举了 4 个基于 STM32 的工程实例，强化 STM32 应用的同时，自然地过渡到了 STM32 和模拟系统综合设计过程。分层次推进的学习方式，可使读者轻松高效地掌握设计、制作、调试一个 STM32 综合应用开发系统的方法和技巧。

第三部分是现代数字（FPGA）系统设计，从第 8 章至第 10 章，首先从 FPGA 内部资源、电气特性、工程设计流程、开发软件和硬件描述语言等方面，说明了 FPGA 系统硬软件设计的快速入门方法；然后通过列举实例说明了 FPGA 系统中常用组合逻辑电路、时序逻辑电路、存储电路和时钟电路的设计方法、技巧以及注意事项；最后通过 5 个工程实例，说明了 FPGA 逻辑和算法设计的一般过程及方法、FPGA 和高速模拟器件的混合设计方法及注意事项，探讨了 FPGA 和 STM32 的数据通信方式。通过工程实例，层层揭开 FPGA 设计的神秘面纱，可使读者轻松学会 FPGA 系统设计的一般方法和技巧。

第四部分是综合系统设计，从第 11 章至第 13 章，以前三部分的内容为基础，通过 3 个全国大学生电子设计竞赛赛题实例，展现了包括模拟系统、STM32 系统和 FPGA 系统在内的电子系统设计与开发全貌。以方案论证→总体设计→原理分析→硬件设计→程序设计→调试分析→总结改进为主线，并着重描述了设计过程出现的问题和解决方法，使读者理解并掌握电子系统的设计精髓，切实提高设计水平。

本书根据作者多年的教学和项目实践、带队参加全国大学生电子设计竞赛与省大学生电子设计竞赛实践、创新实验室实践等经验编写的，具有良好的实践性和指导性，适合作为电子系统设计课程和实践教学、电子设计竞赛赛前训练、学生课外科技创新、毕业设计等的教材或参考书，也适合作为电子工程师从事电子系统设计的参考资料。总体来看，本书具有以下特色：

（1）简洁明了的入门引导，恰到好处的原理分析与提示，深入浅出的硬软件设计过程，细致详实的调试过程与总结，是本书编写的总体思路。

（2）实例丰富，且所有实例均源自作者的教学和项目经历，并均经过实物调试验证。难能可贵的是，书中使用的 STM32、FPGA 和高速模拟三合一电子系统开发板以及信号调理模块是经过多年使用并不断改良的产物，书中附录展现了这些实物照片。因此，书中实例借鉴意义大。

（3）各部分内容均取材于作者多年的手记和项目笔记，展现了更多的技术细节和经验技巧。系统和模块总体设计突出实现方法，原理分析突出设计重点和难点解析，硬件电路设计突出参数的选取原则和计算方法，程序设计突出设计思路、流程和算法并给出关键程序，系统和模块调试侧重说明调试过程中可能出现的问题和解决办法。

（4）强调工程应用的方法和手段，遵循"删繁就简"的原则：利用现代 EDA 工具进行电路的设计和仿真，避免了复杂的数学公式推导过程；STM32 和 FPGA 学习则在引导基本硬软件入门后，不再纠缠于全面知识的简单灌输，而是通过实例展现部分常用资源应用与设计的方法和技巧，不但起到"抛砖引玉"的作用，而且很大程度上提高了学习效率。这其实也是在这个新技术铺天盖地的时代下切入新技术工程应用的正确方法。

（5）各部分内容循序渐进，衔接自然，又相互独立，方便教学过程中根据实际情况进行取舍。

（6）为了满足不同层次人员的需要和选用，与本书同步出版了《电子系统设计与实战——C8051F 单片机+FPGA 控制版》一书，替换 STM32 芯片而使用高级 SoC 单片机——C8051F 单片机作为微控制器，其他风格和内容保持不变，增加了读者的选择余地。

西安交通大学的王建校教授和浙江大学的阮秉涛副教授审阅了本书大纲，并提出了许多宝贵的意见；常熟理工学院的徐健老师审阅了本书全稿，提出了详细的修改意见；国家自然科学基金（51277091）为本书的实物制作提供了资金资助；林志平、方财华、廖传发、骆秋梅、周明、韩朋朋、杨为平、苏斌、黄和平、林冰川、林小清等对书稿质量的完善付出了艰辛的劳动。在此一并致以诚挚的谢意！

　　由于时间和作者水平的限制，书中难免有疏漏及不妥之处，恳请读者批评指正。

薛小铃

2015.1.25

目　录

第三部分　现代数字（FPGA）系统设计

第四部分　综合系统设计

导　读

1. 电子系统的组成与特点

由若干电子元件或模块搭接而成，能实现实际应用功能的系统称为电子系统。小到电子玩具，大到外空探测器，都包含电子系统。电子系统在人类生活中扮演着重要角色，它可以代替人类完成智能测量和智能控制等活动。电子系统种类繁多，其中以测量系统应用最为广泛，也最具典型。

图 1 是以 MCU/FPGA/ARM/DSP 为核心的电子测量系统的典型组成示意图。从该示意图可知，该电子系统主要由模拟系统、数字系统和主控系统组成。其中，主控系统为系统核心，负责协调控制系统各部分有序工作；模拟系统主要负责模拟信号和数字信号之间的转换、采集和处理等，电源模块为整个系统供电；数字系统主要负责数字信号的输入输出、显示、通信以及存储等。

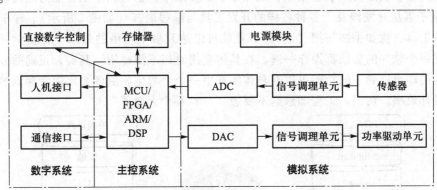

图 1　电子测量系统的典型组成示意图

由图 1 可以看出，电子系统具有如下特点：

（1）综合性极强。可以是独立的模拟系统，可以是独立的数字系统，也可以是数模混合系统；所涉及的内容几乎囊括了电子专业的基础课和专业课（电路、模电、数电、高频、单片机、FPGA、信号与系统、数字信号处理等课程），知识点多，是各门理论和实践课的综合运用，是电子系统设计类课程的核心，对学习者的专业知识要求较高。目前，国内高校一般根据各自的强项或特色选择合适的模块。因此，对于工程师来说，如此庞大的系统应该遵循"拿过来"就用的原则，而不是什么都去研究的清清楚楚。一块好的开发板和好的学习资料可以大大缩短学习、掌握电子系统设计的速度。

（2）实践，这是最突出、最显著的特点。没有实践将永远无法领会系统设计要点。如果一直纠结于电子系统中电子元器件和电路的基本原理、基本理论，与实际的工程设计相脱节，那么就无法直接从事电子工程设计工作。动手不够，面对实际工程设计任务时，常常感到无从下手，即使开始了设计工作，也因不清楚工程设计的要领而经常走弯路，导致设计效率低下。

（3）强调的是"系统"。系统的设计实践，既包含硬件设计，也包含软件设计。软件设计对系统的智能化和性能起到了非常关键的作用，强大健壮的程序可以让同样的系统卖出更高的价格并占领市场。也有一种现象需要引起警惕，很多人选择软件，不是因为喜欢软件设计，而是因为硬件设计太难。而事实上，一个硬件系统也离不开软件，需要通过程序设计来验证硬件设计效果，这个工作也通常是硬件工程师要完成的工作。在这场"硬件和软件的博弈"中，你会是最后的赢家吗？

（4）系统大脑核心选择面广，有单片机（MCU）、FPGA、ARM 和 DSP 等，应该说它们各有优点，价格和性能也不一样，学习和开发难度也不一样。实际应用应根据系统具体要求选择，而"大刀砍小树"或者"小刀砍大树"都不可取，适合自己的才是最好的。没有一个工程师可以将所有的处理器都应用地游刃有余。比如某测量仪器，需要使用 FPGA 进行设计，对于一个不懂或不熟悉 FPGA 的 SoPC 技术工程师来说，是选择 SoPC 技术还是选择"FPGA（进行逻辑和算法设计）+微控制器（进行控制和数据处理设计）"模式开发，答案不言而喻。很多人学习控制核心的时候喜欢把所有内核及其涉及的外设都练习一遍，但等到实际使用时却发现还是无法灵活应用。事实上，对一个控制核心，如果没有花费较多的时间并结合工程实践，则往往不能深刻领会，从而导致无法灵活应用。因此，最初应该更关注其内核和某些常用外设的学习，等到工程实践再来领会使用，既保证了学习效率，也有利于工程能力的提高。

（5）电子系统开发涉及了各种各样的开发工具与编程语言（如图 2 所示）。善于应用现代仿真和开发工具，犹如手握一把"利刃"，往往可以达到事半功倍的效果。有些学习者在开发之前喜欢把每个软件的功能都操作一遍，在具体应用时却不懂得用。其实，正确的方法应该是知道如何入门即可，剩下的功能可以在具体实践中一个个消化。后者要比前者深刻的多，还能提高学习设计效率。切记，工程师永远不要想"一口吞个大胖子"。

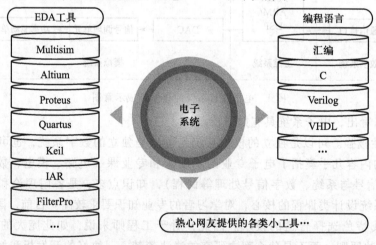

图 2　各种各样的开发工具与编程语言

2. 本书电子系统的架构和设计思路

本书的电子系统主要由电源模块、STM32F103VCT6 应用系统、FPGA 系统、高速 ADC/DAC/比较器模块以及信号调理模块等组成，其主要组成框图如图 3 所示。

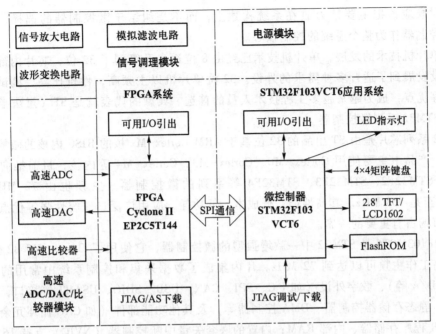

图 3　本书电子系统的主要组成框图

　　整个系统采用"微控制器+FPGA"为核心控制，加上独立功能模块的系统架构。电源模块包括系统供电、电源滤波、模拟数字共地处理等部分，不仅为各系统或模块供电，良好的电源滤波共地处理技术更为系统高性能、高可靠性工作提供强有力的保证。整个系统人机通信，数据处理、显示、存储，低速模拟信号处理等功能由 STM32 微控制器应用系统提供，利用 STM32 微控制器强大的控制能力和丰富的内外设资源，可以完成很多功能复杂的系统设计。FPGA 系统主要完成复杂逻辑和算法设计、高速信号采集和处理，以及与微控制器通信的功能，利用 FPGA 灵活多变的特点，可以完美构建复杂高速的数字系统设计。高速 ADC/DAC/比较器模块主要负责完成高速信号的调理、采集、输出等功能，优良的高速模拟系统设计，保证了整个系统对高速信号也可以游刃有余。信号调理模块主要包括信号固定放大、程控放大、信号滤波、波形变换等部分，"模拟无处不在"，"模拟设计也是一门艺术"，这部分展现模拟设计的主要问题、方法和技巧，犹如"庖丁解牛"，让模拟设计不再令人畏惧。在图 3 的基础上添加合适的器件、电路或模块就可以构建更为复杂的系统，比如添加红外收发头和音频功放就可以构成红外光通信装置这样复杂的系统。

　　书中，用通俗形象的语言描述晦涩难懂的技术原理，用言简意赅的文字描述开发工具的使用；案例不是简单的堆砌，而是全部来自项目实践和手记，但又遵循循序渐进、由浅入深的原则精心挑选。遵从知识导入到原理分析，再到详细的设计过程，电子系统设计那种犹如"空中楼阁，可望而不可即"的迷离将荡然无存。

3. 控制器件选型

（1）微控制器选型

可能很多人学习完电子技术、单片机和 FPGA（甚至 FPGA 还未学习）后就开始电子系统设计，这时候应该把主要精力放在系统构建上，而不是纠结于微控制器的选择，本书选用 STM32 微控制器作为整个系统的控制核心。

随着单片机技术的发展，单片机技术已经由 8 位逐步升级到了 32 位，芯片内部资源也由单一的外设发展到了适合多种需求的外设。32 位单片机以主频高，性价比高，调试方便，技术支持好等优点，成为越来越多工程技术人员的首选。典型的代表就是 ST（意法半导体）公司生产的 STM32 系列微控制器。

STM32 系列芯片是由 ST 出品的 32 位基于 ARM Cortex-Mx 核的 RISC 内核的微控制器，其种类繁多，产品中主要使用 Cortex-M0、Cortex-M3、Cortex-M4 等内核，目前推向市场的有 STM32F1、STM32F2、STM32F3、STM32F4 等系列的微控制器。主频也由 72 MHz 上升到 120 MHz 甚至是 168 MHz。其高性能、低成本、低功耗、应用广泛、兼容性强等优点让其迅速在单片机市场占有重要的一席。

STM32F103VCT6 是 STM32 中一款增强型的微控制器，它使用了 Cortex-M3 32 位的 RISC 内核，最高工作主频可以达到 72 MHz。片内集成了数据采集和控制系统中常用的模拟外设（如 A/D、D/A 等）、数字外设（如 I^2C、SPI、CAN、USB、SDIO、USART 等接口，多功能定时器 PCA、静态存储器控制器、DMA 控制器等）及其他功能部件（如 CRC 循环冗余校验等）；内置 FLASH 程序存储器、内部 RAM；内置的嵌套矢量中断控制器（NVIC）支持 16 级的中断嵌套；支持串行总线调试（SWD）和 JTAG 接口，这两种接口可以提供程序在线调试的可能，提高开发效率，同时还可以通过 USART1 下载程序。

在技术支持方面，ST 公司在中国市场的推广力度很大，不仅提供了芯片的标准固件库及应用实例，而且很多技术文档都有中英文版本，比如芯片技术手册、参考手册、库手册、应用笔记等；同时还开放很多论坛，给用户提供一个技术交流的平台。

（2）FPGA 选型

由于本书电子系统中定位 FPGA 主要完成数字系统的逻辑和算法设计，所以 FPGA 选择 Altera 公司的 CycloneII EP2C5T144。EP2C5T144 拥有大约 5 000 个逻辑资源（LE）和 70 个独立的 I/O 端口（除去时钟、电源、地、JTAG 的 I/O 端口）等，这样的资源在大多数电子应用系统中是够用的。

事实上，现在很多公司还在使用资源更少的 CPLD 芯片，这是因为有些项目不需要使用资源那么多的 FPGA 芯片，而 CPLD 不需要配置芯片，性价比更高。

鉴于现在官方的数据手册内容都非常细致详实，因此本书不会再去罗列 STM32F103VCT6 微控制器和 EP2C5T144 FPGA 芯片各数据手册的内容，而是对具体应用内容进行归纳总结。建议读者朋友从相应网站下载数据手册，配合本书内容学习。

第一部分

模拟系统设计

第1章 运放基础

1.1 理想运放的模型与求解方法

在分析集成运放的各种应用电路时，常常将其中的基础运算放大器看成理想运算放大器，将集成运放的几个主要指标理想化后再分析，从而简化电路的分析过程。

1. 理想运放的模型

理想运放模型如图 1.1.1 所示，运放理想化后认为其满足：

(1) 输入电阻 $R_i = \infty$ ；

(2) 输出电阻 $R_o = 0$ ；

(3) 电压放大倍数 $K = \infty$ ；

由理想化的条件，可以得出理想运放的两条基本规则：

(1) 由于 $K = \infty$ ，而输出电压 u_o 为有限值，所以 $u_i = u_o/K \approx 0$ ，即两个输入端可近似为短路（虚短）；在同相输入端接地时，反相输入端与地几乎同电位（虚地）。

(2) 由于 $R_i = \infty$ ，所以输入电流接近于零。此时，输入端可以近似看成断路（虚断）。

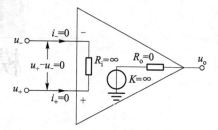

图 1.1.1　理想运放模型

2. 运放的计算方法

理想运放的两条基本规则是分析含有理想运放电路的依据。合理应用这两条规则，并与节点的基尔霍夫电流定律（KCL）、节点电压法和叠加定理结合起来加以运用，是分析理想运放电路的有效方法。

【例 1.1.1】如图 1.1.2 电路所示，求其输出电压 u_o。

(1) 法一：根据节点列写 KCL 方程。

由虚断的概念，有 $i_+ = i_- = 0$ ，则 $i_1 = i_2$ ， $i_3 = i_4$ ，所以

$$\begin{cases} \dfrac{u_1 - u_-}{R_1} = \dfrac{u_- - u_o}{R_2} \\ \dfrac{u_2 - u_+}{R_1} = \dfrac{u_+ - 0}{R_2} \end{cases} \qquad (1.1.1)$$

由虚短的概念，有 $u_+ = u_-$ ，则

$$u_o = \frac{R_2}{R_1}(u_2 - u_1) \qquad (1.1.2)$$

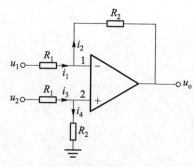

图 1.1.2　例 1.1.1 图

（2）法二：节点电压法。

对节点 1 和节点 2 列出节点电压方程，得

$$\begin{cases} \left(\dfrac{1}{R_1}+\dfrac{1}{R_2}\right)u_- = \dfrac{u_1}{R_1}+\dfrac{u_o}{R_2} \\ \left(\dfrac{1}{R_1}+\dfrac{1}{R_2}\right)u_+ = \dfrac{u_2}{R_1} \end{cases} \tag{1.1.3}$$

由虚短的概念，有 $u_+ = u_-$，同样得到式（1.1.2）的结果。

注意：在法一和法二中，由于运放输出电流未知，所以不可列写运放输出端的 KCL 方程或节点电压方程；在法二中，运放输出 u_o 应当成独立电压源看待。

（3）法三：叠加定理。

当有多路信号输入时，选择叠加定理进行求解可简化分析和运算过程。输出信号 u_o 的大小可看成由 u_1 和 u_2 单独作用所得输出信号的叠加。

当 u_1 单独作用时，u_2 端接地，运放输出为

$$u_{o1} = -\frac{R_2}{R_1}u_1 \tag{1.1.4}$$

当 u_2 单独作用时，u_1 端接地，运放输出为

$$u_{o2} = \frac{R_2}{R_1}u_2 \tag{1.1.5}$$

所以，运放最终输出为

$$u_o = u_{o1}+u_{o2} = \frac{R_2}{R_1}(u_2-u_1) \tag{1.1.6}$$

1.2　主要运放参数与常用运放

1. 主要运放参数

集成运放的基本参数很多，包括静态技术指标（直流参数）和动态技术指标（交流参数）。例如，输入失调电压、输入失调电流、输入偏置电流、输入失调电压温漂、最大差模输入电压、最大共模输入电压、供电电源等就属于静态技术指标；而开环差模电压放大倍数、差模输入电阻、共模抑制比、−3 dB 带宽、单位增益带宽、转换速率等就属于动态技术指标。

对电路而言，哪些特性最重要，要取决于完成何种任务。在评估运放或其他任何器件时，务必了解它们的电气特性、测试条件以及具体的测试数据表格，这样才有利于器件选型、电路设计与应用。

运放参数中，输入失调电流 I_{os}、输入失调电压 V_{os}、单位增益带宽 GBW 和转换速率 SR 是比较难以理解的概念，对电路设计影响也最大，需要充分理解和掌握。

（1）输入失调电流和输入失调电压

理想状态下，并无电流进入运放的输入端。而实际电路中，始终存在两个输入偏置电流，即 I_{B+} 和 I_{B-}，如图 1.2.1 所示。当两个输入偏置电流不均衡时，便产生输入失调电流。"输入

失调电流"I_{OS}是 I_{B-} 和 I_{B+} 之差的绝对值，即

$$I_{OS} = |I_{B-} - I_{B+}| \tag{1.2.1}$$

理想状态下，如果运算放大器的两个输入端电压完全相同，输出应为 0 V。实际上，还必须在输入端施加小差分电压，强制输出达到 0。该电压称为输入失调电压 V_{OS}。输入失调电压可以看成是电压源 V_{OS}，与运放的反相输入端串联，如图 1.2.2 所示。

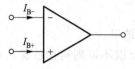

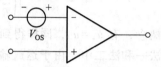

图 1.2.1　运放输入偏置电流　　　　　图 1.2.2　典型的运放输入失调电压

以反相放大电路为例，说明 I_{OS} 和 V_{OS} 对运放电路的影响，如图 1.2.3 所示。设 $I_{B-} > I_{B+}$，此时流入反相端的电流为 I_{OS}，那么偏置电压（输入为 0 时的输出电压）为

$$u_o = \left(1 + \frac{R_f}{R_1}\right)V_{OS} + R_f I_{OS} \tag{1.2.2}$$

由式（1.2.2）可知：由于 V_{OS} 的存在，若放大倍数过大，将会增加偏置电压值；同样地，由于 I_{OS} 的存在，若反馈电阻 R_f 过大，一是会增加电路的输入噪声，二是会增加偏置电压值。若再单独考虑 I_{B-} 和 I_{B+} 的影响，可计算出偏置电压为

$$u_o = \left(1 + \frac{R_f}{R_1}\right)\left[(R_f /\!/ R_1 - R_2)I_{B-} + R_2 I_{OS}\right] \tag{1.2.3}$$

则当 $R_2 = R_f /\!/ R_1$ 时，偏移电压值最小，因此 R_2 又称为平衡电阻。

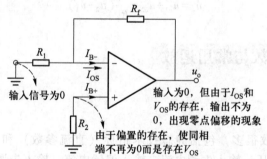

图 1.2.3　输入失调电流和失调电压对运放电路的影响

针对 I_{OS} 和 V_{OS} 的影响，设计运放电路时还应该注意以下问题。

① 在高精度放大电路中，即使 I_{OS} 再小也不能忽视。以 1 MΩ 源阻抗驱动同相单位增益缓冲器为例，如果偏置电流为 10 nA，则会额外引入 10 mV 的误差，从而导致系统误差增加。

② 使用平衡电阻可以最大程度地减少额外的失调电压误差，如果平衡电阻大于 1 kΩ 时，则应使用电容进行旁路，以免噪声影响。但是，由于电流反馈（CFB）型运放两端的偏置电流差别较大，不适宜使用平衡电阻消除偏置。

③ CFB 运放由于同相和反相端的输入级结构不对称，因此在此类运放中讨论 I_{OS} 没有多大意义。

④ 对于由两个并联级构成的轨到轨输入级，当共模电压经过跃迁区时，偏置电流方向会

发生改变。因此，这类器件的偏置电流和失调电流尤其难以标定，根本不可能简单地给出最大正值/负值。

⑤ 在高精度放大电路中，需要对运放进行调零操作，以减少 I_{os} 和 V_{os} 引起的输出误差。许多单通道运放都提供失调零点调整引脚，如 μA741 的调零电路如图 1.2.4 所示。通过调整电位器 R_P 的值，使其输出端对地电位为零，即完成调零操作。如果运放芯片没有提供失调调整引脚（如常见的双路运放和所有的四路运放都没有提供），则需要采用外部调整方法：使用可编程电压完成失调调整，这种方法最有效，例如用 DAC；也可以外加调零电路来进行调节，具体请参看 1.4 节的运放外部调零电路部分。

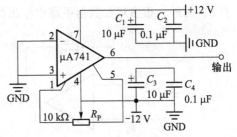

图 1.2.4　μA741 的调零电路

（2）开环带宽 BW 和单位增益带宽 GBW

与理想运放不同，实际运放的增益是有限的。开环直流增益（通常表示为 A_0）指运放在反馈环路未闭合时的增益，因而有了"开环"之称。对于精密运算放大器，该增益可能非常高，为 160 dB 或以上。从直流到主导极点转折频率，该增益表现平坦。此后，增益以 6 dB/二倍频（20 dB/十倍频）速率下降。如果运放有一个单极点，则开环增益以该速率下降，如图 1.2.5（a）所示。实际运放一般有一个以上的极点，如 1.2.5（b）所示。第二个极点会使开环增益下降至 12 dB/二倍频（40 dB/十倍频）。如果开环增益达到第二个极点频率之前降至 0 dB（单位增益）以下，则运放在任何增益下均会无条件地保持稳定。数据手册上一般将这种情况称为单位增益稳定。如果达到第二个极点的频率且闭环增益大于 1（0 dB），则放大器可能不稳定。有些运放设计为只有在较高闭环增益下才保持稳定，这就是所谓的非完全补偿运算放大器。同时注意，运放可能在较高频率下拥有更多额外的寄生极点，一般情况下前两个极点是最重要的。

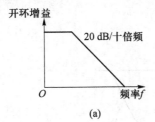

(a)

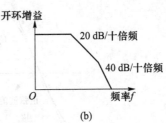

(b)

图 1.2.5　开环增益（波特图）

（a）单极点响应；（b）双极点响应

开环增益并不是一项精确控制的参数。其范围相对较大，在规格参数中，多数情况下均表示为典型值而非最大/最小值。有些情况下，一般指高精度运算放大器，该参数会有一个最小值。另外，开环增益可能因输出电压电平和负载而变化，这就是所谓的开环增益非线性度。该参数与温度也有一定的相关性。一般来说，这些影响很小，多数情况下都可以忽略不计。

对于单极点响应，开环增益以 20 dB/十倍频下降。这就是说，如果我们将频率增加一倍，增益会下降两倍。相反，如果使频率减半，则开环增益会增加一倍，如图 1.2.6 所示。用频率乘以开环增益，其积始终为一个常数，称为增益带宽积（GBWP），其值就是单位增益带宽。

注意，增益带宽积仅对电压反馈（VFB）型运放有意义，电流反馈（CFB）型运放没有固定的增益带宽积，且在反馈电阻固定而增益变化时带宽变化不大（这也是 CFB 运放的一个主要优点）；另外，很多运放数据手册中给出的单位增益带宽是−3 dB 时的带宽。

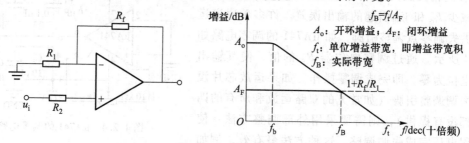

图 1.2.6　增益带宽积

例如，如果有这样一个应用，要求闭环增益为 10，带宽为 100 kHz，则需要一个最低增益带宽积为 1 MHz 的运放。但这有点把问题过度简单化了，因为增益带宽积变化极大，而且在闭环增益与开环增益相交的位置，响应实际上要低 3 dB。另外，还应该允许一定的额外余量。在这个应用中，增益带宽积为 1 MHz 的运算放大器是最低要求。保险起见，为了实现要求的性能，因数至少应该是 5。因此选择了增益带宽积为 5 MHz 的运算放大器。

（3）转换速率 SR

转换速率 SR 指的是运放在额定负载及输入阶跃最大信号时输出电压的最大变化率，也称为压摆率或摇摆率。一个正弦波的最大 SR 出现在过零点的时候，如图 1.2.7 所示。下面的等式给出了这时的信号转换速率：

$$SR = 2\pi f V_p \qquad (1.2.4)$$

其中，f 为信号的频率，V_p 为信号的峰值电压，SR 的单位是 V/μs。注意：大多运放数据手册提供的是小信号条件下的 SR。

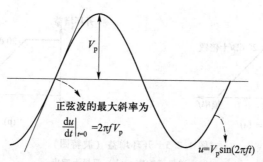

图 1.2.7　正弦波最大斜率在其过零点处

由于 SR 是最大变化率，由式（1.2.4）可知，此时的 f 也是允许输入的最大信号频率，即

$$f_p = \frac{SR}{2\pi V_p} \qquad (1.2.5)$$

f_p 称为最大功率频率，又由于其是在 V_p 下得到，所以又称为功率带宽或者大振幅频率带宽。f_p 和一般运放数据手册中给出的小信号单位增益带宽 GBW 不同，这一点在运放选型时要特别注意。例如，运放 OPA690 的转换速率 SR = 1 800 V/μs，输出 V_p = 2 V 时，则 f_p = 1 800/（2×3.14）= 287 MHz，而 OPA690 数据手册给出的 GBW = 500 MHz（增益为 1，输出 0.5 V，反馈电

阻为 25 Ω，供电电压为±5 V 条件下），f_p 和 GBW 的差别很大。输入信号频率必须小于 f_p，否则输出信号会出现失真现象。

　　构建如图 1.2.8（a）所示的运放 OP07 测试电路，图 1.2.8（b）是使用示波器观察 OP07 对阶跃信号响应的波形。这是运放作跟随器时 SR 的影响。

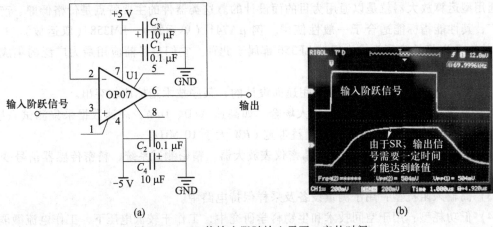

图 1.2.8　SR 使输出跟随输入需要一定的时间

(a) 测试电路；(b) 测试波形

　　SR 对放大电路的直接影响，就是使输出信号的上升时间或下降时间过慢，从而引起失真。图 1.2.9 是测试运放 OP07 放大 10 倍时的电路和波形。由于 OP07 的增益带宽积为 600 kHz，理论上增益为 10 的时候的带宽为 60 kHz。图 1.2.9（b）是 100 kHz 时测试的结果，显然输出波形已经失真，原因就是压摆率不够了。

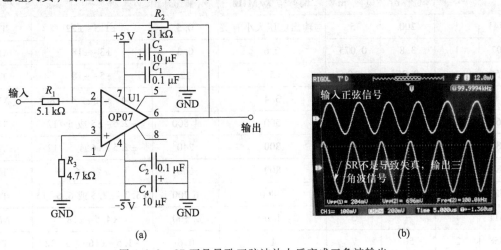

图 1.2.9　SR 不是导致正弦波放大后变成三角波输出

(a) 测试电路；(b) 测试波形

　　在大多数运放中，影响 SR 的主要因素是内部的补偿电容，加上这个电容的目的是为了使运放有稳定的单位增益。但不是每一个运放都是有补偿的，在没有内部补偿电容的运放中，SR 是由运放内部的分布电容确定的。未补偿的运放通常比减补偿运放具有更快的 SR，而减补偿运放比全补偿运放具有更快的 SR。

2. 运放类型与常用运放

集成运放种类较多，按性能不同可分为通用型和专用型两大类。专用型又有高阻型、低温漂型、高速型、低功耗型、高压大功率型和对数/反对数放大器等。

通用型运算放大器就是以通用为目的而设计的。这类器件的主要特点是价格低廉、产品量大面广，其性能指标能适合于一般性使用。例 μA741（单运放）、LM358（双运放）、LM324（四运放）及以场效应管为输入级的 LF356 都属于此种。它们是目前应用最为广泛的集成运算放大器，使用量最大。

特殊型运算放大器是针对特定的用途而设计的，某些技术指标比较突出。

（1）高速宽带型：用于宽频带放大场合，如高速 A/D、D/A，高速数据采集测试系统等。压摆率 SR 大于几十伏每微秒，单位增益带宽 GBW 大于 10 MHz。

（2）高精度（低漂移型）：用于精密仪表放大器，精密测试系统，精密传感器信号变送器等场合。

（3）高输入阻抗型：用于测量设备及采样保持电路中。

（4）低功耗型：用于空间技术和生物科学研究中，工作于较低电压下，工作电流微弱。

（5）功率型：这种运放的输出功率可达 1 W 以上，输出电流可达几个安以上。大功率型集成运放的电源电压为正负几十伏，输出电流几十安，输出功率为几十瓦左右。

表 1.2.1 是一些常用运放的型号与主要技术指标。

表 1.2.1　一些常用运放的型号与主要技术指标（环境温度 25 ℃时）

型号	通道数	最大失调电流/nA	最大失调电压/mV	最大的典型单位增益带宽/MHz	典型压摆率/（V/μs）	供电电压/V	制造商代码
μA741	1	200	5	与输出电压大小有关	0.5	±1.5～±22	TI
OP07	1	3.8	0.075	0.6	0.3	±3～±18	AD
LF356	1	0.05	10	5	12	±5～±18	TI
OP113	1	50	0.15	3.4	1.2	±4～±18 或 4～18	AD
OPA690	1	±1 000	±4	500	1 800	±2.5～±5 或 5～12	TI
OPA820	1	400	0.75	800	240	±2.5～±6 或 5～12	TI
OPA843	1	1 000	1.5	800	600	±4～±6	TI
THS3201	1	—	±3	1 800	6 700	±3.3～±7.5 或 6.6～15	TI
AD811	1	—	3	140	2 500	±4.5～±18	AD
LM358	2	50	7	1	0.6	±1.5～±16 或 3～32	TI
NE5532	2	150	4	10	9	±3～±20	ONSemi
TL082	2	0.2	15	3	13	±3.5～±18	TI
OPA1612	2	±175	±0.5	40	27	±2.25～±18	TI
LM324	4	50	7	1.2	0.5	±1.5～±16 或 3～32	TI

1.3 基本放大电路

1. 反相放大电路

反相放大电路是信号从运放反相端输入的应用电路，具有输出信号与输入信号极性相反，输入电阻不高，可以作为电流输入型运算电路，无共模输入电压，噪声较小，信噪比高等特点。其电路如图 1.3.1 所示。当 $R_1 = R_f$ 时，放大电路输出电压等于输入电压的负值，因此也称为反相器。R_1 的取值要远大于输入信号的内阻，通常取值范围为几千欧至几十千欧；反馈电阻 R_f 不能取得太大，否则会产生较大的噪声及漂移，其值一般取几千欧到几百千欧之间。反相放大电路由于采用了负反馈控制，所以性能稳定，但其主要缺点是输入电阻较低。

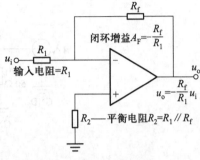

图 1.3.1　反相放大电路

2. 同相放大电路与电压跟随器

同相放大电路具有输入电阻很高，输出电阻很低的特点，广泛用于前置放大器中。电路原理图如图 1.3.2 所示。输出和输入极性相同，放大倍数大于 1；输入电阻为运放同相端对地的共模输入电阻，一般为 $10^8\ \Omega$ 及以上。该电路的缺点是易受干扰（输入电阻高易感应杂散电磁场）和精度低（运放输入端的共模信号等于输入信号）。

若 R_1 为 ∞（开路）时，则 A_F 为 1，同相放大电路构成一个电压跟随器。由于此时电路几乎不从输入信号吸取电流，因此可视作一个电压源，是比较理想的阻抗变换器。

使用电流反馈（CFB）型运放设计电压跟随器时需注意，运放的输出端与反相端是不能短接的，这样会破坏 CFB 运放的稳定性，导致电路出现振荡现象。正确的做法是在反相输入端和输出端接入电阻 R_f（取值可以参考数据手册上的推荐值），如图 1.3.3 所示。

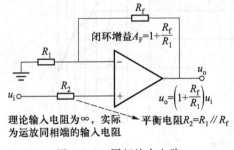

图 1.3.2　同相放大电路

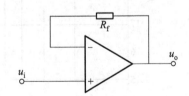

图 1.3.3　电压反馈型运放构成电压
跟随器的正确接法

【例 1.3.1】使用运放设计一个高频 10 倍放大电路：要求输入信号 $V_{PP} \leqslant 100\ \text{mV}$，$-3\ \text{dB}$ 带宽为 90 MHz。

（1）运放芯片选型

根据题目要求，带宽必高于 90 MHz，放大倍数为 10，应选择单位增益带宽（GBW）高于

900 MHz 的运放；又要保持带内增益平坦，选择电流反馈型比较合适。因此，本设计选用电流反馈型运放 THS3201（单位增益带宽为 1.8 GHz）进行电路设计。电路如图 1.3.4 所示。

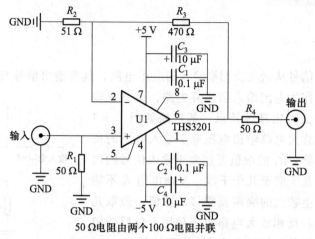

图 1.3.4　高频 10 倍放大电路

（2）阻值选择

R_2 和 R_3 的选择来自 THS3201 数据手册中的数据表：$G = +10$ 时，$R_3 = 464\ \Omega$。这里选择 $R_3 = 470\ \Omega$，$R_2 = 51\ \Omega$。由于信号频率高，所以选择特性阻抗为 50 Ω 的射频同轴电缆线连接，输入输出连接 50 Ω 的输入和输出电阻与之进行阻抗匹配。

（3）测试结果

该放大电路的幅频特性曲线如图 1.3.5 所示，由图可见满足设计要求。

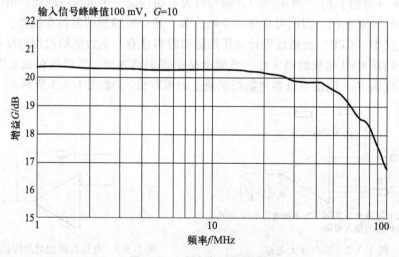

图 1.3.5　幅频特性曲线图

3. 加（减）法电路

根据叠加定理，当有多路信号输入时，反相和同相放大电路可构成加法电路，如图 1.3.6 所示。加法电路在波形平移、极性变换、零点调节等电路中得到大量使用。反相加法电路中，由于运放反相端为虚拟地，可保证输入信号间不会发生串扰。同相加法电路中，由于运放同相端电位不为 0，将会在输入信号间引入串扰，从而影响输出精度；为了尽可能减少输入间的串扰，R_1 和 R_2 的取值要尽可能大。也正因为如此，反相加法电路应用更为广泛。

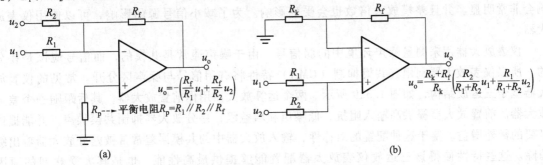

图 1.3.6　两路输入的反相和同相加法电路

(a) 反相加法；(b) 同相加法

反相加法电路中，若使其中一个信号 u_1 经过一级反相后再作为输入信号，则加法电路可以变为减法电路，如图 1.3.7 所示。

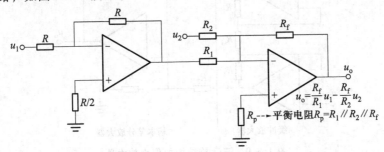

图 1.3.7　两路输入的减法电路

4. 基本差分放大电路

如图 1.3.8 所示电路，当 $R_1 = R_2$，$R_f = R_p$ 时，构成一个基本差分放大电路。其差模电压增益为

$$A_{ud} = \frac{u_o}{u_2 - u_1} = \frac{R_f}{R_1} = \frac{R_p}{R_2} \qquad (1.3.1)$$

当 $R_1 = R_2 = R_f = R_p$ 时，图 1.3.8 电路为减法器，输出电压为

$$u_o = u_2 - u_1 \qquad (1.3.2)$$

在实际使用中，差分放大电路的电阻参数很难完全匹配，导致共模抑制能力下降，这时可采用专

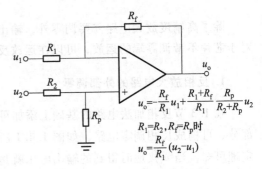

图 1.3.8　基本差分放大电路

用差分放大器，如 AMP03、AD623、INA117、INA128 和 INA132 等。仪表放大器把关键元件集成在放大器内部，其独特的结构使它具有高共模抑制比、高输入阻抗、低噪声、低线性误差、低失调漂移增益设置灵活和使用方便等特点，使其在数据采集、传感器信号放大、高速信号调节、医疗仪器和高档音响设备等方面备受青睐。

　　基本差分电路虽然可以达到放大差模信号，抑制共模信号的目的，但存在输入电阻较低、增益调节不方便的缺点。例如，当差模放大电路的两个输入端分别接入两个信号源时，信号源的内阻可视为输入电阻中的一部分。因此，如果两个信号源的内阻不相等，对共模抑制比的影响会非常明显。并且差模放大倍数也会受到影响。为了减小信号源的影响，可以使用仪表放大器。

　　仪表放大器用来测量噪声环境中的弱信号。由于噪声通常是共模的，而信号应该是差分的，所以仪表放大器利用其共模抑制（CMR）特性将有用信号与噪声区分开。常见的仪表放大器基于三运放结构，如图 1.3.9 所示。两个运算放大器用作前置放大器，其后跟随一个差分放大器。前置放大器提供高输入阻抗、低噪声和增益级；差分放大器抑制共模噪声，并能提供必要的额外增益。鉴于这种配置的对称性，输入放大器中的共模误差常常被差分放大器输出级消除。这些特性使得该三运放仪表放大器配置能够提供最高性能，也是其大受欢迎的原因所在。

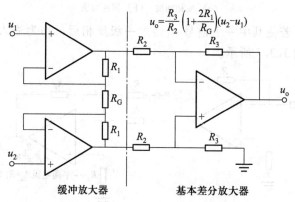

$$u_o = \frac{R_3}{R_2}\left(1+\frac{2R_1}{R_G}\right)(u_2-u_1)$$

缓冲放大器　　　　　　　　基本差分放大器

图 1.3.9　三运放结构的仪表放大器

1.4　运放外部调零电路

　　除了高精度放大电路需要调零外，输出信号正负电平不对称等场合也需要进行调零操作。对于芯片不带调零端的运放，可以在运放反相端或同相端加上电压，从而调节零点。

1. 反相放大电路的外部调零

　　在 1.3 节反相加法电路的基础上添加可调电压输入部分，可构成反相调零电路，如图 1.4.1 所示。由叠加定理可知，当 u_i 接地时得到的输出电压就是调零调节范围，即

$$u_{adj} = \pm \frac{R_f}{R_2}V \qquad (1.4.1)$$

由于串入 R_2，电路的输入电阻将变小，同时为了减少调整电源和输入信号间的串扰，因此 R_2 的值要远大于

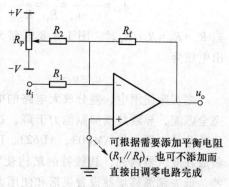

可根据需要添加平衡电阻
$(R_1 /\!/ R_f)$，也可不添加而
直接由调零电路完成

图 1.4.1　反相放大电路的反相端调零

R_1 的值，一般取 $R_2 = (100 \sim 1\,000)R_1$。

图 1.4.2 是给同相端加上调零的电路。当运放的同相端闲置时，这个方法可以说是最好的，也是一个常用的同相调零电路。在图 1.4.2（a）中，为了尽量避免 R_3 对其他电路的影响（比如运放闭环增益、平衡等），R_3 的取值要尽可能的低，要满足 $R_3 < (R_1 /\!/ R_f)$，且 R_3 远小于 R_2 的条件，本电路调节范围为

$$u_{\text{adj}} = \pm \frac{R_3}{R_2 + R_3}\left(1 + \frac{R_f}{R_1}\right)V \tag{1.4.2}$$

由于 $R_3 \ll R_2$，所以本电路的动态调节范围较小。如果需要较大范围的调零，可用图 1.4.2（b）所示电路实现，其调节范围为

$$u_{\text{adj}} = \pm \frac{R_P}{2R + R_P}\left(1 + \frac{R_f}{R_1}\right)V \tag{1.4.3}$$

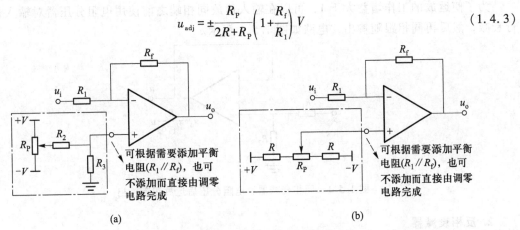

图 1.4.2　反相放大电路的同相端调零

（a）小范围调零；（b）较大范围调零

2. 同相放大电路的外部调零

在同相模式中使用运放时，可利用图 1.4.3 所示的电路注入小失调电压。该电路在失调较小时效果较好，其中 R_2 的值要远大于 R_1 的值，否则将增加调整电源和输入信号间的串扰，从而影响放大增益。本电路调节范围为

$$u_{\text{adj}} = \pm \frac{R_f}{R_2}V \tag{1.4.4}$$

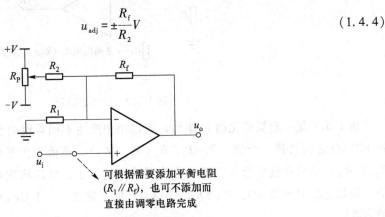

图 1.4.3　同相放大电路的外部调零方法

1.5　运放构成的衰减器

由于运放的输出电阻很小，可以起到很好的阻抗变换作用。因此在电路设计中，往往很希望能用如图 1.3.1 所示的反相放大电路设计一个电压衰减器。但是由于很多运放是不适宜工作在增益小于 1 的情况下，导致电路出现很大的超调和振荡现象，因此反相放大电路并不适合用作增益小于 1 的衰减器中。使用运放设计衰减器通常可用以下两种方法实现。

1. 同相衰减器

为了使运放的工作增益大于 1，可以在输入运放同相端之前使用电阻分压器对输入信号进行衰减，然后再同相跟随输出，电路如图 1.5.1 所示。

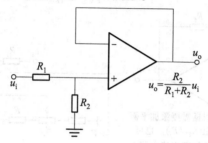

$$u_o = \frac{R_2}{R_1 + R_2} u_i$$

图 1.5.1　同相衰减器：电阻分压后运放跟随输出

2. 反相衰减器

使用同相跟随来做衰减器，适合一般要求精度不高的应用场合。更为常用的衰减器是反相衰减器，输入信号先经过由 R_{1A}、R_{1B} 和 R_3 构成的 T 形衰减网络后再经过运放进行放大，电路如图 1.5.2 所示。

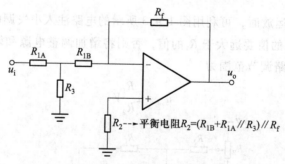

平衡电阻 $R_2 = (R_{1B} + R_{1A} // R_3) // R_f$

图 1.5.2　反相衰减器

表 1.5.1 是一套规格化的 R_3 阻值，可以用作产生不同等级的衰减。首先为 R_f 和 R_1 在 1 kΩ 到 100 kΩ 之间选择一个值（$R_1 = R_f$，$R_1 = R_{1A} + R_{1B}$），该值作为基础值。接着将 R_1 除以 2 得到 R_{1A} 和 R_{1B}。最后在表中给 R_3 选择一个合适的比例因子，然后将它乘以基础值的一半得到 R_3 的值。例如，取 $R_f = 20$ kΩ，$R_{1A} = R_{1B} = 10$ kΩ，那么使用 $R_3 = 1.67$ kΩ 的电阻就可以得到 0.25 倍的衰减。

对于表 1.5.1 中没有和 R_3 对应的比例因子，可以用以下的公式计算：

$$R_3 比例因子 = (u_o/u_i)/[2-2(u_o/u_i)] \tag{1.5.1}$$

表 1.5.1　规格化 R_3 阻值表

增益 G/dB	衰减倍数（u_o/u_i）	R_3 比例因子	增益 G/dB	衰减倍数（u_o/u_i）	R_3 比例因子
0	1.000 0	∞	-12	0.251 2	0.167 7
-0.5	0.944 1	8.438 3	-12.04	0.250 0	0.166 7
-1	0.891 3	4.097 7	-13.98	0.200 0	0.125 0
-2	0.794 3	0.931 1	-15	0.177 8	0.108 1
-3	0.707 9	1.212 0	-15.56	0.166 7	0.100 0
-3.01	0.707 1	1.207 1	-16.90	0.142 9	0.083 33
-3.52	0.666 7	10 000	-18	0.125 9	0.072 01
-4	0.631 0	0.857 9	-18.06	0.125 0	0.071 43
-5	0.562 3	0.642 4	-19.08	0.111 1	0.062 50
-6	0.501 2	0.502 4	-20	0.100 0	0.055 56
-6.02	0.500 0	0.500 0	-25	0.056 2	0.029 79
-7	0.446 7	0.403 6	-30	0.031 6	0.016 33
-8	0.398 1	0.330 7	-40	0.010 0	0.005 051
-9	0.354 8	0.275 0	-50	0.003 2	0.001 586
-9.54	0.333 3	0.250 0	-60	0.001 0	0.000 500 5
-10	0.316 2	0.231 2			

1.6　基于运放的放大电路设计要点

1. 运放芯片选型

　　了解运放的类型，理解运放主要性能指标的物理意义，是正确选择运放的前提。从性能价格比方面考虑，应尽量采用通用型运放，只有在通用型运放不满足应用要求时才采用特殊型运放。可以根据以下几方面的要求选择运放类型及型号。

　　（1）输入信号性质

　　根据输入信号的幅值、频率和等效输出电阻大小，根据信号源是电压源还是电流源、内阻大小、输入信号的幅值及频率的变化范围等，选择差模输入电阻、-3 dB 带宽（或单位增益带宽）、转换速率 SR 等指标符合电路要求的运放。

　　（2）输出信号要求

　　如果输出信号的精度要求较高，应选择低噪声、低失调、高开环差模增益和低温漂的运放

（如仪表放大器等）。根据负载电阻的大小，确定所需运放的输出电压和输出电流的幅值，对于非轨对轨运放，其最大输出电压一般为电源电压减去 1.4 V。对于容性负载或感性负载，还要考虑它们对频率参数的影响。

（3）单双电源运放的选择

首先应根据输入信号的极性，选择单电源或双电源供电的运放。只有输入信号为单极性的正信号时才能使用单电源供电的运放。大多数运放均要求双电源供电才能正常工作，只有少数如 LM324、LM358 之类的运放允许单电源供电。

2. 反馈回路电阻阻值的选择

从减小热噪声的角度，反馈回路电阻的阻值要尽量小一些。但阻值过小会使反相放大电路的输入电阻降低，增大功耗，通常以千欧数量级采用较多。当所用的反馈电阻阻值非常大的时候，这将带来几种隐患：一是系统噪声增大，二是失调电压变高，还有就是稳定性问题。较大的反馈电阻，加上放大器的输入和杂散电容，将会在放大器的反馈响应中引入一个极点，从而带来附加相移，进而减小放大器的相位裕度，并导致不稳定。

由于电流反馈型的结构与电压反馈型大不相同。当反馈电阻过大，将缩窄频响范围，同时还增加了噪声；反馈电阻过低则会出现振荡。对于此类运放，数据手册中一般会推荐给出不同增益条件下的反馈电阻值。

3. 交流放大

当一个包含 DC 分量的 AC 信号进行交流放大的时候，如果直接按图 1.6.1（a）所示的电路设计，将会造成问题。电路试图以−10 的增益对 AC 和 DC 分量同时进行放大，结果是得到 1 VAC 和−50 VDC。由于电路的电源把 DC 输出限制在了 ±12 VDC，所以输出将饱和在 −12 VDC（也就是受运放负电源供电电压的限制）。当 AC 信号包含 DC 分量时，应该加入隔直电容，如图 1.6.1（b）所示。通过耦合电容隔离开了两边的电位关系。这时，DC 分量被阻断了，因此输出正确的放大电压——1 VAC。

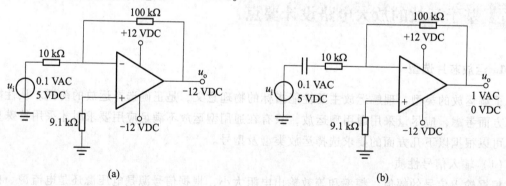

图 1.6.1　反相交流放大电路
（a）错误设计；（b）正确设计

电容耦合是隔离直流分量的，加入耦合电容后需保证电路的静态工作点，否则电路将不工作，如图 1.6.2（a）所示。同相放大电路加入隔直电容后，其静态工作点遭到破坏，其正确的电路接法如图 1.6.1（b）所示。换一种方式思考，如果没有添加 R_2，那么电容将无通路放电，从而使同相端变成直流输入，依然不能放大交流信号。

交流放大设计中还应该注意一个问题，如果通过的交流信号中包含低频和高频成分，那图 1.6.1 和图 1.6.2 电路中的电容应该用一个无极性的小电容和一个极性大电容并联替代，小电容通过高频信号，大电容通过低频信号。

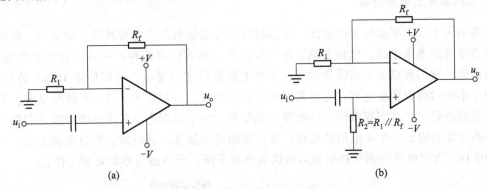

图 1.6.2　反相交流放大电路
(a) 错误设计；(b) 正确设计

4. 宽带放大

当信号频率较高或被放大的是脉冲信号时，需要采用高增益带宽、高压摆率的运放。为获得足够的带宽，闭环增益不能设计的太高，一般小于 10。但请记住，并不是运放的带宽越高越好，带宽足够适合应用要比带宽过高更好。评估任何参数的最佳方法是翻阅数据手册，查看特性曲线，只有这样才能真正了解放大的特性。例如，带宽曲线中是否有过高的峰化，即使放大器-3 dB 带宽看起来较大，但放大器的增益平坦度可能会因为峰化而降低。因此，带宽能满足需求即可。宽带放大最突出的问题就是振荡问题，设计电路时要更加注意电路的稳定性和 PCB 的布局布线。

电流反馈型运放没有基础增益带宽积的限制，并具有很好的大信号带宽，有很高的压摆率和可调带宽，由于固有的线性度，高频大信号时也可以获得低的失真，非常适合用于宽带放大电路中。但注意它的反馈电阻设定了闭环动态范围，并且会同时影响带宽和稳定度，因此应用时要注意查看数据手册选择合适的反馈电阻值。

5. 小信号放大

降低噪声，提高信噪比是小信号放大电路的设计要点，应用设计时要特别注意以下几点：

（1）一般集成运放都存在失调、温漂等在内的零点漂移现象，而小信号的放大倍数一般都很大，提高放大倍数的同时加大了零点漂移。因此前级输入放大级应该采用低噪声的运放（比如斩波稳零型运放 TLC2652）或者很高共模抑制比的仪表放大器（比如自动稳零技术的精密仪表放大器 AD8230），也可以采用噪声极微的分立元件 FET 对管构成前置差分放大电路。

（2）注意使用过程中的降噪处理，比如反馈电阻上加反馈电容（很有必要），可降低电路的高频噪声增益。第二种方法是用复合放大器进行降噪处理。

（3）闭环负反馈电路采用阻值较低的绕线电阻。

（4）中间级利用选频、滤波等措施降低白噪声，也要特别注意滤除 50 Hz 工频干扰。

（5）导线或 PCB 走线的电阻不是 0，根据欧姆定律，当电流流过电阻时，电阻两端会产生压降。所以，电路布板的时候要特别注意走线。

6. 运放芯片的电源去耦

采用如图 1.6.3 所示的去耦电路，可以很好地降低运放供电电源线路上的噪声，特别在系统总增益很高的前级电路，电源去耦更是不可或缺。电容需要两种：一种是较大的极性电容，如电解电容，它们可以稍微离器件远些，如果电路板尺寸有要求，可以使用 10 μF 的钽电容；另一种是小型的陶瓷旁路电容，它要紧紧挨着相关器件，一般要小于 3 mm 旁路电容，为极高速瞬变提供能量，并且完成器件旁的电源去耦任务。为了克服电源带来的噪声或毛刺信号，一个常用的方法是附加一个小电阻或磁珠，和电容组成低通滤波器电路。但电阻值要小，一般要小于 100 Ω，否则电阻的消耗将引起运放供电电压下降，导致运放不能正常工作。

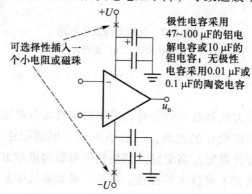

图 1.6.3　运放芯片的电源去耦

第 2 章　程控放大器和波形变换电路设计

2.1　程控放大器的实现方法

在过程控制及测试仪表中，被测量或被控制对象的有关参数往往是一些连续变化的模拟量，而且变化范围很宽，为了保证必要的测量精度，常会采用改变量程的办法。改变量程时，测量放大器的增益也应相应地加以改变；另外，在数据采集系统中，对于输入的模拟信号一般都需要加前置放大器，以使放大器输出的模拟电压适合于模数转换器的电压范围，但被测信号变化的幅度在不同的场合表现不同动态范围，信号电平可以从微伏级到伏级，模数转换器不可能在各种情况下都与之相匹配，如果采用单一的增益放大，往往使 A/D 转换器的精度不能最大限度地利用，或致使被测信号削顶饱和，造成很大的测量误差，甚至使 A/D 转换器损坏。通过程控放大器，可以很方便地把上述被测信号变换成与测量或控制电路所需要的电压信号。

程控放大器，全称为程控增益放大器，即放大器的放大倍数（增益）不是固定的，而是可以通过人为设置的。程控放大器既可以放大信号，也可以衰减信号。一般把程控放大器分为多路模拟开关和运放实现的程控放大器、数字电位器和仪表放大器实现的程控放大器、可编程增益放大器（PGA）和可变增益放大器（VGA）四种。

程控放大器最简单的方法是多路模拟开关和运放实现的程控放大器，它原理简单，通过模拟开关和运放结合，是初学者最易掌握的一种方法；数字电位器和仪表放大器实现的程控放大器是对多路模拟开关和运放的方案改进，克服了多路模拟开关的导通电阻的影响，用仪表放大器代替运放，有利于提高输出精度；可编程增益放大器（PGA）一般是芯片内部固定了放大倍数，精度较高，控制增益可选择状态编码或者总线方式等方法，这种控制增益的方法大大提高了应用系统的适应性和灵活性；应用最为广泛的要属程控放大器实现方法是可变增益放大器（VGA），可变增益放大器通过电压值控制增益大小，在数据采集中的应用非常流行，它具有外围器件少、电路设计简单、增益控制范围广等特点，特别是 AD 公司推出的 AD603 可变增益放大器，至今仍被广泛使用。

1. 多路模拟开关和运放组合实现的程控放大器

（1）反相输入程控放大器

第一种反向输入程控放大器是将多路开关接在信号输入端，其电路原理如图 2.1.1 所示。在理想情况下：

$$A_v = \frac{u_o}{u_i} = -\frac{R_f}{R_i} \quad (i = 1, 2, 3, \cdots, 8) \tag{2.1.1}$$

因此，实际上改变 R_i 的大小，即可自动改变放大器的增益。多路模拟开关的作用是依据三位二进制地址 A_0、A_1、A_2 以及选通端 EN 的状态来选择八路（R_1、R_2、$\cdots$、R_i）中的一路，

使输入信号 u_i 经输入电阻 R_i 和运放接通。显然，这种电路的优点是结构简单。

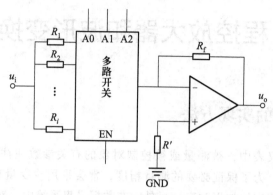

图 2.1.1　第一种反相输入程控放大器

但由于多路开关的导通电阻 R_{on} 有一定大小，因此放大倍数实际上取决于 R_f 与 (R_i+R_{on}) 之比，即

$$A_v = \frac{u_o}{u_i} = -\frac{R_f}{R_i+R_{on}} \quad (i=1，2，3，\cdots，8) \tag{2.1.2}$$

为了减少 R_{on} 所造成的增益误差，要求 $R_i \gg R_{on}$，而 R_i 越大，对高速度、低漂移和低噪声等越不利。

第二种反向输入程控放大器是将多路开关接在反馈端，其电路图如图 2.1.2 所示。其放大倍数为

$$A_v = \frac{u_o}{u_i} = -\frac{R_{fj}+R_{on}}{R_i} \quad (i=1，2，3，\cdots，8)$$

$$\tag{2.1.3}$$

同样的，该电路的输入阻抗小，反馈端电阻 R_{fj} 大小也是变化的，存在增益误差。

有时为了提高运放反相输入的放大倍数，但又不希望 R_f 过高，或者输入电阻和反馈电阻的数值已确定，但又希望能在原有基础上改变放大倍数。图 2.1.3 示出了第三种反相输入程控放大器的原理。

当流过 R_L 和 R_j 的电流远大于流过 R_f 的电流时：

$$A_v = \frac{u_o}{u_i} = -\frac{R_f}{R_i} \times \frac{R_L+R_j+R_{on}}{R_j+R_{on}} \quad (j=1，2，3，\cdots，8)$$

$$\tag{2.1.4}$$

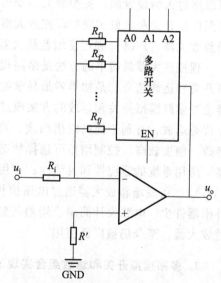

图 2.1.2　第二种反相输入程控放大器

显然，改变 R_L 和 R_j 的值，可改变放大器的放大倍数。但要注意，这种电路是用改变负反馈的深度来实现增益变化的，且放大倍数的设置较前面两种繁琐。

综上所述，反相输入程控放大器的特点原理简单，特殊情况下可以通过选用精密测量电阻和高性能模拟开关组成精密程控增益放大器，但缺点是漂移较大、输入阻抗不高、放大倍数参数设计比较复杂。

（2）同相输入程控放大器

信号由运放同相端输入，与多路模拟开关亦可组成程控放大器，图 2.1.4 所示为它的原理电路。

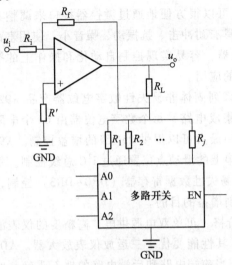

图 2.1.3　第三种反相输入程控放大器

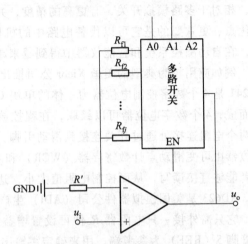

图 2.1.4　同相输入程控放大器

其放大倍数为

$$A_v = \frac{u_o}{u_i} = 1 + \frac{R_{fj}}{R'} \quad (j = 1, 2, 3, \cdots, 8) \tag{2.1.5}$$

由于是同相输入，因此放大器输入阻抗很高，但此时由于集成运放的两个输入端不再处于"虚地"的电位，而是有较强的共模输入电压。因此，当输入信号的变化具有较高的频率或较大的速率时，由于运放的共模抑制比指标迅速下降，使误差增大。

（3）差分输入程控放大器

为了提高运放的共模抑制比，可使用仪表放大器和多路模拟开关组成程控放大器，如图 2.1.5 所示。

该电路的放大倍数为

$$A_v = \frac{u_o}{u_{i+} - u_{i-}} = -\frac{R_3}{R_2}\left(1 + \frac{2R_1}{R_{gj}}\right) \quad (j = 1, 2, 3, \cdots, 8)$$

$$\tag{2.1.6}$$

不管 R_{gj}、R_2 和 R_3 为何数值，A_1 和 A_2 两个放大器的共模增益都等于 1，A_3 将 A_1、A_2 输出的差分信号变换成以地为参考点的单端输出信号，一般通过改变电阻 R_{gj} 或 R_2 和 R_3 来调

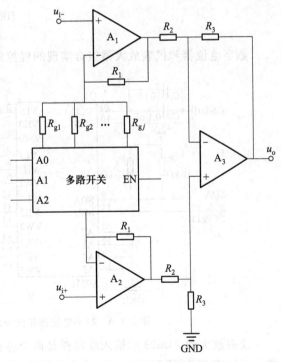

图 2.1.5　差分输入程控放大器

整放大倍数。

2. 数字电位器和仪表放大器组合实现的程控放大器

数字电位器是一种具有数字接口的有源器件，可以很方便地通过微控器接口来调整其阻值，相对于多路模拟开关，有更高的精度，并且它具有耐冲击、抗振动、噪音小、使用寿命长等优点，更重要的是它可以代替电路中的机械电位器，容易实现控制自动化和操作上的智能化，在自动测控系统和智能仪器中得到越来越广泛的应用。

例如应用较为典型的美国 Xicor 公司推出的 X 系列固体非易失性数字电位器产品 X9241。X9241 是 4 个数字控制电位器为一体的单块 CMOS 集成电路，每个数字电位器由 63 个电阻串联而成，4 个数字电位器可以级联，在程控放大器中最大可以提供 256 级的增益控制。X9241 在两个电阻连接处通过开关连接到滑动引脚，电阻串上的滑动点位置通过 I^2C 总线控制。每个电位器由可变滑动点计数寄存器（WCR）和 4 个非易失性数据寄存器（DR0~DR3）控制，使用者能够直接读写，从而控制电阻值大小，达到控制增益的目的。

AD623 是美国模拟器件公司（ADI）生产的低价格、可单双电源供电、高精度的仪表放大器，它只需外接一只电阻器 R_g 便可设置增益大小，其性能要优于三运放仪表放大器。AD623 的管脚 5（REF）为参考端，用来确定零输出电压，当前端电路和后端电路的地不明确共地时可为后端引入精密的补偿，还可以利用该参考端提供一个虚地电压来放大双极性信号，参考端允许电压变化范围为 $-V_S \sim +V_S$。如果 AD623 相对地输出，则参考端应接地。引脚 7 和 4 为正负电源输入端，双电源工作时电源范围为 $\pm 2.3 \sim \pm 6$ V。引脚 8 和 1 之间接电阻 R_g，其大小决定了放大器的增益 G，计算公式为

$$G = \frac{100 \text{ k}\Omega}{R_g} + 1 \tag{2.1.7}$$

数字电位器和仪表放大器组合实现的程控放大器电路原理图如图 2.1.6 所示。

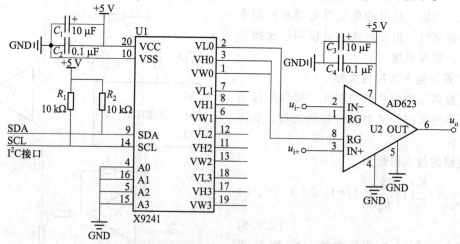

图 2.1.6　数字电位器和仪表放大器组合实现的程控放大器

仪表放大器 AD623 的输入端同样是两个差分信号，R_g 与数字电位器 X9241 的其中一路相连，可以实现 64 挡程控。VW0 为电位器的滑动端；VL0 为电位器的低端；VH0 为电位器的高

端；A0、A1、A2 及 A3 为地址线（用来设置从属地址低 4 位）；SDA 及 SCL 为 I²C 接口，分别为串行数据线和串行时钟线。以 X9241U 为例，电位器的电阻阵列总电阻为 50 kΩ，计数寄存器（WCR）为 i，则该程控放大器增益为

$$G=\left(\frac{100\ \text{k}\Omega}{50\ \text{k}\Omega}\times\frac{64}{i}\right)+1=\frac{128}{i}+1\ (i=1,\ 2,\ 3,\ \cdots,\ 64) \tag{2.1.8}$$

3. 可编程增益放大器（PGA）

由于模拟开关和放大器组成的程控放大器中受多路开关的导通电阻 R_{on} 的影响，在很多要求较高精度的场合是不适用的；另外，数字电位器实质上也是多通道选择器件，同样需要和放大器共同构成程控放大器，而随着半导体集成电路的发展，目前许多半导体器件厂家将模拟电路与数字电路集成在一起，已推出了单片集成的数字程控增益放大器（Programmable Gain Amplifiers，PGA），例如美国微芯 Microchip 公司生产的 MCP6S21、MCP6S22、MCP6S26、MCP6S28 系列；TI 公司的 PGAxxx 系列产品 PGA101、PGA203、PGA206 等。它们具有低漂移、低非线性、高共模抑制比和宽通频带等优点，使用简单方便，但其增益量程有限，只能实现特定的几种增益切换。本部分以可编程增益放大器 MCP6S21 和 PGA103 为具体实例，介绍它们的功能及在程控增益放大器中的典型设计电路。

（1）MCP6S21

MCP6S21 是单端、轨到轨 I/O、低增益模拟的可编程增益放大器。通过 SPI 端口，MCP6S21 的增益可配置为输出 +1V/V 到 +32V/V 之间（8 种增益选择：+1、+2、+4、+5、+8、+10、+16或+32V/V），也可以将 MCP6S21 置为关断模式，以降低功耗。MCP6S21 不需要反馈和输入电阻器，可大幅减少成本并节省板空间。MCP6S21 可在数据采集、工业仪器、测试设备和医疗仪器等场合应用。

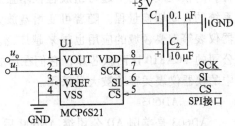

图 2.1.7　MCP6S21 的典型应用电路

MCP6S21 的典型应用电路如图 2.1.7 所示。

MCP6S21 为单电源供电，范围为 2.5~5.5 V。V_{REF} 为外部参考电压端，该引脚上的电压将会平移输出电压，如无需偏移电压则将它接地。MCP6S21 的输出根据选定的增益 G 和 V_{REF} 的电压决定它的值。

$$u_o=V_{REF}+G(u_i-V_{REF})(V_{DD}\geqslant V_{REF}>V_{SS}=0) \tag{2.1.9}$$

（2）PGA103

PGA103 是一种通用的双电源供电的可编程增益放大器，可通过两个与 CMOS/TTL 兼容的输入端把增益设定为 1、10 或 100。PGA103 即使在 $G=100$ 的情况下也能提供快速的稳定时间（$G=100$，精度为 0.01% 时，稳定时间为 8 μs）。可在数据采集系统、通用模拟板、医用仪表等信号动态范围宽的场合应用。

PGA103 的典型应用电路如图 2.1.8 所示。

PGA103 的供电范围为 −18~18 V，1、2 脚为增益控制端，$A_1A_0=00$ 时，$G=1$；$A_1A_0=01$ 时，$G=10$；$A_1A_0=10$ 时，$G=100$；$A_1A_0=1$ 时，无效输入，虽然这种逻辑代码不会导致器件损害，但是选择这种代码时放大器的输出将变为不可预计的。当选择有效的代码时，输出将恢复。

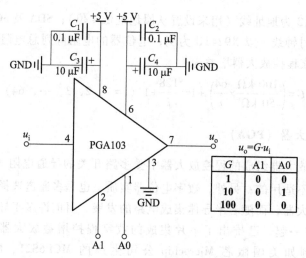

图 2.1.8　PGA103 的典型应用电路

4. 可变增益放大器（VGA）

在自动化程度要求较高的系统中，希望能够在程序中用软件控制放大器的增益，或者放大器本身能自动将增益调整到适当的范围。可变增益放大器（VGA）就是一种利用 D/A 转换器实现的程控增益放大器，D/A 转换器内部有一组模拟开关的电阻网络，用它代替运放反馈部件，与仪表放大器一起可组成程控增益放大或衰减器，再配合软件判断功能就可实现数据采集系统的自动切换量程。随着可变增益放大技术的不断发展，它在自动测控、智能测控、智能仪器仪表等重要领域的应用也越来越广泛。本部分介绍 AD 公司生产的程控放大器 AD603 和 TI 公司的 VCA810 这两款芯片，它们在历届的全国大学生电子设计大赛、省大学生电子设计大赛中的仪器仪表类赛题被大量采用。

（1）AD603

AD603 是美国 AD 公司继 AD600 后推出的宽频带、低噪声、低畸变、高增益精度的压控 VGA 芯片，可用于 RF/IF 系统中的 AGC 电路、视频增益控制、A/D 范围扩展和信号测量等系统中。如果增益用分贝表示，则增益与控制电压成线性关系，压摆率为 275 V/μs。其引脚间的连接方式决定了可编程的增益范围，增益在 −11 ~ +30 dB 时的带宽为 90 MHz，增益在 +9 ~ +41 dB 时的带宽为 9 MHz，改变引脚间的连接电阻，可使增益处在上述范围内。内部由 R-$2R$ 梯形电阻网络和固定增益放大器构成，加在梯形网络输入端的信号经衰减后，由固定增益放大器输出，衰减量是由加在增益控制接口的参考电压决定，而这个参考电压可通过单片机进行运算并控制 D/A 芯片输出控制电压得到，从而实现精确的数控。

AD603 的具体应用技巧在 2.3 节将详细叙述。

（2）VCA810

VCA810 是一款宽带、具有低失调电压的、连续可变电压控制增益的放大器，能够提供差分输入单端输出，具有出色的共模抑制比，而最突出的优点是 VCA810 能够实现 −40 ~ 40 dB 的线性增益控制，增益控制准确度 ±1.5 dB。当 ±5 V 电源供电时，其 0 V 变化到 −2 V 的增益控制电压，对应 −40 dB 线性地变化到 +40 dB 的增益。VCA810 在光接收器时间增益控制、声纳系统、电压可调主动滤波器、对数放大器、脉冲振幅补偿以及带有 RSSI 的 AGC 接收机中应用广泛。

如图 2.1.9 所示为 VCA810 的典型应用电路。

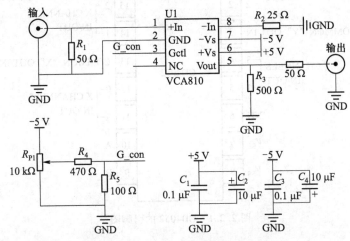

图 2.1.9 VCA810 的典型应用电路

VCA810 的典型应用电路通过 50 Ω 阻抗匹配，输出驱动 500 Ω 负载，电位器 R_{P1} 控制增益，−3 dB 带宽可达 35 MHz。但是在实际电路设计中，VCA810 的输入输出都有一个线性区范围，输入电压大于±0.75 V 即开始进入非线性区域，同时输出电压的线性区也小于±1.25 V，由此可见该器件不适用于大电压输入、大电压输出场合。

2.2 模拟开关和运放组成的程控放大器设计

本节根据 2.1 中的内容，介绍一种以 CD4052 模拟开关和 TL082 双路运放组成的多路模拟开关和运放组成的程控放大器设计方法。该程控放大器可通过程序控制实现 4 挡的程控放大，增益分别为：+2、+4、+8、+16V/V。

1. 芯片介绍

（1）多路模拟开关 CD4052

CD4052 是一种差分、双路、双向、4 通道数字控制模拟开关，有 A、B 两个二进制控制输入端和 INH 输入端，具有低导通阻抗和很低的截止漏电流。当 INH 输入端为"1"时，所有通道截止；当 INH 输入端为"0"时，二位二进制输入信号选通 4 对通道中的一个通道，可连接该输入至输出。这些开关电路在整个 $V_{DD} \sim V_{SS}$ 和 $V_{DD} \sim V_{EE}$ 电源范围内具有极低的静态功耗，而与控制信号的逻辑状态无关。

如图 2.2.1 所示为 CD4052 的引脚图。

CD4052 的器件特性如下：

① 宽范围的数字和模拟信号电平：数字 3～15 V，模拟可达 15 Vpp；

② 低导通阻抗：在 $V_{DD} - V_{EE} = 15$ V 的条件下，整个 15 Vpp 信号输入范围的典型值为

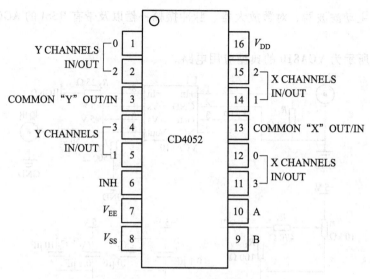

图 2.2.1　CD4052 的引脚图

125 Ω；

③ 高截止阻抗：在 $V_{DD}-V_{EE}=10$ V 的条件下，通道漏电流的典型值为 ±10 pA；

④ 超高带宽：−3 dB 带宽的典型值为 25 MHz；

⑤ 极低的静态功耗：在 $V_{DD}-V_{SS}=V_{DD}-V_{EE}=10$ V 条件下，静态功耗的典型值为 1 μW；

⑥ 易于控制的通道切换：片上二进制地址解码。

CD4052 的真值表如表 2.2.1 所列。

表 2.2.1　CD4052 真值表

INH	A	B	
0	0	0	0x, 0y
0	0	1	1x, 1y
0	1	0	2x, 2y
0	1	1	3x, 3y
1	X	X	None

（2）通用运放 TL082

TL082 是一个通用的 J-FET 场效应管双路运放，图 2.2.2 为 TL082 的引脚图。

TL082 的特性如下：

① 低输入偏置电流和偏置电流；

② 高压摆率：13 V/μs（典型值）；

③ 较高的带宽：单位增益带宽积为 3 MHz；

④ 内部频率补偿；

⑤ 输出短路保护。

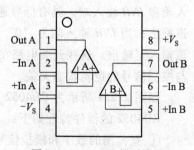

图 2.2.2　TL082 的引脚图

2. 硬件电路设计

CD4052 模拟开关和 TL082 双路运放组成的程控放大器硬件电路如图 2.2.3 所示。模拟开关 CD4052 放在反相放大器的反馈端，TL082 运放的第一路用作缓冲器，以提高信号的输入阻抗；R_6 为补偿电阻，保证集成运放输入级差分放大电路的对称性；电路中的每一个增益选择电阻通过电位器 R_{P1}、R_{P2}、R_{P3} 和 R_{P4} 调节；芯片 CD4052 和 TL082 都为 ±5 V 供电，电路中加了适当的去耦电容。控制端"INH"直接接地有效，也就是说通道选择仅通过"A"、"B"控制，通过 J2 接口引出连接单片机控制。

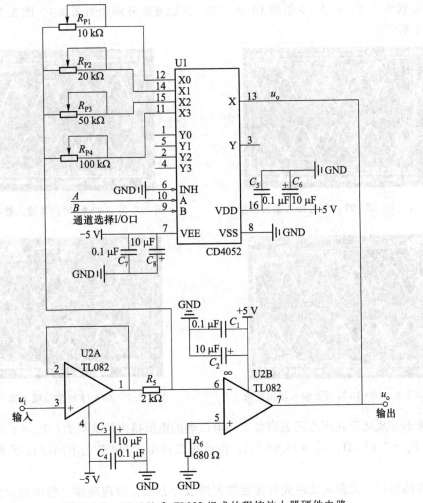

图 2.2.3 CD4052 和 TL082 组成的程控放大器硬件电路

若忽略 CD4052 导通电阻的影响，理论上通道选择与增益的对应关系为

$$AB = 00 \text{ 时}, \quad A_v = \frac{R_{P1}}{R_5} = \frac{4 \text{ k}\Omega}{2 \text{ k}\Omega} = 2;$$

$$AB = 01 \text{ 时}, \quad A_v = \frac{R_{P2}}{R_5} = \frac{8 \text{ k}\Omega}{2 \text{ k}\Omega} = 4;$$

$AB = 10$ 时，$A_v = \dfrac{R_{P3}}{R_5} = \dfrac{16 \text{ k}\Omega}{2 \text{ k}\Omega} = 8$；

$AB = 11$ 时，$A_v = \dfrac{R_{P4}}{R_5} = \dfrac{32 \text{ k}\Omega}{2 \text{ k}\Omega} = 16$。

3. 测试结果与结论

按照图 2.2.3 连接电路，信号选择 100 mVpp、40 kHz 的正弦波，上电后模拟开关 CD4052 通道选择依次为 $AB = 00$、$AB = 01$、$AB = 10$ 和 $AB = 11$，分别调节电位器 R_{P1}、R_{P2}、R_{P3} 和 R_{P4} 使放大倍数分别为 2 倍、4 倍、8 倍和 16 倍。实际测试波形分别如图 2.2.4、图 2.2.5、图 2.2.6 和图 2.2.7 所示。

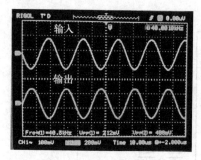

图 2.2.4　$AB = 00$ 时信号输入输出波形

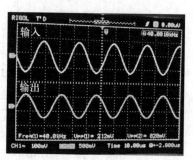

图 2.2.5　$AB = 01$ 时信号输入输出波形

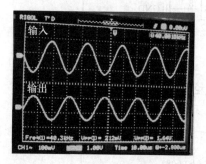

图 2.2.6　$AB = 10$ 时信号输入输出波形

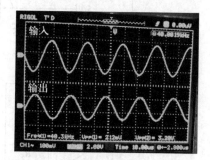

图 2.2.7　$AB = 11$ 时信号输入输出波形

测试波形完成之后在用万用表测量实际电位器的阻值得出的结果为：$R_{P1} = 1.89$ kΩ，$R_{P2} = 4.92$ kΩ，$R_{P3} = 7.93$ kΩ，$R_{P4} = 15.96$ kΩ，由此可以得出 CD4052 在不同增益下的导通电阻也不尽相同。

利用多路模拟开关和运放组成的程控放大器设计方法，原理简单，但电路设计比较复杂，且由于模拟开关具有导通电阻，其值一般还会随频率和幅值的变化而变化，对增益的精度影响较大。

2.3　基于 AD603 的程控放大器设计技巧

AD603 具有三种工作模式：$-10 \sim 30$ dB（90 MHz 带宽）、$0 \sim 40$ dB（30 MHz 带宽）和

10~50 dB（9 MHz 带宽）。最大 90 MHz 带内纹波较大，在接近 -3 dB 截止频率附近最大会出现大于 2 dB 的峰值，因此，实际设计电路时在 AD603 后级加了高速缓冲器以改善其通带特性，同时也能防止高增益时电路可能产生的振荡问题；为方便调节增益，电路设计通过调节电位器来控制增益。本节是以 90 MHz 带宽来详细说明 AD603 的程控放大器设计技巧。

1. 芯片介绍

（1）程控放大器 AD603

如图 2.3.1 所示为 AD603 的引脚和功能框图。

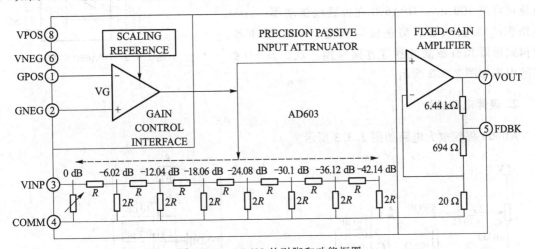

图 2.3.1　AD603 的引脚和功能框图

AD603 由一个可通过外部反馈电路设置固定增益为 31.07~51.07 dB 的放大器、-42.14~0 dB 的宽带压控精密无源可变衰减器和 40 dB/V 的线性增益控制电路构成。其中，固定增益放大器和可变衰减器组成 X-AMP 结构；可变衰减器由一个七级 R-$2R$ 梯形网络构成，每级的衰减量为 6.02 dB，可对输入信号提供 -42.14~0 dB 的衰减。X-AMP 结构的一个重要优点是优越的噪声特性，在 1 MHz 宽带，最大不失真输出为 1 Vrms 时，输出信噪比为 86.6 dB。

AD603 由双电源供电，最大电压可达 ±7.5 V。固定增益放大器的增益 G 通过 VOUT 与 FDBK 端连接形式确定，当 VOUT 与 FDBK 端短路连接时，G=31.07 dB；当 VOUT 与 FDBK 之间开路时，G=51.07 dB；在 VOUT 与 FDBK 之间外接合适的电阻，可将增益 G 设置为 31.07~51.07 dB 之间的任意值，值得注意的是，在该模式下其增益精度有所降低，当外接电阻为 2 kΩ 左右时，增益误差最大。VOUT 与 FDBK 端连接形式确定了 AD603 的增益，不同增益对应的带宽也不一样：-10~30 dB（90 MHz 带宽）、0~40 dB（30 MHz 带宽）和 10~50 dB（9 MHz 带宽）。AD603 增益的调整仅与 GPOS 和 GNEG 差值 VG 有关，增益以 dB 为线性，经过精密校准，不随温度和电源电压而变化。由于控制电压 GPOS-GNEG 端的输入电阻高达 50 MΩ，因而输入电流很小，于是片内控制电路对提供增益控制电压的外电路影响减小。

AD603 的特性如下：

① 超高带宽：最大 90 MHz；

② 高转换速率：275 V/μs；

③ 增益误差小：典型值为 0.5 dB；

④ 带载能力强：可以驱动低至 100 Ω 的负载阻抗，且失真较低。

（2）高速运放 OPA690

OPA690 是高速电压反馈运放，带有禁用功能。OPA690 的单位增益带宽可以达到 500 MHz；具有很高的压摆率，达到 1 800 V/μs，可以保证包括方波在内的任何信号输入的快速转换；可以单一+5～+12 V 或者±2.5～±5 V 电源供电；+5 V 供电时，能输出 150 mA 的驱动电流；使用禁用功能时，电流可降至 100 μA。OPA690 在视频线驱动器、xDSL 线路驱动器/接收器、高速成像通道、ADC 缓冲器、便携式仪器和有源滤波器等方面应用广泛。其 SO 封装的引脚如图 2.3.2 所示。

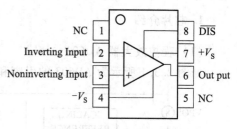

图 2.3.2　OPA690 引脚图

2. 硬件电路设计

AD603 程控放大电路如图 2.3.3 所示。

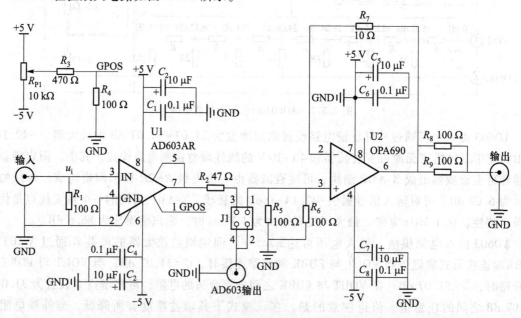

图 2.3.3　AD603 程控放大电路

电路由 AD603 程控放大器和 OPA690 高速缓冲器组成，电路通过 50 Ω 阻抗匹配，同时输入输出部分接 SMA 射频接口，最大程度地改善了信号波形。

AD603 的控制模式选择 90 MHz 带宽模式，5 脚和 7 脚直接短接。AD603 的同相输入端和反相输入端输入阻抗为 100 Ω，输出阻抗为 2 Ω，为匹配射频线 50 Ω 的特性阻抗，AD603 电路的同相输入端并联 100 Ω 电阻到地，输出接 47 Ω；同理，高速运放 OPA690 也在输入输出端使用两个 100 Ω 电阻并联进行 50 Ω 阻抗匹配。高速运放 OPA690 作缓冲器，按照 OPA690 芯片手册，需要连接一个小电阻在反馈端，这里选择 10 Ω。

　　AD603 在 90 M 带宽模式下的增益控制范围为 -10 ~ 30 dB。电路中为了匹配 50 Ω 阻抗，也为了便于结果观察，在 AD603 和 OPA690 级联电路间使用了 2 倍（-6 dB）衰减。所以电路总增益控制范围为 -16 ~ 24 dB。由于 AD603 的有效增益控制范围为 -500 ~ 500 mV，设电位器控制电压为 V_a，则

$$V_a = \pm 5 \ \text{V} \times \frac{R_4}{R_3 + R_4} = \pm 5 \times \frac{100}{470 + 100} \ \text{V} = \pm 877 \ \text{mV} \qquad (2.3.1)$$

3. 测试结果与结论

　　模块测试数据以图表的方式体现，主要显示模块各个部分电路的幅频特性曲线。该部分所有测试条件均在增益控制为手动、信号波形无明显失真，并且在示波器使用交流耦合的情况下测试得到的数据图。

　　（1）AD603 幅频特性

　　测试条件：短接 J1 的 3、4 两脚插针，输入信号峰峰值 300 mV、频率范围 1 kHz ~ 90 MHz，固定增益 0 dB，得到如图 2.3.4 的数据图。

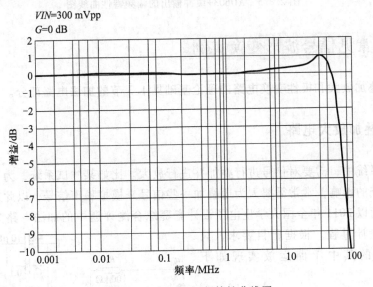

图 2.3.4　AD603 幅频特性曲线图

　　（2）AD603+缓冲输出的幅频特性

　　测试条件：短接 J1 的 1、3 两脚插针，输入信号峰峰值 300 mV、频率范围 1 kHz ~ 90 MHz，固定增益 0 dB，得到如图 2.3.5 数据图。

　　从图 2.3.4 可以看出，AD603 带内起伏不大于 2 dB，截止频率在 55 MHz 附近；从图 2.3.5 可以看出，加了缓冲器之后的 AD603 带内更平坦一些，带内起伏不大于 1 dB，同时截止频率也更大了，在 60 MHz 附近。

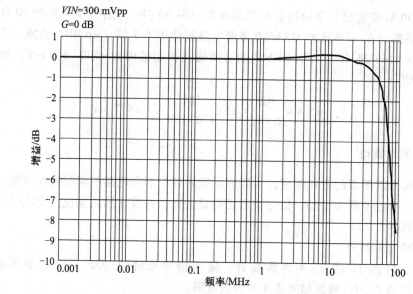

图 2.3.5　AD603+缓冲输出的幅频特性曲线图

2.4 **几种常见信号波形变换实例**

本节波形叠加放大和极性变换电路的理论基础见 1.3 节的加法电路部分。

2.4.1　波形叠加放大电路

很多应用系统中，需要对信号进行叠加并进行放大。比如某测试系统，为了验证噪声对器件或者整个系统的影响，常常需要人为地叠加一些信号来模拟噪声信号，以此来验证输出信号的完整性。下面以 2011 年全国大学生电子设计竞赛综合测评题中的加法电路为例说明波形叠加放大电路的设计过程。根据题目要求，只能使用 LM324 的其中 1 路运放实现如下功能：

$$u_o = u_{i1} + 10u_{i2} \qquad (2.4.1.1)$$

分析功能可知，为了保持输出极性不变，输入信号 u_{i1}、u_{i2} 必须在同相端输入，同时电路还接成同相放大模式，如图 2.4.1.1 所示。

以输入 u_{i1} 为 4 Vpp、2 kHz 的三角波，u_{i2} 为 200 mVpp、500 Hz 的正弦波测试该电路，测试波形分别如图 2.4.1.2 和图 2.4.1.3 所示。

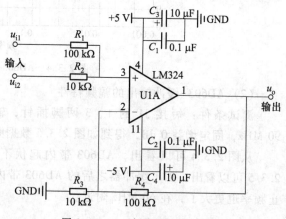

图 2.4.1.1　波形叠加放大电路

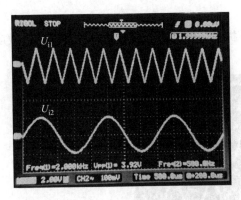
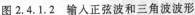

图 2.4.1.2　输入正弦波和三角波波形

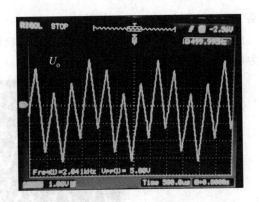

图 2.4.1.3　输出波形

　　波形叠加放大电路可通过调节输入端电阻调节放大系数，通过调节反馈电阻调节整体增益，但是输入端口不宜过多，否则容易造成放大器的动态范围、响应和电路增益等不足。

2.4.2　极性变换电路

1. 单极性转双极性

　　单极性到双极性的信号转换电路如图 2.4.2.1 所示。该电路由 LM324 其中两路运放构成，实现了 $0 \sim +5$ V 单极性信号到 $-5 \sim +5$ V 的双极性信号的转换。

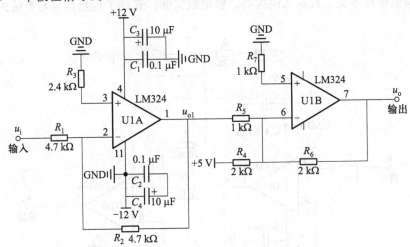

图 2.4.2.1　单极性到双极性的信号转换电路

　　第一级为反相比例放大电路，其电压增益为 1，实现了输入信号 $0 \sim +5$ V 到 $0 \sim -5$ V 的转换，即 $u_{o1} = -u_i$；第二级电路是在单极性电路的基础上接入反相比例加法电路，其输出电压

$$u_o = -\left(\frac{R_6}{R_4} \times 5 \text{ V} + \frac{R_6}{R_5} \times u_{o1}\right) = -(5 \text{ V} + 2u_{o1}) = -5 \text{ V} + 2u_i \qquad (2.4.2.1)$$

以一个频率为 1 kHz、电压峰峰值为 5 Vpp、偏移量为 2.5 V 的正弦波信号为输入测试该

电路，测试波形如图 2.4.2.2 所示。

　　注意：此电路实际的输出电压范围比单极性时扩大一倍，因此双极性电压输出的灵敏度下降为单极性的一半。

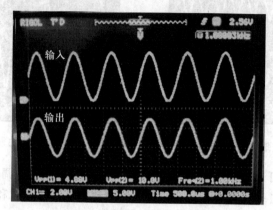

图 2.4.2.2　单双极性电路频率为 1 kHz 时的输入输出电压波形

2. 双极性转单极性

　　双极性到单极性的信号转换电路如图 2.4.2.3 所示。该电路由电压跟随器和电压偏置电路两部分构成，使用通用运放 LM324 其中的两路，实现了信号由 $-1.25 \sim +1.25$ V 到 $0 \sim 2.5$ V 的极性转换。其中，R_1 和 U1A 构成一个电压跟随器，输出电压 $u_{o1} = u_i$。该电压跟随器使输入、输出信号的幅值保持不变，且输入阻抗高，输出阻抗低，起到了现场信号与系统的隔离、互不干扰的作用。

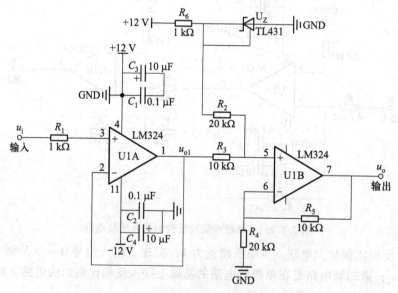

图 2.4.2.3　双极性到单极性的信号转换电路

　　为了得到精度较高的偏置电压，本电路采用了电压基准芯片 TL431，根据芯片手册典型应用电路产生 2.5 V 的电压基准。由 R_2、R_3、R_4、R_5 和 U1B 构成运放电路的输出电压为

$$u_{\text{o}} = u_{\text{i}} + 1.25 \text{ V} \tag{2.4.2.2}$$

即输入信号正向平移了 1.25 V。以一个频率为 1 kHz、电压峰峰值为 2.5 Vpp 的正弦波信号为输入测试该电路，测试波形如图 2.4.2.4 所示。

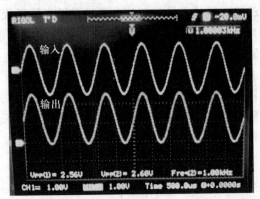

图 2.4.2.4　双单极性电路频率为 1 kHz 时的输入输出电压波形

2.4.3　低速和高速电压比较电路

1. 电压比较器基础

所谓电压比较器，就是一种用来比较输入信号电压大小的电子电路，变化的、随机的输入信号跟另一个端的参考电压进行比较，使输入信号转换成只有高电平或低电平的输出信号，当输入信号电压等于参考电压（即阈值）时，输出状态发生翻转。它可以将连续变化的模拟信号转换成仅有两个状态的矩形波。电压比较器常用于报警器电路、自动控制电路，也可用于 V/F 变换电路、A/D 变换电路、高速采样电路、电源电压监测电路、振荡器及压控振荡器电路、过零检测电路等。

如图 2.4.3.1 所示为最基本电压比较器及其电压传输特性曲线。运放 A 的两个输入端的一个端子为阈值电压端 U_{T}，另一端作为信号输入端 u_{i}。将信号电压与阈值电压相比较，当信号电压小于阈值电压时，输出高电平，反之输出低电平，由此得到如图 2.4.3.1 的电压传输特性曲线。

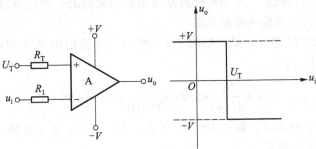

图 2.4.3.1　基本电压比较器及其电压传输特性曲线

在图 2.4.3.1 基础上，增加限幅保护电路、引入正反馈去影响阈值电压值等措施就可得到以下几种常见的电压比较器。这三种比较器的电压传输特性如图 2.4.3.2 所示。

（1）过零比较器：单限比较器中的一种，阈值电压参考端接地，即阈值为零，输入信号每过零电位时，输出发生跃变。其特点是对阈值电压很灵敏，抗干扰能力差。

（2）滞回比较器：利用正反馈来影响原来的阈值电压，使阈值电位与此时的输出状态有关，从而消除在原来的阈值电位附近输入信号由于受干扰而产生的空翻现象。其特点是电路有两个阈值电压 U_{T1} 和 U_{T2}，具有滞回特性，因此，抗干扰能力强。

（3）双限比较器：由两个单限比较器组成，也称为窗口比较器，电路也有两个阈值电压 U_{T1} 和 U_{T2}，可以将输入信号按需要范围进行选取。其特点是输入电压单一方向变化过程中，输出电压跃变两次。

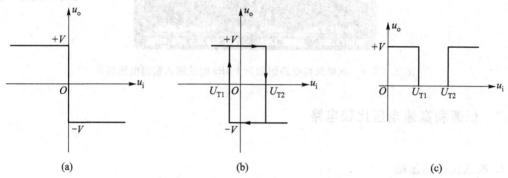

图 2.4.3.2　三种比较器的电压传输特性
（a）过零比较器；（b）滞回比较器；（c）双限比较器

2. 低速电压比较器电路设计

电压比较器实际上就是集成运放在非线性状态下的具体应用，集成运放工作在非线性区时，两个输入端谁的电位高，输出就反映谁的特征，这是构成电压比较器的理论基础。集成运放能实现这一点的关键就是取决于该集成运放优良的性能，即开环电压放大倍数无穷大，但是实际运放的开环电压放大倍数不可能无穷大，而且稳定运放运行所需的相位补偿意味着把运放用作比较器时其速度会非常的低，因此只有在频率低的情况下，运放才可以用作电压比较器。

在任意电平比较器中，如果将集成运放的输出电压通过反馈支路加到同相输入端，形成正反馈，就可以构成滞回比较器。滞回比较器是使用频率最高的一种比较器类型，如图 2.4.3.3 所示是运放组成的滞回比较器电路原理图。

使用通用运放 LM324 芯片，采用单电源 5 V 供电，电路图中 R_1 为限流电阻，R_4 为负载电阻。理论计算阈值电压 U_T 为

$$U_T = \pm \frac{R_2}{R_2 + R_3} \times 5 \text{ V} = \pm \frac{1}{1 + 100} \times 5 \text{ V} \approx \pm 50 \text{ mV} \tag{2.4.3.1}$$

根据原理图连接电路测试，输入 100 Hz 和 25 kHz、1 Vpp 的正弦波，其测试波形分别如图 2.4.3.4 和图 2.4.3.5 所示。

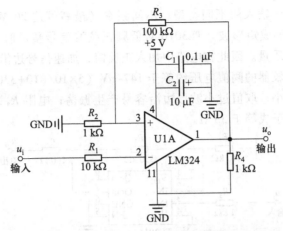

图 2.4.3.3　运放组成的滞回比较器电路

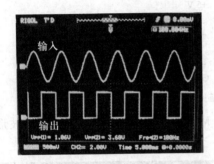

图 2.4.3.4　100 Hz 的测试波形

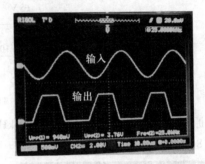

图 2.4.3.5　25 kHz 的测试波形

从测试波形图可以看出电压比较器输出的高电平值并非是电源电压值，实际上是由芯片内部输出的最大幅度决定；通用运放在低频时能够及时比较出高低电平，但是随着频率增加，运放的延迟时间已经跟不上了，波形就会出现如图 2.4.3.5 所示的比较明显的梯形波。所以一般运放用作比较器时只适合应用在低频范围。

当然也可以使用通用比较器芯片（如 LM311）设计低频比较器电路，这里不再说明。

3. 高速电压比较器电路设计

高速电压比较器为了提高速度进行了优化，这种优化却减小了闭环稳定的范围。因此，高速电压比较器可以提供极短的时间延迟，但其频响特性受到一定限制；另外，许多比较器还带有内部滞回电路，这就避免了输出振荡问题，所以专用电压比较器一般不能当作运放使用。

以 TL3016 为例说明高速电压比较器电路的设计过程。TL3016 是一款来自 TI 公司的超快、低功耗、精密的比较器芯片，其引脚如图 2.4.3.6 所示。芯片可以单 5 V 或者 ±5 V 电源供电，具有同相和反相两种输出形式，带输出锁存功能（LATCH ENABLE 引脚为高电平锁存），传播延迟仅为 7.6 ns（典型值）。

如图 2.4.3.7 所示，为 TL3016 构成的滞回比较器

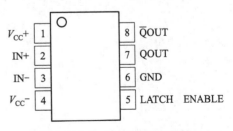

图 2.4.3.6　TL3016 的引脚图

电路。通过该电路，可将输入的不同类型、不同频率（最高可达 20 MHz）、不同幅值（最大为 5 V）的周期信号整形成矩形波。TL3016 对低频正弦波信号整形时，输出边沿抖动较为严重，将会影响输出信号质量。因此在电路中加入正反馈，加速信号边沿，同时形成滞环，可有效消除抖动。本滞回比较器的阈值电压约等于 147 mV（$5 \times 10/(10+330)$）。电路中，R_2 为正反馈电阻，取值不应太小，取值过小波形边沿容易产生振荡；电阻 R_3 为限流电阻；电阻 R_4 为输出匹配电阻，取值大于或等于 33 Ω。

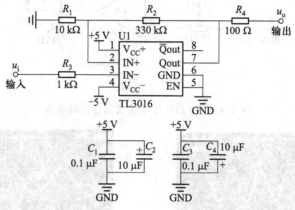

图 2.4.3.7　TL3016 滞回比较器电路

根据原理图连接电路测试，输入 100 kHz 和 2 MHz、1 Vpp 的正弦波，其测试波形分别如图 2.4.3.8 和图 2.4.3.9 所示。

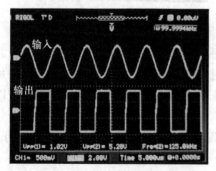

图 2.4.3.8　100 kHz 的测试波形

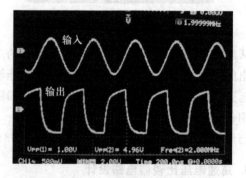

图 2.4.3.9　2 MHz 的测试波形

由测试波形图可以看出高速比较器 TL3016 具有超快的传播延迟，信号在 2 MHz 以内仍能够很好地将输入信号进行比较整形。

第3章　模拟滤波器快速设计

信号调理电路是数据采集器中不可缺少的一部分。随着数据采集技术不断发展，对信号调理电路的要求也越来越高，其电路设计的优化程度直接关系到数据采集器的精度和稳定性。而滤波电路则是信号调理模块的关键所在，我们必须根据特定场合和要求设计出最合适、最有效的滤波电路。本章将结合各大公司的滤波器设计软件详细讨论模拟滤波器快速设计的方法，其内容具有以下特点：

1. 不涉及太多的数学知识和繁琐的计算公式，而只是进行简单的加减乘除、幂乘、开方运算；

2. 充分发挥滤波器设计软件的强大功能，最大程度的加速设计过程；

3. 对于使用频繁的滤波器给出典型的设计实例以及具体设计过程中需要注意的事项。

3.1　模拟滤波器基础

1. 模拟滤波器分类

通过分析模拟滤波器的代表性要素，将模拟滤波器分为五类

（1）根据电路中是否加入有源器件分为无源滤波器和有源滤波器。无源滤波器由无源器件（电阻、电容、电感）组成，例如常见于按键消抖的简单 RC 低通滤波器、常用于滤除高频信号的高阶 LC 椭圆低通滤波器等；有源滤波器则由无源器件和有源器件（晶体管、集成运放等）组成，通常以集成运放构成的有源滤波器居多。另外有源滤波器中还有一种叫开关电容滤波器，可由专用的滤波器芯片加上外围电路构成，其电路形式可通过外围电路配置滤波器类型，通常这类滤波器需要一个外接时钟 CLK 来设置截止频率。

（2）根据滤波器工作频带分为低通滤波器（LPF）、高通滤波器（HPF）、带通滤波器（BPF）、带阻滤波器（BEF）和全通滤波器（APF）。低通滤波器能够让低于截止频率的信号通过，而阻止高于截止频率的信号通过，它是被大家使用最多的滤波器类型。同时，所有的滤波器类型也都可以由低通滤波器衍生而来，因此只有掌握了低通滤波器，其他类型滤波器也就可以举一反三了。高通滤波器正好与低通滤波器相反，它能够让高于截止频率的信号通过，而阻止低于截止频率的信号通过。带通滤波器是能够让信号在某一特定频率范围内通过，而阻止该特定频率范围外的信号通过。带阻滤波器同样与带通滤波器相反，阻止信号在某一特定频率范围内通过，而让信号在此特定频率范围外通过。还有最后一种全通滤波器，它可以让信号在全频率范围内通过，其频率成分不会有任何损失，但是当信号经过该滤波器之后，信号中所包含的频率成分的延时情形随频率而不同，它可以作为移相器或延时均衡器。

（3）根据滤波器频率响应可分为，巴特沃斯、贝塞尔、切比雪夫、椭圆等。巴特沃斯滤波器因其通带内无增益起伏，幅频特性无峰值，是滤波器使用最为广泛的一种，但其群延迟特

性有波动，即阶跃响应较差，在处理脉冲信号的时候需要注意这一现象；贝塞尔滤波器则拥有最好的群延迟特性，其相位响应最好，但是其截止特性最为缓慢，所以它比较适合波形峰值的处理或传输脉冲的场合；切比雪夫滤波器具有截止特性陡峭的特点，但其在通带内有纹波，一般地，切比雪夫特性适合在抗混淆滤波器中应用；相比切比雪夫，椭圆滤波器具有比切比雪夫更为陡峭的衰减特性，但在阻带后面会有频率反弹现象，因此，椭圆滤波器适合在除去固定频率噪声的场合下应用。

（4）根据滤波器电路的拓扑结构可分为，单相反馈型、多重反馈型、压控电压源型、负导抗型、状态变量型等。单相反馈型是利用 RC 和运放构成简单的积分器和微分器；多重反馈型是把运放作为反相放大器，并通过反馈网络使用在有源滤波器中；压控电压源型也称作 Sallen-Key，是大家使用最多的一种滤波器拓扑结构，其特点是把运放作为正相放大器或者缓冲器，即增益可设置，只要适当使用 RC 就能得到低通、高通、带通等任何滤波特性；负导抗型的特点是 RC 特性变化对滤波器的影响较小，但是其输出阻抗较高，在设置高阶滤波器时是以加入多级缓冲器为代价来达到目的的；状态变量型使用运放制作单独的微分器和积分器，然后用加法器进行合成，电路复杂且不太经济，因此这种滤波器的应用不如前面几款。

（5）根据滤波器在衰减区域的衰减陡度，分为 1 阶、2 阶、3 阶、……、n 阶。例如，巴特沃斯滤波器的衰减陡度由阶数乘以 6 dB／二倍频（20 dB／十倍频）决定，阶数越大，其衰减特性越好。在滤除截止频率附近的噪声，越高阶的滤波器，滤波效果就越好。

以上说明的滤波器分类可简化为表 3.1.1。

表 3.1.1　模拟滤波器的分类

内容＼类别	分类	优点	缺点	一般适用范围
有源器件或无源器件	无源	电路简单；抗干扰能力强；功耗低	带载能力差；成本较高；设计难度大	高频（>1 MHz）
	有源	带载能力强；截止频率精度高	频率范围低；对有源器件选型有限制	低频（<1 MHz）
工作频带	低通			
	高通			
	带通			
	带阻			
频率响应	巴特沃斯	带内无增益起伏；幅频特性无峰值	群延迟特性有波动	广泛的信号调理电路
	切比雪夫	阻带衰减较陡峭	带内有纹波	抗混叠滤波电路
	贝塞尔	群延迟特性最好	阻带衰减缓慢	波形峰值的处理或传输脉冲电路
	椭圆	阻带衰减最陡峭	阻带频率反弹	除去固定频点噪声的电路场合

续表

类别 内容	分类	优点	缺点	一般适用范围
电路 拓扑结构	压控电压源型	增益可设置，Q 值可调； 电路简单； 稳定性好	改变增益则需重新 计算元件 Q 值	广泛的信号调理电路
	多重反馈型	增益可设置； 电路较简单	稳定性较压控电压源型差； Q 值无法太高	广泛的信号调理电路
	状态变量型	电路最灵活、精确	元件数量多	实现多个滤波功能 的电路场合
阶数	1 阶	电路简单	阻带衰减缓慢	一般滤波电路
	n 阶	阻带衰减陡峭	电路复杂	信号噪声大的电路场合

2. 有源滤波器

（1）无源 RC 低通滤波器

如图 3.1.1 所示为最简单且最常使用的无源 RC 低通滤波器及其幅频特性。

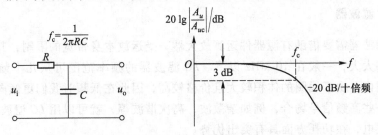

图 3.1.1　无源 RC 低通滤波电路及其幅频特性

电容器的阻抗是 $1/2\pi fC$，当信号频率趋于零时，电容的阻抗趋于无穷大，信号经过该电路时无损耗；而当信号频率趋于无穷大时，电容的阻抗趋于无穷小，信号经过该电路时会衰减；而当信号衰减到 0.707 即 −3 dB 时，称该频点为截止频率 f_c。这就是低通滤波器的基本原理，让低于截止频率的信号通过，而阻止高于截止频率的信号通过。一阶无源 RC 滤波器理论上阻带衰减可达 20 dB/十倍频。

无源 RC 滤波器具有电路简单、抗干扰能力强、有较好的低频特性等优点。然而，由于无源 RC 滤波器的放大倍数及其截止频率都随负载变化而变化，前后级阻抗选择的自由度差，造成高阶滤波器的设计难度加大。这些缺点使无源 RC 滤波器不符合一些复杂信号处理的要求。因此，无源 RC 滤波器比较适合在一些直流电路整流后的滤波处理，或在一些 DC 前置放大器中的滤波处理。

（2）有源二阶 RC 低通滤波器

与无源滤波器相比，有源滤波器通常以 RC 为基本网络，与具有输入阻抗大而输出阻抗小等特点的运放共同组成。不仅体积小，而且前后级之间可以相互独立设计，可以确定每级的截止频率和 Q 值；同时，阶数也很容易做到更高。其最突出的优点是带载能力高且增益可设置。

以图 3.1.2 为例，是一个引入正反馈的 Sallen-Key 二阶低通滤波电路及其幅频特性。图中，电路的 C_1 一端接到集成运放的输出端。当信号频率趋于零时，由于 C_1 的电抗趋于无穷大，因而正反馈很弱；当信号频率趋于无穷大时，由于 C_2 的电抗趋于零，因而输出趋于零。只要正反馈引入得当，就既可能在 $f=f_c$ 时使电压放大倍数数值增大，又不会因正反馈过强而产生自振荡。

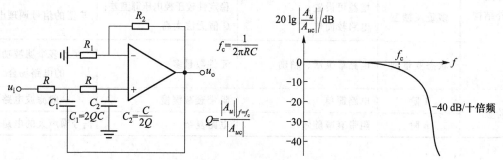

图 3.1.2　Sallen-Key 二阶低通滤波电路及其幅频特性

电路中的 Q 是 $f=f_c$ 时的电压放大倍数与通带放大倍数数值之比，在设计滤波器时该参数对通带的影响比较大，需特别注意。

3. 无源 LC 滤波器

由于有源滤波器需要借助有源器件运算放大器，受运放本身带宽的限制，其可设置的截止频率不可能做到太大，一般在 10 MHz 以下。LC 滤波器的频率范围可从几十赫兹到几百兆赫兹，在低频范围内，由于线圈的体积较大且价格较高，因此在低频时我们更倾向选择有源滤波器。而在处理一些高频信号场合，例如杂散波，高次谐波等，就可以用 LC 滤波器处理，LC 滤波器无需电源供电，在功耗方面具有突出优势。

如图 3.1.3 所示为 2 阶和 3 阶 LC 低通滤波器的基本电路。

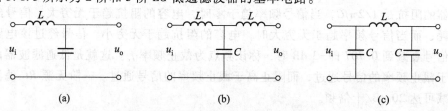

图 3.1.3　2 阶和 3 阶 LC 低通滤波电路
(a) 2 阶；(b) 3 阶 T 形；(c) 3 阶 π 形

奇数阶次 LC 滤波器包含 T 形和 π 形两种。无论电路连接成什么类型都可以得到相同的特性。T 形的特点是在阻带频率下的输入阻抗大，因此使用运放驱动含有阻带频率成分多的信号时，T 形 LC 滤波器的负载比较轻；π 形的特点恰恰与 T 形的相反，然而 LC 滤波器的电感 L 价格比电容 C 高出许多，而且体积也较大。因此，更实用的是 π 形 LC 滤波器。

4. 开关电容滤波器

开关电容滤波器（Switch Capacitor Filter，SCF）不需要外部有源器件，可以由晶体或其他精确振荡器驱动的时钟准确控制，很容易实现可编程，事实上它已经很接近真正的数字滤波器。开关电容滤波器电路的实质是采样数据系统，它直接处理模拟信号，与数字滤波器相比，因无需进行 A/D、D/A 转换，省去了量化过程，整体结构更为简单，处理速度更快。因此，开关电容滤波器虽然在离散域工作，但仍属模拟滤波器之列。开关电容滤波器芯片非常适于实现可编程滤波系统，外围电路十分简单，控制方便。由于开关电容内部存在采样系统，需要考虑抗混叠和抑制时钟噪声，受采样频率的限制，滤波器的工作频率最高只能在 1 MHz 之内。虽然这种方法存在不足，目前仍是实现可编程滤波器的一种应用最广泛的方法。

开关电容滤波器由受时钟脉冲信号控制的模拟开关、电容器和运放电路三部分组成。电路的截止频率与电容器的精度无关，而仅与各电容器电容量之比的准确性有关，即开关电容滤波器的截止频率与一个外部的时钟输入信号（采样时钟）相关，可通过调整时钟输入信号的频率改变滤波器的中心频率或截止频率，从而实现可编程。开关电容滤波器的基本原理电路如图 3.1.4 所示。

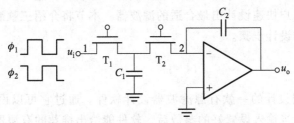

图 3.1.4 开关电容滤波器的基本原理电路

图 3.1.4 中，T_1、T_2 分别由周期为 T_c 的不重叠的 Φ_1 两相时钟 Φ_1、Φ_2 脉冲驱动。当 Φ_1 为高电平而 Φ_2 为低电平时，T_1 导通 T_2 截止，电容 C_1 由输入信号 u_i 充电，充电电荷量为 $C_1 u_i$；当 Φ_2 为高电平而 Φ_1 为低电平时，T_1 截止 T_2 导通，C_1 放电，将电荷传输至 C_2 上。

一个时钟周期 T_c 内，节点 1、2 间流过的平均电流为

$$I_{av} = \frac{C_1 u_i}{T_c} \tag{3.1.1}$$

一般 T_c 很小，可将节点 1、2 间近似为一个等效电阻 R_{eq}，阻值为

$$R_{eq} = \frac{u_i}{I_{av}} = \frac{T_c}{C_1} = \frac{1}{f_c C_1} \tag{3.1.2}$$

R_{eq} 的阻值与时钟频率 f_c 相关，故等效电阻 R_{eq} 又可称为频控电阻，于是可得到一个等效的积分器时间常数 τ

$$\tau = C_2 R_{eq} = \frac{T_c C_2}{C_1} \tag{3.1.3}$$

即滤波器的时间常数仅取决于时钟周期 T_c 和电容比值 C_2/C_1，与电容的绝对值无关。开关电容集成芯片中电容比值的精度可控制在 0.1% 以内，一般已集成在芯片内部，故只要改变时钟频率 f_c 就可以控制滤波器的时间常数，也即可用时钟频率 f_c 决定滤波器的中心频率或截止频

率，f_c 又称为采样频率。

基于上述基本原理，人们利用大规模集成电路技术和数字电路技术及成果研究开发了多种开关电容滤波器芯片，如 TI 公司的 TLC14 集成开关电容滤波器；MAXIM 公司的 MAX26X 系列引脚可编程/总线编程通用型 CMOS 开关电容滤波器以及 LT 公司的 LTC106X 系列等。

3.2　滤波器设计软件使用简介

设计模拟滤波器电路时，一般都采用拉氏变换，将电压和电流变换成象函数，通过找到零点和极点来确定元件参数，但是整个过程复杂，计算量非常大，特别是当设计的滤波器为高阶时，这种手工计算过程尤为繁琐。许多书本中列出了滤波器的归一化数值表格，该表格包含滤波器类型、截止频率、阶数以及 Q 值等滤波器参数，这样，在设计滤波器时只要根据截止频率查归一化表，确定阶数以及 Q 值，再通过频率和阻抗变换进行归一化得到元件参数。这种设计滤波器方法大大简化了计算过程，但要知道归一化表格也是通过人为的计算和验证得到，对于一些特殊的滤波器，归一化表格有可能并未给出，这时就不能满足我们的需求。

基于以上两种方法的缺点，市面上有许多滤波器设计软件，进一步简化了设计过程，在一些特定场合能够帮助用户快速设计出最合适的滤波器。本节将介绍三款滤波器设计软件，说明它们各自的应用场合和设计步骤。

1. FilterPro 软件

FilterPro 是 TI 公司设计的一款有源滤波器设计软件。通过它可以设置滤波器的类型、截止特性、拓扑结构等。当输入设置好的参数后，软件能给出推荐的有源器件的增益带宽积、幅频特性曲线、相频特性曲线、群延迟特性曲线等，同时还能导出设计报告，使用起来非常方便。以设计一个 3 阶、截止频率为 10 kHz 的低通滤波器为例，其一般的设计步骤如下。

（1）打开软件，在弹出的设计界面选择滤波器类型。FilterPro 提供五种滤波器类型：低通、高通、带通、带阻和全通，这里选择"Lowpass"，然后单击 Next，如图 3.2.1 所示。

（2）设置滤波器增益，截止频率和通带纹波，然后选择滤波器阻带频率或者滤波器阶数。这里选择增益为"1"，截止频率"10000"Hz，允许通带纹波"1"dB，勾选滤波器阶数选项，下拉菜单选择"3"，此时阻带截止频率设置对话框变灰，再单击 Next，如图 3.2.2 所示。

（3）选择滤波器响应类型。FilterPro 提供很多滤波器类型，包括三种基本滤波器类型：巴特沃斯、切比雪夫、贝塞尔；该界面同时可选择查看滤波器各响应波特图，包括幅频特性、相频特性和群延迟特性。这里选择"Butterworth"，幅频特性曲线幅度单位选择"增益（dB）"，然后点击 Next，如图 3.2.3 所示。

（4）选择滤波器拓扑结构。FilterPro 提供了基本的多重反馈型和压控电压源型（Sallen-Key），这里选择"Sallen-Key"结构，然后单击 Finish，如图 3.2.4 所示。

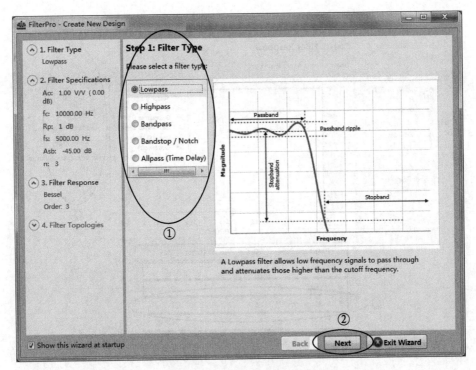

图 3.2.1　选择滤波器类型

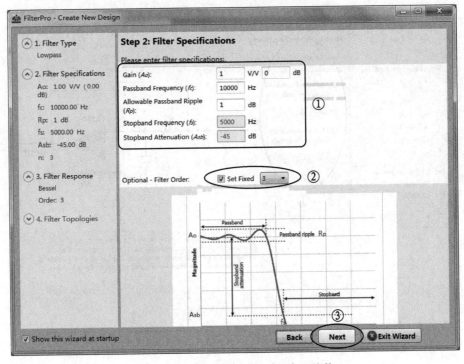

图 3.2.2　设置滤波器截止频率和阶数

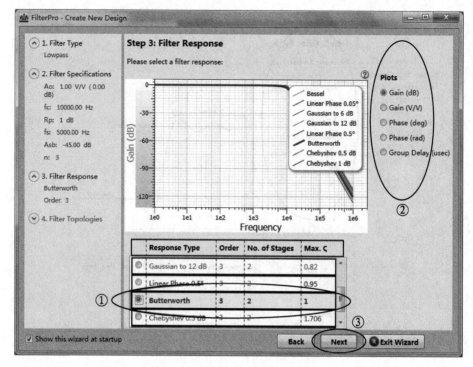

图 3.2.3　选择滤波器响应类型

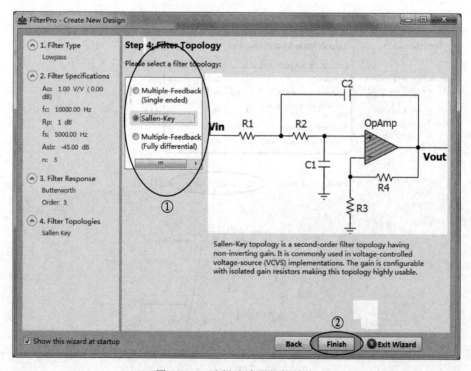

图 3.2.4　选择滤波器拓扑结构

（5）此时，滤波器的参数设置完成，弹出如图 3.2.5 所示原理图界面。在该界面中可以看到设计的原理图以及阻容器件的参数，原理图下方列出该滤波器的信息，如阶数、运放的最小增益带宽积、Q 值等；界面中还有该滤波器对应的响应曲线；特别的，在界面的右上方可以设置阻容器件的精度，方便设计者设置元件参数值；在界面上方对应五个菜单，分别为原理图、滤波器数据表、BOM 单、注释和导出设计，这些功能能够方便设计者对所设计的滤波器生成一个人性化的设计报告。

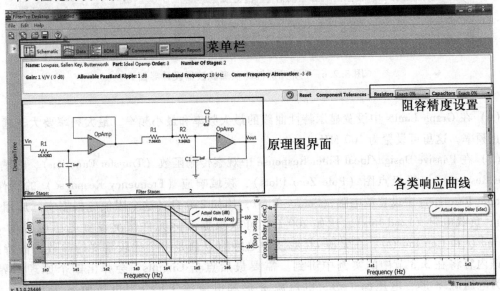

图 3.2.5　滤波器设计完成界面

在设计完成之后不要忘记对该文件进行保存，执行 File→Save Design 保存文件。

2. Filter Solution 软件

Filter Solution 是由 Nuhertz 技术公司提供的一款滤波器设计软件。该软件可以设计无源滤波器、有源滤波器，同时还可以设计数字滤波器。特别是在设计无源滤波器上，Filter Solution 软件能够非常准确地给出滤波器参数。以设计一个 7 阶无源椭圆低通滤波器为例，截止频率为 70 MHz，纹波系数为 0.1 dB，阻带衰减为 40 dB。如图 3.2.6 所示为 Filter Solution 软件设计界面，其设计的基本步骤如下。

（1）打开 Filter Solution 软件后，根据滤波器的设计要求，在 Filter Type 中选择滤波器的类型 Elliptic：椭圆滤波器。

（2）在 Filter Class 中选择滤波器的种类为低通（Low Pass）。

（3）在 Filter Attributes 中设置滤波器的阶数（Order）为 7 阶，纹波系数为 0.1 dB，截止频率为 70 MHz；Stop Band 菜单中一般选择 Atten（dB），表示阻带衰减，同时在 Stop Band Atten 输入框中输入题目要求的阻带衰减 40 dB。而当 Stop Band 菜单中选择 Ratio（比率）或者 Freq（频率）时，则 Stop Band Atten 中的数值会自动转换成对应的参数。

（4）在 Implementation 中选择无源滤波器（Passive）。

（5）在 Freq Scale 中选择 Hertz 和 Log，如果选择了 Rad/Sec，则要注意 Rad/Sec = 6.28×

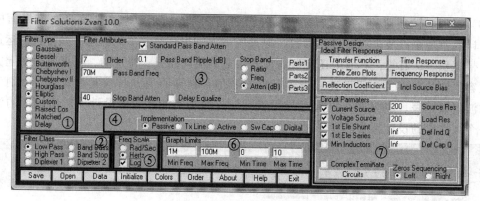

图 3.2.6　7 阶无源椭圆低通滤波器设计界面

Hertz。

（6）在 Graph Limits 中设置显示特性曲线的最大频率和最小频率，最大频率要大于通频带的截止频率，这里可设置为 100 MHz。

（7）在 Passive Design/Ideal Filter Response 中观察传输函数（Transfer Function）、时域响应（Time Response）、零极点图（Pole Zero Plots）、频域响应（Frequency Response）的特性图。在 Circuit Parmaters 中设置源电阻（Source Res），比如 200 Ω（这个阻值应根据实际应用电路选取）；负载电阻（Load Res），比如 200 Ω。可以根据实际元件情况设置电感电容的 Q 值（Def Ind Q 和 Cap Ind Q），在无源 LC 滤波中电感的 Q 值是一个比较重要的参数，需特别注意，该内容将在 3.3 节中的实例中讲到。需要最后点击 Circuits，会弹出四个原理图界面，分别为电压源 π 形、电压源 T 形、电流源 π 形和电流源 T 形，以电压源 π 形为例，如图 3.2.7 所示。

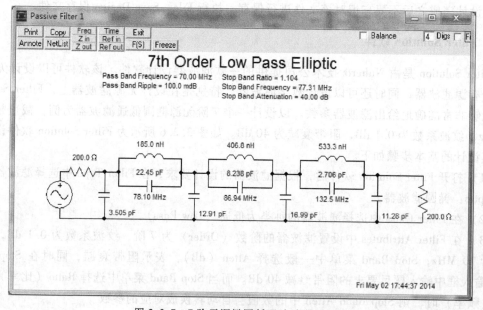

图 3.2.7　7 阶无源椭圆低通滤波器原理图

接下来单击滤波器原理图左上角界面的 F(S) 图标，查看滤波器的传递函数，如图 3.2.8 所示。

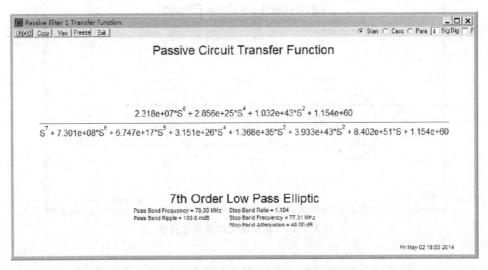

图 3.2.8　7 阶无源椭圆低通滤波器传递函数

单击 Freq 图标可以观察到滤波器的频率响应，如图 3.2.9 所示。

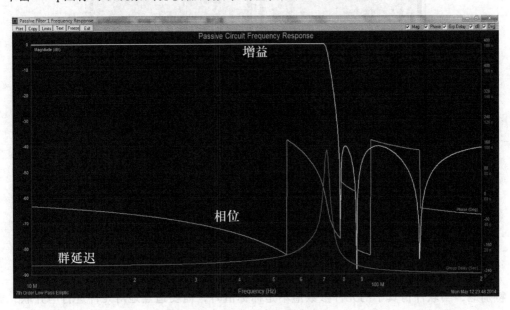

图 3.2.9　频率响应曲线

再次回到原理图界面，当鼠标移到元件附近的时候，对应的元件图标会高亮红色，此时单击该元件，弹出元件参数值设置菜单，这里可以设置元件的参数值，例如设置 3.505 pF 电容的 Q 值为 10，精度为 5%，如图 3.2.10 和图 3.2.11 所示。

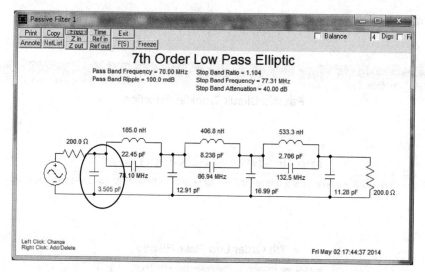

图 3.2.10　原理图元件参数值设置

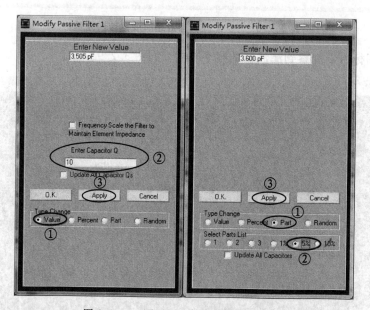

图 3.2.11　原理图元件参数值设置页面

特别地，当软件仿真中的元件参数值不是标称值时，需要适当地对元件进行串并联，此时右单击元件，添加所需元件并编辑参数，如图 3.2.12 所示。

更改参数后原理图的效果如图 3.2.13 所示。

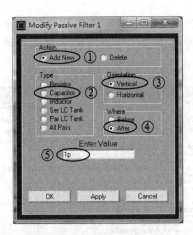

图 3.2.12　添加串并联元件

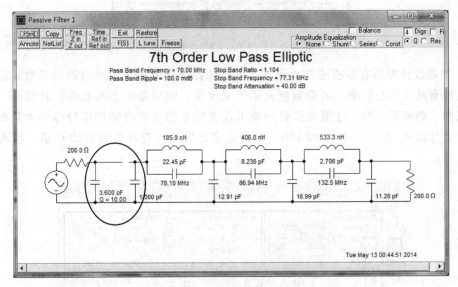

图 3.2.13　更改参数后的原理图

　　同样的，在设计完成之后不要忘记对该文件进行保存，在滤波器设计界面单击 Save 保存文件。

3. Filter CAD 软件

　　Filter CAD 是由凌力尔特公司专门为其滤波器芯片设计的一款滤波器设计软件。它功能强大，使用简单，大大简化了开关电容滤波器和集成有源滤波器的设计过程。Filter CAD 具有设计和分析双重功能，设计者不仅可以得到所需的设计电路，还可以通过 Filter CAD 对电路进行分析，掌握所设计滤波器的传输函数、频率响应、时域响应，从而更好地了解设计结果。本节以设计一个四阶、高通、开关电容滤波器，截止频率 f_c 在 1～10 kHz 范围内可调为例，说明 Filter CAD 软件的使用方法。

　　（1）打开 Filter CAD. exe，首先进入快速设计页面，先执行 Files→Save as…，将设计文件保存为：四阶、高通开关电容滤波器。在界面中选择快速设计（Quick Design）或者提高设计

（Enhanced Design），快速设计按照提示一步一步选择想要的滤波器特性；而提高设计则是将所有滤波器特性在一个界面下进行选择。一般情况下我们选择提高设计，如图 3.2.14 所示，点击 Next 即进入设计界面。

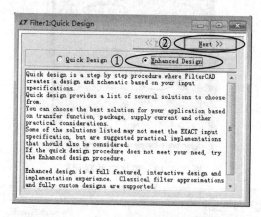

图 3.2.14　Filter CAD 软件界面

（2）提高设计界面有多项选择及设置，可以选择滤波器类型；滤波器的参数：包括通带增益、阻带衰减、中心频率、通带宽度及阻带宽度等；响应形式上可选择巴特沃斯、切比雪夫、贝塞尔、椭圆等六种。这里按照设计要求设置标准的具有巴特沃斯特性的 4 阶高通滤波器，通带增益为 0，截止频率为 10 kHz，设置完成之后可以查看各通道的 Q 值，如图 3.2.15 所示。

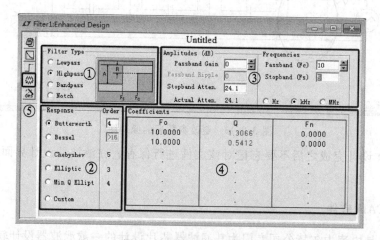

图 3.2.15　提高设计界面

（3）参数设置完成后，单击界面上左边的 implement 图标即可进入器件选择界面，如图 3.2.16 所示。

在器件选择界面可以选择开关电容器件或者有源器件，在选择框内下拉菜单选择器件，这里以 ±5 V 供电的 LTC1068-200 为例，选择之后，按界面上左边的 schematic 图标，如图 3.2.16 所示，生成原理图编辑界面，如图 3.2.17 所示。

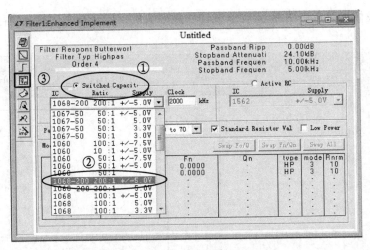

图 3.2.16 器件选择界面

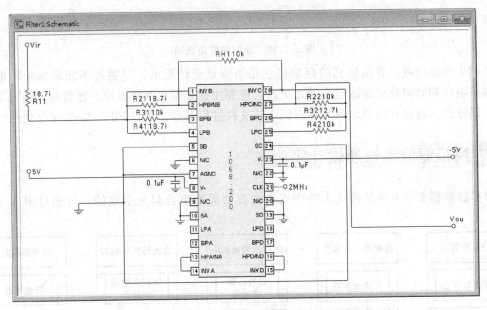

图 3.2.17 原理图编辑界面

在该界面中，鼠标移动到电阻位置上光标就会出现 edit 文字，此时可以单击电阻标号（比如 R_{11}）更改阻值，如图 3.2.18 所示。精度选择 5% 后，18.7 kΩ 则变为 18 kΩ 标称值。

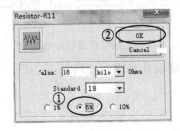

图 3.2.18 更改元件参数值界面

（4）最后我们可以点击图标 ⊡ 看该设计的频率响应，以及点击图标 ⌐ 看时间响应，如图 3.2.19 所示。

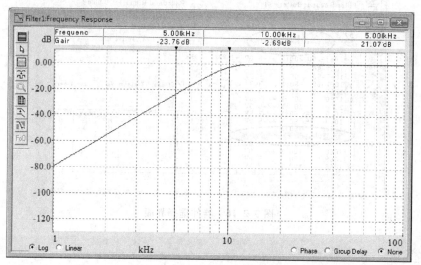

图 3.2.19　频率响应曲线图

从响应曲线中可以看出仿真的幅频特性是否满足设计要求，当更改不能取到标称电阻值时，频率响应和时间响应曲线也会随之更改，需要注意必须在不改变滤波器特性的情况下更改阻值。同样的，在设计完成之后不要忘记对该文件进行保存，执行 File→Save 保存文件。

3.3　模拟滤波器快速设计实例

模拟滤波器实际上就是将 3.1 节中五类滤波器类型组合起来形成的，可通过图 3.3.1 来表示。

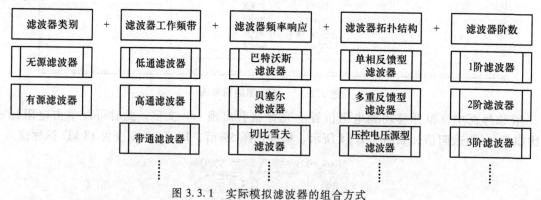

图 3.3.1　实际模拟滤波器的组合方式

一般地，把模拟滤波器的快速设计步骤可归纳如下：

（1）定义滤波器参数；

（2）软件快速设计；

（3）实际硬件电路验证；

（4）参数调整再验证。

如若在第（3）步中设计出的硬件电路性能已经能够满足设计要求，则无需执行第（4）步。本节将通过三个滤波器设计实例，结合上节中介绍的滤波器设计软件，让大家更好地掌握模拟滤波器电路的快速设计方法。

1. FilterPro 软件设计有源二阶低通滤波器

（1）设计要求

设计一个低通滤波器，要求滤波器截止频率为 100 kHz，带外衰减不少于 40 dB/十倍频，截止频率误差不大于 10%（2011 年全国大学生电子设计竞赛本科组 E 题：简易数字信号传输性能分析仪）。

（2）设计步骤

① 定义滤波器参数。由设计要求可知滤波器类型为低通滤波器，截止频率为 100 kHz，带外衰减不少于 40 dB，可用有源二阶 RC、Sallen–Key 型实现。

② 软件快速设计。按照 3.2 节中的 FilterPro 软件设计步骤，分别在设计界面输入本次滤波器参数：低通、增益 0 dB、2 阶、100 kHz、巴特沃斯、Sallen–Key 型，可得到如图 3.3.2 所示电路图。

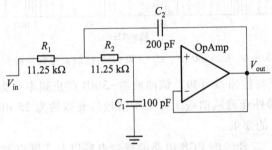

图 3.3.2   100 kHz 滤波器软件设计电路图

③ 实际硬件电路验证。根据软件设计，阻容精度默认设置为 0，阻容参数的精度越高，得到滤波器特性就越接近理想状态。实际硬件电路设计的原理如图 3.3.3 所示。有源器件选用带宽为 10 MHz 的通用运放 NE5532；图中 11.25 kΩ 电阻通过 10 kΩ（R_1、R_3）和 1.25 kΩ

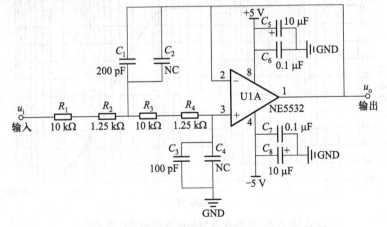

图 3.3.3   100 kHz 有源滤波器实际硬件电路设计图

（R_2、R_4）串联得到；为了方便参数选取，使用两个电容并联进行电容参数设置，本次设计用 100 pF（C_3）和 200 pF（C_1）标称值，C_2 和 C_4 默认不焊接。阻容元件选取 5% 精度的 E24 系列。

输入峰峰值为 1 V、频率从 100 Hz 到 2 MHz 的正弦波，对图 3.3.3 的实际电路进行验证，测试得到如图 3.3.4 所示的幅频特性曲线。

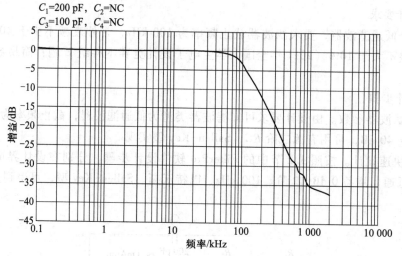

图 3.3.4　$C_1 = 200$ pF、$C_3 = 100$ pF 时滤波器幅频特性曲线

从测试数据以及幅频特性曲线可知，该滤波器 -3 dB 截止频率约为 96 kHz，满足截止误差不大于 10% 的要求，而带外衰减从曲线上可知十倍频后衰减约为 35 dB，该项指标未能满足题目带外衰减不小于 40 dB 的要求。

④ 参数调整再验证。综合考虑 PCB 电路的寄生电容以及实际电容精度影响，将 100 pF 的电容参数更换为两个 47 pF 电容并联得到，即 $C_3 = C_4 = 47$ pF，重新测试数据得到如图 3.3.5 所示的幅频特性曲线。

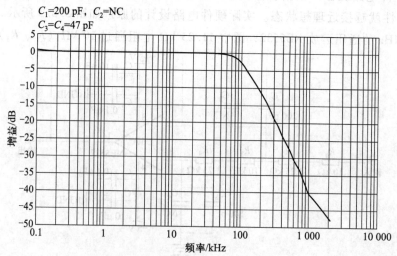

图 3.3.5　更换参数后的滤波器幅频特性曲线

从测试数据以及幅频特性曲线来看，截止频率约为 104 kHz，满足截止误差不大于 10% 的要求，而十倍频衰减为 41 dB，满足题目带外衰减不小于 40 dB 的要求。

（3）设计要点

① 运放选型。在设计滤波器的时候要特别注意运放的增益带宽积（GBWP）和转换速率（SR）这两个参数，尤其是 GBWP。一般地，根据滤波器参数的 Q 值大小，给出运放最小的带宽（其中，$GAIN$ 为增益）：

$$GBWP(\min)=\begin{cases}100\times GAIN\times f_c\times Q\,(Q<1)\\ 100\times GAIN\times f_c\times Q^3\,(Q>1)\end{cases} \tag{3.3.1}$$

另外一个需要考虑的是运放的反馈类型。电压反馈（VFB）型运放通常具有高开环增益和单极点频率响应，大多数情况下选择电压反馈型运放做滤波器的有源器件。而电流反馈（CFB）型运放对于其反馈电阻的选用非常严格，加之由于许多有源滤波器的拓扑结构都采用了电容性反馈，而许多采用电流反馈的高速运放会出现电容性反馈引起的振荡。因此，采用电流反馈型运放来设计有源滤波器并非明智之举。

② 阻容参数的调整。由于电路板的影响，不可避免存在一些寄生电容。在滤波器的截止频率低时，设计使用的电容值较高，此时电路板的寄生电容（一般来说，电路板的寄生电容会有 2~3 pF）可忽略不计，并不会对所设计的滤波器造成太大影响。但若滤波器应用在频率稍高的场合，电容对截止频率以及阻带的衰减影响就会变得尤为明显，此时阻容的参数调整将会非常麻烦。在实验调试中，可采用缩放的方法，即将电容增大，同时将电阻减小，保持截止频率不变的情况下，减小寄生电容的影响。另外在实际电路调试中，可以通过拼凑的方式，即阻容的串并联来代替无法取到的阻容值也是一种提高精度的好方法。

③ 当心电路中的 Q 值。当滤波器要求设置增益的时候，特别要注意 Sallen-Key 型滤波器的 Q 值和增益有关，需根据实际情况来设计。如图 3.3.6 为 Q 值不同时的幅频特性，Q 值越大，幅频特性在截止频率附近出现的凸峰越明显。当设计如图 3.1.2 所示的带有增益的滤波器时，一般放大倍数不宜超过 3 倍；有的时候为了避免电路 Q 值影响到系统的通带，甚至不将增益设置放在滤波器电路里面，而是在滤波器之后加一级专门的放大电路。

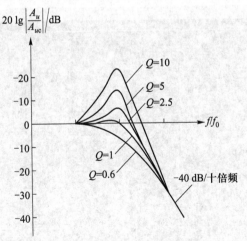

图 3.3.6　Q 值不同时的幅频特性

2. Filter Solution 软件设计无源 *LC* 低通滤波器

（1）设计要求

设计一个正弦信号发生器，正弦波输出频率范围：1 kHz～10 MHz，在频率范围内驱动 50 Ω负载（2005 年全国大学生电子设计大赛本科组 A 题：正弦信号发生器）。为了滤除高频噪声，本题一般需要设计一个滤波器，保证正弦波信号干净输出。

（2）设计步骤

① 定义滤波器参数：分析设计要求可知，正弦信号发生器的频率范围为 1 kHz～10 MHz，为滤除高频噪声，选择无源 *LC* 滤波器。为让通带更平坦，阻带衰减更快，设定截止频率为 20 MHz、7 阶巴特沃斯型滤波器。

② 软件快速设计：按照 3.2 节中的 Filter Solution 软件设计步骤，分别在设计界面输入本次滤波器参数：巴特沃斯、低通、7 阶、截止频率 20 MHz、无源、设置 50 Ω 阻抗匹配，微调电感和电容参数可得到如图 3.3.7、图 3.3.8 所示的仿真电路图和幅频特性曲线图。

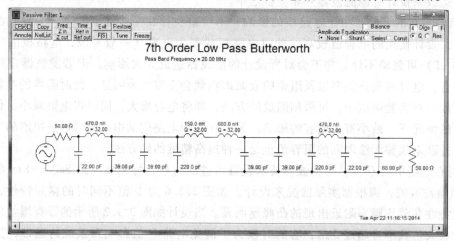

图 3.3.7　7 阶无源 *LC* 巴特沃斯滤波仿真电路

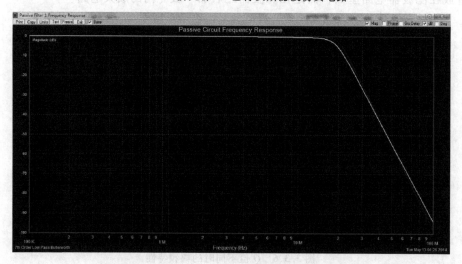

图 3.3.8　7 阶无源 *LC* 巴特沃斯滤波幅频特性曲线图

③ 实际硬件电路验证。根据仿真电路设计硬件电路，电容参数选择标称值 5% 精度，电感选择 TDK 电感 MLF 系列，设计电路如图 3.3.9 所示，幅频特性曲线如图 3.3.10 所示。

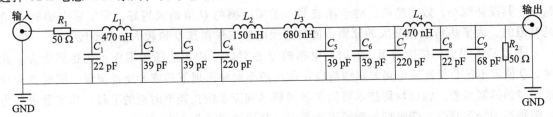

图 3.3.9　7 阶无源 *LC* 巴特沃斯滤波器实际硬件设计电路

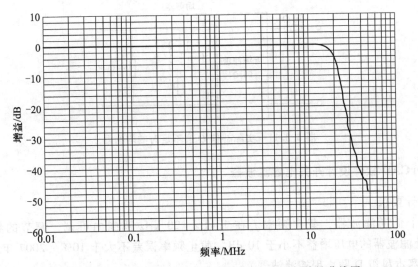

图 3.3.10　实际 7 阶无源 *LC* 巴特沃斯滤波幅频特性曲线图

从测试得到的幅频特性曲线可以看出该无源滤波器截止频率约为 20 MHz，通带到 10 MHz 衰减很小，且 $2f_c$ 处衰减大于 40 dB，最大程度的滤掉高频分量，满足了题目的要求。

（3）设计要点

① 电感量 *L*。在制作 *LC* 滤波器时，需要选用恰当数值的电感，并且这个数值必须在使用的工作频率段内是恒定不变的。实际上电感的感值 *L* 是会随着频率的升高而变化的（或升高或降低），选择时必须保证滤波器工作在电感值恒定不变的频率段内；同时，还需要注意的是电感公差，也就是电感实际值与标称值间的误差，所以这里选用了公差较小的 TDK 系列 MLF 积层电感。

② 自谐振频率（SRF）。实际电感器由于分布电容的存在，以及存在的直流电阻，使得电感自身形成一个谐振回路，这个回路的谐振频率称之为自谐振频率。当工作频率低于自谐振频率时，电感器呈现出感性特性，其阻抗随着频率的增加而增加；当工作频率高于自谐振频率时，电感器呈现出容性特性，其阻抗随着频率的增加而减小。如果期望电感呈现出感性特性，那所选电感的自谐振频率应该大于滤波器的工作频率。一般情况下，自谐振频率至少为滤波器最高工作频率的 10 倍左右。比如，一个 100 nH 电感，若其自谐振频率为 800 MHz，则该电感最好是应用到工作频率低于 80 MHz 的电路中。通常来讲，由于寄生电容的影响，电感值越大，自谐振频率越低，反之亦然。

③ 电感的品质因数 Q。品质因数也称 Q 值，也是衡量电感器质量的主要参数。它是指电感器在某一频率的交流电压下工作时，所呈现的感抗与其等效损耗电阻之比。电感器的 Q 值越高，其损耗越小，效率越高。对于滤波器，希望电感的 Q 值越大越好，但实际电感的 Q 值是有限的。为了达到 Q 值最大的原则，通常选用电感工作在其 Q 值较大的频率段。

④ Q 值不足时的幅度均衡。有时候电感的 Q 在第③点中无法随频率成正比达到更大。此时，Q 值的不足会使滤波电路的幅频响应在截止频率附件出现下凹或者变得圆滑，同时也会导致阻带的抑制变差。幅度均衡技术可用于补偿频率响应在截止频率附近的下降，均衡器可分为定阻特性和变阻特性。变阻型均衡器更为常用，其原理如图 3.3.11 所示。

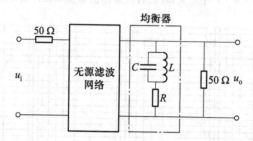

图 3.3.11　实际补偿 Q 值不足时的均衡器

3. FilterCAD 软件设计开关电容滤波器

（1）设计要求

设计一个低通滤波器，截止频率 f_c 在 1 kHz ~ 20 kHz 范围内可调，调节的频率步进为 1 kHz，$2f_c$ 处滤波器的电压增益不小于 10 dB，截止频率误差不大于 10%（2007 年全国大学生电子设计大赛本科组 D 题：程控滤波器）。

（2）设计步骤

① 定义滤波器参数。设计要求低通滤波器在 $2f_c$ 处的衰减 A 不小于 10 dB，为了保证设计指标的可靠性，将衰减 A 设定为 20 dB。于是滤波器的归一化频率为

$$\Omega = \frac{\omega}{\omega_c} = \frac{2f_c}{f_c} = 2 \qquad (3.3.2)$$

则滤波器的阶数为

$$n = \frac{A}{20\log\Omega} = \frac{20}{20\log 2} = 3.32 \qquad (3.3.3)$$

取 $n = 4$，因此低通滤波器阶数定为 4 阶。设计要求截止频率 1 ~ 20 kHz 范围内可调，因此必须用到开关电容滤波器实现。

② 软件快速设计。利用 Filter CAD 软件，在提高设计界面按照本次设计要求，选择低通、巴特沃斯、截止频率 20 kHz，开关电容滤波器选择 ±5 V 电源供电的 LTC1068-200，微调电阻值后得到滤波器原理图如图 3.3.12 所示，幅频特性曲线如图 3.3.13 所示。

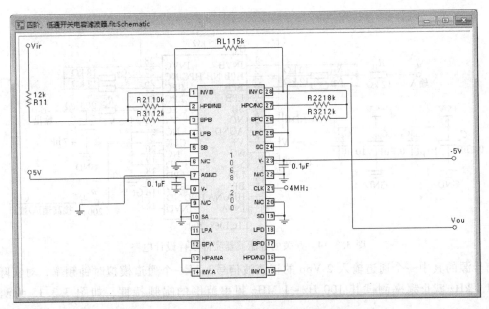

图 3.3.12 开关电容滤波器仿真电路原理图

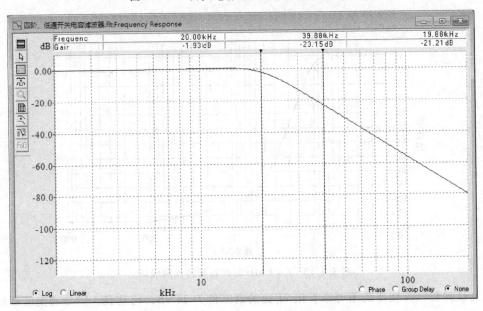

图 3.3.13 开关电容滤波器幅频特性曲线

③ 实际硬件电路验证。根据软件仿真电路，LTC1068-200 外围电阻值全部使用标称值。使用信号源产生正 3.3 V 方波信号模拟 CLK 信号，并串联 200 Ω 电阻后接 LTC1068 芯片的 CLK 时钟引脚（可以滤除时钟干扰）。信号输出引脚增加一阶 RC 低通滤波网络（R_{c2}、C_1），截止频率为

$$f_c = \frac{1}{2\pi R_{c2}C_1} = \frac{1}{6.28 \times 200 \times 4.7 \times 10^{-9}} \text{ Hz} \approx 170 \text{ kHz} \tag{3.3.4}$$

得到如图 3.3.14 所示的电路图。

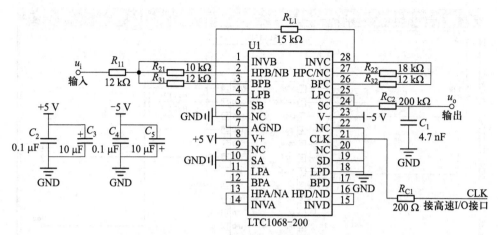

图 3.3.14　开关电容滤波器实际硬件设计电路

信号源的其中一个通道输入 2 Vpp 的正弦波信号，另一个通道模拟时钟频率，对实际硬件电路以 1 kHz 截止频率测试其 100 Hz～1 MHz 频率范围的幅频特性，如图 3.3.15 为测试数据图。

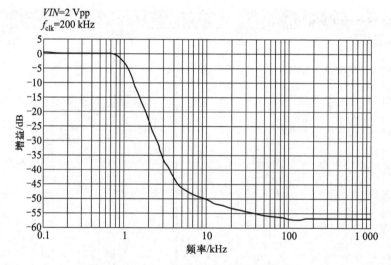

图 3.3.15　$f_c = 1$ kHz 时的幅频特性曲线图

从测试的幅频特性曲线图可以看出 $2f_c$ 处的衰减约为 24 dB，已达到 4 阶低通滤波器的标准衰减量，该滤波器性能良好。

更改时钟频率使截止频率从 1～20 kHz 步进，则幅频特性基本符合图 3.3.15 所示的曲线，而截止频率有所差别。如表 3.3.1 所列为 1～20 kHz 截止频率的误差数据表。

表 3.3.1　4 阶开关电容滤波器截止频率误差表

截止频率/kHz	实际值/kHz	误差/%
1	1.02	2.000
2	2.04	2.000

续表

截止频率/kHz	实际值/kHz	误差/%
3	3.06	2.000
4	4.06	1.500
5	5.08	1.600
6	6.12	2.000
7	7.12	1.714
8	8.12	1.500
9	9.2	2.222
10	10.2	2.000
11	11.2	1.818
12	12.25	2.083
13	13.25	1.923
14	14.3	2.143
15	15.3	2.000
16	16.3	1.875
17	17.3	1.765
18	18.3	1.667
19	19.3	1.579
20	20.3	1.500

从表格可以看出 LTC1068-200 开关电容滤波器的截止频率误差在 3% 以内，满足了题目截止频率误差小于 10% 的要求。

（3）设计要点

① 电源的去耦。开关电容滤波器芯片内部用的电阻阻值都比较大，因此开关电容滤波器的输出噪声比传统的有源滤波器更大。在设计开关电容滤波器的时候需要特别注意电源的去耦，PCB 设计时要考虑把去耦电容尽可能地靠近芯片电源引脚旁。

② 电阻器参数的调整：一般通用开关电容滤波器只需外接电阻器就可以得到各种类型的滤波器，而由软件仿真得出的电阻值通常不是标称的。若通过自身软件修改电阻的精度则很容易使仿真的响应曲线偏离实际所需要的。因此，要尽量保证在响应曲线不变的情况下让仿真电阻值接近标称值，一般通过电阻的串并联便可得到。

③ 注意开关电容滤波器芯片的时钟馈通。一般来说，开关电容滤波器的时钟和截止频率比都比较大。由于开关电容滤波器具有注入电荷的问题（即时钟馈通），时钟频率会串入信号通频带。因此，PCB 设计时，时钟信号线最好垂直于集成电路的引脚，以避免与其他信号产生耦合，在时钟源与 CLK 引脚之间串接一个 200 Ω 的电阻器可以进一步减小耦合。同时，为

了滤波时钟干扰，在滤波器输出端可以接一个简单的 RC 滤波器。但是如果时钟频率离信号通频带较近，那么设置的 RC 滤波器截止频率就小，这样势必会影响到信号通带。为此，选择的开关电容滤波的时钟和截止频率常数比应尽量大，那么时钟频率就很高，这样设置 RC 滤波器的截止频率既可以更大程度地滤掉时钟频率，同时又可以保证通带不因该 RC 滤波器而衰减。

第4章 高速数据转换模块设计

4.1 A/D 转换器（ADC）与 D/A 转换器（DAC）基础

在数据采集系统里，被控对象经过信号调理之后需要进行 A/D 采集；要控制模拟被控对象，信号也要经过 D/A 变换。本章介绍 A/D 和 D/A 变换的基础知识，同时通过举例说明高速 ADC 和高速 DAC 设计过程，具体应用请见第 9 章和第 12 章。低速 ADC 和 DAC 的应用请见第 7 章。

1. A/D 转换器（ADC）基础

（1）ADC 的分类及特点

ADC 按接口方式分为并行、SPI 和 I²C 接口 ADC。

从原理上看，又分为逐次逼近（SAR）、积分、Sigma-Delta（Σ-Δ）、闪速（Flash）、和压频（V/F）变换等类型的 ADC。

逐次逼近型 ADC 是采样速率低于 5MSPS 的中等至高分辨率应用的常见结构。其内置的 D/A 转换器采用电阻阵列型或电容阵列型结构，后者称为电容式 DAC，利用电荷再分配原理转换模拟数据，是逐次逼近型 ADC 广泛采用的结构。逐次逼近型 ADC 的优点：精度较高、速度较快、功耗低，并且输出数据不存在响应时间问题，当分辨率低于 12 位时价格适中；缺点：分辨率和采样速率是相互矛盾的，分辨率低时采样速率较高，要提高分辨率，采样速率就会受到限制；在分辨率高于 14 位情况下，价格较高。

积分型 ADC 具有精度高、抗干扰能力强、功耗较低和价格低廉等优点，但其高精度是以牺牲速度为代价的，所以数据转换速度很慢。

Σ-Δ 型 ADC 由 1 位 ADC 和滤波电路组成，可对输入信号进行过采样并进行噪声修正处理，从而实现高精度的数字输出，也降低了对输入的模拟信号进行滤波的要求。分辨率高，可高达 24 位。转换速率高于积分型和压频变换型 ADC。这种结构比其他 ADC 结构具有更低的成本，但高速 Σ-Δ 型 ADC 的价格较高。传统的 Σ-Δ 型 ADC 被普遍用于带宽限制在大约 22 kHz 的数字音频系统。

闪速型 ADC 又称为并行比较型 ADC，它利用一系列带不同阀值电压的比较器将模拟信号转换为数字信号输出，具有极高的采样速率。由于转换是并行的，因此转换速度最快。随着分辨率的提高，元件数目要按几何级数增加。由于位数越多，电路越复杂，功耗越高，因此制成分辨率较高的集成并行 A/D 转换器是比较困难的。为了解决提高分辨率和增加元件数的矛盾，可以采取分级并行转换的方法。半闪速型 ADC 先用一组比较器量化产生高数字位，再用 DAC 从输入减去该电压，然后再将余下的输入进行量化，获得低数字位。这种方法虽然在速度上做了牺牲，却使元件数大为减少，在需要兼顾分辨率和速度的情况下常被采用。

压频变换型 ADC 是间接型 ADC，它先将输入模拟信号的电压转换成频率与其成正比的脉冲信号，然后在固定的时间间隔内对此脉冲信号进行计数，计数结果即为正比于输入模拟电压信号的数字量。压频变换型 ADC 的优点：精度高、价格较低、功耗较低；缺点：类似于积分型 ADC，其转换速率受到限制。

（2）ADC 的主要技术指标

在数据采集系统中，ADC 的性能起到至关重要的作用，ADC 的性能由如下的主要技术指标决定。

① 分辨率（Resolution）：指数字量变化一个最小量时模拟信号的变化量，定义为满刻度与 2^n 的比值，其中 n 为 ADC 的位数。也可以用最低有效值（LSB）和系统满刻度值的百分数（%FSR）来表示。通常直接用 n 来表示 ADC 的分辨率。注意：分辨率和精度不是同一个概念。精度是反映转换器的实际输出接近理想输出的精确程度的物理量。在 ADC 转化过程中，由于存在量化误差和系统误差，精度会有所损失。其中量化误差对于精度的影响是可计算的，它主要取决于 ADC 的位数。

② 采样速率（Sample Rate）：ADC 将模拟信号转换为数字流的过程称为"采样"，每次采样对应于模拟信号在某一时刻的幅度，又称为"吞吐率"。每秒钟的采样次数称为采样速率，以每秒采样数为单位，即 SPS（Samples per Second）。注意：采样速率和转换速率（Conversion Rate）并不相同。采样时间是采样速率的倒数，是 ADC 完成一次完整转换所需的时间。采样时间通常由 ADC 的转换时间和建立时间等构成。建立时间由 ADC 转换精度（设为 SA，用一个 LSB 的分数表示，例如建立精度 0.5 对应 1/2LSB）、ADC 的位数、模拟输入等效电路中的输入电阻 R 和输入电容 C 以及外部信号源输出阻抗 R_S 决定，等效电路如图 4.1.1 所示，建立时间为

$$建立时间 = (R+R_S)C\ln(2^n/SA)$$

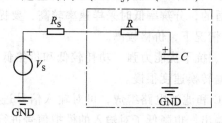

图 4.1.1　ADC 等效模拟输入电路

由上式可知，外部信号源输出阻抗越大，ADC 建立时间将越长，从而增加了采样时间。可以采用在外部信号源的输出端串接电压跟随器后再接到 ADC 的模拟输入端的方法，利用运算放大器高输入阻抗、低输出阻抗的特性，减少了串入到模拟输入端的电阻，从而减少建立时间以保证 ADC 能获得最大的采样率；串接电压跟随器还可以起到减少被采集对象对系统干扰的作用。其实，若 R_S 的值大于或和 R 的值相当，将减少信号源输入到模拟输入端的电压，ADC 采集到的值小于信号源的值，这当然不允许，这也是为什么一般要在 A/D 芯片模拟输入端的前级串接运算放大器的原因。另外，在具有多个模拟输入通道的 A/D 芯片中，由于通道切换需要时间，也要充分考虑 ADC 建立时间的问题。

③ 量化误差（Quantizing Error）：由于 ADC 的有限分辨率而引起的误差，即有限分辨率

ADC 的阶梯状转移特性曲线与无限分辨率 ADC（理想 ADC）的转移特性曲线（直线）之间的最大偏差。通常是 1 个或半个最小数字量的模拟变化量，表示为 1LSB 或 1/2LSB。

④ 偏移误差（Offset Error）：实际测量到的第一个跳变点与理想传递函数中第一个跳变点的差值，通常为输入信号为零时输出信号不为零的值，又称为失调误差。可外接电位器调至最小或通过软件校准（预先用高精度万用表测量此值且保存在程序存储器中）。

⑤ 增益误差（Gain Error）：数据转换器的增益误差代表实际传输函数的斜率与理想传输函数的斜率的差别。增益误差通常用 LSB 或满刻度值的百分数表示。增益误差可以利用硬件或软件校准，等于满量程误差减去偏移误差。

⑥ 微分非线性（Differential Nonlinearity, DNL）：一项数据转换器指标。在理想的 D/A 转换器中，数码加 1 对应的输出电压的改变不会超出器件允许的范围。同样，在 ADC 中，输出数字量在整个范围内随输入线性变化。DNL 是实际值与理想值的偏差，相对理想的 1LSB，和所达到的实际最大的代码的差值。理想转换器的 DNL 为 0。

（3）ADC 的选用原则

ADC 选用的总原则是 ADC 的性价比，而性能往往和价格成正比。ADC 的性能主要考虑 ADC 的速度和精度。

对于 ADC 的速度应根据输入信号的最高频率 f_m 来确定，要保证 ADC 的采样频率 f_s 和 f_m 间满足采样定理，即

$$f_s \geqslant 2f_m$$

在智能仪器和工业自动化系统中，由于其工作频率一般较低，为了减少高频干扰的影响，很好地恢复被测信号，减小误差，一般采用较高的采样频率，采样频率至少为最高频率的 7~10 倍，这样可以有效消除混叠现象。若被测信号是高频信号，则需要选择带采样/保持器的 ADC；如果采集直流或者低频信号，可以不需要采样/保持器。

ADC 的精度与系统中所测量、控制的信号范围有关，但估算时要考虑到其他因素，转换器位数应该比总精度要求的最低分辨率高 1~2 位。

另外，根据被测信号的特点应尽可能选择内部资源多的 ADC，比如，多通道、双极性、低功耗、内部带电压基准和 A/D 转换时钟的 ADC。这样可以尽量减少外部的硬件开销，不但方便电路设计，一般还可以节省整个系统的成本。

（4）判断 A/D 转换是否结束的方法

判断 A/D 转换是否结束有三种方法：延时等待法、查询状态法和中断法。已知 ADC 的采样时间，可以用延时等待法实现，启动 A/D 转换后延时所需的采样时间再读取转换结果。查询状态法是控制器通过查询 ADC 转换结束信号实现的。控制器的中断引脚和 ADC 转换结束信号引脚直接或间接相连并用中断方式实现就是中断法。延时等待法和查询状态法一般适用于快速的数据采集系统，中断法适用于实时的、慢速的数据采集系统。

（5）ADC 应用的注意事项

① 如数据采集系统的干扰较大，要采用相应的信号调理电路，使输入到 ADC 的模拟信号"干净"。模拟信号路径应远离任何快速开关的数字信号线，以防止噪声从这些数字信号线耦合进模拟路径。

② 电压基准输入应看作是另一个模拟输入，必须尽可能保持"干净"。一般 ADC 的数据

手册上会规定要求的去耦电容。这些电容应放置在离 ADC 的基准电压输入引脚最近的地方。应尽可能避免将去耦电容放在 PCB 的背面，因为过孔的电感会降低高频时电容的去耦性能。电压基准通常用来设置 ADC 的满刻度范围，因此减小电压基准值会减小 ADC 的 LSB 值，使得 ADC 对系统噪声更加敏感。另外注意：在高精度的测量系统中，电压基准值要用高精度的多位万用表测量确定后用于程序运算，避免因电压基准值的偏差给程序计算带来误差。

③ 大多数 ADC 有分离的电源输入，一个用于模拟电路，一个用于数字电路，电源电压的值要高于基准电压的值。推荐在尽量靠近 ADC 的位置使用足够多的去耦电容。尽量减少 PCB 的过孔数量，并减小从 ADC 电源引脚到去耦电容的走线长度，从而使 ADC 和电容之间的电感为最小。ADC 数据手册一般会提供推荐的去耦方案。在地线方面，模拟地和数字地要分开布线，然后在一点通过磁珠连接，在实际应用中也可以使用 0 Ω 绕线电阻连接。该绕线电阻要有寄生电感，另外，在布线时一定要注意地线应该尽可能粗，或者采用大面积覆地，电源线也要尽量粗。

④ 如果采用数字滤波技术，还必须进行过采样，提高采样速率。常见的数字滤波算法有程序判断滤波、中位值滤波、算术平均滤波、递推平均滤波、加权递推平均滤波、防脉冲干扰平均滤波和一阶惯性滤波等。当数据采集系统的噪声逼近白噪声时，利用过采样和求均值技术可提高测量分辨率，每增加一位分辨率，信号必须以 4 倍的速率被过采样：

$$f_{os} = 4^w \times f_s$$

其中，w 是所希望增加的分辨率位数，f_s 是初始采样频率要求，f_{os} 是过采样频率。但过采样和求均值法对测量分辨率的改善是以增加 CPU 时间和降低数据吞吐率为代价的。

总之，合理的硬件电路设计、PCB 布局布线和优良的算法设计，将会大大提升 ADC 的性能，也需要使用者在实践中不断积累经验。

2. D/A 转换器（DAC）基础

（1）DAC 的分类

DAC 按接口方式分为并行、SPI 和 I²C 接口 DAC；按输出形式分为电压输出型、电流输出型和乘法型 DAC；按输出极性分为单极性输出和双极性输出 DAC。

（2）DAC 的主要技术指标

DAC 的技术指标和 ADC 相似，也有静态技术指标和动态技术指标之分。

① 分辨率（Resolution）：通常直接用 DAC 的位数 n 来表示 DAC 的分辨率。

② 精度（Accuracy）：指在 DAC 稳定工作时，实际模拟输出值和理想输出值之间的偏差。可以用绝对精度和相对精度表示。精度是一个综合性的静态技术指标，通常指偏移误差、增益误差、满量程误差、微分非线性、积分非线性和温度系数等的综合。其中，温度系数（Temperature Coefficient）表示环境温度对各项精度指标影响大小的指标，主要有偏移温度系数和增益温度系数等。

③ 建立时间（Settling Time）：指向 DAC 输入新的数字量到输出模拟量稳定达到规定误差范围内（一般为 1/2LSB）所需的时间。DAC 中常用建立时间来描述其速度。DAC 建立时间示意图如图 4.1.2 所示，对于电压输出型 DAC 的转换时间由其压摆率（Slew Rate）决定，压摆率越大，D/A 转换速度越快。有些制造商定义的建立时间还包括与锁存器和开关设置时间相

关的寄存器延迟，以及如图 4.1.2 所示的左侧的死区。前者在使用 DAC 产生动态信号时更为有用，而后者对于电平设置的调节很重要。一般地，电流输出型 DAC 建立时间较短，电压输出型 DAC 则较长。相比较而言，DAC 的速度要比 ADC 的速度快。若 DAC 建立时间不满足要求，可能无法正确控制被控对象，也将大大降低 D/A 器件的性能指标。

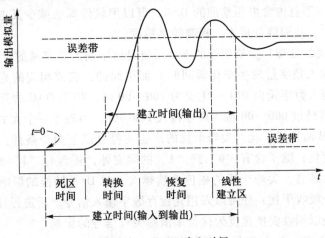

图 4.1.2　DAC 建立时间

（3）DAC 的选用原则

可以从分辨率、精度、速度、功耗、输出形式、芯片内部是否含有电压基准与锁存器、接口形式、价格等方面着手选择 DAC。选择中注意以下几个问题：

① 首要考虑的是分辨率。为获得高精度的 DAC，不仅应选择位数较多的高分辨率的 DAC，而且还需要选用高稳定度的电压基准和低零漂、高精度的运算放大器等器件与之配合才能达到要求。

② 由于大多数 DAC 的建立时间在 10 μs 以内，如果在标准 8051 单片机系统中应用 D/A 器件，则无需过分追求 DAC 的速度，一般都可以满足要求。

③ 对于注重速度的系统，可以选用并行接口；如果注重成本和尺寸，则可选用 SPI 和 I²C 接口，这种器件引脚数较少，可显著降低成本。

④ 一般来说，片内不含电压基准和运算放大器的 D/A 器件的转换速率比较高。但大多被控对象是电压控制型，实际应用时就应该选择内含电压基准和运算放大器的 D/A 器件。这样成本更低、更节省 PCB 板面积。

⑤ 在标准 8051 单片机中应用高于 8 位的并行 D/A 器件时，D/A 器件最好内含锁存器，省去外接锁存器的麻烦。

⑥ 不同情况下还须考虑 DAC 的其他性能指标。如内含运算放大器的 DAC 的压摆率，高、低温环境下 DAC 的温度系数，高速电路中需考虑其延迟时间，高辐射环境下需考虑其抗干扰能力及安全性等。

总之，使用时应综合考虑 DAC 和被控外设的匹配，选择性价比高的 D/A 器件。

（4）DAC 应用的注意事项

① 对于大功率的被控对象，干扰信号往往通过地线耦合到控制器单片机，因此 D/A 器件和控制器需要进行隔离。隔离有数字隔离和模拟隔离两种方法。建议尽量多用数字器件实现隔

离，少用模拟器件如线性光耦对 D/A 输出的模拟量进行隔离，主要是因为现在的线性光耦器件较贵，线性光耦的使用也将间接地降低 DAC 的精度。

② 除了 DAC 本身的性能指标以外，影响 DAC 精度的干扰因素主要来自电源，基准电压和 PCB 布线的干扰也会影响精度，这同 ADC 应该注意的问题是一样的。

③ 对于电压输出型且内含电压基准的 DAC，可以用软件算法减少其电压基准和运算放大器带来的非线性误差，从而降低成本，提高控制精度。

④ 注意尖峰干扰的处理。尖峰信号的干扰主要是由于输入数字量的时滞和 DAC 开关的通断时间不同步（当输入数字量发生变化瞬间时）而引起的，它使相应的直流输出含有明显的高频成分。比如，输入数字量由 011…11 变为 100…00 时，如果 DAC 的开关断开的时间比导通的时间快，DAC 将经过 000…00 输入后才输入 100…00，出现了一个大的瞬态尖峰信号，这是 DAC 不需要的，从而造成干扰。尖峰干扰的产生均符合以下两个条件：输入数字信号有两个以上的数字发生变化；除了含有 “0” 到 “1” 的跳变外，还含有 “1” 到 “0” 的跳变。数字位跳变发生的位数越高，尖峰干扰的幅值也就越大，对 D/A 转换的影响越大。可以在输出端加一个小电容用于吸收干扰；还可以采用先锁存数字输入信号、后进行加法运算的方法。这两种方法实际上都是以牺牲变换速度为代价来消除尖峰信号的影响。

⑤ 标准 8051 单片机一次只能传送 8 位的数据，在标准 8051 单片机中应用高于 8 位的并行 D/A 器件时，单片机需要分时（分两次）给 D/A 器件传送数据，可能出现毛刺现象。比如，单片机直接控制一个 10 位、未带锁存器的 D/A 器件，单片机本次按先高 8 位后低 8 位顺序送出的数据为 1010001111B（先送高 8 位数据 00000010B，再送低 8 位数据 10001111B），若前次送出的数据为 0110001000B，则一个不稳定态数据（1010001000B）先进行一次 D/A 转换，而后才是本次数据的 D/A 转换，出现了不希望的毛刺（1010001000B），从而影响了 DAC 的控制精度，并带来干扰。采用两级锁存器锁存单片机分时送出的两个 8 位数据可以避免毛刺的出现。这样，单片机只有送出 D/A 转换所需的数字量时才打开锁存器，进行 D/A 转换，不会有不稳定态数据的产生。

总之，合理的硬件电路设计、PCB 布局布线和优良的算法设计，将会大大提升 DAC 的性能，也需要使用者在实践中不断积累经验。

4.2　高速 ADC 模块设计

高速 ADC 模块包括信号调理和 A/D 采样两部分电路。A/D 芯片采用的是 TI 公司的 10 位、40 MHz 采样率、具有片内基准的高速模数转换器 ADS822E 芯片。信号调理电路采用的是 TI 公司的宽带、具有禁用功能的运算放大器 OPA2690。

ADS822E 的供电电源为 5 V。它的输入信号可以是一个单端输入信号，也可以是一个差分输入信号。其内部有一个参考电压：REFT 为 3.5 V，REFB 为 1.5 V；参考电压也可以外部输入。具有较高的 SNR（信噪比），达到 60 dB；较低的 DNL（差分非线性），达到 0.5 LSB。ADS822E 是+3 V 或+5 V 逻辑 I/O 兼容（通过 VDRV 引脚配置）。ADS822E 的内部结构框图如图 4.2.1 所示，SSOP 封装的引脚如图 4.2.2 所示，引脚功能如表 4.2.1 所列。当采用单端方式输入信号时，ADS822E 模拟量和数字量的对应关系如表 4.2.2 所列。

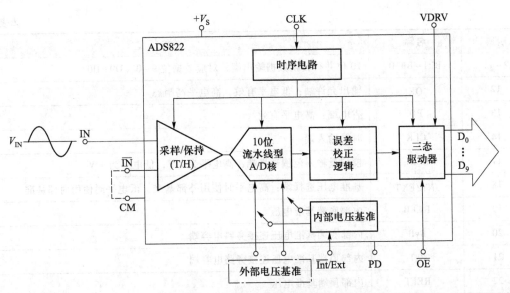

图 4.2.1　ADS822E 的内部结构框图

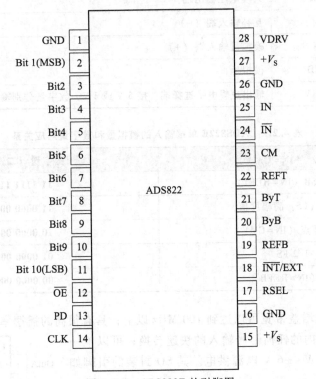

图 4.2.2　ADS822E 的引脚图

表 4.2.1　AD822E 的引脚及功能表

引脚	名称	功能
1, 16	GND	电源地
15, 27	$+V_s$	芯片工作电压：+5 V 供电

引脚	名称	功能
2~11	Bit1~Bit10	10 位并行转换数据输出端，对应数据位 9~0（D9~D0）
12	$\overline{\text{OE}}$	输出允许端：低电平有效，高电平高阻态
13	PD	省电端：高电平有效
14	CLK	时钟输入端
17	RSEL	模拟量输入范围选择端：高电平为 2 V，低电平为 1 V
18	$\overline{\text{INT}}/\text{EXT}$	基准电压选择端：高电平时使用外部基准，低电平时使用内部基准
19	REFB	内部底端基准电压
20	ByB	内部底端基准电压连接旁路电容端
21	ByT	内部顶端基准电压连接旁路电容端
22	REFT	内部顶端基准电压
23	CM	共模电压输出端
24	$\overline{\text{IN}}$	互补输入端（−）
25	IN	模拟量输入端（+）
26	GND	模拟地
28	VDRV	输出逻辑电平选择端：接 5 V 或 3 V，数字量分别输出 5 V 或 3 V 逻辑电平

表 4.2.2　ADS822E 单端输入的模拟量和数字量对应关系

单端输入（$\overline{\text{IN}}=\text{CMV}$）	数字量（二进制）
+FS−1LSB（IN=REFT）	11 1111 1111
+1/2 FS（FS：满幅度值）	11 0000 0000
双极性零点（IN=CMV）	10 0000 0000
+1/2 FS	01 0000 0000
−FS（IN=REFB）	00 0000 0000

　　OPA2690 的单位增益带宽可以达到 100 MHz 以上；具有很高的摇摆率，达到 1 800 V/μs，可以保证包括方波在内的任何信号输入的快速转换；可以单一 +5~+12 V 或者 ±2.5 V~±6 V 电源供电。其 SO 封装的引脚如图 4.2.3 所示。

　　高速 ADC 模块电路是采用 ADS822E 芯片资料上的参考电路设计，电路如图 4.2.4 所示。电路设计成直流耦合方式，方便输入直流和交流信号；使用 ADS822E 的片内基准，并设计其为单端输入形式，输入信号的范围为 1.5~3.5 V（2 Vpp）。

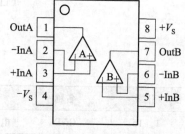

图 4.2.3　OPA2690 的引脚图

事实上，为了保证采样精度，大多高速 A/D 输入范围都不是从 0 V 开始，这一点使用时请注意。因此，信号输入 A/D 之前还需要进行调理，即偏移。电路通过 OPA2690 跟随 A/D 基准源 REFB（1.5 V），并经过电阻 $R_7 = 1$ kΩ 和 $R_8 = 200$ Ω 分压得到 1.25 V（1.5×1 000/1 200）的抬升电压，输入到 OPA2690 的同相输入端构成加法电路，实现对输入信号的偏移。取 $R_5 = R_6 = 510$ Ω，1.25 V 同相输入时电压放大 2 倍，外部信号从反相输入电压跟随不放大，这样可以刚好实现对输入信号进行 2.5 V 的抬升。因此，输入到 A/D 芯片的电压为 $(2.5 - u_i)$ V；而从外部看，高速 ADC 模块的输入信号范围为 ±1 V（2 Vpp）。运放和模数转换器输入端之间有一个有 RC 构成的低通滤波器，截止频率为 79.58 MHz。模数转换器输入端和数据接口引脚之间接有 100 Ω 电阻，起到阻抗匹配的作用。运放和模数转换器电源端都接有 10 μF 钽电容和 0.1 μF 瓷片电容，起到旁路电容的作用。

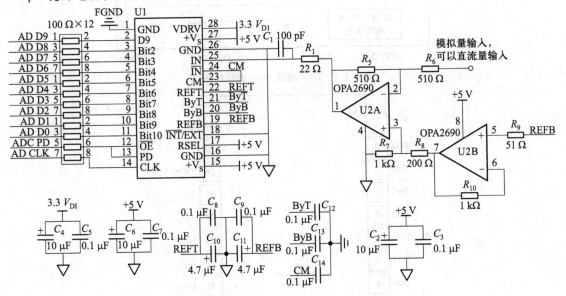

图 4.2.4　高速 ADC 模块电路

4.3　高速 DAC 模块设计

高速 DAC 模块包括 D/A 输出和信号调理两部分电路。大多数被控对象是电压控制型，而大多数高速 D/A 芯片为电流输出型，因此需要调理之后输出。D/A 芯片采用的是 TI 公司的 10 位、单通道、165 MSPS 输出更新速率、具有片内基准、高 SFDR（100 MSPS 速率输出 5 MHz 信号可达 68 dB）的高速数模转换器 DAC900E 芯片。信号调理电路采用的是 TI 公司的宽带、具有禁用功能的运算放大器 OPA690（具体介绍见 2.3 节）。

DAC900E 采用单一电源供电，工作电源范围为 2.7~5.5 V；毛刺低，为 3 pV-s；独立的输出电流可达 20 mA（输出阻抗可达 200 kΩ）。鉴于其出色的动态性能，特别适合于高速的数据模拟转换系统中。DAC900E 内部自带基准，为保证输出电压的精度，采用其内部基准（内部自带的基准电压为 1.24 V），但也可以外接基准源。DAC900E 的内部结构框图如图 4.3.1 所示，SO/TSSOP 封装的引脚如图 4.3.2 所示，引脚功能如表 4.3.1 所列。当采用单端方式输入信号时，DAC900E 输出模拟量和数字量的对应关系如表 4.3.2 所列。

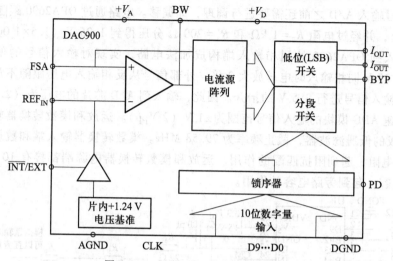

图 4.3.1　DAC900E 的内部结构框图

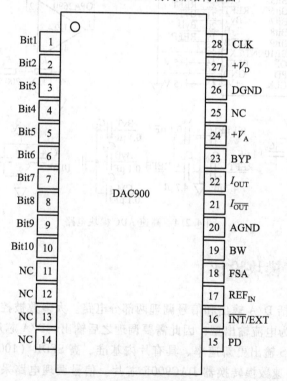

图 4.3.2　DAC900E 的引脚图

表 4.3.1　DAC900E 的引脚及功能表

引脚	名称	功能
20	AGND	模拟地
26	DGND	数字地

引脚	名称	功能
24	$+V_A$	模拟电源电压：+2.7～+5.5 V 供电
27	$+V_D$	数字电源电压：+2.7～+5.5 V 供电
1～10	Bit1～Bit10	10 位并行转换数据输入端，对应数据位 9～0（D9～D0）
11～14，25	NC	空脚
15	PD	省电端：高电平有效
16	$\overline{INT}/EXT$	基准电压选择端：高电平时使用外部基准，低电平时使用内部基准
17	REF_{IN}	外部基准电压输入端
18	FSA	满幅度输出调整端
19	BW	带宽/噪声抑制端
21	$I_{\overline{OUT}}$	DAC 电流输出端
22	I_{OUT}	互补的 DAC 电流输出端
23	BYP	旁路电容连接端
28	CLK	时钟输入端

表 4.3.2　DAC900E 输出模拟量和数字量的对应关系

输入数字量 D9～D0（二进制）	I_{OUT}/mA	$I_{\overline{OUT}}/mA$
11 1111 1111	20	0
10 0000 0000	10	10
00 0000 0000	0	20

　　高速 DAC 模块电路如图 4.3.3 所示。DAC900E 的电压基准可选，可以采用其内部基准；也可以外接基准源，通过 J1 进行选择（接低电平时选择内部基准源，接高电平时使用外部基准源），外部基准电压由 J2 输入；电压基准端口 V_{ref}（简称 V_R）并接 10 μF 钽电容和 0.1 μF 瓷片电容旁路到 AGND，以保证获得稳定的基准电压。DAC900E 的数字端口和控制器（比如 FPGA）的连接部分串接了限流电阻，防止信号出现振铃现象。每个芯片电源引脚附近都有添加旁路电容，再次滤除电源噪声，减小输出波形的噪声。

　　DAC900E 模拟输出为高阻的差分电流信号，即互补的输出电流 I_{out} 和 $I_{\overline{out}}$（$I_{OUTFS} = I_{OUT} + I_{\overline{OUT}}$），需要通过外部的电流-电压转换电路将差分电流转换为单端电压输出，图中用 OPA690 高速运放芯片实现。为了便于后级信号处理，通过电阻 R_3、R_6 电阻将电流转换为电压信号。放大电路由差分电路组成，差分电路将 DAC 输出的差分信号转换成单端输出信号。

　　满量程输出 I_{OUTFS} 的值由 FSA 引脚串接的电阻 R_2 确定，其关系为

$$I_{OUTFS} = 32 \times I_{REF} = 32 \times V_R / R_2 \tag{4.3.1}$$

由数据手册知 I_{OUTFS} 的最大值为 20 mA，最小值为 2 mA，在此选择最大值 20 mA。为了得到

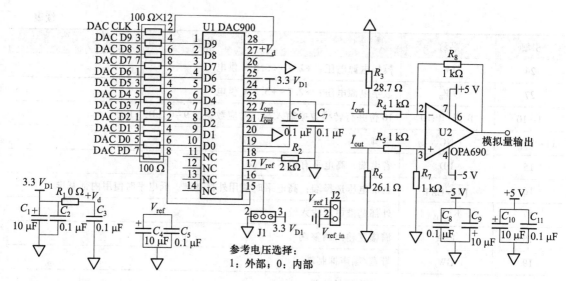

图 4.3.3　高速 DAC 模块电路

20 mA 的输出电流，则 R_2 为

$$R_2 = 32 \times V_R / I_{OUTFS} = 32 \times 1.25 \text{ V} / 20 \text{ mA} = 2 \text{ k}\Omega \tag{4.3.2}$$

即当 R_2 为 2 kΩ 时，可以得到 20 mA 的满量程输出。

取 $R_3 = 28.7$ Ω、$R_6 = 26.1$ Ω，则 OPA690 的同相输入电压 u_+ 为

$$u_+ = I_{\overline{OUT}} R_6 \tag{4.3.3}$$

反相输入电压 u_- 为

$$u_- = I_{OUT} R_3 \tag{4.3.4}$$

差分电路不做放大，只将两路输出的互补电流信号转换为电压信号，在此取 $R_5 = R_4 = 1$ kΩ，$R_8 = R_7 = 1$ kΩ。则其放大倍数 A_u 为

$$A_u = R_8 / R_5 = 1 \tag{4.3.5}$$

则 DAC 模块最终输出电压 u_o 为

$$
\begin{aligned}
u_o &= u_+ - u_- \\
&= I_{\overline{OUT}} R_6 - I_{OUT} R_3 \\
&= I_{OUTFS} R_6 - I_{OUT} (R_3 + R_6)
\end{aligned}
\tag{4.3.6}
$$

其中，I_{OUT} 的变化范围为 $0 \sim I_{OUTFS}$。当 $I_{OUT} = 0$（即 DAC 数字量输出全 0）时，输出电压 u_{o+} 为

$$u_{o+} = I_{OUTFS} \times R_6 \tag{4.3.7}$$

当 $I_{OUT} = I_{OUTFS}$（即 DAC 数字量输出全 1）时，输出电压 u_{o-} 为

$$u_{o-} = -I_{OUTFS} R_3 \tag{4.3.8}$$

所以，输出电压的峰峰值 V_{pp} 为

$$
\begin{aligned}
V_{pp} &= u_{o+} - u_{o-} \\
&= I_{OUTFS} (R_3 + R_6) \\
&= (32 \times V_R / R_2)(R_3 + R_6)
\end{aligned}
$$

$$= \frac{548}{625} V_R \tag{4.3.9}$$

根据 DAC900E 的数据手册可知外部参考电压 V_R 范围为 $0.1 \sim 1.25$ V。当 $V_R = 0.1$ V 时，输出电压 V_{pp_min} 为

$$V_{pp\_min} = (32 \times 100 \text{ mV}/2 \text{ k}\Omega) \times 54.8 \text{ }\Omega = 87.68 \text{ mV} \tag{4.3.10}$$

当 $V_R = 1.25$ V 时，输出电压 V_{pp_max} 为

$$V_{pp\_max} = (32 \times 1 \ 250 \text{ mV}/2 \text{ k}\Omega) \times 54.8 \text{ }\Omega = 1 \ 096 \text{ mV} \tag{4.3.11}$$

即 DAC900E 输出幅度调节范围为 $87.68 \sim 1 \ 096$ mV。

模拟系统设计训练

1. 设计一个运放电路实现功能：输入电压 0~+5 V、频率为 1 kHz 的单极性信号，输出为 -5~+5 V、频率为 1 kHz 的双极性信号。

2. 设计一个调整范围为 ±10 mV 的调零电路。

3. 使用运放设计一个衰减 20 dB（$u_o/u_i=10$）的衰减电路，并搭建电路验证设计是否达到要求。

4. 设计一个加法电路，对一个三角波和正弦波信号进行叠加，其中三角波：$V_{pp}=1$ V，$f=10$ kHz；正弦波 $u_o=\sqrt{2}\sin(2\pi f t)$ V。

5. 人体的脉搏频率非常低，约为 0.5~10 Hz，一般情况下为 1 Hz 左右，脉搏信号可看成一个准直流信号，也可看成一个甚低频交变信号。透射光电传感器检测到的脉搏信号是强干扰下的微弱信号，有较强直流分量，交流分量较弱。主要含有 50 Hz 的工频干扰、100 Hz 左右的肌电干扰。设计一个电路，对一个包含直流分量的交流低频信号在 50 Hz 以下，大约是毫伏数量级范围的信号进行 10 倍的放大。

6. 设计一个程控放大器：要求实现频率范围 100 Hz~200 kHz，增益范围 0~40 dB，增益步进 6 dB。

7. 设计一个简易频率计的波形变换电路，要求把峰峰值 100 mVpp~5 Vpp、频率 100 Hz~1 MHz 的正弦波信号转换成数字电平的方波信号。

8. 设计一个 2 阶有源滤波器，要求截止频率为 200 kHz，截止误差小于 5%。

9. 设计一个 5 阶无源低通滤波器，要求截止频率为 20 MHz，截止误差小于 20%。

10. 设计一个程控滤波器，要求程控频率范围 1~20 kHz，频率步进 1 kHz，截止误差小于 3%。

第二部分
STM32 应用系统设计

第 5 章　STM32 快速入门

5.1　STM32F103VCT6 与传统 8051 单片机对比

STM32 是意法半导体推出的基于 ARM Cortex-Mx（Cortex-M0、Cortex-M3、Cortex-M4 等）内核的 32 位微控制器（国内很多人把 Cortex-Mx 核的微控制器又称为 32 位单片机）。它的产品分成了基本型、USB 基本型、增强型、互联型等 4 个产品线，适应高中低端产品的不同应用场合。软件兼容、引脚兼容、外设兼容的特性，很方便用户根据需要更换成同系列、同封装、存储容量适合的芯片，为用户产品开发时选用不同存储容量的芯片提供了更大的自由度。本书以 STM32F103VCT6 为例说明 STM32 的应用。

STM32F103VCT6 是 STM32 中一款增强型的微控制器，它使用了 Cortex-M3 32 位的 RISC 内核，最高工作主频可以达到 72 MHz。内置的嵌套矢量中断控制器（NVIC）支持 16 级的中断嵌套，提高了系统的实时性。直接存储器存取（DMA）架起了外设和存储器以及存储器与存储器间的高速数据传输的桥梁，无需 CPU 干预。其工作电压为 2.0~3.6 V。丰富的外设资源包括 80 个多功能双向的 I/O 口，I^2C、SPI、CAN、USB、SDIO、USART 等 13 个通信接口，11 个定时器，3 个 12 位 ADC 和 2 个 12 位 DAC。引脚具有重映射功能，为用户给外设分配合适引脚提供了极大的方便。下面列出了 STM32F103VCT6 的一些主要特性：

➤ ARM 32 位 Cortex-M3 CPU，最高 72 MHz 工作频率，在存储器的 0 等待周期访问时可达 1.25 DMips/MHz，可实现单周期乘法和硬件除法

➤ 256 KB 的闪存程序存储器（Flash ROM），48 KB SRAM，带 4 个片选的灵活静态存储器控制器（支持 CF 卡、SRAM、PSRAM、NOR、NAND 存储器），支持并行 LCD 接口

➤ 片内上电/断电复位，具有芯片电源电压监视功能，片内包含温度传感器

➤ 3 个 12 位 ADC，1 μs 转换时间，共有 16 个输入通道，转换电压范围为 0~3.6 V

➤ 2 通道 12 位电压输出 DAC

➤ 12 通道 DMA 控制器，支持外设：定时器、ADC、DAC、SDIO、I^2S、SPI、I^2C、USART

➤ 多达 80 个多功能双向 I/O 口，所有 I/O 口可以映射到 16 个外部中断，除了模拟输入口外的 I/O 口可允许 5V 电压输入

➤ 内含调试模块，支持串行单线调试（SWD）和 JTAG 接口，Cortex-M3 内嵌跟踪模块（ETM）

➤ 共 11 个定时器：4 个 16 位定时器，每个定时器有 4 个用于输入捕获/输出比较/PWM 或脉冲计数的通道；2 个 16 位 6 通道高级控制定时器，多达 6 路 PWM 输出，带死区控制；2 个看门狗定时器（独立的和窗口型的）；1 个 24 位自减型系统时间定时器（经常称之为滴答时钟）；2 个 16 位基本定时器，还可以用于驱动 DAC

➢ 13 个通信接口：2 个 I^2C 接口（支持 SMBus/PMBus）；5 个 USART 接口（支持 ISO7816，LIN，IrDA 接口和调制解调控制）；3 个 SPI 接口（18 Mbits/s），其中 2 个可复用为 I^2S 接口；1 个 CAN 2.0 接口；1 个 USB 2.0 全速接口；1 个 SDIO 接口

➢ CRC（循环冗余校验）计算单元

由于很多初学者都是从传统的 8051 单片机开始接触单片机，在接触 STM32 时肯定会面临着一个如何从 8 位机的学习思维过渡到 32 位机的问题。因此这里有必要把传统的 8051 单片机和 STM32 做一个对比，然后给出学习的建议。本节先介绍二者硬件资源的对比，在 5.3.2 节将介绍它们在软件编程方面的差别。

如图 5.1.1 和图 5.1.2 所示分别为传统 8051 单片机和 STM32F103VCT6 微控制器的结构框图。可知，8051 内核的单片机的内部结构比 STM32 简单得多，仅包含了定时器、串口、通用可编程 I/O 口三种基本外设，以及小容量的 Flash 和 RAM，5 个中断源、外部振荡器。而 STM32 不仅包含上述的三种外设，而且包含了 SPI、I^2C、USB、CAN、SDIO、ADC、DAC 等外设，同时还增加 FSMC、DMA、AHB（先进高性能总线）等资源。

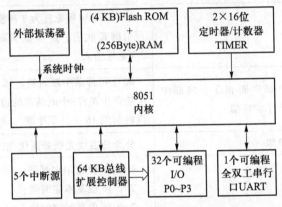

图 5.1.1　传统 8051 单片机结构框图

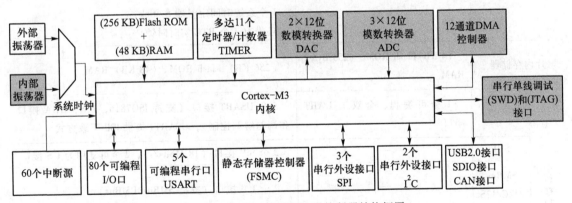

图 5.1.2　STM32F103VCT6 微控制器结构框图

STM32F103VCT6 微控制器与传统 8051 单片机的详细对比如表 5.1.1 所列。

表 5.1.1　传统 8051 单片机和 STM32F103VCT6 对比一览表

内部资源		传统 8051	STM32F103VCT6
内核		8051 内核	Cortex-M3 内核
位宽		8 位	32 位
工作电压		5 V	3.3 V
系统时钟		需外接晶振为系统时钟，最大 12 MHz，机器周期为系统时钟的 12 分频。	可选外接晶振或内部振荡器为系统时钟源，最大 25 MHz，最高工作频率 72 MHz，可实现单周期乘法和硬件除法运算
I/O 口		P0~P3 共 32 个通用 I/O 口	PA~PE 共 80 个通用 I/O 口
		I/O 口内部固定上拉或漏极开路	I/O 口可被配置成 8 种工作模式
		固定	I/O 口可编程配置为 8 种模式，可复用为外设接口，可引脚重映射，除模拟引脚外，其余引脚都能耐受 5 V 电压输入
中断	中断系统	2 个外部中断和 3 个内部中断，共 5 个中断源	60 个可屏蔽中断通道，16 个可编程的优先等级，19 个能产生事件/中断请求的边沿检测器，所有 I/O 口可以映射到 16 个外部中断
	中断嵌套	最多 2 级	分为抢占优先级和副优先级，最高有 16 层中断嵌套
定时器		2 个 16 位定时器/计数器	4 个 16 位通用定时器； 2 个 16 位基本定时器； 2 个 16 位高级定时器； 2 个看门狗定时器； 1 个系统时间定时器 Systick； 还带有 1 个 RTC 实时时钟
片内存储器		(4 KB) Flash ROM、(256 Byte) RAM	(256 KB) Flash ROM、(48 KB) RAM
串行接口	UART	1 个可编程、全双工 UART 串口	5 个 USART 接口（支持 ISO7816，LIN，IrDA 接口和调制解调控制），USART1 提供 ISP 下载方式
	SPI	—	3 个 SPI 接口（18 Mbits/s），2 个可复用为 I^2S 接口
	SMBus /I2C/I2S	—	2 个 I^2C 接口（支持 SMBus/PMBus）
	USB	—	1 个 USB2.0 全速接口
	CAN	—	1 个 CAN 接口（默认 2.0 B）
	SDIO	—	1 个 SDIO 接口

内部资源	传统 8051	STM32F103VCT6
ADC	—	3 个 12 位 ADC，可测量 16 个外部电压信号和 2 个内部信号（片内温度传感器和电压基准）
DAC	—	2 通道 12 位 DAC
FSMC	—	带 4 个片选的灵活的静态存储器控制器（FSMC），支持 CF 卡、SRAM、PSRAM、NOR、NAND 存储器；支持 LCD 接口，兼容 8080/6800 模式
DMA	—	12 通道 DMA 控制器，支持定时器、ADC、DAC、SDIO、I^2S、SPI、I^2C、USART
低功耗	—	支持睡眠、停止、待机三种模式，VBAT 为 RTC 后备寄存器供电
调试模式	—	支持串行单线调试（SWD）和 JTAG 接口，Cortex-M3 内嵌跟踪模块（ETM），支持在线调试
CRC 计算单元	—	支持
固件库及例程	—	ST 公司提供标准外设库及例程
支持操作系统	大部分不支持，即使外扩存储器，也无意义	支持 μCOS、μCLinux 等小型操作系统
价格	便宜	逐渐减低，且性价比高

由表 5.1.1 可以看出，传统的 8051 单片机无论是内部资源、调试的方便性、系统主频还是存储容量、实时性等，都是无法和 32 位的 STM32F 系列微控制器相媲美的。

由于 STM32 内部资源很多，很复杂，初学者想要一下子把它们都搞懂是不现实的，因为这样没有目的的学习不但陷入传统书本的说教式的教学方法，而且到最后也是云里雾里，有的甚至还不会使用这些外设，降低了学习兴趣。相反的，由于这些外设大多都是独立的、可裁减的，初学者可以先对该芯片内核有大概的认知，然后再根据实际项目中需要使用的资源，再一个个深入研究。这样学习的压力较小，而且学习也更有目的性，效率也更高。因此本书也是秉承"授之以渔"的目标，重点阐述怎么去使用这些资源，而不把书本写成手册的形式。详细的芯片技术手册、应用笔记等请查阅相关资料。

5.2　STM32F103VCT6 最小系统电路设计

1. 供电电路

与过去传统应用的 5 V 供电低速单片机相比，STM32F103VCT6 是 3.3 V 低功耗、高速的 32 位单片机，在引脚处理与 PCB 设计有一些需要特别注意的地方，如图 5.2.1 所示为

STM32F103VCT6 系统的供电电路。

系统电源由外部+5 V 开关电源提供，S1B 是自锁开关，D1 为该 V_{CC} 电源工作指示灯。由于开关电源的纹波较大，开关电源+5 V 经过一个大电容 C_1 滤波之后，特别设计了共模电感 CML1 来更好的滤除高频噪声，最后再经去耦电容 C_2 和 C_3 输出干净的 +5 V 电压 V_{CC}。

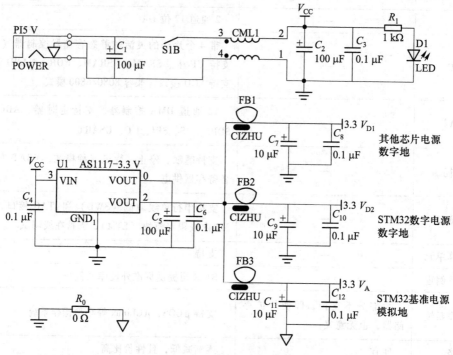

图 5.2.1　系统供电电路

STM32F103VCT6 芯片需要 3.3 V 电源供电，所以 V_{CC} 通过 AMS1117-3.3 线性稳压芯片输出提供。由于 STM32F103VCT6 微控制器系统涉及到数字电源和模拟电源，理论上模拟电源和数字电源需要分别供电。实际应用中，模拟电源和数字电源可以来自同一个稳压器的输出，然后分别通过磁珠（FB1、FB2 和 FB3）来隔离，产生不同的 3.3 V 数字（$3.3V_{D1}$、$3.3V_{D2}$）和模拟（$3.3V_A$）电源。为了防止数字地和模拟地之间的串扰，数字地和模拟地使用 0 Ω 电阻（R_0）进行隔离，这样强健的电源滤波电路和共地处理技术，可以保证完成许多功能复杂的数模混合系统设计，提高系统的稳定性。

2. 最小系统电路

STM32F103VCT6 最小系统电路由核心电路（包括 MCU 芯片、复位电路、振荡电路、电源滤波电容、SWD 接口电路、启动模式选择电路）和全开放 I/O 接口电路组成，其电路如图 5.2.2 所示。

STM32F103VCT6 的复位电路由一个电阻 R_1，一个电容 C_3 和一个按键 RST 组成，电阻和电容构成了一个上电自动复位电路。刚开始，电容上没有电荷，NRST 为低电平，随着充电的继续，电容中的电荷逐渐升高，最后到达高电平，在刚上电时，形成了一个下降沿复位，正常工作时 NRST 为高电平。同时按键 RST 可手动复位微控制器，在按下时给 NRST 引脚一个低电

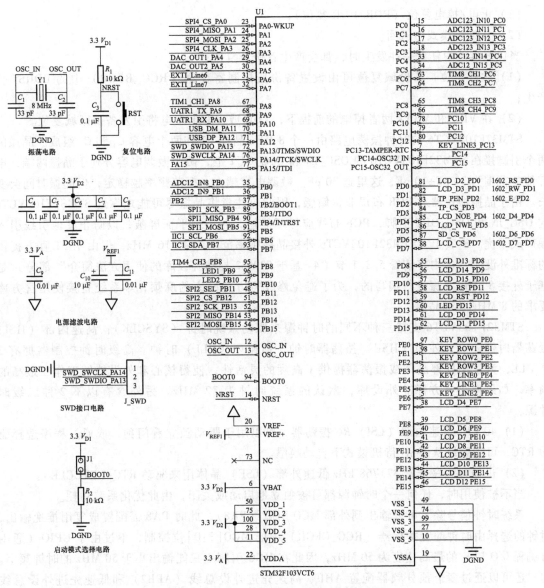

图 5.2.2　STM32F103VCT6 最小系统电路

平，微控制器复位，释放后，NRST 为高电平，微控制器正常工作。

STM32F103VCT6 支持三种复位：系统复位、电源复位、后备域复位。以下 5 种事件的任意一件发生时，都会产生系统复位：

（1）NRST 引脚上的低电平（外部复位）；

（2）窗口看门狗计数终止（WWDG 复位）；

（3）独立看门狗计数终止（IWDG 复位）；

（4）软件复位（SW 复位）；

（5）低功耗管理复位。

当以下事件中任意一件发生时，都会产生电源复位：

（1）上电/掉电复位（POR/PDR 复位）；

（2）从待机模式中返回。

当以下事件中任意一件发生时，都会产生备份域复位：

（1）软件复位，备份域复位可由设置备份域控制寄存器（RCC_BDCR）中的 BDRST 位产生；

（2）在 VDD 和 VBAT 两者掉电的前提下，VDD 或 VBAT 上电将引发备份区域复位。

STM32F103VCT6 的时钟振荡电路由一个 8 MHz 晶振 Y1 和两个电容 C_1 和 C_2 组成。晶振的两个引脚接在 STM32F103VCT6 的 OSC_IN 和 OSC_OUT 上，两个微调电容分列于晶振两端，电容值的范围为 30 pF±10 pF，这里选 30 pF。微调电容越大，振荡频率越稳定，但起振时间会变长。由于晶振振荡器对 PCB 布局非常敏感，因此应注意将晶振尽可能地靠近 STM32F103VCT6 的 OSC_IN 和 OSC_OUT 引脚，PCB 布线应尽可能短，并用地平面屏蔽，以防止其他引线引入噪声或干扰。事实上，STM32F103VCT6 外接晶振频率范围为 4~16 MHz，但由于 ST 官方提供的标准外设库（本内容请看 5.3.1 节 "4. 基于 STM32 标准外设库的使用方法简介" 部分）是基于外接 8 MHz 晶振进行编写的，为了避免修改官方标准库的麻烦，本系统直接使用官方库要求的 8 MHz 外部晶振。

STM32F103VCT6 支持三种不同的时钟源来驱动系统时钟（SYSCLK）：高速内部（HSI）振荡器时钟、高速外部（HSE）振荡器时钟、锁相环（PLL）时钟。高级时钟控制器拥有 3 个 PLL，为使用外部晶体或振荡器提供了高度的灵活性，使得核心和外设能够工作在最高的频率。如果使用官方标准外设库，默认的系统时钟为 72 MHz。另外含有以下 2 种二级时钟源：

（1）40 kHz 低速内部（LSI）RC 振荡器，可以用于驱动独立看门狗，或通过程序选择驱动 RTC，可把系统从停机/待机模式下自动唤醒。

（2）也通过程序选择 32.768 kHz 低速外部（LSE）晶体用来驱动 RTC（RTCCLK）。

当不被使用时，任何一个时钟源都可被独立地启动或关闭，由此优化系统功耗。

系统时钟信号除了可以输出到外部 MCO 引脚（PA8），此时 PA8 需配置成复用推挽输出，时钟的选择由时钟配置寄存器（RCC_CFGR）中的 MCO[3:0]位控制，不过由于 GPIO（通用可编程 I/O 口）的最高速度为 50 MHz，因此在 MCO 引脚上只能输出小于 50 MHz 的时钟频率。用户还可以通过多个预分频器配置 AHB、高速先进外设总线（APB2）和低速先进外设总线（APB1）域的频率。AHB 和 APB2 域的最大频率是 72 MHz。APB1 域的最大允许频率是 36 MHz。经过分频后的时钟为各种外设提供了外设时钟源。特别注意：不同总线上所挂的外设是固定的，因此各外设都有各自对应的时钟源，请读者自行查看 STM32F103VCT6 芯片数据手册中 "时钟树" 和 "模块框图" 部分，不过建议初学者首先了解这个概念即可，待进行较多片内外设模块实践后再来理解和体会。

STM32F103VCT6 的滤波电容电路分为芯片数字电源 3.3VD2 和模拟电源 3.3 VA 及基准电源 V_{REF+}，在前面电源设计时已经提到，它们是通过磁珠来隔离的，同时也分为数字地和模拟地，用一个 0 Ω 电阻单点连接。注意，STM32F103VCT6 有 5 个数字电源引脚端、1 个模拟电源引脚和一个基准电源引脚，每个引脚都要配一个滤波电容，电容要尽量靠近电源引脚，连线要尽量粗而短，由于在引脚数大于等于 100 个 STM32 的芯片中，V_{REF+} 是有引出的，用户可以连接一个独立的外部基准电压到 V_{REF+}，V_{REF+} 的电压范围为 $2.4\ \mathrm{V} \sim V_{DDA}$。在电路设计时，$V_{REF+}$ 通过一个短路帽及一个磁珠连接到 3.3 VA。另外，为了提高基准电源的稳定性，在 V_{REF+} 端加了一个 10 μF 的钽电容，可以滤除低频干扰，同时也能作为一个电荷泵，保持电压的稳定。

STM32F103VCT6 可以通过 BOOT[1:0] 引脚选择三种不同的启动模式，如表 5.2.1 所列。

表 5.2.1　STM32F103VCT6 的三种不同启动模式

启动模式选择引脚		启动模式	说明
BOOT1	**BOOT0**		
×	0	主闪存存储器	主闪存存储器被选为启动区域
0	1	系统存储器	系统存储器被选为启动区域
1	1	内置 SRAM	内置 SRAM 被选为启动区域

通常不使用内置 SRAM 启动（BOOT1 = 1，BOOT0 = 1），因为 SRAM 掉电后数据就丢失。只用做调试及故障的局部检测。

一般 BOOT0 和 BOOT1 都为低电平。只是在 ISP（在系统编程）下载的情况下，BOOT0 = 1，BOOT1 = 0，下载完成后，把 BOOT0 的跳线接回 0，也即 BOOT0 = 0，BOOT1 = 0。

对于本最小系统，可以使用 SWD 接口下载并调试，也可以通过串口 1（USART1）下载编译后的 HEX 文件，同时 BOOT1 可以用作 GPIO，在 ISP 下载时，BOOT1 的状态不影响下载，因此，释放了 BOOT1 引脚。

STM32F103VCT6 内含硬件调试模块，支持复杂的调试操作，允许内核在取指或访问数据时停止，内核停止时，内核的内部状态和系统的外部状态都是可以查询的，查询后，内核和外设可以被复原，程序将继续执行。调试器支持串行调试（SW-DP）和 JTAG 调试接口（JTAG-DP）。前者为 AHP-AP（AHB 访问端口）模块提供 2 针（时钟+数据）接口，后者为 AHP-AP 模块提供 5 针标准 JTAG 接口。二者的引脚是复用的，都能实现系统调试功能。这里为了节省电路板资源，只设计了 SW-DP 接口。

STM32F103VCT6 的最小系统设计了全开放的 I/O 口，包括 ADC、DAC、SPI、FSMC、USB、EXTI、TIMER、IIC、USART 等外设接口以及 GPIO 接口，这些接口有的直接接在外部设备上，有的通过插针引出（图 5.2.2 未具体画出）。

5.3　STM32 程序设计基础

在前面章节主要对 STM32F103VCT6 的硬件方面做了简单描述，在这一节中将对 STM32 的程序设计进行描述。

要进行 STM32 的程序设计，首先要搭建软硬件的开发平台，然后才能进行底层和应用层的程序设计。下面 3 节将向读者阐述如何搭建一个 STM32 开发平台、如何从 8051 的编程习惯移植到 STM32 中，以及 STM32 的基础外设的原理介绍及实例解析。

5.3.1　开发环境的搭建

1. 编译器选择

STM32 内核微控制器的开发工具包括 Keil 公司的 Keil-MDK、IAR Systems 公司的 C 编译器——IAR EWARM。IAR EWARM 是一套用于编译和调试嵌入式系统应用程序的开发工具，支持汇编、C 和 C++语言。它提供完整的集成开发环境，包括工程管理器、编辑器、编译链接工具和 C-SPY 调试器。IAR Systems 以其高度优化的编译器而闻名。

Keil-MDK 是 ARM 公司目前最新推出的针对各种嵌入式软件开发工具。它集成了业内领先的技术，软件版本包括 μVision3、μVision4、μVision5 集成开发环境与 ARM 编译器，支持 ARM7、ARM9、Corte-M0、Cortex-M0+、Cortex-M3、Cortex-M4、Cortex-R4 等内核处理器。可以完成从工程建立和管理、编译、链接、目标代码的生成、软件仿真及硬件仿真等完整的开发流程。另外，由于 8051 等传统的单片机也是使用了 Keil C51 软件，可以很快过渡到 Keil-MDK 软件中。为此通常选用 Keil-MDK 进行项目的开发。

2. STM32 调试适配器的选择

STM32 的调试适配器可以使用 ULINK2、J-LINK、ST-Link V2 等，三者都具有 FLASH 编程、仿真功能。ULINK2 是 Keil 公司推出的配套 RealView MDK 使用的仿真器，ULINK2 继承了 ULINK 仿真器的所有功能，还增加了串行调试（SWD）的支持，返回时钟支持和实时代理等功能，但不支持 IAR 平台；J-LINK 是 SEGGER 公司为支持仿真 ARM 内核芯片推出的 JTAG 仿真器（标准 JTAG 端口引脚为 20 脚），兼容 Keil-MDK 和 IAR 平台，速度和效率比 ULink2 强；ST-Link V2 是 ST 公司设计的一款可以在线仿真及下载 STM8 和 STM32 的开发工具，STM8 系列通过 SWIM 接口与 ST-Link V2 连接，STM32 系列通过 SWD 接口与其连接，支持在 KeilMDK 和 IAR 平台上的开发。由于 ST-Link V2 接口只用到了 JTAG 的时钟线、数据线以及地线等 3 根线，接口简单，在板上占用空间少，逐渐受到开发者的青睐。

另外，STM32 支持使用 USART1 进行程序的下载，但是不支持调试功能。

3. STM32 开发板选择

为方便教学和学习，作者配套本书研发了基于 STM32+FPGA 的电子系统设计开发板。开发板集成了 STM32 和 FPGA 两个核心芯片，以及高速 ADC/DAC/比较器模块，是个系统级的电子系统开发板。这两个核心芯片既是相互独立的，又是有连接的，既能够单独对 STM32 或 FPGA 进行实验开发，又能把二者结合起来，利用各自的优点，实现复杂的电子系统的开发。

4. 基于 STM32 标准外设库的使用方法简介

ST 公司为了方便用户进行产品程序的快速开发，提供了一个基于 C 语言编写的标准外设库。库里面的外设都是可以裁减的，提供了源代码及对外的接口函数，用户只要调用这些接口函数就能控制 STM32 内部寄存器，而不用对着寄存器手册来配置寄存器。这样，用户就不用过多地关注底层寄存器的配置和操作，大大减轻了用户编程负担，加快了项目研发进度，对于直接由 8051 单片机过渡到 STM32 的用户，也很容易入门和使用。

（1）STM32F10×××标准外设库文件体系结构

STM32 标准外设库的文件体系结构如图 5.3.1.1 所示，图中各文件的功能如表 5.3.1.1 所列。文件体系由下而上可以分成芯片寄存器（硬件层）、底层固件库（API 层，API：应用编程接口）、顶层应用程序（应用层）三个层次。其中芯片寄存器直接控制着芯片外设状态及系统状态，与硬件相关，底层固件库是和芯片内部寄存器打交道的最底层驱动，这两个层次一般都被芯片厂家封装好了，用户可以把精力更多地放在顶层的应用程序开发。

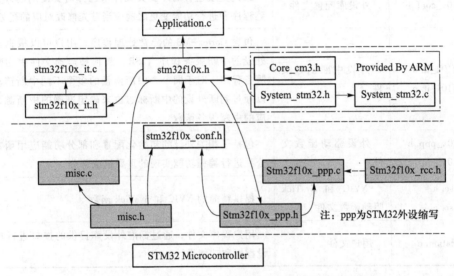

图 5.3.1.1　STM32F10×××标准外设库的文件体系结构

由于 STM32 的固件库也会更新，因此用户不要在这些库里面增加自己的程序，以方便库的移植，用户可以修改的有 stm32f10x_it、stm32f10x_conf.h、用户程序等。从图 5.3.1.1 中也可以看出，外部模块调用模块内的函数、变量等都是通过包含本模块的头文件实现的。

表 5.3.1.1　STM32 标准外设库各文件功能说明

文件名	功能描述	具体功能说明
core_cm3.h core_cm3.c	Cortex-M3 内核及其设备文件	访问 Cortex-M3 内核及其设备：NVIC，SysTick 等访问 Cortex-M3 的 CPU 寄存器和内核外设的函数
stm32f10x.h	微控制器专用头文件	这个文件包含了 STM32F10x 全系列所有外设寄存器的定义（寄存器的基地址和布局）、位定义、中断向量表、存储空间的地址映射等
system_stm32f10x.h system_stm32f10x.c	微控制器专用系统文件	完成系统时钟初始化和更新操作，还用来配置外部存储器控制器。其中，系统时钟初始化函数 SystemInit() 和外部存储器控制器配置函数 SystemInit_ExtMemCtl() 是在 STM32 复位后在启动代码文件"startup_stm32f10x_xx.s"中执行

续表

文件名	功能描述	具体功能说明
startup_stm32f10x_xx. s	编译器启动代码	微控制器厂商根据不同编译器供应商推出的，进行 SP（栈指针）、PC（程序计数器）、系统时钟等的初始化等操作，还包含微控制器专用的中断处理程序列表（与头文件一致），以及弱定义（weak）的中断服务程序默认函数（可以被用户代码覆盖）
stm32f10x_conf. h	外设库配置文件	通过更改包含的外设头文件来选择需要使用的外设，在新建程序和进行功能变更之前应当首先修改对应的配置
stm32f10x_it. h stm32f10x_it. c	外设中断函数文件	包含 Cortex-M3 的异常处理程序，用户可以根据需要添加外设的中断服务程序（ISR）替换掉启动文件中的默认中断服务程序，对于同一个中断向量的多个不同中断请求，则可以通过判断外设的中断标志位来确定准确的中断源，执行相应的中断服务函数
stm32f10x_ppp. h stm32f10x_ppp. c	外设驱动函数文件	包括了相关外设的初始化配置和部分功能应用函数，这部分是进行编程功能实现的重要组成部分
misc. h misc. c	NVIC 和 SysTick 驱动函数文件	提供精简的 NVIC 和 SysTick 函数
Application. c	用户文件	用户程序文件，通过标准外设库提供的接口进行相应的外设配置和功能设计

下面以 STM32F10x_StdPeriph_Lib_V3.5.0 来说明 STM32F10×××标准外设库的具体构成，如图 5.3.1.2 所示。标准外设库里面包含了 4 个文件夹：

① _htmresc 为 CMSIS（ARM Cortex-M3 微控制器软件接口标准）和 ST 公司的 logo 图片。

② Libraries 为外设库文件，里面包含各个外设的函数固件库以及系统文件。在项目中，我们用的就是这些标准函数固件库文件，系统文件为在建立工程文件时需要用到的文件。

③ Project 包含了 ST 官方的所有例程和基于不同编译器的项目模板。开发者可以利用这些实例快速地入门，从而能把更多的时间投入到系统软件的开发。

④ Utilities 为针对不同系列的 STM32 开发板的应用实例，供使用官方评估板的开发者使用，很多驱动函数同样可以作为学习的重要参考。

另外，与 4 个文件夹并行的目录下，还包含一个以 Doxygen（可以从一套归档源文件开始，生成 HTML 格式的在线类浏览器）生成的 CHM 文件，方便用户在不使用编译器软件的情况下查看标准外设库的全部组件。

外设库在 "Libraries\STM32F10x_StdPeriph_Driver" 中，由两个文件组成：头文件和源文件，头文件在 "inc" 文件夹下，源文件在 "src" 文件夹下。应用时用户根据需要把这个外设库文件夹中的相应驱动程序文件复制到自己建立的工程文件夹下，然后把头文件路径添加到工程的头文件路径下，再根据实际需要添加外设到工程中，就可以使用这个标准外设库了。注意，对于没有用到的外设，可以不把外设驱动文件添加到工程中，这样能降低工程项目的编译量。

图 5.3.1.2 显示了 STM32F10x 标准固件库的全部内容，包括备份寄存器、CEC、DAC、DMA、FLASH、GPIO、IWDG、RCC、SDIO、TIM、WWDG、ADC、CAN、CRC、DBGMCU、EXTI、FSMC、I^2C、PWR、RTC、SPI、UART 等 22 个外设以及 NVIC、Systick 等 2 个内核功能，NVIC 和 Systick 的驱动函数在 misc.c 中定义。

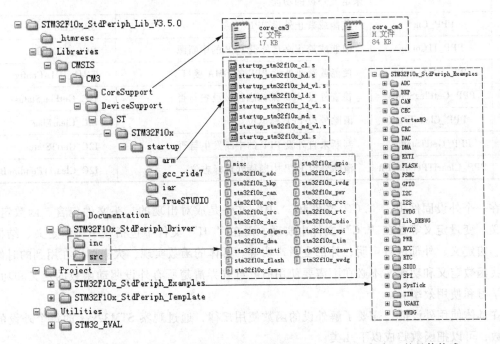

图 5.3.1.2　ST 官方提供的 STM32F10xxx 标准外设库（V3.5.0 版本）的具体构成

（2）外设驱动命名规则

当打开任意一个外设驱动文件，就会出现一大堆的宏定义、函数定义、变量定义、数据结构。ST 对外设驱动统一了命名格式，有以下的命名规则：

① 系统、源程序文件和头文件命名都以"stm32f10x_"作为开头，例如：stm32f10x_conf.h。

② 常量仅被应用于一个文件的，定义于该文件中；被应用于多个文件的，在对应头文件中定义，所有常量都由英文字母大写书写。

③ 寄存器作为常量处理。它们的命名都由英文字母大写书写。

④ 外设函数的命名以该外设的缩写加下画线为开头。每个单词的第一个字母都由英文字母大写书写，例如：SPI_SendData。在函数名中，只允许存在一个下画线，用以分隔外设缩写和函数名的其他部分。

表 5.3.1.2 列出了外设驱动函数的命名规则及功能。其特点是用户可以通过该函数名称就能知道这个函数要实现的功能。

表 5.3.1.2　外设驱动函数命名及功能定义（PPP 为具体外设）

序号	函数名	功能	实例
1	PPP_Init	根据 PPP_InitTypeDef 指定的参数，初始化 PPP	ADC_Init
2	PPP_DeInit	复位外设 PPP 的所有寄存器至缺省值	ADC_DeInit
3	PPP_StructInit	通过设置 PPP_InitTypeDef 结构中的各种参数来定义外设的功能	SPI_StructInit
4	PPP_Cmd	使能或禁止外设 PPP	SPI_Cmd
5	PPP_ITConfig	使能或禁止来自外设 PPP 的中断源	RCC_ITConfig
6	PPP_DMAConfig	使能或禁止外设 PPP 的 DMA 接口	TIM1_DMAConfig
7	PPP_GetFlagStatus	检查外设 PPP 某标志位被设置与否	I2C_GetFlagStatus
8	PPP_ClearFlag	清除外设 PPP 标志位	I2C_ClearFlag
9	PPP_GetITStatus	判断来自外设 PPP 的中断发生与否	I2C_GetITStatus
10	PPP_ClearITPendingBit	清除外设 PPP 中断待处理标志位	I2C_ClearITPendingBit

　　在一个外设固件中，".C"文件和".H"文件是成对出现的，头文件包含、函数定义、宏定义、变量定义等是在".C"文件中实现，而在".H"文件中包括枚举类型定义、结构体定义、宏定义、外部函数声明、外部变量声明等。具体的函数实现，大家可以在用到的时候再来查找函数定义和功能，不必在不需要使用前就急着弄清楚所有外设驱动函数的定义和功能，加快学习和使用效率。

　　在具体使用外设前，需要了解外设的函数使用规律，通过观察 STM32xxx 的每个外设的功能函数，可以把函数归成以下几类：

　　① 复位函数，把寄存器的数值复位到默认值。

　　② 外设初始化和配置函数。

　　③ 外设操作函数，包括读写外设函数。

　　④ 外设与中断相关的配置，包括中断标志位的设置、清零、查询等。

　　用户需要手动编写外设的初始化函数，函数里需对结构体 PPP_InitTypeDef 中的每个成员进行初始化，下面描述初始化和设置外设的基本步骤，这里仍以 PPP 代表任意外设。

　　① 在主应用文件中，声明一个结构 PPP_InitTypeDef，例如：

　　　　PPP_InitTypeDef PPP_InitStructure；

其中，PPP_InitStructure 是一个位于内存中的工作变量，用来初始化一个或者多个外设 PPP。

　　② 为变量 PPP_InitStructure 的各个结构成员填入允许的值。可以采用以下 2 种方式：

　　a. 按照如下程序设置整个结构体

　　　　PPP_InitStructure.member1 = val1；

　　　　PPP_InitStructure.member2 = val2；

　　　　PPP_InitStructure.memberN = valN；

其中，memberN 为结构体成员数。以上步骤可以合并在同一行里，用以优化代码大小：

PPP_InitTypeDef PPP_InitStructure = {val1,val2,…,valN}

b. 仅设置结构体中的部分成员。这种情况下，用户应当首先调用函数 PPP_SturcInit() 来初始化变量 PPP_InitStructure，然后再修改其中需要修改的成员。这样可以保证其他成员的值（多为缺省值）被正确填入。例如：

PPP_StructInit(&PPP_InitStructure);

PPP_InitStructure.memberX = valX;

PPP_InitStructure.memberY = valY;

其中，memberX 和 memberY 是待配置的结构体成员。

③ 调用函数 PPP_Init() 来初始化外设 PPP。

④ 在这一步，外设 PPP 已被初始化。可以调用函数 PPP_Cmd() 来使能之：

PPP_Cmd(PPP,ENABLE);

注意：外设的使用遵循"先初始化后使用和先打开时钟后使用"的原则。在设置一个外设前，必须调用以下一个函数来使能它的时钟：

RCC_AHBPeriphClockCmd(RCC_AHBPeriph_PPPx,ENABLE);

RCC_APB2PeriphClockCmd(RCC_APB2Periph_PPPx,ENABLE);

RCC_APB1PeriphClockCmd(RCC_APB1Periph_PPPx,ENABLE);

可以调用函数 PPP_Deinit() 来把外设 PPP 的所有寄存器复位为缺省值：

PPP_DeInit(PPP)

在外设设置完成以后，继续修改它的一些参数，可以参照如下步骤：

PPP_InitStucture.memberX = valX;

PPP_InitStructure.memberY = valY;// memberX 和 memberY 为需要更改的部分成员

PPP_Init(PPP,& PPP_InitStructure);

（3）STM32XXX 标准外设库使用方法

一般情况下，按如下步骤使用标准外设库：

① 新建一个项目后，复制外设库中需要用到的文件到项目的库文件夹下，比如内核、启动代码、项目所需外设的源文件和头文件等，并且在集成软件开发平台（如 Keil uVision 4）中添加这些文件。

② 把外设库头文件添加到自己的项目头文件路径中。

③ 在 "stm32f10x_conf.h" 文件中，选择需要使用的外设。

④ 用户只要把 stm32f10x.h 头文件包含到自己的应用软件中，无需把具体外设再分别包含到应用软件中。

（4）STM32×××标准外设库应用实例

比如，某一串口以波特率 9 600 bps 的速度，把从 RXD 引脚接收到的数据再通过 TXD 引脚发送出去。以下分别以 8051 单片机和 STM32F103VCT6 微控制器来说明具体的实现过程，让大家可以了解 STM32×××标准外设库的使用方法，同时比较出它们的异同。

① 8051 单片机实现方式

传统的 8051 单片机片内包含一个全双工的串行通信接口 UART，内部有两个物理上独立的接收、发送缓冲器 SBUF，可同时发送、接收数据。可以用定时器的模式 2 作为波特率发生器。要实现上述的串口功能，通常采用串口中断服务程序来实时接收数据，然后再把数据发送出去，需要进行以下两个步骤：一是，一旦有接收到数据，在串口中断服务程序中保存接收到的数据，同时置位接收完毕标志位；二是，在主函数中查询接收完毕标志位，如果为"1"，则取出数据并通过串口发送函数把数据发送出去。为此，需要编写以下几个函数：串口配置（初始化）、串口中断服务程序、发送函数和主程序。

a. 串口配置

在串口配置中，主要对 UART 的工作方式、波特率、定时器 1、串口中断及中断标志位配置。程序如下：

```
voidUART_Init(void)
{
    SCON = 0x50;          // UART 为方式 1,8 位数据,允许接收
    TMOD | = 0x20;        // 定时器 1 为模式 2,8 位自动重装
    TH1 = 0xFD;           // 设置波特率为 9 600 bps
    IE | = 0x90;          // 使能串口中断
    TR1 = 1;              // 启动定时器 1
    TI = 1;               // 中断标志位置位
}
```

b. 串口中断服务程序

由于接收中断和发送中断都在同一个中断服务程序中，因此首先需要查询是不是接收端触发中断，如果有则把接收中断标志位清零，再把接收缓冲器 SBUF 中的数据转存 ReceiveData 中，最后再设置一个接收完毕标志位 Read_Flag，告诉主程序已经接收到数据了，主函数就可以接下来对接收到的数据进行处理。程序如下：

```
void UART_Int( ) interrupt 4
{
    if( RI)                        // 判断有接收到数据
    {
        RI = 0;                    // 清接收中断标志位
        ReceiveData = SBUF;        // 转存接收到的数据
        Read_Flag = 1;            // 设置接收完毕标志位
    }
}
```

c. 发送函数

在发送函数中，先把待发送的数据存入发送缓冲器 SBUF 中，然后发送缓冲器就会自动把数据从 TXD 引脚发送出去，当发送完毕，TI 标志位被置位，表明已经发送完毕，最后再对发送中断标志位软件清零。程序如下：

```
voidUART_Send_Byte(unsigned char Digital)
{
    SBUF = Digital;        // 转存数据到 SBUF,发送缓冲器自动发送
```

```
        while(TI = = 0);          // 等待发送结束
        TI = 0;                   // 清中断标志位
}
```

d. 主程序

在主程序中，首先调用函数 UART_Init( )初始化串口，当检测到接收完毕标志位为"1"，则通过调用 UART_Send_Byte( )把接收到的数据发送出去。程序如下：

```
bit Read_Flag = 0;              // 接收完毕中断标志位
unsigned char ReceiveData = 0;  // 接收数据暂存单元
voidmain(void)
{
        UART_Init();            // 初始化串口
        while(1)
        {
                if(Read_Flag)   // 如果接收完毕标志有效,则串口发送接收的数据
                {
                        Read_Flag = 0;     // 接收完毕标志位清零
                        UART_Send_Byte(ReceiveData);  // 发送接收到的数据
                }
        }
}
```

② STM32F103VCT6 实现方式

用 STM32 实现串口接收与发送的功能与 8051 的方法大相径庭。在 STM32 中，需要对所有用到的外设资源进行初始化，本实例包括 GPIO、定时器、串口、中断等。需要编写以下程序：串口引脚配置、串口配置、中断配置、串口中断服务程序、发送函数、主程序。

a. 串口引脚配置

对于 GPIO 的配置主要是对 GPIO 结构体 GPIO_InitStructure 中的成员分别初始化，分别包含引脚名、引脚速度和引脚模式三个参数，其结构体定义如下：

```
typedef struct
{
        uint16_t GPIO_Pin;              // 引脚名
        GPIOSpeed_TypeDef GPIO_Speed;   // 引脚速度
        GPIOMode_TypeDef GPIO_Mode;     // 引脚模式
} GPIO_InitTypeDef;
```

本例使用了内部 USART1，它默认占用了 PA9 和 PA10 两个 GPIO，在配置前先使能 GPIOA 的时钟，然后分别把 PA9 配置成复用推挽输出，PA10 配置成浮空输入。则串口引脚配置如下：

```
void UART_GPIO_Configuration(void)
{
```

```
        GPIO_InitTypeDef GPIO_InitStructure;
        RCC_APB2PeriphClockCmd(RCC_APB2Periph_GPIOA,ENABLE);   // 使能时钟
        GPIO_InitStructure.GPIO_Pin = GPIO_Pin_9;
        GPIO_InitStructure.GPIO_Speed = GPIO_Speed_50MHz;
        GPIO_InitStructure.GPIO_Mode = GPIO_Mode_AF_PP;         // 复用推挽输出
        GPIO_Init(GPIOA,&GPIO_InitStructure);
        GPIO_InitStructure.GPIO_Pin = GPIO_Pin_10;
        GPIO_InitStructure.GPIO_Mode = GPIO_Mode_IN_FLOATING;   // 浮空输入
        GPIO_Init(GPIOA,& GPIO_InitStructure);
    }
```

b. 串口配置

在配置 USART1 前先使能 USART1 的时钟，然后再配置其波特率为 9 600 bps、字长为 8 位、停止位个数为 1 个、无奇偶校验位、硬件流控制为禁止、收发全双工模式，当执行了 USART_Init后，上面的这些配置参数才开始有效。然后再允许 USART1 接收中断，最后打开 USART1。则串口配置如下：

```
void   UART_Init(void)
    {
        USART_InitTypeDef USART_InitStructure;
        RCC_APB2PeriphClockCmd(RCC_APB2Periph_USART1,ENABLE);
        USART_InitStructure.USART_BaudRate = 9600;
        USART_InitStructure.USART_WordLength = USART_WordLength_8b; // 8 位长度
        USART_InitStructure.USART_StopBits = USART_StopBits_1;       // 一个停止位
        USART_InitStructure.USART_Parity = USART_Parity_No;          // 无校验位
        // 失能硬件流控制
        USART_InitStructure.USART_HardwareFlowControl = USART_HardwareFlowControl_None;
        // 收发模式
        USART_InitStructure.USART_Mode = USART_Mode_Rx | USART_Mode_Tx;
        USART_Init(USART1,& USART_InitStructure);                     // 初始化 USART1
        // 允许 USART1 接收中断
        USART_ITConfig(USART1,USART_IT_RXNE,ENABLE);
        USART_Cmd(USART1,ENABLE);                                     // 使能 USART1
    }
```

c. 中断配置

串口使用中断方式接收数据，因此需要对嵌套向量中断控制器（NVIC）进行配置。把 USART1 接收中断的优先级配置成先占优先级的第 0 组，副优先级也设置为 0，即优先级最高（优先级的内容请查看 5.3.3 节"2. 中断系统"介绍），并使能 USART1 的中断通道，这样就可以在串口中断服务程序中接收数据了。则串口引脚配置如下：

```
void NVIC_UART_Configuration(void)
```

```
{
        NVIC_InitTypeDef NVIC_InitStructure;
        NVIC_PriorityGroupConfig(NVIC_PriorityGroup_0);              // 先占优先级为 0
        NVIC_InitStructure.NVIC_IRQChannel = USART1_IRQChannel;      // 配置串口中断通道
        NVIC_InitStructure.NVIC_IRQChannelSubPriority = 0;           // 副优先级为 0
        NVIC_InitStructure.NVIC_IRQChannelCmd = ENABLE;             // 使能串口中断
        NVIC_Init(&NVIC_InitStructure);                            // 初始化 NVIC
}
```

d. 串口中断服务程序

与 8051 的串口中断服务程序一样，先要检测是不是接收到数据，有则调用外设库中自带的串口数据接收函数 USART_ReceiveData，把一字节的数据转存到 ReceiveData 存储单元中，再清串口接收中断标志位。程序如下：

```
void USART1_IRQHandler(void)
{
        if(USART_GetITStatus(USART1,USART_IT_RXNE)! = RESET)
        {
                ReceiveData = USART_ReceiveData(USART1);          // 转存数据
                USART_ClearFlag(USART1,USART_FLAG_RXNE);          // 清接收中断标志位
                Read_Flag = 1;                                   // 设置接收完毕标志位
        }
}
```

e. 发送函数

与 8051 一样，先调用外设库中自带的串口数据发送函数 USART_SendData( ) 发送一字节数据，然后等待发送完毕，再清标志位。程序如下：

```
void UART_Send_Byte(u8 Digital)
{
        USART_SendData(USART1,Digital);                          // 发送 1Byte 数据
        // 等待发送完
        while(USART_GetFlagStatus(USART1,USART_FLAG_TXE) = = RESET);
        USART_ClearFlag(USART1,USART_FLAG_TXE);                  // 清发送中断标志位
}
```

f. 主程序

主程序过程与 8051 一样，只是多了调用串口引脚配置函数。程序如下：

```
bool Read_Flag = 0;                                              // 接收中断标志位
u8 ReceiveData = 0;                                              // 接收完毕中断标志位
int main(void)
{
        UART_GPIO_Configuration();                               // 串口引脚配置
```

```
        UART_Init( );                                    // 串口配置
        NVIC_UART_Configuration( );                      // 串口中断配置
        while(1)
        {
            // 如果取数标志已置位,就将读到的数从串口发出
            if( Read_Flag)
            {
                Read_Flag = 0;                           // 接收完毕标志位清零
                UART_Send_Byte( ReceiveData );           // 发送接收到的数据
            }
        }
    }
```

5.3.2　STM32 微控制器和通用 8051 单片机的主要编程差异

从 5.1 节以及 5.3.1 小节第 4 点的编程对比可以看出,从本质上看,二者的初始化工作最终都是对芯片内部寄存器的操作,只是 8051 单片机内部的特殊功能寄存器比较少,功能比较单一,特殊功能寄存器比较好记忆,操作也比较简单,因此可以直接对寄存器进行操作,但是 STM32 外设的寄存器繁多,功能复杂,不易记忆,因此 ST 公司提供了标准外设库,用户调用标准固件库提供的相应的函数接口就能间接地操作寄存器。以下简单总结了 STM32 微控制器和 8051 单片机的主要编程差异。

(1) 相同点

① 初始化都是对寄存器的配置。

② 除了处理器不同,其他编程一般都是基于 C 语言的编程习惯,因此应用程序都是相通的。

(2) 不同点

① I/O 口操作:8051 为 8 位 I/O 端口,寄存器为 8 位;而 STM32 的 I/O 端口有 16 位,寄存器操作为 32 位。

② 很多外设复用一个 I/O,会有冲突,因此 STM32 有了引脚重映射功能,而 8051 的引脚固定。

③ STM32 时钟可以配置为内部时钟或外部时钟;而 8051 的时钟使用外部的晶振,不可更改。

④ STM32 集成了丰富的外设,不仅包含 8051 外设的功能,甚至更复杂。

⑤ 8051 的中断系统通过配置 TCON、SCON、IP、IE 等控制中断,而 STM32 通过 NVIC 来控制。

⑥ 8051 位寻址操作,如中断控制器在 IE 中的第 7 位 EA,编程时可以直接写 EA。而 STM32 没有位寻址功能。

⑦ 位定义:8051 有 sbit 对 I/O 进行定义,而 STM32 没有位定义。

⑧ STM32 在低版本的固件库中要时钟初始化，而在 V3.5.0 版本就在未执行到 main 函数时就已经被 startup 文件调用并配置了，默认不用用户再配置。而 8051 没有此初始化过程。

⑨ STM32 外设的初始化包括：外设占用的引脚配置、外设配置、外设触发的中断源配置等，所有外设在使用前必须先使能该外设时钟。而 8051 要简单些。

⑩ 8051 中断函数名可以自己定义，但是 STM32 的中断函数名已经在 "startup_stm32f10x_hd.s" 中定义，在 "stm32f10x_it.c" 中的中断函数名必须与它一样。

⑪ 数据类型定义习惯不大一样。比如无符号的 8 位整数，8051 中用 "unsigned char"，而在 STM32 中用 "u8" 定义，但二者的效果都一样。

⑫ 8051 单片机直接对特殊功能寄存器操作，而 STM32 基于固件库的操作，用户调用该固件库提供的函数接口从而对寄存器进行间接配置。当然用户如果想了解内部的具体配置过程并且时间充裕，或者应用系统对实时性要求苛刻，也可以对寄存器操作。

⑬ 在 Keil 工程下，不同的模块一般存放在单独的文件夹下，需要把外来的库（如移植 μcos-II、FATFS 等）的头文件添加到系统的头文件路径中，这样系统就能调用里面的函数，这样方便项目管理。而 8051 则通常不用添加头文件路径。

⑭ STM32 有在线调试功能，可以单步、全速、断点调试；而 8051 则没有，需要下载程序后再看效果，效率不高。

⑮ 8051 有独立的外设中断使能位以及总中断控制开关 EA。而 STM32 通过改变 CPU 当前的优先级来允许或禁止中断，优先级高的自动屏蔽优先级低的中断，优先级为零时不屏蔽任何中断，通过函数 "__set_PRIMASK(1)" 关闭总中断，通过函数 "__set_PRIMASK(0)" 开放总中断。

⑯ STM32 中含有一个直接存储器存取 DMA，可以不经过 CPU 而实现外设与存储器以及存储器与存储器之间的高速数据传输。而 8051 则需要 CPU 来搬运数据。

5.3.3　基础外设原理和程序举例

虽然 STM32 的外设资源很多，但是作为初学者，并不需要逐个学习，以目的为导向的学习法，由浅及深，实践证明，为了学习芯片而学习的效率不如以应用需求为导向的学习法。本小节对 STM32 部分基础性资源（GPIO、NVIC、TIMER、DMA 等）进行说明及举例。

1. 通用可编程输入输出口（GPIO）

STM32 最基本的外设就是通用可编程输入输出口（GPIO），其他外设大多都是通过 GPIO 与外界通信。对 GPIO 的认识，可以从以下几个方面入手：

（1）GPIO 内部结构及模式配置

STM32F103VCT6 有 5 组共 80 个 GPIO 口，每组 16 个，5 组组别分别用 "A、B、C、D、E" 表示。每个 GPIO 口受到 7 个寄存器的控制：两个 32 位端口配置寄存器（GPIOx_CRL，GPIOx_CRH）、两个 32 位输入输出数据寄存器（GPIOx_IDR 和 GPIOx_ODR）、一个 32 位置位/复位寄存器（GPIOx_BSRR）、一个 16 位复位寄存器（GPIOx_BRR）和一个 32 位锁定寄存器（GPIOx_LCKR）。其中，端口配置寄存器完成对引脚输入输出模式和速度（包括 2 MHz、

10 MHz 和 50 MHz 等）的配置，输入输出模式包含：浮空输入（GPIO_Mode_IN_FLOATING）、上拉输入（GPIO_Mode_IPU）、下拉输入（GPIO_Mode_IPD）、模拟输入（GPIO_Mode_AIN）、开漏输出（GPIO_Mode_Out_OD）、推挽输出（GPIO_Mode_Out_PP）、推挽复用功能（GPIO_Mode_AF_PP）和开漏复用功能（GPIO_Mode_AF_OD）；数据寄存器完成每组端口 I/O 口的状态读入和状态写入，端口输入数据寄存器只能读取端口数据，而端口输出数据寄存器可以读写端口；端口位设置/清除寄存器完成对位的设置或清零，而端口清除寄存器则完成具体位的清零；锁定寄存器完成锁定端口位的配置，当位被锁定后，在下次系统复位之前将不能再更改端口位的配置。

　　注意：必须以 32 位方式操作这些寄存器，没有用到的位保留。I/O 端口位的基本结构如图 5.3.3.1 所示。

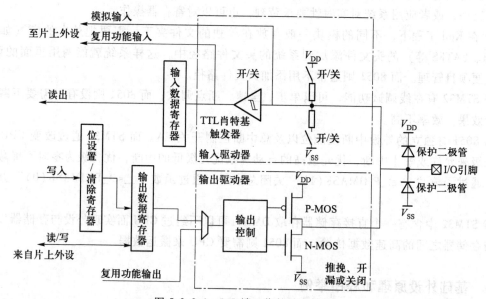

图 5.3.3.1　I/O 端口位的基本结构

　　其中，I/O 引脚的输入端由两个保护二极管保护，可以把引脚电平钳位在 V_{SS} 和 V_{DD} 之间，这也使得 STM32 的大部分 GPIO 可以兼容 5 V 的信号，此时需把 I/O 口配置成开漏输出，且需通过上拉电阻连到 5 V 系统。但是芯片电源引脚的电压绝对不能使用 5 V，建议使用 3.3 V 电压。GPIO 的输入输出功能分别受到输入驱动器和输出驱动器的控制。

　　当 I/O 作输入口时，输入模式有三种功能：普通 GPIO 输入、模拟输入、复用功能输入。

　　① 普通 GPIO 输入。当作为普通 GPIO 输入时，输出数据寄存器被禁止，此时无法输出数据。可以通过程序配置 I/O 口处于上拉输入、下拉输入或浮空输入模式，数据经过肖特基触发器后再进入输入数据寄存器中，此时对输入数据寄存器的读访问可得到 I/O 口状态。

　　② 模拟输入。当作为模拟输入时，输出数据寄存器同样被禁止，弱上拉和下拉电阻也被禁止，此时的 I/O 配置成模拟输入模式，输入数据寄存器的值为 0，模拟输入端直接接到 ADC/DAC 等外设中。

　　③ 复用功能输入。当作为复用功能输入时，可以工作在开漏或推挽模式，此时输出数据寄存器被打开，外设信号经过输出驱动器驱动后从 I/O 输出。同时，肖特基触发器也被打开，

I/O 口的输入状态被读取：在开漏模式时，读取输入数据寄存器获得 I/O 口状态；在推挽模式时，读输出数据寄存器即可得到最后一次写的值。

当 I/O 作为普通的输出口时，可以工作在开漏或推挽模式。此时，输出驱动器和肖特基触发器都被激活，弱上拉和下拉电阻都被禁止。在开漏输出模式时，对输入数据寄存器的读访问可得到 I/O 状态；在推挽输出模式时，对输出数据寄存器的读访问得到最后一次写的值。

表 5.3.3.1 列出了 STM32 外设的 GPIO 配置。

表 5.3.3.1　STM32 外设的 GPIO 配置

引脚	配置	GPIO 配置
高级定时器 TIM1/TIM8		
TIM1/8_CHx	输入捕获通道 x	浮空输入
	输出比较通道 x	复用推挽输出
TIM1/8_CHxN	互补输出通道 x	复用推挽输出
TIM1/8_BKIN	刹车输入	浮空输入
TIM1/8_ETR	外部触发时钟输入	浮空输入
通用定时器 TIM2/3/4/5		
TIM2/3/4/5_CHx	输入捕获通道 x	浮空输入
	输出比较通道 x	复用推挽输出
TIM2/3/4/5_ETR	外部触发时钟输入	浮空输入
USART		
USARTx_TX	全双工模式	复用推挽输出
	半双工同步模式	复用推挽输出
USARTx_RX	全双工模式	浮空输入或带上拉输入
	半双工同步模式	未用，可作为通用 I/O
USARTx_CK	同步模式	复用推挽输出
USARTx_RTS	硬件流量控制	复用推挽输出
USARTx_CTS	硬件流量控制	浮空输入或带上拉输入
SPI		
SPIx_SCK	主模式	复用推挽输出
	从模式	浮空输入
SPIx_MOSI	全双工模式/主模式	复用推挽输出
	全双工模式/从模式	浮空输入或带上拉输入
	简单的双向数据线/主模式	复用推挽输出
	简单的双向数据线/从模式	未用，可作为通用 I/O

引脚	配置	GPIO 配置
SPI		
SPIx_MISO	全双工模式/主模式	浮空输入或带上拉输入
	全双工模式/从模式	复用推挽输出
	简单的双向数据线/主模式	未用，可作为通用 I/O
	简单的双向数据线/从模式	复用推挽输出
SPIx_NSS	硬件主模式	浮空输入或带上拉输入或带下拉输入
	硬件主模式/NSS 输出使能	复用推挽输出
	软件模式	未用，可作为通用 I/O
I^2S		
I^2Sx_WS	主模式	复用推挽输出
	从模式	浮空输入
I^2Sx_CK	主模式	复用推挽输出
	从模式	浮空输入
I^2Sx_SD	主模式	复用推挽输出
	从模式	浮空输入或带上拉输入或带下拉输入
I^2Sx_MCK	主模式	复用推挽输出
	从模式	未用，可作为通用 I/O
I^2C		
I^2Cx_SCL	I2C 时钟	复用开漏输出
I^2Cx_SDA	I2C 数据	复用开漏输出
BxCAN		
CAN_TX	—	复用推挽输出
CAN_RX	—	浮空输入或带上拉输入
USB		
USB_DM/USB_DP	一旦使能了 USB 模式，这些引脚自动连接到内部 USB 收发器	
SDIO		
SDIO_CK	—	复用推挽输出
SDIO_CMD	—	复用推挽输出
SDIO[D7:D0]	—	复用推挽输出
ADC/DAC		
ADC/DAC	—	模拟输入

续表

引脚	配置	GPIO 配置
FSMC		
FSMC_A[25:0] FSMC_D[15:0]	—	复用推挽输出
FSMC_CK	—	复用推挽输出
FSMC_NOE FSMC_NWE	—	复用推挽输出
FSMC_NE[4:1] FSMC_NCE[3:2] FSMC_NCE4_1 FSMC_NCE4_2	—	复用推挽输出
FSMC_NWAIT FSMC_CD	—	浮空输入或带上拉输入
FSMC_NIOS16 FSMC_INTR FSMC_INT[3:2]	—	浮空输入
FSMC_NL FSMC_NBL[1:0]	—	复用推挽输出
FSMC_NIORD FSMC_NIOWR FSMC_NREG	—	复用推挽输出
其他 I/O		
TAMPER-RTC	RTC 输出	当配置 BKP_CR 和 BKP_RTCCR 寄存器时, 由硬件强制设置
	侵入事件输入	
MCO	时钟输出	复用推挽输出
EXT 输入线	外部中断输入	浮空输入或带上拉输入或带下拉输入

（2）外设的 GPIO 重映射

在 STM32 微控制器系列芯片中，片内外设需要占用引脚数目超过芯片引脚本身，因此引脚除了作为 GPIO 使用外，还要作为一种或多种外设引脚使用（即复用功能）。但是，如果一个复用功能的引脚被某个外设占用，那另一个复用同一个引脚的外设就要在其他引脚进行重定义（即重映射），这样就可以让引脚做到最大的利用。不过需要注意，不是任意引脚都可以任意设置为某个外设的引脚，有些外设只能默认复用某个引脚，如果需要被使用到，那么其他外设就不可以重映射到该引脚上。例如，从芯片数据手册的引脚定义部分可以看到，STM32F103VCT6 的 DAC 在引脚上仅有 PA4 和 PA5 两个输出通道，不能重映射到其他引脚上；

PA4 和 PA5 又同时被 SPI1 占用，而 SPI1 可以重映射到 PA15 和 PB3-PB5 引脚，为了同时使用 DAC 的两个通道和 SPI1 功能，就需要把 SPI1 重映射到 PA15 和 PB3-PB5 引脚，PA4-PA5 做 DAC 输出使用。这里还要注意，由于重映射后，PB3 和 PB4 被 JTAG 功能占用，而 STM32F103VCT6 可以使用 JTAG 调试程序，也可以用 SWD 调试，因此，要想使用 SPI1 功能，还必须先禁止 JTAG 功能。总之，其他外设要为资源紧缺而又重要的功能让路。

（3）GPIO 应用实例

下面通过两个实例来说明 GPIO 的使用方法。

实例一：GPIO 配置

本例使用 GPIO 中的 PB9 引脚，配置为推挽输出，驱动一个 LED 灯半秒闪烁一次。注意使用 PB9 前，首先必须先使能 PB 端口的时钟。LED 电路如图 5.3.3.2 所示。

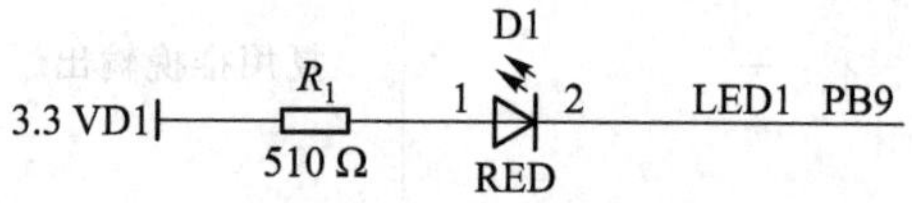

图 5.3.3.2　LED 电路

① LED 的 GPIO 配置

```
void GPIO_ LED_Configuration( void)
{
    GPIO_InitTypeDef GPIO_InitStructure;
    // 使能 IO 口时钟,RCC 表示复位和时钟控制器
    RCC_APB2PeriphClockCmd( RCC_APB2Periph_GPIOB,ENABLE);
    // LED 灯 PB9 配置
    GPIO_InitStructure.GPIO_Pin = GPIO_Pin_9;
    // 设置 GPIO 的速度:50MHz
    GPIO_InitStructure.GPIO_Speed = GPIO_Speed_50MHz;
    // 推挽输出
    GPIO_InitStructure.GPIO_Mode = GPIO_Mode_Out_PP;
    GPIO_Init( GPIOB,& GPIO_InitStructure);
    // 先关闭 LED
    GPIO_SetBits( GPIOB,GPIO_Pin_9);
}
```

② 主程序

```
int main( void)
{
    GPIO_LED_Configuration( );          // LED 初始化
    while(1)
    {
        GPIO_ResetBits( GPIOB,GPIO_Pin_9)      // 点亮 LED
        Delay_50ms(10);                        // 延时 500 ms
```

```
    GPIO_SetBits( GPIOB,GPIO_Pin_9);              // 熄灭 LED
    Delay_50ms(10);                               // 延时 500 ms
  }
}
```

实例二：外设 GPIO 重映射

以上述的 DAC 和 SPI1 同时使用为例。从表 5.3.3.2 和 5.3.3.3 可知，SPI1 占用 PA4-PA7，其中 SPI1_NSS 和 SPI1_SCK 与 DAC 共用 PA4 和 PA5，这时就要把 SPI1 重映射到 PA15，PB3 至 PB5，但是 PB3 和 PB4 又被 JTAG 占用了，因此在正常使用 SPI1 前不仅要重映射 SPI1 引脚，而且又要把 JTAG 功能设置成普通的 I/O 口功能。而程序的下载及调试则使用 SWD 接口。以下程序主要列出了 DAC 的 I/O 配置以及 SPI1 的引脚重映射方法。

表 5.3.3.2　SPI1 重映射

复用功能	SPI1_REMAP = 0	SPI1_REMAP = 1
SPI1_NSS	PA4	PA15
SPI1_SCK	PA5	PB3
SPI1_MISO	PA6	PB4
SPI1_MOSI	PA7	PB5

表 5.3.3.3　JTAG/SWD 复用功能重映射

复用功能	GPIO 端口
JTMS/SWDIO	PA13
JTCK/SWCLK	PA14
JTDI	PA15
JTDO/TRACESWO	PB3
JNTRST	PB4
TRACECK	PE2
TRACED0	PE3
TRACED1	PE4
TRACED2	PE5
TRACED3	PE6

① DAC 引脚配置

首先配置 DAC，包括 DAC 所占用的 PA4 和 PA5 引脚的配置，以及 D/A 转换器的配置。首先使能 PA 口和 DAC 时钟，然后把 DAC 两引脚配置成模拟输入，最后再分别配置 DAC 的两个通道。

```
void GPIO_DAC_Configuration( void)
{
```

```
    GPIO_InitTypeDef GPIO_InitStructure;
    // 打开 GPIOA 时钟
    RCC_APB2PeriphClockCmd(RCC_APB2Periph_GPIOA,ENABLE);
    GPIO_InitStructure.GPIO_Pin = GPIO_Pin_4 | GPIO_Pin_5;
    // 配置为模拟输入
    GPIO_InitStructure.GPIO_Mode = GPIO_Mode_AIN;
    GPIO_Init(GPIOA,& GPIO_InitStructure);
}
```

② SPI1 重映射配置

对 SPI1 的重映射操作主要是对引脚的修改，对于 SPI1 的配置没有影响，引脚重映射配置的程序如下：

```
void GPIO_SPI1_Configuration(void)
{

    GPIO_InitTypeDef    GPIO_InitStructure;
    // 使能被重新映射到的 IO 端口时钟
    RCC_APB2PeriphClockCmd(RCC_APB2Periph_GPIOB,ENABLE);
    // 禁止 JTAG 功能
    GPIO_PinRemapConfig(GPIO_Remap_SWJ_JTAGDisable,ENABLE);
    // 使能被重映射的外设时钟
    RCC_APB2PeriphClockCmd(RCC_APB2Periph_SPI1,ENABLE);
    // 使能 AFIO 功能的时钟,当引脚被重映射时必须打开 AFIO 功能时钟
    RCC_APB2PeriphClockCmd(RCC_APB2Periph_AFIO,ENABLE);
    // SPI1 引脚重映射
    GPIO_PinRemapConfig(GPIO_Remap_SPI1,ENABLE);
    // 配置映射后的引脚为复用推挽模式
    GPIO_InitStructure.GPIO_Pin = GPIO_Pin_3 | GPIO_Pin_4 | GPIO_Pin_5;
    GPIO_InitStructure.GPIO_Speed = GPIO_Speed_50MHz;
    GPIO_InitStructure.GPIO_Mode = GPIO_Mode_AF_PP;
    GPIO_Init(GPIOB,& GPIO_InitStructure);

}
```

小结：

（1）以上 2 个实例中实现了普通 GPIO、外设 DAC 的 GPIO、外设 SPI1 的 GPIO 重映射的配置思路。大部分外设的配置围绕以下步骤进行：

① 在使用前必须打开外设时钟，另外注意比如引脚重映射、配置 GPIO 线上的外部中断/事件等，还必须打开 AFIO 功能时钟；

② 配置外设占用的引脚；

③ 配置外设（即外设初始化）及外设相关的中断；

④ 使能外设。

在实例一中，GPIO 的初始化就是对引脚的配置，相对简单。对于外设还应该有初始化过程，比如实例二中的 DAC，除了引脚配置外，还要进行 D/A 转换器配置等初始化过程，程序如下（DAC 的具体内容请见 7.3.3 节 "STM32F103VCT6 之 DAC"，这里仅仅为了说明初始化过程）：

```
// D/A 转换器配置
void DAC_Initialization(void)
{
    DAC_InitTypeDef  DAC_InitStructure;                // 初始化结构体定义
    // DAC 通道 1 由定时器 2 触发转换
    DAC_InitStructure.DAC_Trigger = DAC_Trigger_T2_TRGO;
    DAC_InitStructure.DAC_WaveGeneration = DAC_WaveGeneration_None;
    DAC_InitStructure.DAC_OutputBuffer = DAC_OutputBuffer_Disable;
    DAC_Init(DAC_Channel_1,& DAC_InitStructure);
    // DAC 通道 2 由向 DHRx 写入数据更新
    DAC_InitStructure.DAC_Trigger = DAC_Trigger_None;
    DAC_InitStructure.DAC_WaveGeneration = DAC_WaveGeneration_None;
    DAC_InitStructure.DAC_OutputBuffer = DAC_OutputBuffer_Disable;
    DAC_Init(DAC_Channel_2,& DAC_InitStructure);
    DAC_SetChannel2Data(DAC_Align_12b_R,1000);    // 设置 DAC 初始电压
    DAC_Cmd(DAC_Channel_1,ENABLE);                  // 使能 DAC 通道 1
    DAC_Cmd(DAC_Channel_2,ENABLE);                  // 使能 DAC 通道 2
}

// DAC 配置
void DAC_Configuration(void)
{
    // 使能 DAC 时钟
    RCC_APB1PeriphClockCmd(RCC_APB1Periph_DAC,ENABLE);
    GPIO_DAC_Configuration();                        // DAC 引脚配置
    DAC_Initialization();                            // DAC 通道 x 配置
    // …….
    // DAC 的配置还有很多,比如 DAC 的转换源定时器的配置,DMA 的配置等。
}
```

（2）重映射不能任意映射到其他引脚，需按照手册上的说明进行配置。

（3）传统 8051 单片机有 4 个 8 位并行 I/O 口，每个端口都是一个准双向的 I/O 口，每一条 I/O 线都能独立的作为输入或输出，I/O 口无工作模式，无需进行配置。而 STM32 的 I/O 口使用要复杂得多，初学者一定要多花时间实践和体会。

2. 中断系统

中断的概念在微控制器系统中有着重要的地位，在很多项目中，往往对系统的实时性要求

很高。系统实时响应常用的方法有 2 种，一个是移植一个实时操作系统，另一个是利用外设的中断触发功能。对于前者，由于微控制器内存容量及主频等因素的限制，微控制器只能移植μCOS-II 等小型的实时操作系统，操作系统把一个大的功能分解成若干个小任务，这些小任务本身是独立的，但相互间配合运行，并按照它们在所有任务中的轻重缓急情况来分配不同的优先级。在运行时，优先级高的任务可以抢断优先级低的任务，从而实现了任务的实时响应功能。而对于后者，它是利用微控制器外设与中断的紧密程度来提高实时性。与操作系统类似，不同的外设可以配置成不同的中断优先级，一般给实时性要求最高的外设分配最高的优先级，不紧急不重要的外设分配低优先级。高优先级可以嵌套中断低优先级，只不过嵌套的级数要比操作系统少一些。这里仅介绍 STM32 的中断系统。

（1）中断系统原理

在没有引入中断这个概念的微控制器系统之前，所有的任务都是在一个 main 函数中按顺序执行的，这种情况在程序代码量少的应用中尚可。但是，一旦系统功能复杂，CPU 资源的占用率高，实时性差的弊端就显而易见了。比如，需要检测一个瞬间出现的事件——某一时刻的按键，如果此时 CPU 正在执行一段很长时间的延时，那么按键就有可能检测不到。这时候就可以把这个突发的按键输入事件独立于主程序外，通过引入外部中断引脚来实现实时响应的效果：按键没有按下时，不产生任何中断，CPU 一直运行主程序；一旦按键按下，外部中断引脚就触发了中断，此时 CPU 就会暂时停止主程序的执行，转而去执行按键中断服务程序，在执行完中断服务程序后再返回主程序的断点处继续执行。当有多个中断源同时触发中断时，一般是按中断源的轻重缓急来分配优先级的，CPU 根据中断的优先级顺序从高到低依次响应中断。当 CPU 正在响应低优先级的中断时，一个高优先级中断产生了，这时就会产生嵌套中断，CPU 会保存当前低优先级的断点参数，转而执行高优先级任务，待高优先级任务执行完毕，返回到刚才的低优先级断点处继续执行，最后才返回到主程序的断点处执行主程序内容。中断嵌套的执行过程如图 5.3.3.3 所示。

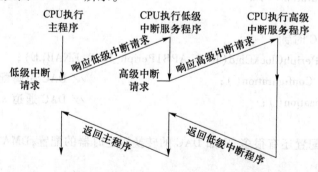

图 5.3.3.3 二级中断嵌套示意图

传统的 8051 单片机有 5 个中断源（2 个外部中断，2 个定时器溢出中断和 1 个串口中断），同时有 2 个中断优先级，每个中断请求源均可编程为高优先级中断或低优先级中断，最多可以实现两级中断嵌套。

类似的，STM32F103VCT6 也有一套完整的中断系统，处理的中断数也比 8051 单片机复杂。STM32F103VCT6 内嵌一个嵌套向量中断控制器（NVIC），能够处理多达 60 个可屏蔽中断通道和 16 个中断优先级。NVIC 具有以下特性：

① NVIC 和 Cortex-M3 内核的逻辑紧密耦合，共同完成对中断的处理，可以实现低延迟的中断响应，可以高效地处理晚到的中断。

② 60 个可屏蔽中断通道（不包含 16 个 Cortex-M3 的中断线）。

③ 16 个可编程的优先等级（使用了 4 位中断优先级）。

④ 电源管理控制（比如监控工作电源，当电源异常时可用中断紧急关闭任务）。

⑤ SysTick 定时器被捆绑在 NVIC 中，这样的一个硬件定时器可以产生固定时间的定时或操作系统所需要的滴答中断，作为整个系统的时基。对于 STM32F103VCT6 微控制器，当系统滴答时钟设定为 9 MHz 时，可以产生 1 ms 时间基准。

（2）STM32 中断优先级原理及配置

在 60 个可屏蔽中断通道中，不同的外设有不同优先级的中断，而同一个外设可能对应着多个中断通道。不同的外设有不同的占先优先级（pre-emption priority），高占先优先级中断可以打断当前正在执行的主程序/中断程序，即可以中断嵌套，最多可实现 16 级的中断嵌套。而同一个外设的不同中断触发源具有不同的副优先级，如果有低副优先级中断正在执行，高副优先级的中断要等待已被响应的低副优先级中断执行结束后才能得到响应——非抢断式响应（不能嵌套）。如果这两个中断同时到达，则中断控制器根据它们的响应优先级高低来决定先处理哪一个；如果它们的先占优先级和响应优先级都相等，则根据它们在中断表中的排位顺序决定先处理哪一个。

假设系统中要同时使用到串口 USART 中断和 SPI 中断，而 USART 被频繁地使用到，对实时性要求比较高，则设串口的占先优先级（假设为 1）比 SPI 的占先优先级高（假设为 5），这样的话，在系统运行时，一旦有串口的中断请求就会从当前的主程序或 SPI 的中断服务子程序中抢断，并立刻执行串口中断服务程序。当串口中断服务程序执行完毕，再返回到刚才的中断断点，执行 SPI 中断服务程序。然而在执行串口中断服务程序中，有可能是接收端触发的中断，也有可能是发送端触发的中断，它们具有相同的占先优先级，这就可以用副优先级来区别两个触发源，假设接收端的副优先级高于发送端的副优先级，当某一时刻只有接收端触发中断，则立刻响应接收中断服务程序。但是如果低副优先级的发送端正在执行服务程序时，接收端又触发中断，那么接收端的中断需要等待发送端的中断程序执行完毕后才能执行。也就是说，不同的占先优先级可以中断嵌套，而同一个占先优先级，不同的副优先级则不能嵌套。判断中断是否会被响应的依据有：

① 首先是占先优先级，其次是副优先级；

② 占先优先级决定是否会有中断嵌套；

③ 优先级号越大，优先级越低，为零时不屏蔽任何中断；

④ 复位（Reset）、不可屏蔽中断（NMI）和硬件失效（HardFault）的优先级为负，高于普通中断优先级，且不可调整。

每个中断都有一个专门的寄存器来描述中断的占先优先级和副优先级。在这个寄存器中，STM32 使用 4 个二进制位描述优先级（Cortex-M3 定义了 8 位，但 STM32 只使用了 4 位）。

根据占先优先级与副优先级在 4 位优先级位中所占的位数，可以有 5 种组合使用方式，如表 5.3.3.4 所列。其中，极端情况是有 16 个不同的外设，没有副优先级（即第 4 组优先级别），分别对应 16 个不同的占先优先级，这时中断间的嵌套是根据不同的优先级别决定的，高占先优先级中断会抢占低占先优先级中断。

　　另外一种情况是同一个外设中有 16 个不同的副优先级，没有占先优先级（即第 0 组优先级别），首先响应副优先级高的中断，但不支持中断嵌套，高副优先级的中断必须等待低副优先级的中断执行完毕后才执行自己的程序。

表 5.3.3.4　5 种占先优先级及副优先级的组合

优先级组别	占先式优先级	副优先级
4	4 位/16 级	0 位/0 级
3	3 位/8 级	1 位/2 级
2	2 位/4 级	2 位/4 级
1	1 位/2 级	3 位/8 级
0	0 位/0 级	4 位/16 级

（3）外部中断/事件控制器（EXTI）原理

　　如表 5.3.3.5 所列，在 STM32F103VCT6 的中断系统中，外部中断/事件控制器占用了 10 个中断线，占总中断数的 1/6。可见外部中断功能在单片机中占有重要的地位。

　　由表 5.3.3.5 也可知，外部中断/事件控制器由 19 个产生事件/中断请求的边沿检测器组成，外部中断线 0~4 独立占用 EXTI0~EXTI4 共 5 个中断线，而外部中断线 EXTI9~EXTI5 和 EXTI15~EXTI10 分别共用了 EXTI9_5 和 EXTI15_10 中断线。又由图 5.3.3.4 可知，STM32F103VCT6 的 GPIO 端口 PAx~PEx 这 5 个引脚同时作为外部中断线 x（EXTIx）的输入端（其中，x 为 0~15，恰好对应着一个 16 位 GPIO 口）。也就是说，STM32 的所有 GPIO 都能作为外部中断输入线。具体选哪个引脚作为中断线，可以通过函数 GPIO_EXTILineConfig( ) 进行配置。另外三个外部中断输入源分别连接到 PVD 功能、RTC 功能、USB 唤醒等功能。另外注意配置 GPIO 线上的外部中断/事件时等，还必须打开 AFIO 功能时钟。

表 5.3.3.5　外部中断线分布

位置	优先级	优先级类型	名称	说明	地址
1	8	可设置	PVD	连接到 EXTI 的电源电压检测（PVD）中断	0x0000_0044
6	13	可设置	EXTI0	EXTI 线 0 中断	0x0000_0058
7	14	可设置	EXTI1	EXTI 线 1 中断	0x0000_005c
8	15	可设置	EXTI2	EXTI 线 2 中断	0x0000_0060
9	16	可设置	EXTI3	EXTI 线 3 中断	0x0000_0064
10	17	可设置	EXTI4	EXTI 线 4 中断	0x0000_0068
23	30	可设置	EXTI9_5	EXTI 线[9:5]中断	0x0000_009c
40	47	可设置	EXTI15_10	EXTI 线[15:10]中断	0x0000_00e0
41	48	可设置	RTCAlarm	连到 EXTI 的 RTC 闹钟中断	0x0000_00e4
42	49	可设置	USB 唤醒	连到 EXTI 的从 USB 待机唤醒中断	0x0000_00e8

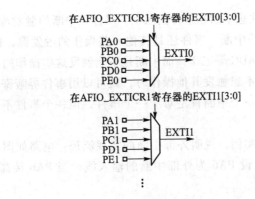

在AFIO_EXTICR1寄存器的EXTI0[3:0]

在AFIO_EXTICR1寄存器的EXTI1[3:0]

在AFIO_EXTICR4寄存器的EXTI15[3:0]

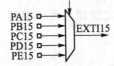

AFIO_EXTICR：外部中断配置寄存器

图 5.3.3.4　外部中断线的输入端

图 5.3.3.5 为 STM32F103VCT6 外部中断/事件控制器框图，寄存器间的数据通信长度为 19 位，每一位对应着一根输入线，每个输入线都可以独立地配置输入类型（脉冲或挂起）和对应的触发事件（上升沿、下降沿或双边沿）。每个输入线都可以通过中断屏蔽寄存器或事件屏蔽寄存器独立地被屏蔽。挂起寄存器保持着状态线的中断请求。简单理解，中断/事件屏蔽即中断/事件禁止，挂起有效即发生了中断请求。

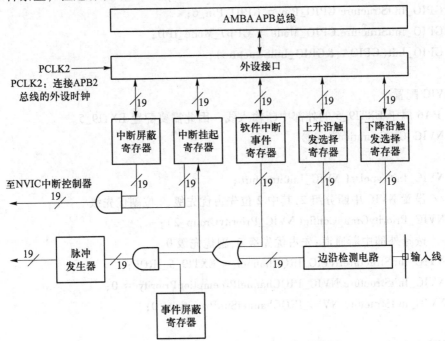

图 5.3.3.5　外部中断/事件控制器框图

在图 5.3.3.5 中，要特别注意中断和事件的区别。事件是中断的触发源，开放了对应的中断屏蔽位，则事件可以触发相应的中断。事件还是其他一些操作的触发源，比如利用 STM32 芯片内部的定时器事件触发 DMA、ADC 等工作，而中断是不能触发这些操作的，所以要把事件与中断区分开。当只要产生中断而不想触发其他操作时，就可以用事件屏蔽寄存器实现。在 STM32 中，中断与事件不是等价的，一个中断肯定对应一个事件，但一个事件不一定对应一个中断。

（4）中断配置实例

下面列举一个中断配置的实例，说明外部中断的实现流程：电路如图 5.3.3.2 所示，现利用外部信号中断点亮 LED 灯。设 PA6 为外部中断的输入线，当 PA6 接高电平时，LED 点亮；当 PA6 接低电平时，LED 熄灭。

① LED（PB9）的 GPIO 配置

LED 的配置请看 5.3.3 节"基础外设原理与程序举例"中的"1. 通用可编程输入输出口（GPIO）"部分。

② PA6 引脚配置

```
void GPIO_EXTInterrupt_Configuration(void)
{
    GPIO_InitTypeDef GPIO_InitStructure;
    // 开启 PA 时钟和 I/O 复用时钟
    RCC_APB2PeriphClockCmd(RCC_APB2Periph_GPIOA |
                           RCC_APB2Periph_AFIO,ENABLE);
    // 使用 PA6 下拉输入
    GPIO_InitStructure.GPIO_Pin = GPIO_Pin_6;
    GPIO_InitStructure.GPIO_Mode = GPIO_Mode_IPD;
    GPIO_Init(GPIOA,&GPIO_InitStructure);
}
```

③ NVIC 配置

由于 PA6 属于 EXTI9_5 的外部中断输入线，因此需要配置 EXTI9_5。

```
void NVIC_Configuration(void)
{
    NVIC_InitTypeDef NVIC_InitStructure;
    // 设置 NVIC 中断分组 2,其中 2 位先占优先级,2 位副优先级
    NVIC_PriorityGroupConfig(NVIC_PriorityGroup_2);
    // 选择外部中断通道:先占优先级 0,副优先级 0
    NVIC_InitStructure.NVIC_IRQChannel = EXTI9_5_IRQn;
    NVIC_InitStructure.NVIC_IRQChannelPreemptionPriority = 0;
    NVIC_InitStructure.NVIC_IRQChannelSubPriority = 0;

    NVIC_InitStructure.NVIC_IRQChannelCmd = ENABLE;
    NVIC_Init(&NVIC_InitStructure);
```

```
}
```

④ 外部中断线 EXTI6 配置

```
void EXTInterrupt_Mode_Configuration( void)
{
    EXTI_InitTypeDef EXTI_InitStructure;
    // PA6 与中断线 6 相映射
    GPIO_EXTILineConfig( GPIO_PortSourceGPIOA, GPIO_PinSource6);
    // PA6 对应中断线 6// 外中断// 双边沿触发中断
    EXTI_InitStructure.EXTI_Line = EXTI_Line6;
    EXTI_InitStructure.EXTI_Mode = EXTI_Mode_Interrupt;
    EXTI_InitStructure.EXTI_Trigger = EXTI_Trigger_Rising_Falling;

    EXTI_InitStructure.EXTI_LineCmd = ENABLE;
    EXTI_Init( &EXTI_InitStructure);
}

void EXTInterrupt_Init( void)
{
    GPIO_EXTInterrupt_Configuration( );
    NVIC_Configuration( );
    EXTInterrupt_Mode_Configuration( );
}
```

⑤ 执行外部中断服务程序

在中断服务程序中，由于 PA5~PA9 都是用 EXTI9_5 这根中断输入线，因此在中断服务程序中，必须先查询是不是 PA6 端触发的中断，防止误触发。如果是 PA6 触发中断，则执行 LED 的反转。

```
void EXTI9_5_IRQHandler( void)
{
    if( EXTI_GetITStatus( EXTI_Line6)! = RESET)          // 判断是否发生中断
    {
        EXTI_ClearITPendingBit( EXTI_Line6);             // 清除中断标志位
        if( GPIO_ReadInputDataBit( GPIOA, GPIO_Pin_6)! = RESET)
            GPIO_ResetBits( GPIOB, GPIO_Pin_9);          // PA6 为高时 LED 灯亮
        else
            GPIO_SetBits( GPIOB, GPIO_Pin_9);            // PA6 为低时 LED 灯灭
    }
}
```

⑥ 主程序

主程序在调用了初始化工作后就处于死循环状态，等待 PA6 中断到来。

```
int main(void)
{
    GPIO_LED_Configuration();              // LED 初始化
    EXTInterrupt_Init();                     // 外中断初始化
    while(1)
    {
        ;
    }
}
```

⑦ 小结

a. 某些中断标志在 CPU 进入中断服务程序时被自动清除，但为了保险起见，在进入中断后还是软件清除中断标志位，防止误触发中断。

b. 中断函数名在 startup_stm32f10x_hd.s 中定义，在 stm32f10x_it.c 中的中断函数名必须和这些函数名一致，下面仅列出部分的中断函数名。

```
__Vectors
                ……
                DCD     PendSV_Handler          ;PendSV Handler
                DCD     SysTick_Handler         ;SysTick Handler
                ;External Interrupts
                DCD     WWDG_IRQHandler         ;Window Watchdog
                DCD     PVD_IRQHandler          ;PVD through EXTI Line detect
                DCD     TAMPER_IRQHandler       ;Tamper
                DCD     RTC_IRQHandler          ;RTC
                DCD     FLASH_IRQHandler        ;Flash
                DCD     RCC_IRQHandler          ;RCC
                ……
__Vectors_End
```

在 stm32f10x_it.c 中已经定义了中断服务函数，用户可以直接向函数填充具体的代码。

c. EXTI 配置，用到了 GPIO、EXTI 和中断，需要分别对 GPIO、EXTI、NVIC 进行配置，然后才可以使用。

d. STM32 与 8051 的中断原理相类似，只是中断源比 8051 多，中断的嵌套层数更多，配置也更繁琐一点。

3. 定时器系统（TIMx）

在很多应用场合，比如一段精确的延时、PWM 波形的产生等，都可以通过微控制器的定时器实现。STM32F103VCT6 中一共有 11 个定时器，包含 2 个高级控制定时器（TIM1、TIM8），4 个通用定时器（TIM2、TIM3、TIM4、TIM5）和 2 个基本定时器（TIM6、TIM7），以及 2 个看门狗定时器（独立看门狗定时器 IWDG、窗口看门狗定时器 WWDG）和 1 个系统滴答定时器（Systick）。其中，高级定时器、通用定时器、基本定时器这三种定时器都含有 16 位自动重装载计数器，且它们的关系是包含关系。通用定时器的功能包含基本定时器的功能，还增加了向下、向上/向下计数器、PWM 生成、输出比较、输入捕获等功能；高级定时器又包含了通用定时器的所有功能，另外还增加了死区互补输出、刹车信号、重复计数等功能。

要理解 STM32 定时器的基本功能，要从以下几个方面入手：

① 定时器的时钟源哪里来？怎样实现定时？

② 定时时间怎么计算？

③ 定时器怎么配置？如何编程实现？

以下以定时器 6（TIM6）为例来说明 STM32 定时器的使用方法。

（1）基本定时器的时钟源与工作原理

基本定时器的框图如图 5.3.3.6 所示。包括一个触发控制器，一个 16 位自动重装载寄存器，一个 16 位可编程预分频器，一个递增或递减计数器。定时器 6 的时钟源来自于最大为 72 MHz 的系统时钟 SYSCLK，分别经过了 AHB 预分频器（最大 512 分频）和 APB1 预分频器（最大 16 分频）分频，如果时钟经过 APB1 的预分频器的分频数为 1，则频率直接输出，如果是其他 APB1 的分频数则需要将频率倍频后再输出，即定时器 6 和定时器 7 的时钟频率最大为 72 MHz。

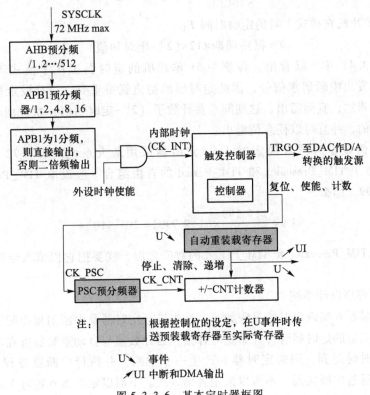

图 5.3.3.6　基本定时器框图

在启动定时器前，需要对自动重装载寄存器设置一个目标计数值（范围：0~65 535）。当外设时钟被使能后，内部时钟传送到触发控制器，一方面可以作为数模转换器（DAC）的启动转换的触发源，另一方面传送到可编程的预分频器，这个预分频器可以对输入时钟进行 1~65 536 之间的任意数值分频（注意，用户输入预分频值为 0~65 535），然后作为计数器的计数时钟（CK_CNT）。计数器的初始计数值为 0，每来一个计数时钟，计数器就自加 1，即"向上计数"。当计数值达到了自动重装载寄存器中的目标计数值后，说明定时时间到了，也就是事件 U 发生，这时就会产生一个溢出事件，如果定时器 6 的中断被允许，程序就会立即跳转到定时器 6 的中断向量处，执行中断服务程序。同时也会产生一个 DMA 请求。

（2）定时器定时时间计算

定时时间和系统时钟、预分频数（TIM_Prescaler）以及自动重装载值（TIM_Period）有关。首先要先确定定时器 6 最小的定时时基 t，然后再乘以定时倍数就为所要定时的时间 T，即

$$T=t\times 定时倍数 \tag{5.3.3.1}$$

最小的定时时基 t 由系统时钟 SYSCLK 经过分频（TIM_Prescaler）得到：

$$t=\frac{TIM\_Prescaler+1}{SYSCLK} \tag{5.3.3.2}$$

而定时倍数即为重装载值 TIM_Period+1。

于是得到定时器 6 的定时时间 T：

$$T=\frac{1+TIM\_Prescaler}{SYSCLK}\times(1+TIM\_Period) \tag{5.3.3.3}$$

传统 8051 单片机在模式 1 时的定时时间 T：

$$T=振荡周期\times 12\times(2^{16}-定时初值) \tag{5.3.3.4}$$

从式（5.3.3.4）中可以看出，传统 8051 单片机的定时器工作于模式 1 时，是在计满 65 536 之后才会发出中断请求信号，因此定时器的初值就很重要，一旦设定初值，定时器就从这个初值开始累加，直到溢出，这期间总共计了（$2^{16}-$定时初值）次。而 STM32 定时器 6 是由 0 开始累加的，并且可以任意值溢出。

举个例子，假设定时器 6 要定时 1 s，定时器采用最大系统时钟（72 MHz），根据式（5.3.3.3），再加上 TIM_Prescaler 和 TIM_Period 的自由组合，假设取 TIM_Prescaler = 7 199，TIM_Period = 9 999，那么

$$1\text{ s}=\frac{1+7\ 199}{72\text{ MHz}}\times(1+9\ 999)=10^{-4}\times 10^{4}\text{ s}$$

计算得到了 TIM_Prescaler 和 TIM_Period 的数值之后，就要把它们填入定时器 6 的相应寄存器中。

（3）定时器程序设计举例

通过基本定时器 6 实现定时的过程如下：首先进行定时器及中断的相应配置，定时器在启动后就会按照分频后的定时器时钟开始延时计数；当计数值与自动重装载寄存器中的值一致并溢出后，说明定时时间到，同时定时器 6 产生一个中断，并执行中断服务程序。特别注意，STM32 定时只能通过中断实现，不可以采用查询方式。下面以定时器 6 定时 1 s 后 LED 灯状态翻转为例，说明定时器定时程序设计过程。

① LED（PB9）的 GPIO 配置

LED 的配置请看 5.3.3 节中的"1. 通用可编程输入输出口（GPIO）"部分。

② 定时器 6 配置

定时器 6 在配置之前也要先使能定时器 6 所在的 APB1 的时钟。然后分别给结构体 TIM_
TimeBaseInitTypeDef 中的成员（包括时钟周期、预分频数、时钟分割、计数模式等）赋值，在
调用 TIM_TimeBaseInit() 函数后就会把以上的数值写入相应的寄存器中，最后允许定时器 6 中
断并打开定时器 6。这样就完成了定时器的初始化过程。具体程序如下：

```
void TIM6_Init( void)
{
    TIM_TimeBaseInitTypeDef   TIM_TimeBaseStructure;
    // 使能 TIM6 时钟
    RCC_APB1PeriphClockCmd( RCC_APB1Periph_TIM6, ENABLE);
    // 设置在下一个更新事件装入自动重装载寄存器的值
    TIM_TimeBaseStructure.TIM_Period = 9999;
    // 设置 TIM6 时钟的预分频值
    TIM_TimeBaseStructure.TIM_Prescaler = 7199;
    // 设置时钟分割:不分割
    TIM_TimeBaseStructure.TIM_ClockDivision = 0;
    // TIM6 向上计数模式
    TIM_TimeBaseStructure.TIM_CounterMode = TIM_CounterMode_Up;
    TIM_TimeBaseInit( TIM6, & TIM_TimeBaseStructure);

    // 使能 TIM6 更新中断
    TIM_ITConfig( TIM6, TIM_IT_Update, ENABLE);
    // 使能 TIM6
    TIM_Cmd( TIM6, ENABLE);
}
```

时钟分割是程序中难理解的概念。比如为了提高使用输入捕获方式时的抗干扰能力，
STM32 使用数字滤波方法采样输入信号。时钟分割指的是在定时器时钟频率（CK_INT）与数
字滤波器使用的采样频率之间的分频比例。TIM_ClockDivision 的参数如表 5.3.3.6 所列。

表 5.3.3.6　时钟分割系数

TIM_ClockDivision	描述	值
TIM_CKD_DIV1	$t_{DTS} = t_{CK\_INT}$	0x00
TIM_CKD_DIV2	$t_{DTS} = 2×t_{CK\_INT}$	0x01
TIM_CKD_DIV4	$t_{DTS} = 4×t_{CK\_INT}$	0x10

③ 定时器 6 的 NVIC 配置

定时器 6 中断的配置主要是配置定时器 6 的先占优先级和副优先级，使能定时器 6 的中断
通道等，程序如下：

```
void NVIC_TIM6_Configuration(void)
{
    NVIC_InitTypeDef NVIC_InitStructure;
    // 设置 NVIC 中断分组 2,其中 2 位先占优先级,2 位副优先级
    NVIC_PriorityGroupConfig(NVIC_PriorityGroup_2);
    // TIM6 中断
    NVIC_InitStructure.NVIC_IRQChannel = TIM6_IRQn;
    // 先占优先级 0 级
    NVIC_InitStructure.NVIC_IRQChannelPreemptionPriority = 0;
    // 副优先级 0 级
    NVIC_InitStructure.NVIC_IRQChannelSubPriority = 0;
    // 使能 TIM6 中断
    NVIC_InitStructure.NVIC_IRQChannelCmd = ENABLE;
    NVIC_Init(&NVIC_InitStructure);
}
```

④ 中断服务程序

当计数器累加并溢出后,就会产生一个中断,在中断中执行 LED 状态取反操作,程序如下:

```
void TIM6_IRQHandler(void)
{
    // 检查指定的 TIM 中断是否发生更新
    if(TIM_GetITStatus(TIM6,TIM_IT_Update)! = RESET)
    {
        TIM_ClearITPendingBit(TIM6,TIM_IT_Update);    // 清除 TIM 的更新中断标志位
        if(GPIO_ReadOutputDataBit(GPIOB,GPIO_Pin_9)! = RESET)
            GPIO_ResetBits(GPIOB,GPIO_Pin_9);         // LED 灯亮
        else
            GPIO_SetBits(GPIOB,GPIO_Pin_9);           // LED 灯灭
    }
}
```

⑤ 主程序

```
int main(void)
{
    GPIO_LED_Configuration();                         // LED 初始化
    TIM6_Init();                                      // 定时器 6 初始化
    NVIC_TIM6_Configuration(void)                     // 定时器 6 的中断配置
    while(1)
    {
```

```
        ;
    }
}
```

⑥ 小结

a. 由本实例及 8051 单片机的定时器实现原理可知，STM32 的定时器和 8051 单片机的定时器实现原理都是相通的，都需要对定时器以及中断进行配置，并在中断服务程序中执行相应的处理。如表 5.3.3.7 列出了 STM32 定时器和传统 8051 单片机定时器的区别。

表 5.3.3.7　STM32 定时器和传统 8051 单片机定时器的区别

比较项目	51 单片机定时器	STM32 定时器 6
位宽	8 位	16 位
时钟	固定的系统时钟	可变的系统时钟
分频	12 分频	1~65 536 任意分频
定时计算	见式 5.3.3.4	见式 5.3.3.3
计数方式	从初值累加至 65 536 溢出	从 0 向上累加至重装载值后溢出
作为串口波特率发生器	支持	—
初始化	配置 TCON、TMODE	配置结构体 TIM_TimeBaseInitTypeDef
其他功能	—	PWM、DAC 触发源、捕获等

b. 本部分仅仅通过基本定时器说明了定时器的定时功能，其他高级功能以及 STM32 中高级控制定时器（TIM1 和 TIM8）和通用定时器（TIM2，TIM3，TIM4，TIM5）未过多涉及，大家可以查看后续章节和 STM32 微控制器参考手册进一步学习。

c. 特别注意：预分频数（TIM_Prescaler）以及自动重装载值（TIM_Period）都是 0 开始，所以它们的设定值是在实际值的基础上减去 1。

第6章 键盘、显示和存储模块设计

6.1 矩阵键盘模块设计

1. 矩阵键盘的扫描方法

为了减少键盘与微控制器连接时所占用 I/O 口线的数目，当按键数较多时，通常都将键盘排列成行列矩阵形式，称之为矩阵键盘。其由 m（行）×n（列）个按键构成，行线和列线直接连接微控制器 I/O 口，行线或列线可根据需求选择是否连接上拉电阻。如图 6.1.1 所示为列线连接上拉电阻的 4×4 矩阵键盘接口图。

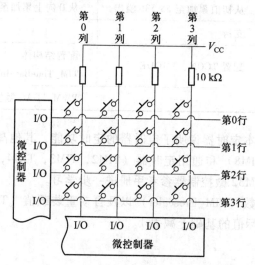

图 6.1.1　4×4 矩阵键盘接口示意图

矩阵键盘扫描方式一般分为行列扫描法、反转扫描法和中断扫描法。行列扫描法分为列线上拉的行扫描和行线上拉的列扫描。行扫描是先将行线全部拉低电平，读列线的状态来判断有无按键按下，然后再按顺序逐行将行线拉低，检查列线状态，若此列有低电平即为该行该列的键被按下；列扫描方法和行扫描刚好相反。反转扫描法的行列线可不接上拉电阻，它是先将行线拉高而列线拉低，当有按键按下时，读行线值，然后"反转"将列线拉高，读列线值，最后将这行线值和列线值组合得到该按键；也可以先将列线拉高而行线拉低，反之亦然。中断扫描是将列线全部短接，同时接到微控制器的中断引脚，若有按键按下即产生中断，然后在中断服务程序中同样逐行将行线拉低，判断键值。

行列扫描法原理简单，但执行效率较低；反转扫描法连线更为灵活方便，速度比行列扫描快，但它一般应用在 4 的倍数的键盘；而中断扫描法可以更大程度地提高按键扫描效率，但需要占用中断资源。

2. 矩阵键盘反转扫描法的实现

键盘模块电路如图 6.1.2 所示。矩阵键盘模块提供 4×4 共 16 个按键，其行线和 STM32F103VCT6 的 PE0~PE3 相连，列线和 PE4~PE6 以及 PC13 相连（原理图中列线不接上拉电阻的原因是列线所对应的 I/O 内部可配置为上拉状态），扫描方式可选择行列扫描或反转扫描方式。本节以反转扫描法为例说明其工作原理。

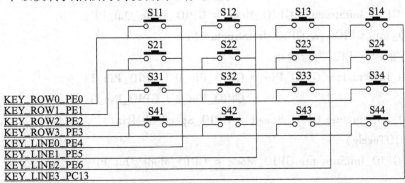

图 6.1.2 4×4 矩阵键盘模块电路

扫描过程中先将行线拉低而列线拉高，检测有按键按下后延时消抖，此时列线中必有一列被拉低，记录此时列线值 Date_h；然后将行列状态反转，将行线拉高，此时必有一行线被拉低，记录此时行线值 Date_l，最后将此行列值 Date_h、Date_l 相加即得该键值。

这里需要注意 STM32F103VCT6 的 I/O 引脚功能配置，由于反转扫描法需要对 I/O 状态反转，因此每一次的状态反转都需对 I/O 引脚的输入输出状态进行配置上拉输入和推挽输出。如下为键盘的 IO 输入输出状态切换程序段，初始化为行线输出而列线输入。

```
//u8 和 u16 来自 ST 官方标准库定义，分别代表 8 位和 16 位的无符号整型数据
u8 IOToggle = 0x00;                     //IO 输入输出状态切换变量
void GPIO_Keyboard_Configuration(void)
{
    GPIO_InitTypeDef GPIO_InitStructure;
    //打开 PE,PC 口时钟
    RCC_APB2PeriphClockCmd(RCC_APB2Periph_GPIOC |
                           RCC_APB2Periph_GPIOE,ENABLE);
    //配置 PE4-PE6,PC13 为列输入
    GPIO_InitStructure.GPIO_Pin = GPIO_Pin_4 | GPIO_Pin_5 |GPIO_Pin_6;
    GPIO_InitStructure.GPIO_Speed = GPIO_Speed_50MHz;
    if(! IOToggle)
        GPIO_InitStructure.GPIO_Mode = GPIO_Mode_IPU;       //上拉输入
    else
        GPIO_InitStructure.GPIO_Mode = GPIO_Mode_Out_PP; //推挽输出
```

```
    GPIO_Init(GPIOE,& GPIO_InitStructure);

    GPIO_InitStructure.GPIO_Pin = GPIO_Pin_13;
    GPIO_InitStructure.GPIO_Speed = GPIO_Speed_50MHz;
    if( ! IOToggle)
        GPIO_InitStructure.GPIO_Mode = GPIO_Mode_IPU;
    else
        GPIO_InitStructure.GPIO_Mode = GPIO_Mode_Out_PP;
    GPIO_Init(GPIOC,& GPIO_InitStructure);
    //配置 PE0-PE3 为行输出
    GPIO_InitStructure.GPIO_Pin = GPIO_Pin_0 | GPIO_Pin_1|
                            GPIO_Pin_2 | GPIO_Pin_3;
    GPIO_InitStructure.GPIO_Speed = GPIO_Speed_50MHz;
    if( ! IOToggle)
        GPIO_InitStructure.GPIO_Mode = GPIO_Mode_Out_PP;
    else
        GPIO_InitStructure.GPIO_Mode = GPIO_Mode_IPU;
    GPIO_Init(GPIOE,& GPIO_InitStructure);
}
```

按键反转扫描程序如下：

```
u8 Key_scan(void)
{
    u8 Date_h = 0;
    u8 Date_l = 0;
    u16 State = 0;
    u8 BitState = 0;
    State = GPIO_ReadInputData(GPIOE);                     //读取 PE 状态
    BitState = GPIO_ReadInputDataBit(GPIOC,GPIO_Pin_13);
    //把 PE0-PE3 清零,把 PE4-PE6 拉高
    GPIO_Write(GPIOE,(State & 0xfff0)| 0x0070);
    GPIO_Write(GPIOC,BitState | 0x2000);                   //把 PC13 拉高
    Delay_1ms(2);                                          //延时 2ms
    State = GPIO_ReadInputData(GPIOE);                     //读取 PE4-PE6 状态
    //读取 PC13 状态
    BitState = GPIO_ReadInputDataBit(GPIOC,GPIO_Pin_13);
    State & = 0x0070;
    //列值不全部为 0
    if((State! = 0x0070)||(BitState! = 0x01))              //有键按下
```

```
{
        Delay_5ms(4);                                      //延时 20mS 消抖
        State = GPIO_ReadInputData(GPIOE);                 //读取 PE4-PE6 状态
        //读取 PC13 状态
        BitState = GPIO_ReadInputDataBit(GPIOC,GPIO_Pin_13);
        State & = 0x0070;
        if((State! = 0x0070)||(BitState! = 0x01))           //确实有键按下
        {
            if(BitState)                                    //不是 PC13 按下
            {
                State = GPIO_ReadInputData(GPIOE);          //读取 PE4-PE6 状态
                State & = 0x0070;                           //开放行
                Date_h = State;
                GPIO_Write(GPIOE,Date_h|0x000f);
            }
            else
            {   //是 PC13 按下,此时 PE4-PE6 都为 1,故 Date_h = 0x70
                Date_h = 0x70;
                GPIO_ResetBits(GPIOC,GPIO_Pin_13);          //把 PC13 拉低
                GPIO_Write(GPIOE,0x000F);                   //把 PE0-PE3 拉高
            }
            IOToggle = 1;
            //PE0-PE3 由输出改成输入,PE4-PE6 由输入改成输出
            GPIO_Keyboard_Configuration();
            State = GPIO_ReadInputData(GPIOE);              //读取 PE4-PE6 状态
            Date_l = State&0x000f;
            while((State &0x000f)! = 0x000f)                //等待按键释放
                State = GPIO_ReadInputData(GPIOE);          //读取 PE4-PE6 状态
            IOToggle = 0;                                   //IO 返回原来状态
            GPIO_Keyboard_Configuration();
            return(Date_h+Date_l);                          //返回两次扫描值
        }
        else
            return 0xff;
    }
    else
        return 0xff;
}
```

根据记录的行列值，将他们的行列值相加进行编码，按照键盘定义这些键值，键值编码程序如下：

```
u8 Key_date(void)
{
    switch(Key_scan())
    {
        //按下相应的键返回相对应的码值
        case 0x77:return 15;break;          // /
        case 0x7b:return 14;break;          // *
        case 0x7d:return 13;break;          // -
        case 0x7e:return 12;break;          // +
        case 0x37:return 11;break;          // OK
        case 0x3b:return 9;break;           // 9
        case 0x3d:return 6;break;           // 6
        case 0x3e:return 3;break;           // 3
        case 0x57:return 0;break;           // 0
        case 0x5b:return 8;break;           // 8
        case 0x5d:return 5;break;           // 5
        case 0x5e:return 2;break;           // 2
        case 0x67:return 10;break;          // 取消
        case 0x6b:return 7;break;           // 7
        case 0x6d:return 4;break;           // 确认
        case 0x6e:return 1;break;           // 1
        default:    return 0xff;
    }
}
```

6.2　1602 字符型液晶显示模块及应用

1. 字符型液晶显示模块 JHD162AC 概述

JHD162AC 模块内部主要由 LCD 显示屏、控制器、驱动器和偏压产生电路构成。模块提供内部上电自动复位电路，当外加电源电压超过+4.5 V 时，自动对模块进行初始化操作，将模块设置为默认的显示工作状态。

LCD 显示屏由 16 列 2 行 5×8 点阵组成，可以显示字母、数字、符号等数据。

主控制驱动 IC 是 S6B0069（和 SAMSUNG 公司的 KS0066、HITACHI 公司的 HD44780、SUNPLUS 公司的 SPLC780 全兼容），且以 COB（Chip On Board, IC 裸片通过绑定固定于印刷线路板上）形式封装。以下均以与 S6B0069 全兼容的主控制驱动 IC-KS0066 介绍 JHD162AC

模块的原理与应用。

KS0066 内部含有显示数据缓冲区 DDRAM、字符发生器 CGROM 和 CGRAM。DDRAM 暂时存放显示字符的字符码。用户可以利用 CGRAM 制作最多 8 个 5×8 点阵的图形字符，且 KS0066 内部以 CGROM 地址 00H~07H（或 08H~0FH）标识。CGROM 用于存放标准字符库，在此标准库中，前 8 个为 CGRAM 数据的字符码，第 33~126 个（地址 20H~7DH）字符基本都是 ASCII 字符（除了地址 5CH 的字符外），这为编程带来极大的方便。比如，第 1 行第 1 列显示字符"5"的过程是先送 DDRAM 的地址，然后查标准库表得到"5"的 CGROM 地址并送出。由于"5"是 ASCII 码字符，其 CGROM 地址就是 ASCII 码，那么查表的过程可以交给微控制器编译软件去完成而直接送出字符"5"。注意：DDRAM 地址和 CGROM 地址的作用不同，DDRAM 的地址用于确定 LCD 显示的位置，CGROM 的地址用于确定 LCD 显示的内容，"位置"和"内容"由 KS0066 内部硬件译码完成。

目前，与主控制驱动 IC 一样或兼容的液晶显示模块（LCM）的使用方法是一样的，包括 LCM 的接口电路和驱动操作程序。所以本节所述的内容对内核一致的 LCM 具有通用性。

2. 字符型液晶显示模块 JHD162AC 的使用要点

（1）字符型液晶显示模块 JHD162AC 的引脚及功能

JHD162AC 的引脚及功能如表 6.2.1 所列。

表 6.2.1　JHD162AC 的引脚及功能表

引脚	名称	方向	功能
1	V_{ss}	—	电源地（0 V）
2	V_{dd}	—	电源电压（+5 V）
3	V_o	—	LCD 驱动电压（可调，范围：+3.0~+10.0 V）
4	RS	I	寄存器选择：为 1 选择数据寄存器；为 0 选择指令寄存器或地址计数器
5	R/W	I	R/W=0，写操作；R/W=1，读操作
6	E	I	使能信号：读操作时，信号下降沿有效；写操作时，高电平有效
7~14	DB0~DB7	I/O	双向数据总线
15	LED+	—	背光电源正（+5 V）
16	LED−	—	背光电源地（0 V）

（2）字符型液晶显示模块 JHD162AC 的接口方式

JHD162AC 和微控制器连接有两种接口方式：直接控制和间接控制方式。前者的 8 位数据线都要和微控制器相连；后者只要 DB4~DB7 4 线和微控制器相连，节省了微控制器的 I/O 口线，但每个字节的指令或数据需要分两次传输。在 I/O 口数量紧张的情况下，建议采用间接控制方式。

（3）KS0066 的工作时序

KS0066 写、读操作时序分别如图 6.2.1 和图 6.2.2 所示。这两图中，最大的时间单元是

周期 t_{cycE}，其最小值为 1.2 μs；其他端口的电平变化和维持某电平不变的时间均允许在 200 ns 之内完成。

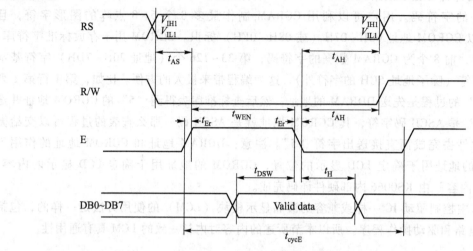

图 6.2.1　KS0066 写操作时序图

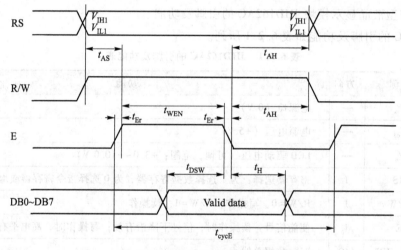

图 6.2.2　KS0066 读操作时序图

（4）KS0066 的指令集

KS0066 的内部操作由来自微控制器的 RS、R/W、E 以及数据信号 DB 决定，这些信号的组合形成了以 KS0066 为驱动控制的模块的指令。这些指令共 11 条，如下所述。其中，标注为 X 的位表示该位可以是任意值；忙标志 BF 和地址计数器 AC 是 KS0066 内部含有的寄存器。

① 清屏

RS	R/W	E	DB7	DB6	DB5	DB4	DB3	DB2	DB1	DB0
0	0	1→0	0	0	0	0	0	0	0	1

清显示指令将空位字符码 20H 送入全部的 DDRAM 地址中，使 DDRAM 中的内容全部清除，显示消失；地址计数器 AC=0，自动增 1 模式；显示归位，光标或者闪烁回到原点（显示

屏左上角）；但并不改变移位设置模式。

② 归位

RS	R/W	E	DB7	DB6	DB5	DB4	DB3	DB2	DB1	DB0
0	0	1→0	0	0	0	0	0	0	1	X

归位指令置地址计数器 AC=0；让光标及光标所在位的字符回原点；但 DDRAM 中的内容并不改变。

③ 设置输入模式（光标、显示移动方式）

RS	R/W	E	DB7	DB6	DB5	DB4	DB3	DB2	DB1	DB0
0	0	1→0	0	0	0	0	0	1	I/D	S

I/D：字符码写人或者读出 DDRAM 后 DDRAM 地址指针 AC 变化方向标志。

I/D=1，完成一个字符码传送后，光标右移，AC 自动加 1；

I/D=0，完成一个字符码传送后，光标左移，AC 自动减 1。

S：显示移位标志。

S=1，将全部显示（画面）向右（I/D=0）或者向左（I/D=1）移位；

S=0，显示不发生移位。

S=1 时，显示移位时，光标似乎并不移位；此外，读 DDRAM 操作以及对 CGRAM 的访问，不发生显示移位。

④ 显示开/关控制（设置显示、光标和闪烁开关）

RS	R/W	E	DB7	DB6	DB5	DB4	DB3	DB2	DB1	DB0
0	0	1→0	0	0	0	0	1	D	C	B

D：显示开/关控制标志。D=1，开显示；D=0，关显示。关显示后，显示数据仍保持在 DDRAM 中，立即开显示可以再现。

C：光标显示控制标志。C=1，光标显示；C=0，光标不显示。

B：闪烁显示控制标志。B=1，光标所指位置上，交替显示全黑点阵和显示字符，产生闪烁效果，Fosc=250 kHz 时，闪烁频率为 0.4 ms 左右；通过设置，光标可以与其所指位置的字符一起闪烁。

⑤ 光标或显示（画面）移位

RS	R/W	E	DB7	DB6	DB5	DB4	DB3	DB2	DB1	DB0
0	0	1→0	0	0	0	1	S/C	R/L	X	X

光标或显示移位指令可使光标或显示在没有读写显示数据的情况下，向左或向右移动；运用此指令可以实现显示的查找或替换；在双行显示方式下，第一行和第二行会同时移位；当移位越过第一行第四十位时，光标会从第一行跳到第二行，但显示数据只在本行内水平移位，第二行的显示决不会移进第一行；倘若仅执行移位操作，地址计数器 AC 的内容不会发生改变。

S/C	R/L	功能
0	0	光标向左移动，AC 自动减 1
0	1	光标向右移动，AC 自动加 1
1	0	光标和显示一起左移 1 个字符，AC 值不变
1	1	光标和显示一起右移 1 个字符，AC 值不变

⑥ 功能设置

RS	R/W	E	DB7	DB6	DB5	DB4	DB3	DB2	DB1	DB0
0	0	1→0	0	0	1	DL	N	F	X	X

DL：数据接口宽度标志。DL = 1 时为 8 位数据总线 DB7 ~ DB0；DL = 0 时为 4 位数据总线 DB7 ~ DB4，DB3 ~ DB0 不用，使用此方式传送数据，需分两次进行。

N：显示行数标志。N = 1，两行显示模式；N = 0，单行显示模式。

F：显示字符点阵字体标志。F = 1 时为 5×10 点阵+光标显示模式；F = 0 时为 5×7 点阵+光标显示模式。

⑦ CGRAM 地址设置

RS	R/W	E	DB7	DB6	DB5	DB4	DB3	DB2	DB1	DB0
0	0	1→0	0	1	ACG5	ACG4	ACG3	ACG2	ACG1	ACG0

设置用户自定义字符存放于 CGRAM 中的首地址。由于显示屏的一个字符为 5×8 点阵（需占用 8 字节的 CGRAM 空间），允许自定义的字符最多为 8 个，8 个字符占用 CGRAM 地址为 00H ~ 3FH。使用时注意设置的首地址应该为 8 的倍数，且最大不能超过 3FH。

⑧ DDRAM 地址设置

RS	R/W	E	DB7	DB6	DB5	DB4	DB3	DB2	DB1	DB0
0	0	1→0	1	ADD6	ADD5	ADD4	ADD3	ADD2	ADD1	ADD0

DDRAM 地址设置指令设置 DDRAM 地址指针，它将 DDRAM 存储显示字符的字符码的首地址 ADD6 ~ ADD0 送入 AC 中，于是显示字符的字符码就可以写入 DDRAM 中或者从 DDRAM 中读出。

注意：在 LCD 显示屏一行显示方式下，DDRAM 的地址范围为 00H ~ 4FH；两行显示方式下，DDRAM 的地址范围为第一行 00H ~ 27H，第二行 40H ~ 67H。由于 DB7 恒为"1"，则微控制器设置 1602 液晶模块的 DDRAM 地址所要送的数据：第一行 80H ~ 8FH，第二行 C0H ~ CFH。

⑨ 读忙标志 BF 和 AC

RS	R/W	E	DB7	DB6	DB5	DB4	DB3	DB2	DB1	DB0
0	1	1	BF	AC6	AC5	AC4	AC3	AC2	AC1	AC0

当 RS＝0 和 R/W＝1 时，在 E 信号高电平的作用下，BF 和 AC6~AC0 被读到数据总线 DB7~DB0 的相应位。

BF：内部操作忙标志。BF＝1，表示模块正在进行内部操作，此时模块不接收任何外部指令和数据，直到 BF＝0 为止。

AC6~AC0：地址计数器 AC 的当前内容。由于地址计数器 AC 为 CGROM、CGRAM 和 DDRAM 的公用指针，因此当前 AC 内容所指区域由前一条指令操作区域决定；同时，只有 BF＝0 时，送到 DB7~DB0 的数据 AC6~AC0 才有效。

⑩ 写数据到 CGRAM 或 DDRAM

RS	R/W	E	DB7	DB6	DB5	DB4	DB3	DB2	DB1	DB0
1	0	1→0	D7	D6	D5	D4	D3	D2	D1	D0

根据最近设置的地址性质，数据写入 CGRAM 或 DDRAM 内。

⑪ 从 CGRAM 或 DDRAM 中读数据

RS	R/W	E	DB7	DB6	DB5	DB4	DB3	DB2	DB1	DB0
1	1	1	D7	D6	D5	D4	D3	D2	D1	D0

根据最近设置的地址性质，从 CGRAM 或 DDRAM 相应单元读出数据。注意：在读数据之前，应先通过地址计数器 AC 正确指定读取单元的地址。

3. 利用 CGRAM 制作自定义字符的过程

CGRAM 共有 64 字节的随机存储单元，一个自定义字符需要占用 8 字节的存储单元，是一个 5×8 点阵的图形字符，每字节的高 3 位是任意值。制作自定义字符"二"的示例如表 6.2.2 所示，其中标注为 X 的位表示该位可以是任意值。将字模数据写入 CGRAM，就可以如使用 CGROM 一样使用它们；CGRAM 存储单元的相应位赋值为 1，表明点亮对应 LCD 的一个点。

表 6.2.2　制作自定义字符"二"的示例表

字符码（CGROM 地址） D7 D6 D5 D4 D3 D2 D1 D0	CGRAM 地址 A5 A4 A3		CGRAM 中的字模数据 D7 D6 D5	
		A2 A1 A0	D7 D6 D5	D4 D3 D2 D1 D0
		0　0　0		0　0　0　0　0
		0　0　1		0　0　0　0　0
		0　1　0		0　1　1　1　0
0　0　0　0　X　1　1　1	1　1　1	0　1　1	X　X　X	0　0　0　0　0
		1　0　0		0　0　0　0　0
		1　0　1		1　1　1　1　1
		1　1　0		0　0　0　0　0
		1　1　1		0　0　0　0　0

4. 1602 字符型液晶显示模块接口电路设计

1602 字符型液晶的接口电路如图 6.2.3 所示。为节省微控制器 I/O 口线，LCM 和微控制器采用间接方式连接。实际工程项目中，如果 LCM 的接口和微控制器的 I/O 口通信距离较远，建议微控制器连接 LCM 的控制线和数据线加上拉电阻（1~10 kΩ）以减少干扰。但是，为了在 STM32F103 系列微控制器中的通用性，这里 LCM 所有的数据线和控制线均未接上拉电阻，而是通过程序特定的设计来实现 LCM 和微控制器的通信。

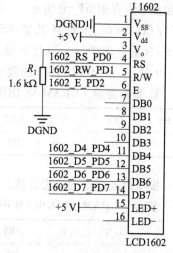

电路图中，数据端口为 PD4~PD7，控制端口为 PD0~PD2。调整 V_o 端电压可以调整 LCD 的对比度，一种调整电源的简单方法是在 V_o 端和地之间串接一个 510 Ω~2 kΩ 的电阻。电阻 R_1 为对比度调整电阻，当对比度过高（即 R_1 偏小时）会产生"鬼影"，对比度过低（即 R_1 偏大时）显示会很暗。经测试液晶显示器对比度调整端电阻 R_1 接 1.6 kΩ 到地时，显示的效果最佳。

图 6.2.3　1602 字符型液晶接口电路

5. 1602 字符型液晶显示模块程序设计

虽然 LCM 在上电时能自动初始化默认值，但建议仍然要进行 LCM 的初始化。LCM 初始化包括如下过程：功能设置、输入方式设置、显示控制设置和自定义字符库（根据需要选择）。另外，为了保证 LCM 稳定工作，建议在主程序中延时 500 ms 后再进行 LCM 的初始化和读/写操作。

```
u8 lcdbuff;
u8 lcdbuff_1;                // 全局变量
// LCM 对于 I/O 口引脚配置
void GPIO_LCM_Configuration( void)
{
    GPIO_InitTypeDef GPIO_InitStructure;
    //使能时钟
    RCC_APB2PeriphClockCmd( RCC_APB2Periph_GPIOD,ENABLE);
    //                      RS          RW              E
    GPIO_InitStructure.GPIO_Pin = GPIO_Pin_0 | GPIO_Pin_1 | GPIO_Pin_2
    //                            D4          D5          D6          D7
                    | GPIO_Pin_4 | GPIO_Pin_5 | GPIO_Pin_6| GPIO_Pin_7;
    GPIO_InitStructure.GPIO_Speed = GPIO_Speed_50MHz;
    GPIO_InitStructure.GPIO_Mode = GPIO_Mode_Out_PP;
    GPIO_Init( GPIOD,&GPIO_InitStructure);

}
```

```
void LCM_Init(void)                          // LCM 初始化
{
    u8 i;
    Delay_50ms(10);                          // 延时等待液晶稳定
    GPIO_LCM_Configuration();                // 液晶 IO 口初始化
    for(i = 5;i>0;i--)
    {
        WrCLcdC(0x28);                       // LCM 功能设置:4 位数据接口,2 行 5*7
    }
    WrCLcdC(0x01);                           // LCM 清屏
    WrCLcdC(0x06);                           // LCM 输入方式设置:读写操作后 AC 自增 1
    WrCLcdC(0x0F);                           // LCM 显示控制设置:开光标和闪烁显示
    WrCLcdC(0x0C);                           // LCM 显示控制设置:开显示
    CG_Write();                              // LCM 自定义字符库:可根据需要自己定义
}
```

LCM 写数据程序设计可以参照 KS0066 的工作时序和本节介绍的使用要点方法进行。写数据程序包含写操作、写 LCM 指令、写 LCM 数据这基本三种,它们的程序如下。

```
#define LCM_RS_set        (GPIO_SetBits(GPIOD,GPIO_Pin_0))
#define LCM_RS_clr        (GPIO_ResetBits(GPIOD,GPIO_Pin_0))
#define LCM_RW_set        (GPIO_SetBits(GPIOD,GPIO_Pin_1))
#define LCM_RW_clr        (GPIO_ResetBits(GPIOD,GPIO_Pin_1))
#define LCM_E_set         (GPIO_SetBits(GPIOD,GPIO_Pin_2))
#define LCM_E_clr         (GPIO_ResetBits(GPIOD,GPIO_Pin_2))
void Wr_CodeData(void)                        // 写操作
{
    //写高半字节
    // ODR 为端口数据寄存器,为了控制方便,这里直接对寄存器进行操作
    GPIOD->ODR & = 0xff0f;                    // 清数据位
    lcdbuff & = 0xf0;                         // 清控制位
    GPIOD->ODR | = lcdbuff;
    Delay_ns(1);
    LCM_E_set;                                // E 高低电平时间最少为 450 ns
    Delay_ns(1);                              // 2 次写间隔不能太长,否则容易显示乱码
    LCM_E_clr;                                // E 高低电平时间最少为 450 ns
    Delay_ns(1);
    //写低半字节
    GPIOD->ODR & = 0xff0f;
    lcdbuff_1 & = 0x0f;
```

```
        lcdbuff_1 << = 4;
        GPIOD->ODR | = lcdbuff_1;
        Delay_ns(1);
        LCM_E_set;
        Delay_ns(1);
        LCM_E_clr;
        Delay_1ms(5);
    }
    void WrCLcdC(u8 lcdcomm)                   // 写入 LCM 指令
    {
        lcdbuff = lcdcomm;
        lcdbuff_1 = lcdcomm;
        LCM_RS_clr;                           // RS = 0,RW = 0,E = 1-0:允许写
        LCM_RW_clr;
        Wr_CodeData();                        //写入 LCM 指令
    }
    void WrCLcdD(u8 lcddata)                   // 写 LCM 要显示的数据
    {
        lcdbuff = lcddata;
        lcdbuff_1 = lcddata;
        LCM_RS_set;
        LCM_RW_clr;
        Wr_CodeData();
    }
```

有了基本的读写操作之后，可以编写显示字符串等的函数，方便使用。显示字符串的程序如下（注意：x 的值只能为 1 或 2，y≤16）：

```
    //在指定位置显示一字符串
    void WriteString(u8 x,u8 y,u8 * s)
    {
        //设置 LCM 显示 DDRAM 起始地址
        if( x = = 1)
            WrCLcdC(0x80+y-0x01);             // 第一行
        else
            WrCLcdC(0xc0+y-0x01);             // 第二行
        //显示字符串
        for( ; * s ! = '\0';s ++)
        {
            WrCLcdD( * s);
```

```
    }
}
```

例如，要在第一行的第一列开始显示"welcome！123"，第二行的第七列开始显示"LZDZ"，则可以执行程序段：

```
WriteString(1,1,"Welcome! 123");
WriteString(2,7,"LZDZ");
```

当某个系统中需要计算十进制数值的时候，而这个数值是不断变化的，如果要将这个数值显示在 1602 上，则可以编写以下函数（以无符号字符型为例）：

```
void WrCLcd_char_num(u8 x,u8 y,u8 num)
{
    u8 zc_flag;                              // 高位为零标志
    u8 i;
    u8 date_bufc[4] = {"    "};              // 缓存数组
    zc_flag = 0;                             //'1':电平表示已经有非零数据出现过
    if(x == 1)                               // 设置 LCM 显示 DDRAM 起始地址
        WrCLcdC(0x80+y-0x01);                // 第一行
    else
        WrCLcdC(0xc0+y-0x01);                // 第二行
    if(uchar_num ! = 0)                      // 显示数据
    {
        date_bufc[0] = ((uchar_num % 1000) / 100) + 48;  // 取出数据最高位
        date_bufc[1] = ((uchar_num % 100) / 10) + 48;
        date_bufc[2] = (uchar_num % 10) + 48;            // 取出数据最低位
        for(i = 0;i < 3;i ++)
        {
            if((date_bufc[i] ! = '0') &&(zc_flag == 0))
            {
                zc_flag = 1;
            }
            if(zc_flag == 1)
            {
                WrCLcdD(date_bufc[i]);
            }
        }
    }
    else
    {
        WrCLcdD('0');
```

```
    }
}
```

例如某个系统中将通过计算得到的某数字存在"temp"中，要将该数值显示在 1602 的第一行第 5 列则可以执行以下语句：

WrCLcd_char_num（1,5,temp）；

6.3　2.8 寸 TFT 彩色液晶模块设计

随着 TFT 触摸屏价格的不断下降，其应用也越来越广泛。本节介绍使用 STM32F103VCT6 微控制器驱动 2.8 寸 TFT 液晶屏模块的方法。

模块采用 16 位的并行方式与外部连接，之所以不采用 8 位的方式，是因为彩屏的数据量比较大，尤其在显示图片的时候，如果用 8 位数据线，就会比 16 位方式慢一倍以上。

本彩色 TFT 显示模块的 LCD 驱动控制 IC 为 SPFD5408，用户在对模块进行操作时，实际上是对 SPFD5408 进行相关的控制寄存器、显示数据存储器进行操作的，所以，接下来重点介绍 SPFD5408 的常用寄存器。

1. SPFD5408 的常用寄存器

（1）索引寄存器（Index Register，IR）

R/W	RS	CB15	CB14	CB13	CB12	CB11	CB10	CB9	CB8	CB7	CB6	CB5	CB4	CB3	CB2	CB1	CB0
W	0	—	—	—	—	—	—	—	—	ID7	ID6	ID5	ID4	ID3	ID2	ID1	ID0

当 RS 为低电平时，对写入数据即对 IR 操作，即指定接下来的寄存器操作是针对哪一个寄存器；该设置共需设置 16 位，高 8 位为无用数据，低 8 位为指定的寄存器地址（ID0~ID7）。

（2）ID 读取寄存器（ID Read Register，SR）

R/W	RS	CB15	CB14	CB13	CB12	CB11	CB10	CB9	CB8	CB7	CB6	CB5	CB4	CB3	CB2	CB1	CB0
R	0	0	1	0	1	0	1	0	0	0	0	0	0	1	0	0	0

当 RS 为零时，读取操作即可读取控制芯片的 ID 号。

（3）系统模式设置寄存器（Entry Mode，R03h）

R/W	RS	CB15	CB14	CB13	CB12	CB11	CB10	CB9	CB8	CB7	CB6	CB5	CB4	CB3	CB2	CB1	CB0
W	1	TRIREG	DFM	0	BGR	0	0	HWM	0	ORG	0	I/D1	I/D0	AM	0	0	0

AM、I/D0 和 I/D1：控制 GRAM 自增方向（就是扫描方向）。GRAM 自增方向模式如图 6.3.1 所示。

ORG：窗口操作模式设置。当 ORG=1 时，进入窗口操作模式，即设置 R20h 和 R21h 寄存器时，需指定显存的操作地址在窗口范围之内（窗口范围由 R50~R53 设定）；ORG=0，则显存操作范围为全屏点对应的显存地址，R50~R53 设置的窗口范围无效，且显存地址寄存器 R20h 和 R21h 清零。

HWM：显存高速操作模式，设置为 **1** 时生效。

BGR：RGB 三原色基数对应显存数据关系设置（以下以 65 K 色为例说明）。该位可以设置 RGB 三原色在显存数据中的数据对应关系，当 BGR=0 时，显存数据当中三原色分量的分布情况如图 6.3.2 所示。如 BGR=1，则在图 6.3.2 的基础上，R 与 B 分量对调，即变成 BGR565 的格式。注意：当 BGR=0 时，写入数据为 RGB565 格式，而读出的数据为 BGR 格式，即写入与读出是不对应的；而当 BGR=1 时，写入和读出的数据是对应的。

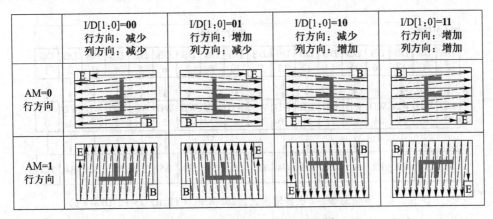

图 6.3.1　GRAM 显示方向设置图

DFM：与 TRIREG 位配合设置数据传输模式。

TRIREG：数据传输次数设置，即设置每一次显存数据的传输模式。在 16 位总线传输模式下，TRIREG=0，表示 1 次传输完成 16 位显存数据，如图 6.3.2 所示；TRIREG=1，表示 2 次传输完成 18 位显存数据，分别如图 6.3.3 和图 6.3.4 所示。

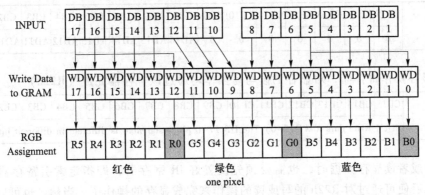

图 6.3.2　16 位总线传输模式，65 K 色（TRIREG=0，DFM=0）

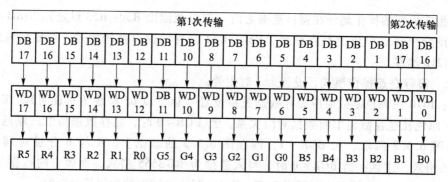

图 6.3.3　16 位总线，2 次传输模式，262 K 色（TRIREG=1，DFM=0）

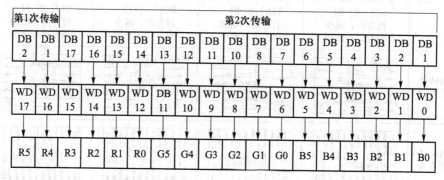

图 6.3.4　16 位总线，2 次传输模式，262 K 色（TRIREG=1，DFM=1）

（4）显存地址设置，水平方向（R20h）

R/W	RS		CB15	CB14	CB13	CB12	CB11	CB10	CB9	CB8	CB7	CB6	CB5	CB4	CB3	CB2	CB1	CB0
W	1		0	0	0	0	0	0	0	0	AD7	AD6	AD5	AD4	AD3	AD2	AD1	AD0

（5）显存地址设置，垂直方向（R21h）

R/W	RS		CB15	CB14	CB13	CB12	CB11	CB10	CB9	CB8	CB7	CB6	CB5	CB4	CB3	CB2	CB1	CB0
W	1		0	0	0	0	0	0	0	AD16	AD15	AD14	AD13	AD12	AD11	AD10	AD9	AD8

（6）显存操作寄存器，对显存的读与写操作均通过该寄存器完成（R22h）

R/W	RS		CB15	CB14	CB13	CB12	CB11	CB10	CB9	CB8	CB7	CB6	CB5	CB4	CB3	CB2	CB1	CB0
W	1		RAM write data（WD17-0）The DB 17-0 pin assignment is different in different interface modes															

　　写显存或者读显存数据时，也需要预先设置好 IR 寄存器，即指定索引寄存器指向 R22h 寄存器，之后便可通过对 R22h 的写或读的操作来完成显存的操作了。当然，也可以配合 R20h 和 R21h 的设置去对指定显存地址的单元进行操作。

　　读操作时需要注意，将 IR 指向 R22h 后，需要有一次无效的读操作，然后才能读取到两字节的有效数据，也即第一次读数据的操作是无效的数据，接着两次读操作才是有效数据。

（7）窗口水平起始位置设置寄存器（R50h）

R/W	RS		CB15	CB14	CB13	CB12	CB11	CB10	CB9	CB8	CB7	CB6	CB5	CB4	CB3	CB2	CB1	CB0
W	1		0	0	0	0	0	0	0	0	HSA7	HSA6	HSA5	HSA4	HSA3	HSA2	HSA1	HSA0

HSA7~HSA0 可设置窗口水平方向的起始位置。

（8）窗口水平结束位置设置寄存器（R51h）

R/W	RS		CB15	CB14	CB13	CB12	CB11	CB10	CB9	CB8	CB7	CB6	CB5	CB4	CB3	CB2	CB1	CB0
W	1		0	0	0	0	0	0	0	0	HEA7	HEA6	HEA5	HEA4	HEA3	HEA2	HEA1	HEA0

HEA7~HEA0 可设置窗口水平方向的结束位置。

（9）窗口垂直起始位置设置寄存器（R52h）

R/W	RS		CB15	CB14	CB13	CB12	CB11	CB10	CB9	CB8	CB7	CB6	CB5	CB4	CB3	CB2	CB1	CB0
W	1		0	0	0	0	0	0	0	0	VSA7	VSA6	VSA5	VSA4	VSA3	VSA2	VSA1	VSA0

VSA7~VSA0 可设置窗口垂直方向的起始位置。

（10）窗口垂直结束位置设置寄存器（R53h）

R/W	RS		CB15	CB14	CB13	CB12	CB11	CB10	CB9	CB8	CB7	CB6	CB5	CB4	CB3	CB2	CB1	CB0
W	1		0	0	0	0	0	0	0	VEA8	VEA7	VEA6	VEA5	VEA4	VEA3	VEA2	VEA1	VEA0

VEA8~VEA0 可设置窗口垂直方向的结束位置。

2. SPFD5408 的模块控制方法

对 TFT-LCD 模块的操作主要分为两种，一是对控制寄存器的读写操作，二是对显存的读写操作。而这两种操作实际上都是通过对 LCD 控制器（SPFD5408）的寄存器进行操作完成的。SPFD5408 提供了一个索引寄存器（Index register），对该寄存器的写入操作就可以对指定操作寄存器索引，以便于完成控制寄存器、显存操作寄存器的读写操作。其操作的步骤如下：

（1）在 RS 为低电平的状态下，写入两个字节的数据，第一个字节为零，第二个字节为寄存器索引值。

（2）然后在 RS 为高电平的状态下，写入两个字节数据；如要读出指定寄存器的数据，则需要连续 2 次读操作才能完成一次读出操作，第一次为无效数据，第二次为读出的数据。

（3）显存操作也是通过寄存器操作来完成的，即对 0x22（R22h）寄存器进行操作时，就是对当前位置点的显示进行读写操作。

3. 显存的操作

（1）显存地址指针

TFT-LCD 内部含有一个用于对显存单元地址自动索引的显存地址指针：display RAM bus address counter（AC）；AC 会根据当前用户操作的显存单元，在用户完成一次显存单元的写操作后进行调整，以指向下一个显存单元；每个单元有 16 位，最高的 5 位为 R（红）分量，最低的 5 位为 B（蓝）分量，中间 6 位为 G（绿）分量。如下图 6.3.5 所示。

R					G						B				
D15	D14	D13	D12	D11	D10	D9	D8	D7	D6	D5	D4	D3	D2	D1	D0

图 6.3.5　RGB 数据格式

可以通过对相关寄存器当中的控制位的设置，来选择合适的 AC 调整特性。这些用于设置 AC 调整特性（实际上也就是显存操作地址的自动调整特性）的位分别是：AM（bit3 of R03h）、I/D0（bit4 of R03h）、I/D1（bit5 of R03h）；具体见 "系统模式设置寄存器（R03h）" 部分。这种多 AC 调整方式，可以适应不同用户的不同需要。

（2）显存的窗口工作模式

TFT-LCD 除了一般的全屏工作模式外，还提供了一种局部的窗口工作模式，这样可以简化对局部显示区域的读写操作；窗口工作模式允许用户对显存操作时仅仅是对所设置的局部显示区域对应的显存进行读写操作。而设置的局部区域可以通过设置 R50h 来确定窗口的最小 X 方向地址（min_Xaddress），设置 R51h 来确定窗口的最大 X 方向地址（max_Xaddress）；设置 R52h 来确定窗口的最小 Y 方向地址（min_Yaddress），设置 R53 来确定窗口的最大 Y 方向地址（max_Yaddress）；这时再对显存进行读写操作的话，AC 将只会在所设置的局部显示区域（简称窗口）进行调整。窗口地址范围为：

$$0x00 \leqslant min\_Xaddress \leqslant Xaddress \leqslant max\_Xaddress \leqslant 0xef(239)$$

$$0x00 \leqslant min\_Yaddress \leqslant Yaddress \leqslant max\_Yaddress \leqslant 0x13f(319)$$

而前面所述的显存地址指针 AC 的调整特性，在窗口工作模式中也是有效的，也就是说在一般显存操作模式（全屏范围显存）设置的 AC 调整特性，在工作在窗口模式时，也是有效的。图 6.3.6 为当 AM = 0、ID0 和 ID1 都设置为 1 时的示意图。

显存地址指针 AC 一共由两个寄存器组成，分别存放有 X 方向地址（R20h）和 Y 方向地址（R21h），表示当前对显存数据的读写操作是针对于该地址所指向的显存单元。

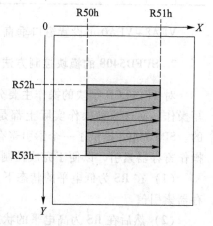

图 6.3.6　窗口工作模式

（3）TFT-LCD 上显示图片

在 LCD 上显示图片无非就是画点。画点需要 2 个要素：坐标和颜色。一幅图片在 LCD 上显示出来，只需要在正确的位置写入正确的颜色即可。

图片显示另外一个重要的特点就是数据量很大，比如画一幅 320 * 240 的图像，以 16 位色计算，那么光颜色的数据量就有：320 * 240 * 2 = 153 600 字节。这其中还不包括设置坐标的过程，如果加上坐标设置，数据量就是颜色数据量的 5 倍（每次坐标设置需要发送 5 次命令/数据）以上。所以要尽量优化画点过程，才能使图片显示流畅。

单纯的画点，显然无法做太多优化，因为坐标设置是必须的。由于 SPFD5408 核支持开窗显示以及坐标自增显示的，这样，就只需要设置一次窗口（大小和图片一致），然后设置一次起始坐标，就可以不停地往 LCD 写颜色数据了，而不需要再做地址设置。这样的速度比单纯的画点显示至少要快 5 倍以上。

　　所以，只要预先知道图片数据的生成格式，以及图片尺寸，那么就可以采用开窗方式来画图，从而提高效率。

4. 硬件连接

　　对于液晶屏的控制，传统的单片机只能利用其 I/O 口模拟出控制液晶屏的时序，从而控制其显示，这种方法一来由于单片机的主频不是很高，二来传统单片机一般都是 8 位数据总线，所以一般刷屏速率很慢，有时刷屏要 1～3 s，更不用说从外部存储器读取数据后再在屏幕上显示了。

　　而对于 STM32F103VCT6 微控制器来说，正常的 GPIO 不仅可以同时进行 32 位操作，还可以提供最大 72 MHz 的系统时钟；与此同时，STM32F103VCT6 内部还含有一个灵活的静态存储器控制器 FSMC，它的一端通过内部高速总线（AHB）连接到内核 Cortex-M3，另一端则是面向扩展存储器的外部总线，内核对外部存储器的访问信号发送到 AHB 总线后，经过 FSMC 转换为符合外部存储器通信规约的信号，送到外部存储器的响应引脚，实现内核与外部存储器之间的数据交互，FSMC 起到桥梁作用，既能够将信号转换到适当的外部设备协议，又能进行信号宽度和时序的调整，屏蔽掉不同存储类型的差异，使之满足访问外部设备的时序要求。因此，无论是 STM32F103VCT6 微控制器的 GPIO 模拟时序驱动液晶还是通过 FSMC 驱动液晶，都比那些传统单片机来的得心应手。

　　本节介绍的 2.8 寸 TFT 彩色液晶模块设计是采用 GPIO 模拟时序说明的，但是为了兼容 FSMC 的驱动方式，该 2.8 寸 TFT 彩色液晶模块与 STM32F103VCT6 微控制器的硬件连接方式是通过 FSMC 外部设备的存储地址映像映射到 GPIO 口上的，由于 FSMC 的引脚不是规则地分布在同一组 GPIO 上，而是散落在 PD 和 PE 组的 GPIO 上，这样对于控制引脚来说还不算复杂，因为控制引脚都是单独工作的。STM32F103VCT6 微控制器和 TFT 显示模块的连接如图 6.3.7 所示。

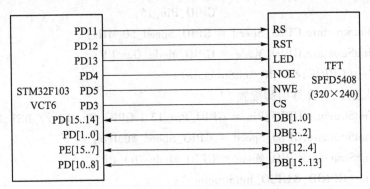

图 6.3.7　STM32F103VCT6 微控制器和 TFT 显示模块连接图

5. 程序设计

（1）TFT 驱动设计

① 驱动 I/O 配置

　　由于 TFT 显示只需要写入，不需要读取显示的数据，所以将驱动液晶的 GPIO 设置为推挽输出模式，增强 I/O 的驱动能力。驱动 I/O 口初始化程序如下：

```
void GPIO_SPFD5408_Configuration( void)
{
    GPIO_InitTypeDef GPIO_InitStructure;
    //使能 I/O 口时钟
    RCC_APB2PeriphClockCmd( RCC_APB2Periph_GPIOD | RCC_APB2Periph_GPIOE,
                            ENABLE);
    //部分数据线、部分控制线配置
    GPIO_InitStructure.GPIO_Pin = GPIO_Pin_0   | GPIO_Pin_1    |    // D2,D3
                            GPIO_Pin_4  | GPIO_Pin_5    |    // RD,WR
                            GPIO_Pin_7  | GPIO_Pin_8    |    // CS,D13
                            GPIO_Pin_9  | GPIO_Pin_10   |    // D14,D15
                            GPIO_Pin_11 | GPIO_Pin_14   |    // RS,D0
                            GPIO_Pin_15;                      // D1
    GPIO_InitStructure.GPIO_Speed = GPIO_Speed_50 MHz;
    //复用推挽输出
    GPIO_InitStructure.GPIO_Mode = GPIO_Mode_Out_PP;
    GPIO_Init( GPIOD,&GPIO_InitStructure);
    //部分数据线配置
    GPIO_InitStructure.GPIO_Pin = GPIO_Pin_7   | GPIO_Pin_8   |    // D4,D5
                            GPIO_Pin_9  | GPIO_Pin_10   |    // D6,D7
                            GPIO_Pin_11 | GPIO_Pin_12   |    // D8,D9
                            GPIO_Pin_13 | GPIO_Pin_14   |    // D10,D11
                            GPIO_Pin_15;                      // D12
    GPIO_InitStructure.GPIO_Speed = GPIO_Speed_50 MHz;
    GPIO_InitStructure.GPIO_Mode = GPIO_Mode_Out_PP;              // 推挽输出
    GPIO_Init( GPIOE,&GPIO_InitStructure);
    // 液晶复位,背光灯引脚配置
    GPIO_InitStructure.GPIO_Pin = GPIO_Pin_12 | GPIO_Pin_13;// RST,LED
    GPIO_InitStructure.GPIO_Speed = GPIO_Speed_50MHz;
    GPIO_InitStructure.GPIO_Mode = GPIO_Mode_Out_PP;              // 推挽输出
    GPIO_Init( GPIOD,&GPIO_InitStructure);
    SPFD5408_LED_OFF;                                             // LED 关
}
```

控制线驱动端口的宏定义如下:

```
#define SPFD5408_CS_Set       ( GPIO_SetBits( GPIOD,GPIO_Pin_7) )
#define SPFD5408_CS_Clr       ( GPIO_ResetBits( GPIOD,GPIO_Pin_7) )
#define SPFD5408_RST_Set      ( GPIO_SetBits( GPIOD,GPIO_Pin_12) )
#define SPFD5408_RST_Clr      ( GPIO_ResetBits( GPIOD,GPIO_Pin_12) )
```

```
#define SPFD5408_RS_Set      ( GPIO_SetBits( GPIOD, GPIO_Pin_11))
#define SPFD5408_RS_Clr      ( GPIO_ResetBits( GPIOD, GPIO_Pin_11))
#define SPFD5408_WR_Set      ( GPIO_SetBits( GPIOD, GPIO_Pin_5))
#define SPFD5408_WR_Clr      ( GPIO_ResetBits( GPIOD, GPIO_Pin_5))
#define SPFD5408_RD_Set      ( GPIO_SetBits( GPIOD, GPIO_Pin_4))
#define SPFD5408_RD_Clr      ( GPIO_ResetBits( GPIOD, GPIO_Pin_4))
#define SPFD5408_LED_OFF     ( GPIO_SetBits( GPIOD, GPIO_Pin_13))
#define SPFD5408_LED_ON      ( GPIO_ResetBits( GPIOD, GPIO_Pin_13))
```

I/O 状态切换配置：

```
#define OUTPUT     0
#define INPUT      1
void SPFD5408_DataIO_Switch( u8 State)
{

    GPIO_InitTypeDef GPIO_InitStructure;
    // 部分数据线配置
    GPIO_InitStructure.GPIO_Pin = GPIO_Pin_0   | GPIO_Pin_1    |    // D2,D3
                          GPIO_Pin_8  | GPIO_Pin_9   |    // D13,D14
                          GPIO_Pin_10 | GPIO_Pin_14  |    // D15,D0
                          GPIO_Pin_15;                    // D1
    GPIO_InitStructure.GPIO_Speed = GPIO_Speed_50MHz;
    if( State = = OUTPUT)
        GPIO_InitStructure.GPIO_Mode = GPIO_Mode_Out_PP;        // 推挽输出
    else if( State = = INPUT)
        GPIO_InitStructure.GPIO_Mode = GPIO_Mode_IPU;           // 上拉输出
    GPIO_Init( GPIOD, &GPIO_InitStructure);
    // 部分数据线配置
    GPIO_InitStructure.GPIO_Pin = GPIO_Pin_7   | GPIO_Pin_8    |    // D4,D5
                          GPIO_Pin_9  | GPIO_Pin_10  |    // D6,D7
                          GPIO_Pin_11 | GPIO_Pin_12  |    // D8,D9
                          GPIO_Pin_13 | GPIO_Pin_14  |    // D10,D11
                          GPIO_Pin_15;                    // D12
    GPIO_InitStructure.GPIO_Speed = GPIO_Speed_50MHz;
    if( State = = OUTPUT)
        GPIO_InitStructure.GPIO_Mode = GPIO_Mode_Out_PP;        // 推挽输出
    else if( State = = INPUT)
        GPIO_InitStructure.GPIO_Mode = GPIO_Mode_IPU;           // 上拉输出
    GPIO_Init( GPIOE, &GPIO_InitStructure);

}
```

② 写寄存器操作

SPFD5408 有多种工作模式，其模式的选择是通过配置寄存器来实现的。在操作寄存器时，需要写入两个数据，一个是索引寄存器（index），另外一个是要写入寄存器的值（data）。在 CS 有效时（CS=0），当 RS 为'0'时，写入的是寄存器的值，即选择索引寄存器；当 RS 为'1'时，写入的是数据，即索引寄存器所对应的值。因为只写不读，所以 RD 信号一直为高电平。写寄存器操作时序图如图 6.3.8 所示（图中信号前的 n 表示该信号低电平有效）。

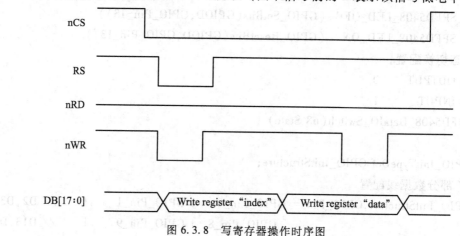

图 6.3.8　写寄存器操作时序图

根据写寄存器操作时序图，配置 SPFD5408 寄存器操作的函数定义如下：

```
void SPFD5408_Write_Reg(u16 RegIndex,u1 RegValue)
{
    SPFD5408_CS_Clr;                      // CS = 0
    SPFD5408_RS_Clr;                      // RS = 0
    SPFD5408_RD_Set;                      // RD = 1
    SPFD5408_Write_Data(RegIndex);        // 写入索引寄存器地址
    SPFD5408_RS_Set;                      // RS = 1
    SPFD5408_Write_Data(RegValue);        // 写入配置数据
    SPFD5408_CS_Set;                      // CS = 1
}
```

由于数据线不是规则地分布在同一组 GPIO 上，因此需要把输入的 Digital 经移位分配到 tmp 数组中，然后再将数据重组，最后再分配到 GPIOD 和 GPIOE 端口上，同时产生一个写脉冲，数据被写入 TFT，SPFD5408 写数据函数如下：

```
void SPFD5408_Write_Data(u16 Digital)
{
    u16 tmp[5],data[2];
    //把 16 位数值分配给不同的 I/O 口
    tmp[1] = (Digital&0xe000)>>5;         // 取 15-13 位放在 PD10-PD8 位
    tmp[2] = (Digital&0x1ff0)<<3;         // 取 12-4 位放在 PE15-PE7 位
```

```
tmp[3] = (Digital&0x000c)>>2;          // 取 3-2 位放在 PD1-PD0 位
tmp[4] = (Digital&0x0003)<<14;         // 取 1-0 位放在 PD15-PD14 位
//数据重组
data[0] = tmp[1]+tmp[3]+tmp[4];
data[1] = tmp[2];
// 读除数据总线外的 I/O 口状态
tmp[0] = GPIO_ReadOutputData(GPIOD);
// 保持除数据总线外的 I/O 口状态
GPIO_Write(GPIOD,(data[0]&0xc703)|(tmp[0]&0x38fc));
tmp[0] = GPIO_ReadOutputData(GPIOE);
GPIO_Write(GPIOE,(data[1]&0xff80)|(tmp[0]&0x007f));
SPFD5408_WR_Clr;
SPFD5408_WR_Set;
}
```

③ 写显存操作

写显存操作时序图如图 6.3.9 所示（图中信号前的 n 表示该信号低电平有效）。先将索引寄存器设置为 "0x0022"，然后向其连续写入数据。

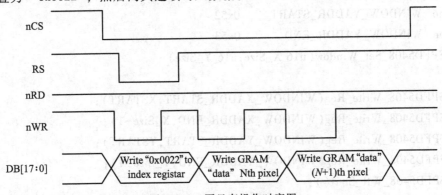

图 6.3.9　写显存操作时序图

将写显存索引寄存器操作函数独立出来，其操作包括 CS、RS、RD 状态的设置，其定义如下：

```
// SPFD5408 重要寄存器定义
#define GRAM_WR          0x22
void SPFD5408_WR_Start(void)
{
    SPFD5408_CS_Clr;
    SPFD5408_RS_Clr;
    SPFD5408_RD_Set;
    SPFD5408_Write_Data(GRAM_WR);
    SPFD5408_RS_Set;
    SPFD5408_RD_Set;
```

```
}
```

调用此函数后，其后直接调用 "SPFD5408_Write_Data( )" 进行数据的连续写入。

④ 窗口设置

窗口设置用于控制显存的操作范围，当设置好窗口后，对窗口外的操作是不能实现的。窗口设置的寄存器有 R50h、R51h、R52h、R53h。对于 240×320 分辨率的彩屏来说，X 方向的地址范围为 0 ~ 239，Y 方向的地址范围为 0 ~ 319。液晶屏窗口大小和 SPFD5408 某些重要寄存器的定义，以及窗口设置函数如下。

```
#define    XSIZE                240                        // 横轴尺寸
#define    YSIZE                320                        // 纵轴尺寸
#define    XSTART               0                          // 横轴起始点
#define    YSTART               0                          // 纵轴起始点
#define    XEND                 319                        // 横轴终点
#define    YEND                 239                        // 纵轴终点
#define    GRAM_X               0x20
#define    GRAM_Y               0x21
#define    WINDOW_XADDR_START   0x50
#define    WINDOW_XADDR_END     0x51
#define    WINDOW_YADDR_START   0x52
#define    WINDOW_YADDR_END     0x53
void SPFD5408_Set_Window(u16 X_Size,u16 Y_Size)
{
    SPFD5408_Write_Reg(WINDOW_XADDR_START,XSTART);
    SPFD5408_Write_Reg(WINDOW_XADDR_END,X_Size-1);
    SPFD5408_Write_Reg(WINDOW_YADDR_START,YSTART);
    SPFD5408_Write_Reg(WINDOW_YADDR_END,Y_Size-1);
    SPFD5408_WR_Start();
}
```

对于后边介绍到的显示信息操作，都是基于开窗口，然后向窗口填充数据操作来实现的。对于显存起始地址的设置，即对寄存器 R20h 和 R21h 的设置，其定义如下：

```
void SPFD5408_Set_Cursor(u16 x,u16 y)
{
    SPFD5408_Write_Reg(GRAM_X,x);
    SPFD5408_Write_Reg(GRAM_Y,y);
}
```

⑤ TFT 初始化

TFT-LCD 模块内部有控制寄存器，在使用 TFT-LCD 之前以及对其进行操作过程当中，需要对寄存器进行写操作以完成对 LCD 的初始化，或者是完成某些功能的设置（如当前显存操作地址设置等）。

初始化寄存器值如表 6.3.1 所列，GAMMA 控制寄存器参数见表 6.3.2 所列。

表 6.3.1　SPFD5408 控制寄存器初始化寄存器值参数表

寄存器地址	寄存器值	寄存器地址	寄存器值	寄存器地址	寄存器值
R00h	0x0001	R11h	0x0007	R80h	0x0000
R01h	0x0100	R17h	0x0001	R81h	0x0021
R02h	0x0701	R12h	0x013B	R82h	0x0061
R03h	0x1030	R13h	0x0B00	R83h	0x0173
R04h	0x0000	R29h	0x0012	R84h	0x0000
R08h	0x0207	R2Ah	0x0095	R85h	0x0000
R09h	0x0000	R50h	0x0000	R90h	0x0013
R0Ah	0x0000	R51h	0x00EF	R92h	0x0000
R0Ch	0x0000	R52h	0x0000	R93h	0x0003
R0Dh	0x0000	R53h	0x013F	R95h	0x0110
R0Fh	0x0000	R60h	0x2700	R97h	0x0000
R07h	0x0101	R61h	0x0001	R98h	0x0000
R10h	0x10B0	R6Ah	0x0000	R07h	0x0173

表 6.3.2　GAMMA 控制寄存器参数表

寄存器地址	寄存器值	寄存器地址	寄存器值	寄存器地址	寄存器值
R30h	0x0102	R36h	0x1701	R3Ch	0x000c
R31h	0x0c21	R37h	0x0617	R3Dh	0x050c
R32h	0x0b22	R38h	0x0305	R3Eh	0x0204
R33h	0x2610	R39h	0x0a05	R3Fh	0x0404
R34h	0x1e0b	R3Ah	0x0c04		
R35h	0x0a04	R3Bh	0x0c00		

在初始化 TFT-LCD 时，先对其复位，关闭背景灯。接下来就是对寄存器的设置，包括设置模式（即显存指针增加扫描方向、RGB 数据格式及屏幕接口设置：8 位或 16 位总线）、电源控制、GAMMA 控制、显示尺寸设置、门扫描控制设置、屏幕接口控制等。SPFD5408 初始化函数如下：

```
void SPFD5408_Init( void )
{
    GPIO_SPFD5408_Configuration( );        // I/O 配置
    SPFD5408_RST_Set;                      // 下降沿复位
    SPFD5408_Delay( 10 );
```

```
    SPFD5408_RST_Clr;
    SPFD5408_Delay(10);
    SPFD5408_RST_Set;
    SPFD5408_Delay(10);
    SPFD5408_Write_Data(0xffff);                // 数据线全高
    SPFD5408_Write_Reg(0x0000,0x0001);          // 寄存器初始化
        ……                                      // 寄存器设置参数见表 6.3.1 及表 6.3.2
    SPFD5408_LED_ON;                            // 开启背光灯
    SPFD5408_WR_Start();
}
```

⑥ 清屏操作的实现（全屏操作）

清屏函数，其实就是将屏幕刷成固定的颜色。其操作是对整个屏幕来说的，所以其窗口设置为整块屏幕（即 X 方向地址范围为 0~239，Y 方向地址范围为 0~319）。其操作为：首先设置窗口，接着将特定的颜色数据填充到窗口中。清屏函数如下：

```
void SPFD5408_Clear_Window(u16 Color)
{
    u32 Point = 0;
    SPFD5408_Set_Cursor(XSTART,YSTART);         // 设置起始点
    SPFD5408_Set_Window(XSIZE,YSIZE);
    SPFD5408_RS_Set;
    for(Point = XSTART * YSTART;Point < XSIZE * YSIZE;Point ++)
        SPFD5408_Write_Data(Color);             // 画点
    SPFD5408_CS_Set;
}
```

⑦ 给某一区域填充颜色操作（部分开窗操作）

若只想对屏幕中的某一区域进行填充，只需将窗口设置为需要操作的部分，注意控制写入像素点数据个数即可，其操作和清屏函数是一样的，在此不再对其函数进行说明。

由以上对 SPFD5408 的基本操作函数，可以进行一些基本的显示操作，包括字符串显示、图形绘制及图片显示，下面对它们一一地进行介绍。

（2）字符和汉字的显示

① 字符显示（8×16）

以上是对 TFT-LCD 操作的基本函数，包括写数据和写寄存器函数、启动写数据函数、清屏函数和初始化函数。液晶初始化完成后，需要显示一些提示信息。下面介绍显示字符串的实现方法。首先来看字符的显示，其定义如下：

```
void LCD_WriteASCII(
    u8    x,                                     // x 轴坐标
    u16 y,                                       // y 轴坐标
    u16 CharColor,                               // 字体颜色
```

```
        u16 CharBackColor,                              // 背景颜色
        u8 ASCIICode                                    // ASCII 码
)
{
        u8 RowCounter,BitCounter;
        u8 * ASCIIPointer;
        u8 ASCIIBuffer[16];
        //启动写数据函数,每次写数据前先调用此函数
        SPFD5408_WR_Start();
        //取这个字符的显示代码
        GetASCIICode(ASCIIBuffer,ASCIICode);
        ASCIIPointer = ASCIIBuffer;
        // 一个 ASCII 字模有 16 个 8bits 数据组成
        for(RowCounter = 0;RowCounter<16;RowCounter++)
        {
                //扫描一个 8bits 字模数据的每一位
                for(BitCounter = 0;BitCounter<8;BitCounter++)
                {
                        // 判断字模数据为'0'还是为'1'。为'0'写入背景颜色,为'1'写入字体颜色
                        if((* ASCIIPointer&(0x80 >> BitCounter)) == 0x00)
                        {
                                SPFD5408_Write_Data(CharBackColor);     // 写入背景颜色数据
                        }
                        else
                        {
                                SPFD5408_Write_Data(CharColor);         // 写入字体颜色数据
                        }
                }
                ASCIIPointer++;                                         // 指向下一个字模数据
        }
        SPFD5408_CS_Set;
}
```

其设计思路是:先读取字模数据,然后在显示的地方开出一块 8×16 的窗口;接着启动写数据操作(即将控制信号设置为写数据模式,并将索引寄存器设置为显存寄存器 0x0022),根据读回来的字符数据,判断字模数据的每一位的状态,若为'0'显示背景色,为'1'显示字符颜色。

对于字符字模,以 ASCII 码方式存放,其范围为'空格'到'~'。每个字模需要 16 个 8 位数据存储。例如,字符字模存储在数组 font16x8[]中,则其字模读取方式为:

```
for( i = 0 ;i < 16 ;i ++)
{
    * ( pBuffer + i) = font16x8[ ( ASCII - 32) * 16 + i];
}
```

其中，pBuffer 为字模读取出来后的存储起始地址，ASCII 为字符的 ASCII 码值。

② 汉字的显示（16×16）

汉字显示和字符显示的原理是一样的，只是字模的读取方式不一样。注意，汉字字体为 16×16，其循环变量需控制好。下面对汉字字模读取的方式进行说明。首先来看下汉字字模的存储。其存储方式用到结构体数组进行存储，结构体元素包括汉字内码索引和汉字字模点阵数据。其定义如下：

```
struct  typFNT_GB16                              // 汉字字模数据结构
{
    unsigned char  Index[2];                     // 汉字内码索引
    unsigned char  Msk[32];                      // 点阵码数据
};
```

使用该结构体定义一个数据,存放汉字字模数据。定义如下：

```
struct  typFNT_GB16 codeGB_16[ ] =               // 数据表
{
    "电", 0x01, 0x00, 0x01, 0x00, 0x01, 0x00, 0x3F, 0xF8, 0x21, 0x08, 0x21, 0x08, 0x21,
    0x08, 0x3F, 0xF8, 0x21, 0x08, 0x21, 0x08, 0x21, 0x08, 0x3F, 0xF8, 0x21, 0x0A, 0x01, 0x02,
    0x01, 0x02, 0x00, 0xFE,
    "子", 0x00, 0x00, 0x7F, 0xF8, 0x00, 0x10, 0x00, 0x20, 0x00, 0x40, 0x01, 0x80, 0x01,
    0x00, 0xFF, 0xFE, 0x01, 0x00, 0x01, 0x00, 0x01, 0x00, 0x01, 0x00, 0x01, 0x00, 0x01, 0x00,
    0x05, 0x00, 0x02, 0x00,
                            ......
};
```

汉字字模的读取方式是：先判断输入的汉字和汉字索引码是否相等，若相等，则是要显示的数据，取出字模数据然后进行显示。其实现方法如下：

```
//对比输入的汉字和数组中的汉字是否一致,若一致则取出字模数据
if(( codeGB_16[ k].Index[0] == Chi[0]) &&( codeGB_16[ k].Index[1] == Chi[1]))
{
    for( i = 0 ;i<32 ;i++)                        // 16×16 = 8×32,数据按字节存储
    {
        * ( pBuffer+i) = codeGB_16[ k].Msk[i];   // 读取字模数据
    }
    return ;                                      // 取完数据后直接退出
}
```

若想显示更大号的字体（如 24×24 或 32×32 的字体），也可以使用显示 16×16 汉字的方法

进行实现，只需正确的读取字模数据即可。

③ 汉字取模说明

汉字的取模可以使用取模软件（如 PCtoLCD2002）进行，其设置如图 6.3.10 所示。

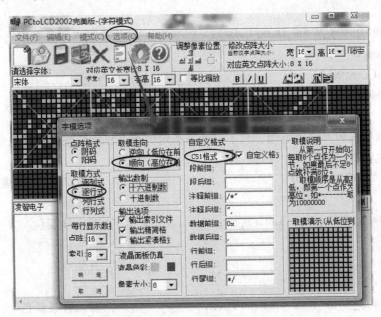

图 6.3.10　PCtoLCD 字符取模软件设置

（3）无符号数据显示

数字显示原理为：先将数据的每一位单独取出，转换为 ASCII 值，然后使用显示字符的函数进行显示即可。十进制数据取出每一位的方式可用对 10 求余数的方式实现，其实现方法如下：

```
for( i = 0;i < N;i ++)                        // 控制取出位数
{
    if( udata ! = 0)                          // 若输入数据不为'0'
    {
        temp[ i - 1] = ( udata % 10) + 48;    // 取出最低位
        udata / = 10;
    }
}
```

（4）图形显示

画线是图形显示基础，画线的基本思路为：先将窗口设置为长度线的长度，且其高设置为一个像素点，然后向窗口中写入颜色数据，即可实现使用指定颜色画一条横线的效果。画竖线也类似，只是设置窗口的长度为 1 个像素点，高度为线的长度。画横线的方法如下：

```
// Length:画线长度;Color:描点的颜色.
void LCD_HLine( u8 x,u16 y,u16 Length,u16 Color)
{
```

```
        LCD_SetBox(x,y,x + Length + 1,y + 1);          // 设置窗口
        SPFD5408_WR_Start();                           // 启动写数据
        do
        {
            SPFD5408_Write_Data(Color);                // 写入颜色数据
            Length--;
        } while(Length);
        SPFD5408_CS_Set;                               // 取消片选
    }
```

画虚线和画实线的方法也类似，只不过是在指定的点上显示线颜色，其他地方显示背景颜色。画虚线的主要语句如下：

```
    if((Length % DOT) == 0)                            // 间隔 DOT 点画虚线
    {
        SPFD5408_Write_Data(Color);                    // 写入线颜色
    }
    else                                               // 其他点
    {
        SPFD5408_Write_Data(CharBackColor);            // 写入背景颜色
    }
```

画矩形是调用画横线和画竖线函数，将横线和竖线拼接起来而得到的，在此不再进行说明。

（5）图片显示

① 图片显示函数的实现

图片显示也是数据填充的过程。首先先用"void LCD_SetBox()"函数设置图片显示窗口大小（其大小和图片大小一致），然后读取图片数据向窗口内填充。显示图片的程序如下：

```
    void LCD_DisPicture(
        u8 x,                                          // 显示起始 x 坐标
        u16 y,                                         // 显示起始 y 坐标
        u8 length,                                     // 图片长度
        u16 high,                                      // 图片高度
        u8 * s                                         // 指向图片数据指针
    )
    {
        u16 temp = 0;
        u16 tmp  = 0;
        u16 num  = 0;
        LCD_SetBox(x,y,x + length,y + high);           // 设置窗口
        SPFD5408_WR_Start();                           // 启动写数据
        num = length * high * 2;                       // 计算写入数据个数
```

```
do
{
    temp = s[ tmp + 1 ] ;                           // 读取高 8 位数据
    temp = temp << 8 ;                              // 读取低 8 位数据
    temp = temp | s[ tmp ] ;                        // 将数据组合成一个 16 位的数据
    SPFD5408_Write_Data( temp ) ;                   // 逐点显示
    tmp + = 2 ;                                     // 继续读取后两个数据
} while( tmp < num ) ;
SPFD5408_CS_Set;                                    // 取消片选
}
```

② 图片数据取模方法

可以使用 "Bmp2RGB" 软件对图片数据取模，其设置如图 6.3.11 所示。

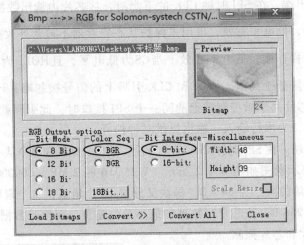

图 6.3.11　图片取模软件设置

6.4　基于 W25Q16 芯片的存储模块设计

1. W25Q16 功能概述

W25Q16 为华邦出产的 SPI 串行 flash 存储器，支持标准的 SPI 接口，传输速率最大 75 MHz，可以为用户提供存储解决方案，它非常适合做代码下载应用，例如声音、文本和数据的存储等；同时，它具有引脚数量少、占用空间小、功耗低、拥有存储空间大等特点；另外，芯片还具有保持引脚（HOLD）、写保护引脚（WP）、可编程写保护位（位于状态寄存器 bit1）、顶部和底部块的控制等特征，与普通串行 flash 相比，使用更灵活，性能更加出色。

W25Q16 的工作电压在 2.7~3.6 V 之间，正常工作状态下电流只有 0.5 mA，掉电状态下电流只有 1 μA；W25Q16 拥有 2 MB（16 Mbits）的存储空间，2 MB 空间分为 8192 可编程页，每页 256 B，512 可擦除扇区或 32 个可擦除块，传送时钟频率最大可达 80 MHz，可提供超过

10 万次的擦写次数，数据可保存 20 年及以上。

2. W25Q16 的引脚定义及存储空间

W25Q16（8 脚 SOIC/WSON 封装）的通用引脚定义如图
6.4.1 所示。各引脚功能如下：

V_{CC}：芯片工作的电源电压端，电压范围为 2.7~3.6 V。

GND：接地端。

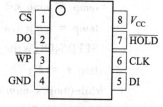

图 6.4.1　W25Q16 通用引脚定义

$\overline{CS}$：芯片使能控制端。当$\overline{CS}$为高电平时，芯片被禁能，
DO 引脚处于高阻态；当$\overline{CS}$为低电平时，使能芯片，可对芯片
进行读写操作。上电之后，执行一条新指令之前必须使$\overline{CS}$引脚先有一个下降沿，应用时建议
该端要外接上拉电阻（如 1~10 kΩ 的电阻）。

DO：SPI 数据输出端，在 SPI 时钟 CLK 的下降沿，从芯片内读出数据或状态。

$\overline{WP}$：写保护引脚，低电平有效，可用来保护状态寄存器不被意外改写。

$\overline{HOLD}$：芯片暂停操作端，低电平有效。当$\overline{CS}$为低电平，且$\overline{HOLD}$为低电平时，芯片处于
暂停操作状态，DO 引脚处于高阻态，DI 和 CLK 引脚上的信号被忽略；$\overline{HOLD}$拉高后，芯片恢
复正常工作。当多个芯片共享微控制器上的同一个 SPI 接口时，此引脚就会显得很有作用。

CLK：SPI 时钟端，为串行输入、输出提供时钟信号。

DI：SPI 数据输入端。在 SPI 时钟 CLK 的上升沿，数据、地址和命令从 DI 引脚送到芯片内部。

W25Q16 存储空间示意图如图 6.4.2 所示。W25Q16 的 2 MB（000000H~1FFFFFH）存储
空间分成 32 个块，每块的大小为 64 KB，每块又分成 16 个扇区，每个扇区大小 4 KB，每个扇
区又分成 16 页，每页 256 B。往芯片写数据的最小单位是页，而擦除数据的最小单位为一个扇
区，另外还可以块擦除和芯片擦除。

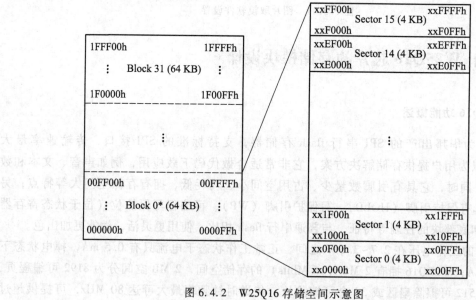

图 6.4.2　W25Q16 存储空间示意图

3. W25Q16 的数据传输协议

（1）总线时序

W25Q16 的 SPI 总线串行输入/输出时序分别如图 6.4.3 和图 6.4.4 所示，图中各时间的含义如表 6.4.1 所列。注意 SPI 串行数据的输入和输出都是按高位在前、低位在后的顺序传输。

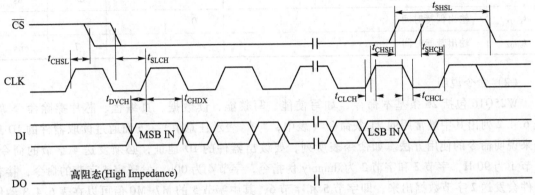

图 6.4.3　W25Q16 的 SPI 总线串行输入时序图

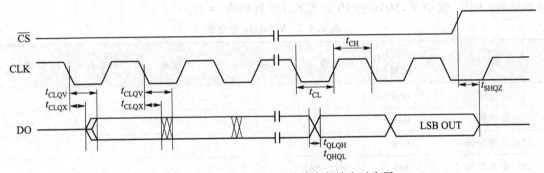

图 6.4.4　W25Q16 的 SPI 总线串行输出时序图

表 6.4.1　W25Q16 时序特征表

符号	参数	规格			单位
		最小值	典型值	最大值	
t_{CHSL}	$\overline{CS}$ 相对于 CLK 的无效保持时间	5			ns
t_{SLCH}	$\overline{CS}$ 相对于 CLK 的有效建立时间	5			ns
t_{SHSL}	$\overline{CS}$ 取消时间	10/50			ns
t_{CHSH}	$\overline{CS}$ 相对于 CLK 的有效保持时间	5			ns
t_{SHCH}	$\overline{CS}$ 相对于 CLK 的无效建立时间	5			ns
t_{DVCH}	数据建立时间	2			ns
t_{CHDX}	数据保持时间	5			ns

符号	参数	规格			单位
		最小值	典型值	最大值	
t_{CLCH}	时钟的上升时间峰值	0.1			V/ns
t_{CHCL}	时钟的下降时间峰值	0.1			V/ns
t_{CLQV}	低时钟输出有效时间			6/7	ns
t_{CLQX}	输出保持时间	0			ns
t_{SHQZ}	输出禁能时间			7	ns

（2）命令说明

W25Q16 包括 26 条基本命令，如写使能、写禁能、读数据、页编程、芯片擦除命令等，表 6.4.2 列出其中最常用的 21 条命令（表中，"–"表示任意值）。下面通过读取器件的 ID 地址来说明命令的使用方法。如命令表所列，要读出器件的 ID 地址，必须发送 4 字节的命令，字节 1 为 90 H，字节 2 和字节 3 为 dummy 伪指令，字节 4 为 00h。发送完 4 字节的命令，接着器件会发送 2 字节数据出来，即字节 5 和字节 6，其中字节 5 的 M7-M0 值可以在表 6.4.3 器件标识中查到为 EFh，即 W25Q16 的厂家华邦串行闪存器件的 ID 号；字节 6 的 ID7-ID0 值为不同容量的 ID 号，其中 W25Q16 的 ID 如表 6.4.3 所列为 14 H。

表 6.4.2　W25Q16 命令表

指令名称	字节 1（代码）	字节 2	字节 3	字节 4	字节 5	字节 6
写使能	06h					
写禁能	04h					
读状态寄存器 1	05h	(S7-S0)				
读状态寄存器 2	35h	(S15-S8)				
写状态寄存器	01h	(S7-S0)	(S15-S8)			
页编程	02h	A23-A16	A15-A8	A7-A0	(D7-D0)	
四倍页编程	32h	A23-A16	A15-A8	A7-A0	(D7-D0, …)	
块擦除（64KB）	D8h	A23-A16	A15-A8	A7-A0		
块擦除（32KB）	52h	A23-A16	A15-A8	A7-A0		
扇区擦除（4KB）	20h	A23-A16	A15-A8	A7-A0		
全片擦除	C7h/60h					
暂停擦除	75h					
恢复擦除	7Ah					
掉电模式	B9h					

指令名称	字节 1 （代码）	字节 2	字节 3	字节 4	字节 5	字节 6
高性能模式	A3h	dummy	dummy	dummy		
连续读模式复位	FFh	FFh				
释放掉电/器件 ID	ABh	dummy	dummy	dummy	（ID7-ID0）	
制造/器件 ID	90h	dummy	dummy	00h	（M7-M0）	（ID7-ID0）
读唯一的 ID	4Bh	dummy	dummy	dummy	dummy	（ID63-ID0）
JEDEC ID	9Fh	（M7-M0） 制造商	（ID15-ID8） 存储类型	（ID7-ID0） 存储容量		
读数据	03h	A23-A16	A15-A8	A7-A0	（D7-D0）	
快速读数据	0Bh	A23-A16	A15-A8	A7-A0	dummy	（D7-D0）

表 6.4.3　W25Q16 器件标识表

制造商 ID	（M7-M0）	
华邦串行闪存	EFh	
器件 ID	（ID7-ID0）	（ID15-ID0）
指令	ABh，90h	9F h
W25Q16	14 h	4 015 h

（3）SPI 模式选择

W25Q16 支持两种 SPI 通信方式：模式 0 和模式 3。模式 0 和模式 3 的区别在于，当 SPI 主机的 SPI 口处于空闲或者是没有数据传输的时候，CLK 电平是高电平的为模式 3，是低电平的为模式 0。但不管哪种模式都是在 CLK 的上升沿采集输入数据，下降沿输出数据。如图 6.4.5 所示为 SPI 模式 0 与模式 3 的时序图。虚线部分表示在空闲时 CLK 为高电平，SPI 使用模式 3；实线表示空闲时 CLK 为低电平，SPI 使用模式 0。

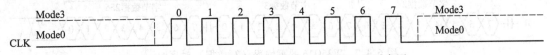

图 6.4.5　W25Q16 的 SPI 模式 0 和模式 3 的时序图

（4）读数据

W25Q16 支持任意地址的读取，前提是不超过 W25Q16 的地址范围。如图 6.4.6 所示为 W25Q16 读取数据的时序图。

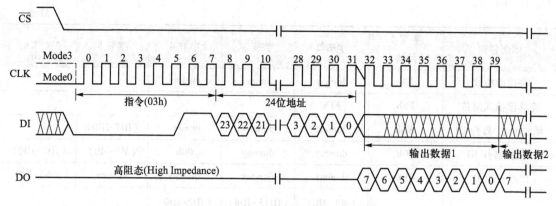

图 6.4.6 W25Q16 读数据的时序图

（5）页编程

W25Q16 支持页写功能，不支持任意地址写，所以为了能够方便地进行任意地址写操作，就需自己编写能够在任意地址进行任意个数操作的写数据函数。W25Q16 在对写入地址写入数据时，对写入该地址单元的原先数据有要求，如果该地址的数据为 FFh 则可以往该地址写入数据，如果不是 FFh 就需要在写入之前将该地址数据擦除，否则将不能成功写入。如图 6.4.7 所示为 W25Q16 的页编程时序图。

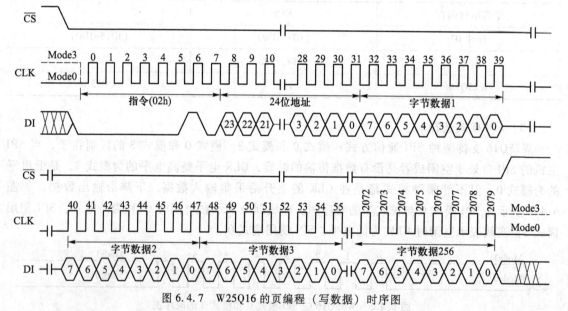

图 6.4.7 W25Q16 的页编程（写数据）时序图

4. W25Q16 芯片的存储模块电路设计

模块硬件电路如图 6.4.8 所示。芯片使用 3.3 V 的电源供电；写保护功能引脚连接到高电平，不使用写保护功能；暂停操作连接一个阻值为 4.7 kΩ 的上拉电阻 R_1，不使用暂停操作功能。SPI 通信接口的片选引脚连接到 STM32F103VCT6 的 PA0 端口，时钟引脚连接到 PA3，数据输出引脚连接到 PA1，数据输入引脚连接到 PA2。

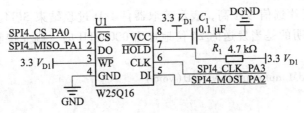

图 6.4.8 W25Q16 存储模块电路

5. W25Q16 芯片的存储模块程序设计

根据第 3 点内容, 对 W25Q16 的操作进行宏定义:

#define PageSize	0x100	// W25Q16 页大小 256B
#define SectorSize	0x1000	// W25Q16 扇区大小 4KB
#define BlockSize	0x10000	// W25Q16 块大小 64KB
#define BUSYBit	0x01	// 判忙位
#define W25Q_WriteEnable	0x06	// W25Q16 命令
#define W25Q_WriteDisable	0x04	
#define W25Q_ReadStatusReg	0x05	
#define W25Q_WriteStatusReg	0x01	
#define W25Q_ReadData	0x03	
#define W25Q_FastReadData	0x0B	
#define W25Q_PageProgram	0x02	
#define W25Q_BlockErase	0xD8	
#define W25Q_SectorErase	0x20	
#define W25Q_ChipErase	0xC7	
#define W25Q_PowerDown	0xB9	
#define W25Q_ReleasePowerDown	0xAB	
#define W25Q_DeviceID	0xAB	
#define W25Q_ManufactDeviceID	0x90	
#define W25Q_JedecDeviceID	0x9F	
#define SPI4_CS_Set	(GPIO_SetBits(GPIOA, GPIO_Pin_0))	// SPI 的 I/O 操作
#define SPI4_CS_Clr	(GPIO_ResetBits(GPIOA, GPIO_Pin_0))	
#define SPI4_MISO	(GPIO_ReadInputDataBit(GPIOA, GPIO_Pin_1))	
#define SPI4_MOSI_Set	(GPIO_SetBits(GPIOA, GPIO_Pin_2))	
#define SPI4_MOSI_Clr	(GPIO_ResetBits(GPIOA, GPIO_Pin_2))	
#define SPI4_CLK_Set	(GPIO_SetBits(GPIOA, GPIO_Pin_3))	
#define SPI4_CLK_Clr	(GPIO_ResetBits(GPIOA, GPIO_Pin_3))	

(1) 读取器件 ID

读取器件 ID 的过程如下: 首先将片选信号拉低, 使能片选有效; 然后发送读取 ID 命令, 发送完该命令后, 紧接着发送 24 位的地址 000000h; 接着就可以读取器件的 ID 了, 读回厂商

ID 和器件 ID；最后把片选信号拉高，表示读取器件 I/D 过程结束 SPI4_CS_Set；返回读取的 ID 值。另外，需要说明的是当发送的 24 位地址为 000001H 时，则先接收器件 ID 再接收厂商 ID。程序如下：

```
u16 W25Q16_ReadManufactureDeviceID(void)
{
    u16 Temp,Temp1,Temp2;
    SPI4_CS_Clr;                              // W25Q16 片选有效
    SPI4_Write_Byte(W25Q_ManufactDeviceID);   // 发送读取制造 ID/器件 ID 命令
    SPI4_Write_Byte(0x00);                    // 发送 24 位地址 0x000000
    SPI4_Write_Byte(0x00);
    SPI4_Write_Byte(0x00);
    Temp1 = SPI4_Read_Byte();                 // 读取制造 ID：0xEF
    Temp2 = SPI4_Read_Byte();                 // 读取器件 ID：0x14
    SPI4_CS_Set;
    Temp = (Temp1<<8) | Temp2;                // 合并成 16 位 ID
    return Temp;
}
// W25Q16 发送一字节数据
void SPI4_Write_Byte(u8 Data)
{
    u8 i;
    for(i = 0;i<8;i++)
    {
        SPI4_CLK_Clr;
        if((Data&0x80) == 0x80)               // 按高位在前的顺序发送数据
        {
            SPI4_MOSI_Set;
        }
        else
        {
            SPI4_MOSI_Clr;
        }
        Data << = 1;                          // 数据左移 1 位,为下次发送做准备
        SPI4_CLK_Set;                         // 上升沿写入数据
    }
}
// W25Q16 读一字节数据
u8 SPI4_Read_Byte(void)
```

```
{
    u8 i,data;
    for(i = 0;i<8;i++)
    {
        data << = 1;                        // 接收下一个数据前先左移一位,
        SPI4_CLK_Set;                       // CLK 的下降沿允许接收数据
        SPI4_CLK_Clr;
        if(SPI4_MISO == 0x01)               // 按高位在前的顺序逐位接收
        {
            data | = 0x01;                  // 数据暂存变量 data 中
        }
    }
    return data;                            // 返回 1 字节数据
}
```

（2）读数据

根据读数据时序图 6.4.6 编写读取 W25Q16 数据的程序如下：

```
void W25Q16_Read(u8 * pBuffer,u32 ReadAddr,u16 NumByteToRead)
{
    u16 i;
    SPI4_CS_Clr;                                    // W25Q16 片选有效
    SPI4_Write_Byte(W25Q_ReadData);                 // 发送读命令
    SPI4_Write_Byte((ReadAddr & 0xFF0000) >> 16);   // 发送读数据的地址(24 位)
    SPI4_Write_Byte((ReadAddr & 0xFF00) >> 8);      // 高位在前
    SPI4_Write_Byte(ReadAddr & 0xFF);
    for(i = 0;i<NumByteToRead;i++)                  // 循环读数
    {
        pBuffer[i] = SPI4_Read_Byte();
    }
    SPI4_CS_Set;
}
```

函数的第一个参数 pBuffer 定义为无符号字符型指针，分配内存用于暂存读取出的数据；第二个参数 ReadAddr 为读取数据的地址；第三个参数 NumByteToRead 定义为 16 位，即一次读取的最大个数为 65 535 个数据，一次读取的数据越多，对内存容量要求越高。程序首先拉低片选，芯片有效，接着发送读取数据命令，然后再发送读取数据的地址了，发送的 24 位地址高位在前，而 W25Q16 的最大地址是 2M，高出的地址用零填充，但必须发送 24 位，从时序图可以看出。最后就是依次把数据从指定地址读出存放在缓冲区中，读取结束拉高片选线。

（3）写数据

W25Q16 在指定地址写入指定长度数据的程序如下：

```
void W25Q16_Write(u8 * pBuffer,u32 WriteAddr,u16 NumByteToWrite)
{
    u16 secpos ,secoff,secremain;
    u16 i;
    secpos = WriteAddr/SectorSize;              // 计算写入的地址在第几扇区(0~511)
    secoff = WriteAddr%SectorSize;              // 计算在扇区内的偏移量
    secremain = SectorSize-secoff;              // 计算扇区剩余空间大小
    if( NumByteToWrite < = secremain)           // 写入的个数不大于扇区剩余字节个数
    {
        secremain = NumByteToWrite;             // 不超过该扇区
    }
    while(1)
    {
        //读出整个扇区的内容
        W25Q16_Read(W25Q16_BUF,secpos * SectorSize,SectorSize);
        for(i = 0;i<secremain;i++)              // 校验是否要擦除
        {
            if( W25Q16_BUF[secoff+i] ! = 0xFF)
            {
                W25Q16_SectorErase(secpos);     // 擦除这个扇区
                for(i = 0;i<secremain;i++)      // 复制之前读出的值
                {
                    W25Q16_BUF[i+secoff] = pBuffer[i];
                }
                // 写入整个扇区
                W25Q16_NoEraseWrite(W25Q16_BUF,secpos * SectorSize,SectorSize);
                break;                          // 退出不再检验
            }
            else                                // 不需要擦除,可直接写入
            {
                W25Q16_NoEraseWrite(pBuffer,WriteAddr,secremain);
                break;                          // 退出检测
            }
        }
        if( NumByteToWrite == secremain)
            break;                              // 写入结束了
        else                                    // 写入未结束
        {
```

```
        secpos ++;                          // 扇区地址增 1
        secoff = 0;                         // 偏移位置为 0
        pBuffer + = secremain;              // 指针偏移
        WriteAddr + = secremain;            // 写地址偏移
        NumByteToWrite − = secremain;       // 字节数递减
        if( NumByteToWrite > SectorSize)
            secremain = SectorSize;         // 准备写下一个扇区
        else
            secremain = NumByteToWrite;     // 最后一个扇区,即写完
    }
  }
}
```

首先计算待写入首地址所在的扇区和其在扇区内的偏移,然后判断要写入的数据个数是否超过本扇区所剩下的长度,如果不超过,再看看是否要擦除,如果不要,则直接写入数据即可;如果要,则读出整个扇区,在偏移处开始写入指定个数的数据,然后擦除这个扇区,再一次性写入。当所需要写入的数据长度超过一个扇区长度的时候,那么先按照前面的步骤把扇区剩余部分写完,再在新扇区内执行同样的操作,如此循环,直到写入结束。程序中的函数"W25Q16_SectorErase( )"实现擦除一个扇区的功能,扇区的范围为 0 ~ 511;函数"W25Q16_NoEraseWrite( )"可实现在指定地址写指定个数数据的功能,但前提是写入的地址已经擦除过。

擦除一个扇区的程序如下:

```
void W25Q16_SectorErase( u16 Sector_Num)
{
    u32 SectorAddr;
    SectorAddr = Sector_Num * SectorSize;                      // 转换成扇区的首地址
    W25Q16_WriteEnable( );                                     // 写使能
    W25Q16_WaitBUSY( );                                        // 等待写结束
    SPI4_CS_Clr;                                               // W25Q16 片选有效
    SPI4_Write_Byte( W25Q_SectorErase);                        // 发送扇区擦除命令
    SPI4_Write_Byte( ( SectorAddr & 0xFF0000) >> 16);          // 发送扇区擦除的地址(24 位)
    SPI4_Write_Byte( ( SectorAddr & 0xFF00) >> 8);             // 高位在前
    SPI4_Write_Byte( SectorAddr & 0xFF);
    SPI4_CS_Set;                                               // 片选拉高才执行指令
    W25Q16_WaitBUSY( );                                        // 等待写结束
}
```

在指定地址写指定个数数据的程序如下:

```
void W25Q16_NoEraseWrite( u8 * pBuffer, u32 WriteAddr, u16 NumByteToWrite)
{
```

```
    u16 PageRemain;                              // 计算单页剩余的字节数
    PageRemain = PageSize -(WriteAddr % PageSize);
    if(NumByteToWrite< = PageRemain)      // 写的字节数不超过该页(256 字节)
    {
        W25Q16_PageWrite(pBuffer,WriteAddr,NumByteToWrite);
    }
    else                                     // 写入的字节数超过了该页(256 字节)
    {
        while(1)
        {
            W25Q16_PageWrite(pBuffer,WriteAddr,PageRemain);// 页编程
            if(NumByteToWrite = = PageRemain) break;  // 写入结束了
            else
            {
                NumByteToWrite - = PageRemain;       // 减去写入的字节数
                pBuffer + = PageRemain;              // 缓冲数据增加
                WriteAddr + = PageRemain;            // 地址增加
                if(NumByteToWritc > PageSize)        // 剩余字节数大于一页
                {
                    PageRemain = PageSize;           // 剩余字节数赋最大字节个数
                }
                else
                {
                    PageRemain = NumByteToWrite;
                }
            }
        }
    }
}
```

页编程程序如下：

```
void W25Q16_PageWrite(u8 * pBuffer,u32 WriteAddr,u16 NumByteToWrite)
{
    u16 i;
    W25Q16_WriteEnable();                           // 写使能
    SPI4_CS_Clr;                                    // W25Q16 片选有效
    SPI4_Write_Byte(W25Q_PageProgram);              // 发送页写命令
    SPI4_Write_Byte((WriteAddr & 0xFF0000) >> 16);  //发送数据存储的地址(24 位)
    SPI4_Write_Byte((WriteAddr & 0xFF00) >> 8);
```

```
        SPI4_Write_Byte(WriteAddr & 0xFF);
        if(NumByteToWrite > PageSize)    // 超过页的最大字节数将按最大字节数存储
        {
            NumByteToWrite = PageSize;
        }
        for(i = 0;i<NumByteToWrite;i++)                    // 依次写入
        {
            SPI4_Write_Byte(pBuffer[i]);
        }
        SPI4_CS_Set;
        W25Q16_WaitBUSY();                                 // 等待写结束
}
```

需要注意的是，W25Q16 芯片上电之后自动进入写保护状态，因此在进行页编程指令、扇区擦除指令、块擦除指令、芯片擦除指令和写状态寄存器指令时要都先进行写使能操作。同时，在对这些指令操作时，状态寄存器的忙标志位置 1，这时除了读状态寄存器指令，其他指令都忽略，待这些指令执行完毕之后忙标志位清零，表示芯片可以接收其他指令了。

写使能操作函数如下：

```
void W25Q16_WriteEnable(void)
{
    SPI4_CS_Clr;                                          // W25Q16 片选有效
    SPI4_Write_Byte(W25Q_WriteEnable);                    // 发送写使能
    SPI4_CS_Set;                                          // 取消片选
}
```

判忙函数如下：

```
void W25Q16_WaitBUSY(void)
{
    u8 StatusBit;
    do
    {
        //读取状态寄存器 BUSY 位
        StatusBit = (W25Q16_ReadStatusReg())&BUSYBit;
    }
    while(StatusBit == 0x01);                              // 等待操作完成
}
```

第 7 章　STM32F103VCT6 微控制器应用系统设计实例

在拥有第一部分的模拟设计基础和第二部分 STM32F103VCT6 微控制器初级入门之后，本章节将列举 4 个基于 STM32F103VCT6 微控制器的工程实例，由单一的模拟电路设计或数字电路设计过渡到一个真正的、系统级别的微控制器和模拟系统综合设计过程。这四个工程实例分别为：基于 STM32F103VCT6 的简易数字频率计设计、基于 STM32F103VCT6 的简易自动电阻测试仪设计、基于 STM32F103VCT6 的程控放大器设计和基于 STM32F103VCT6 的波形识别系统设计。

7.1　基于 STM32F103VCT6 的简易数字频率计设计

7.1.1　任务要求

频率计是一种专门对被测信号频率进行测量的电子测量仪器。本系统设计要求能够利用 STM32F103VCT6 微控制器中的定时器资源实现简易数字频率计：

1. 被测信号为周期性的正弦波信号和方波信号；
2. 信号频率范围：0.1 Hz~5 MHz；
3. 信号幅度范围：0.5 V~5 V；
4. 测量精度：≤0.5%。

7.1.2　频率测量原理

测量频率的方法有很多，在微控制器中应用最为广泛的是计数法，即在单位时间内计算信号的脉冲数，这种测量频率方法测量精度高、快速，适合不同频率、不同精度测频的需要。计数法又分为两种方式：直接测频法和直接测周法。使用微控制器直接进行信号频率测量时，常用的方法是高频测频用直接测频法、低频测频用直接测周法。下面具体分析计数法的测频原理。

1. 直接测频法

直接测频法简称测频法，它的时序如图 7.1.2.1 所示。

根据频率的定义，若某一信号在 T 秒时间内重复变化 N 次，则可知该信号的频率 f_x 为

$$f_x = \frac{N}{T}$$

$$(7.1.2.1)$$

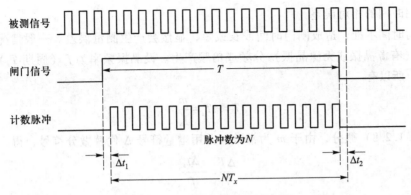

被测信号

闸门信号

计数脉冲

脉冲数为 N

图 7.1.2.1 直接测频法时序图

因此，设置时间一定的闸门信号 T，在闸门时间 T 内，对被测信号进行计数，计数完毕后则将脉冲个数 N 和闸门时间 T 代入式（7.1.2.1）中进行运算就能够求得被测信号频率。注意，闸门时间准确度应该比被测信号频率高一个数量级以上，以保证频率测量精度，故通常晶振频率稳定度要求达到 $10^{-6} \sim 10^{-10}$。

对式（7.1.2.1）两边同时取对数，得

$$\ln f_x = \ln N - \ln T \tag{7.1.2.2}$$

对式（7.1.2.2）求偏微分，并用增量符号 Δ 代替偏微分符号，可得

$$\frac{\Delta f_x}{f_x} = \frac{\Delta N}{N} - \frac{\Delta T}{T} \tag{7.1.2.3}$$

由式（7.1.2.3）可以看出：测频法的相对误差由脉冲计数的相对误差和闸门时间的相对误差组成。

（1）脉冲计数的相对误差

脉冲计数的相对误差是在计数过程产生的误差，所以又称为量化误差。在图 7.1.2.1 中，Δt_1 为闸门开启时刻到第一个计数脉冲前沿的时间（假设计数脉冲上升沿触发计数器），Δt_2 为闸门关闭时刻到下一个计数脉冲前沿的时间，由图可知

$$T = NT_x + \Delta t_1 - \Delta t_2 = \left[N + \frac{\Delta t_1 - \Delta t_2}{T_x} \right] \times T_x \tag{7.1.2.4}$$

则脉冲计数的绝对误差值为

$$\Delta N = \frac{\Delta t_1 - \Delta t_2}{T_x} \tag{7.1.2.5}$$

考虑到 Δt_1 和 Δt_2 都是不大于 T_x 的正时间量，由图 7.1.2.1 可以看出：（$\Delta t_1 - \Delta t_2$）虽然可能为正或为负，但 $|\Delta t_1 - \Delta t_2| \leqslant T_x$，所以 $|\Delta N| \leqslant 1$，即脉冲计数最大绝对误差即 ±1 误差，即

$$\Delta N = \pm 1 \tag{7.1.2.6}$$

联立式（7.1.2.1）和式（7.1.2.6），可得到脉冲计数最大相对误差为

$$\frac{\Delta N}{N} = \pm \frac{1}{N} = \pm \frac{1}{T \times f_x} \tag{7.1.2.7}$$

由式（7.1.2.7）不难得到结论：脉冲计数相对误差与闸门时间和被测信号频率成反比。即被测信号频率越高、闸门时间越宽，相对误差越小，测量精度越高。

（2）闸门时间的相对误差

如果闸门时间不准，造成闸门时间或长或短，显然会产生测量误差。一般情况下，闸门时间 T 由晶振（有源晶振或无源晶振）分频或倍频产生。设晶振频率为 f_s（周期 T_s），分频或倍频系数为 m，所以有

$$T = mT_s = \frac{m}{f_s} \tag{7.1.2.8}$$

对式（7.1.2.8）微分，由于 m 为常数，并用增量符号 Δ 代替微分符号，得

$$\frac{\Delta T}{T} = -\frac{\Delta f_s}{f_s} \tag{7.1.2.9}$$

式（7.1.2.9）表明：闸门时间的相对误差是由于标准时钟频率的误差引起的，在数值上等于晶振频率的相对误差，即晶振频率稳定度。由于晶振频率稳定度一般都会达到 10^{-6} 以上，所以若频率测量精度要求远小于晶振频率稳定度，则该项误差可以忽略。

综合式（7.1.2.3）、式（7.1.2.7）和式（7.1.2.9），得测频法频率精度的相对误差为

$$\frac{\Delta f_x}{f_x} = \frac{\Delta N}{N} + \frac{\Delta f_s}{f_s} = \pm \frac{1}{N} + \frac{\Delta f_s}{f_s} = \pm \left(\frac{1}{Tf_x} \pm \left| \frac{\Delta f_s}{f_s} \right| \right) \tag{7.1.2.10}$$

若忽略晶振频率稳定度即闸门时间误差的影响，对于 1 Hz 的被测信号，测量精度要求达到 0.1%，则 $N = 1\,000$，闸门时间 $T = 1\,000$ s，这么长的闸门时间肯定令人无法忍受；若 $T = 1$ s，测量精度要求达到 0.1%，则要求 $f_x \geqslant 1$ kHz。所以，测频法不适合用于低频信号测量。

2. 直接测周法

直接测周法简称测周法，它的时序如图 7.1.2.2 所示。

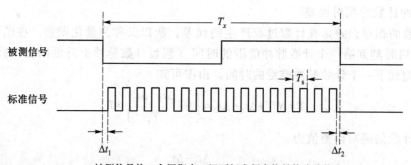

被测信号的一个周期内，记下标准频率信号的脉冲数为 N_s

图 7.1.2.2　直接测周法时序图

在被测信号的单位周期时间 T_x 内，通过标准时钟 T_s 的计数得到个数 N_s，则

$$T_x = N_s T_s = \frac{N_s}{f_s} \tag{7.1.2.11}$$

与测频法误差分析类似，测周法标准信号的脉冲计数的最大绝对误差为

$$\Delta N_s = \pm 1 \tag{7.1.2.12}$$

被测信号单位周期内由标准时钟产生 N_s 个脉冲，所以其相对误差表示为

$$\frac{\Delta T_x}{T_x} = \frac{\Delta N_s}{N_s} - \frac{\Delta f_s}{f_s} \tag{7.1.2.13}$$

根据测周原理，由式（7.1.2.11）可得

$$N_s = T_x \times f_s \tag{7.1.2.14}$$

所以，式（7.1.2.13）可写成

$$\frac{\Delta T_x}{T_x} = \frac{\Delta N_s}{N_s} - \frac{\Delta f_s}{f_s} = \pm\frac{1}{N_s} - \frac{\Delta f_s}{f_s} = \pm\left(\frac{1}{T_x f_s} \mp \left|\frac{\Delta f_s}{f_s}\right|\right) \tag{7.1.2.15}$$

由式（7.1.2.14）可知：T_x 越大（即被测信号频率越低），±1 误差对精度的影响越小，标准计数时钟 f_s 越高，测量的误差越小。若忽略晶振频率稳定度的影响，对于 1 MHz 的被测信号，测量精度要求达到 0.1%，则 $N_s = 1\,000$，$f_s = 1\,000$ MHz，这样高频率的标准信号即使能获得也将付出极大的成本；若 $f_s = 1$ MHz，测量精度要求达到 0.1%，则要求 $f_x \le 1$ kHz，即 $T_x \ge 1$ ms。所以，测周法不适合用于高频信号测量。

由式（7.1.2.10）可以看出，测量误差是随着被测信号频率的增高而减小的；由式（7.1.2.15）可以看出，测量误差随着被测信号频率的降低而减小。当到达某个频率点时，会出现测频法和测周法误差相等的情况，这个频率称为中界频率。

联立式（7.1.2.10）和式（7.1.2.15），忽略晶振频率稳定度的影响，得

$$\frac{\Delta f_x}{f_x} = \frac{\Delta T_x}{T_x}, \quad 即 \frac{1}{T f_x} = \frac{1}{T_x f_s} \tag{7.1.2.16}$$

令 $f_x = \dfrac{1}{T_x} = f_m$，则

$$f_m = \sqrt{\frac{f_s}{T}} \tag{7.1.2.17}$$

其中，f_m 为中界频率，f_s 为标准频率，T 为闸门时间。当被测信号频率 $f_x > f_m$ 时，宜采用测频法；当被测信号频率 $f_x < f_m$ 时，宜采用测周法。

7.1.3 系统设计

本系统使用测频法和测周法结合的方法进行测频。使用 STM32F103VCT6 微控制器的定时器/计数器 TIM2 和 TIM3。STM32F103VCT6 微控制器的工作频率为 72 MHz，根据式（7.1.2.17）设置中界频率 $f_m = 10$ kHz，即当信号频率 $f \le 10$ kHz 时，选用测周法；$f > 10$ kHz 时，选用测频法。

使用 STM32F103VCT6 的定时器与计数器 TIM2 和 TIM3，其中 TIM2 作为计数器使用，TIM3 作为定时器使用。程序初始化中，配置计数器 TIM2 的时钟源为外部时钟源模式 2（即外部触发输入），输入口为重映射后的 PA15 引脚。首先使用的是测周法对输入信号的频率进行初测，然后判断频率是否小于 10 kHz，如果是，则继续使用测周法，否则换用测频法测频。如此循环判断频率，然后确定用测周法或测频法进行测频率。

1. 系统组成

系统整体框图如图 7.1.3.1 所示。系统主要 STM32F103VCT6 微控制器最小系统、

TL3016 整形电路和彩色液晶显示模块等组成。待测信号经过 TL3016 比较整形之后，输入到 STM32F103VCT6 微控制器的 PA15 引脚（配置为定时器 TIM2 的引脚）进行频率测量，彩色液晶显示测量频率值。STM32F103VCT6 微控制器最小系统电路请看 5.2 节"STM32F103VCT6 最小系统电路设计"部分；TL3016 整形电路请看 2.4.3 节中的"3. 高速电压比较器电路设计"部分；彩色液晶显示模块请看 6.3 节"2.8 寸 TFT 彩色液晶模块设计"部分。

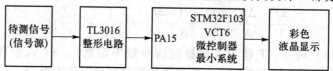

图 7.1.3.1　简易数字频率计设计整体框图

2. 程序设计

（1）主程序设计

如图 7.1.3.2 所示为频率计主程序流程图，开机先对系统做初始化，这里特别注意的是需要配置 TIM2 重映射到 PA15 端口用作计数器，TIM3 用作定时器。然后先用直接测周法判断频率是否小于 10 kHz，如果大于 10 kHz 则切换至直接测频法，如果小于 10 kHz 则继续用测周法，测量计算得到的频率值最后在彩色液晶上显示。

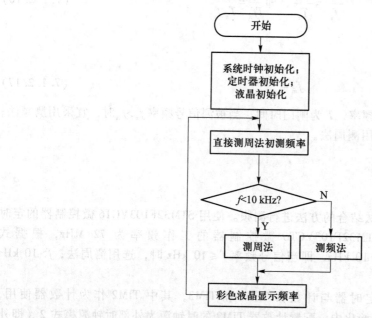

图 7.1.3.2　频率计主程序流程图

在主程序中，设置了如下宏定义和全局变量：

```
#define MODE_T(0)              // 测周
#define MODE_D(1)              // 测频
u8 modeSlect = 0;             // 测量模式选择标志位(默认为测周法)
u8 flag;                      // 频率检测完成标志
```

```
double freq;                                    // 频率值
GPIO_InitTypeDef    GPIO_InitStructure;                    // 定义 GPIO 结构体变量
NVIC_InitTypeDef    NVIC_InitStructure;                    // 定义 NVIC 结构体变量
TIM_TimeBaseInitTypeDef    TIM_TimeBaseInitStructure;   //定义 TIM 结构体变量
```

（2）定时器 2（TIM2）和定时器 3（TIM3）初始化程序设计

由于系统初始默认使用直接测周法先粗测频率。直接测周法下，使用 TIM2 工作在 16 位自动重装载计数器模式，使用 TIM3 工作在 16 位自动重装载定时器模式。初始化时，设置 TIM2 的重载值为 1，即对被测信号计数 2 个周期，预分频为 0 即不分频；TIM3 重载值为（0xFFFF-1），预分频为 0。TIM2 和 TIM3 均使用向上计数方式，它们的初始化程序如下。

```
// TIM2 初始化
void TIM2_TConfig(void)
{
    //开启 PA 时钟
    RCC_APB2PeriphClockCmd(RCC_APB2Periph_GPIOA,ENABLE);
    //由于 TIM2 引脚重映射到 PA15,所以需要开启复用功能时钟
    RCC_APB2PeriphClockCmd(RCC_APB2Periph_AFIO,ENABLE);
    //定时器 2 引脚重映射
    GPIO_PinRemapConfig(GPIO_FullRemap_TIM2,ENABLE);
    // PA15 浮空输入
    GPIO_InitStructure.GPIO_Pin  = GPIO_Pin_15;
    GPIO_InitStructure.GPIO_Mode = GPIO_Mode_IN_FLOATING;
    GPIO_InitStructure.GPIO_Speed = GPIO_Speed_50MHz;
    GPIO_Init(GPIOA,&GPIO_InitStructure);
    //开启 TIM2 时钟
    RCC_APB1PeriphClockCmd(RCC_APB1Periph_TIM2,ENABLE);
    //使能 TIM2 为外部计数器
    TIM_TimeBaseInitStructure.TIM_Period = 1;
    TIM_TimeBaseInitStructure.TIM_Prescaler = 0;
    TIM_TimeBaseInitStructure.TIM_ClockDivision = 0;
    TIM_TimeBaseInitStructure.TIM_CounterMode = TIM_CounterMode_Up;
    TIM_TimeBaseInit(TIM2,&TIM_TimeBaseInitStructure);
    //设置外部时钟模式 2
    TIM_ETRClockMode2Config(TIM2,TIM_ExtTRGPSC_OFF,TIM_ExtTRGPolarity_NonInve-
                            rted,0);
    //设置 TIM2 外部中断优先级
    NVIC_InitStructure.NVIC_IRQChannel = TIM2_IRQn;
    NVIC_InitStructure.NVIC_IRQChannelPreemptionPriority = 1;
    NVIC_InitStructure.NVIC_IRQChannelSubPriority = 1;
```

```
NVIC_InitStructure.NVIC_IRQChannelCmd = ENABLE;
NVIC_Init(&NVIC_InitStructure);
//使能 TIM2 中断和 TIM2 使能
TIM_ITConfig(TIM2,TIM_IT_Update,ENABLE);
TIM_Cmd(TIM2,ENABLE);
}
// TIM3 初始化
void TIM3_TConfig(void)
{
    //开启 TIM3 时钟
    RCC_APB1PeriphClockCmd(RCC_APB1Periph_TIM3,ENABLE);
    //设置 TIM3 向上计数模式
    TIM_TimeBaseInitStructure.TIM_Period = 0xFFFF-1;
    TIM_TimeBaseInitStructure.TIM_Prescaler = 0;
    TIM_TimeBaseInitStructure.TIM_ClockDivision = 0;
    TIM_TimeBaseInitStructure.TIM_CounterMode = TIM_CounterMode_Up;
    TIM_TimeBaseInit(TIM3,&TIM_TimeBaseInitStructure);
    //设置 TIM3 中断优先级
    NVIC_InitStructure.NVIC_IRQChannel = TIM3_IRQn;
    NVIC_InitStructure.NVIC_IRQChannelPreemptionPriority = 0;
    NVIC_InitStructure.NVIC_IRQChannelSubPriority = 0;
    NVIC_InitStructure.NVIC_IRQChannelCmd = ENABLE;
    NVIC_Init(&NVIC_InitStructure);
}
```

（3）直接测频法程序设计

直接测频法下，让微控制器的 TIM2 工作在 16 位自动重装载计数器模式，初始化设置重载值为（0xFFFF-1），预分频为 0。计数值一旦溢出，就产生中断，TIM2 溢出次数变量 Index_1 加 1，当闸门时间到的时候记录此时 TIM2 的计数值 nCount。并设定闸门时间为 1 s，使用 TIM3 工作在 16 位自动重装载定时器模式，初始化设置重载值为（2000-1），预分频为（36000-1）。由式（5.3.3.3），溢出产生中断即为 1s 定时，此时关闭 TIM2 和 TIM3，计数值（Index_1× 0xFFFF+nCount）就是被测信号一个周期的时间了。TIM2 和 TIM3 均使用向上计数方式。

直接测频法的流程如图 7.1.3.3 所示。其中，TIM2 和 TIM3 的中断程序和直接测周法共用，见以下第（5）点。

（4）直接测周法程序设计

直接测周法下，使用 TIM2 工作在 16 位自动重装载计数器模式，使用 TIM3 工作在 16 位自动重装载定时器模式。初始化时，设置 TIM2 的重载值为 1 即对被测信号计数 2 个周期，预分频为 0 即不分频；TIM3 重载值为（0xFFFF-1），预分频为 0。被测信号第一个上升沿时 TIM2 产生中断，此时开启 TIM3 定时及中断。当第二次 TIM2 溢出进入中断，获取第二次上升

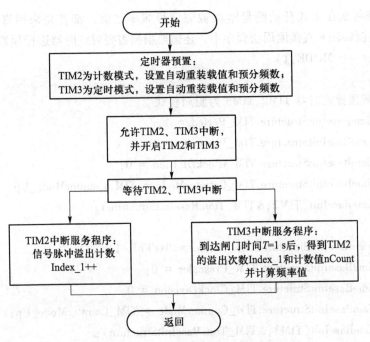

图 7.1.3.3　直接测频法的流程图

沿时 TIM3 定时器的计数个数 tim_1，第三次进入中断再次获取 TIM3 计数个数 tim_2。计数值 tim_2 - tim_1 就是被测信号一个周期的时间了。TIM2 和 TIM3 均使用向上计数方式。

直接测周法的流程如图 7.1.3.4 所示。其中，TIM2 和 TIM3 的中断程序和直接测周法共用，见以下第（5）点。

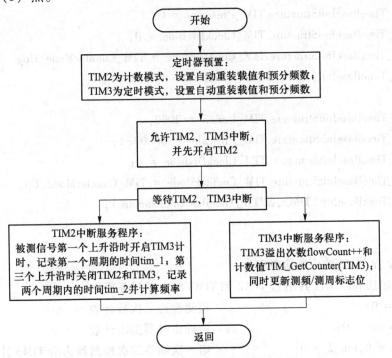

图 7.1.3.4　直接测周法的流程图

　　注意：系统每次在正式开始测量本次被测信号频率之前，都首先采用直接测周法初测频率，所以在直接测频法和直接测周法程序中，还需要根据需要对定时器进行预置，程序段如下：

```
if( modeSlect = = MODE_T)
{
    // 重新预置定时器 TIM2、TIM3 为测周模式
    TIM_TimeBaseInitStructure.TIM_Period = 1;
    TIM_TimeBaseInitStructure.TIM_Prescaler = 0;
    TIM_TimeBaseInitStructure.TIM_ClockDivision = 0;
    TIM_TimeBaseInitStructure.TIM_CounterMode = TIM_CounterMode_Up;
    TIM_TimeBaseInit( TIM2,&TIM_TimeBaseInitStructure);

    TIM_TimeBaseInitStructure.TIM_Period = 0xFFFF-1;
    TIM_TimeBaseInitStructure.TIM_Prescaler = 0;
    TIM_TimeBaseInitStructure.TIM_ClockDivision = 0;
    TIM_TimeBaseInitStructure.TIM_CounterMode = TIM_CounterMode_Up;
    TIM_TimeBaseInit( TIM3,&TIM_TimeBaseInitStructure);
}
else if( modeSlect = = MODE_D)
{
    // 重新预置定时器 TIM2、TIM3 为测频模式
    TIM_TimeBaseInitStructure.TIM_Period = 0xffff-1;
    TIM_TimeBaseInitStructure.TIM_Prescaler = 0;
    TIM_TimeBaseInitStructure.TIM_ClockDivision = 0;
    TIM_TimeBaseInitStructure.TIM_CounterMode = TIM_CounterMode_Up;
    TIM_TimeBaseInit( TIM2,&TIM_TimeBaseInitStructure);

    TIM_TimeBaseInitStructure.TIM_Period = 2000;
    TIM_TimeBaseInitStructure.TIM_Prescaler = 36000-1;
    TIM_TimeBaseInitStructure.TIM_ClockDivision = 0;
    TIM_TimeBaseInitStructure.TIM_CounterMode = TIM_CounterMode_Up;
    TIM_TimeBaseInit( TIM3,&TIM_TimeBaseInitStructure);
}
}
```

（5）TIM2 和 TIM3 的中断服务程序

以下是测频法和测周法共用的 TIM2 和 TIM3 的中断服务程序。

```
u8 Index = 0;                        // 检测到边沿次数计数
u32 flowCount = 0;                   // 内部定时器溢出计数
u32 tim_1 = 0,tim_2 = 0;             // 第一次和第二次检测到边沿 TIM3 计数值
```

```
double nCount = 0;                      // 测频模式下,存放 TIM2 脉冲计数个数
double Index_1 = 0;                     // 测频模式下,存放 TIM2 溢出次数
// TIM2 中断服务程序
void TIM2_IRQHandler( void)
{
    if(TIM_GetITStatus(TIM2,TIM_IT_Update) == SET)
    {
        // 清除 TIM2 溢出中断待处理位
        TIM_ClearITPendingBit(TIM2,TIM_IT_Update);
        if( MODE_T == modeSlect)
        {
            // 检测到脉冲到来,开启 TIM3 开始计时
            TIM_ITConfig(TIM3,TIM_IT_Update,ENABLE);
            TIM_Cmd(TIM3,ENABLE);

            if( Index == 1)
            {
                // 获取第一个边沿触发定时器 TIM3 计数值
                tim_1 = flowCount * 65535 + TIM_GetCounter(TIM3);
            }
            if( Index == 2)
            {
                // 获取第二个边沿触发定时器 TIM3 计数值
                tim_2 = flowCount * 65535 + TIM_GetCounter(TIM3);
                // 清除 TIM3 计数值和溢出计数值
                TIM_SetCounter(TIM3,0);
                Index = 0;
                flowCount = 0;
                // 频率 = 2 * TIM3 时钟/TIM3 计数个数(乘 2 是因为两个周期测一次)
                freq = (2 * 72000000.0/(tim_2-tim_1));
                flag = 1;           // 一个周期测量完成标志置位
            }
            Index ++;               // 检测到边沿个数+1
        }
        if( MODE_D == modeSlect)
        {
            Index_1 ++;
            // 检测到脉冲到来,启动 TIM3 开始定时
            TIM_ITConfig(TIM3,TIM_IT_Update,ENABLE);
```

```
                    TIM_Cmd(TIM3,ENABLE);
            }
        }
    }

    // TIM3 中断服务程序
    void TIM3_IRQHandler(void)
    {
        if(TIM_GetITStatus(TIM3,TIM_IT_Update) = = SET)
        {
            // 清除 TIM3 溢出中断待处理位
            TIM_ClearITPendingBit(TIM3,TIM_IT_Update);
            if(MODE_T = = modeSlect)
            {
                flowCount ++;          // 溢出次数+1
            }
            else
            {
                // 获取 1s 内脉冲计数个数
                nCount = TIM_GetCounter(TIM2);
                // 计数器值清空,避免干扰下次值
                TIM_SetCounter(TIM2,0);
                // 关闭定时器和计数器,让微控制器处理值和显示
                TIM_ITConfig(TIM2,TIM_IT_Update,DISABLE);
                // 频率 = 溢出值 * 溢出次数+未溢出值
                freq = 65535 * Index_1 + nCount;
                Index_1 = 0;           // 溢出次数清零
                flag = 1;              // 完成一个 1s 测量,标志位置位
            }
        }
    }
```

7.1.4 测试结果与分析总结

1. 测试结果

系统测试使用的信号发生器型号为 RIGOL DG2041A，可以输出正弦波、方波、三角波等常见信号波形，输出峰峰值可达 20 Vpp，频率上限为 40 MHz，满足测试要求。如表 7.1.4.1 所列为系统在输入正弦波和方波的测试数据与误差。

表 7.1.4.1　信号输入正弦波和方波的测量数据与误差

信号频率 /Hz	500 mV 正弦波		5 V 正弦波		500 mV 方波		5 V 方波	
	测量频率 /Hz	相对误差 /%	测量频率 /Hz	相对误差 /%	实际测量值 /Hz	相对误差 /%	实际测量值 /Hz	相对误差 /%
0.1	0.1	0	0.1	0	0.1	0	0.1	0
1	1	0	1	0	1	0	1	0
1 000	999.986 0	0.001 4	999.917 0	0.008 3	999.875 0	0.012 5	999.875 0	0.012 5
1 000 000	1 000 490.000	0.049	100 049.0 000	0.049	1 000 490.00	0.049	1 000 490.00	0.049
5 000 000	5 002 450.000	0.049	5 002 450.000	0.049	5 002 450.00	0.049	5 002 450.00	0.049
30 000 000	30 014 705.00	0.04 901 666	30 014 695.00	0.04 898 333	30 014 700.0	0.049	30 014 700.0	0.049
33 500 000	33 516 406.00	0.04 897 313	33 516 410.00	0.04 898 507	33 016 170.0	0.049	33 016 170.00	0.049

从测试的数据可以看出，在 0.1 Hz～33.5 MHz 范围内测量频率的误差全部都小于 0.1%。完全满足了任务要求的所有指标。

2. 分析总结

(1) 由于 STM32F103VCT6 微控制器的 TIM2 需要完整的一个时钟才能完成一次边沿信号采样，输入信号的相同边沿需要检测两次（检测输入信号的上升沿或者下降沿），因此输入信号频率只能是定时器最大时钟的一半，即 72 MHz/2 = 36 MHz。因此理论上本系统测量的最大频率约为 36 MHz。

(2) 直接测频法测量较高频率时，当频率大于 50 kHz 时，误差几乎都为 0.048 7%。因此在程序中添加了软件补偿，实践证明可以达到更高精确度要求。

(3) 本设计也适用于不同占空比的方波信号测频。但占空比只有在适当的范围内，才能保证所测得的频率在误差范围内。比如，5 MHz 的占空比范围为 6.9%～93.1%，1 MHz 的占空比范围为 1.4%～98.6%。当占空比不在所测量的范围内时，误差比较大，是因为微控制器使用 72 MHz 时钟，程序设置的微控制器采样速率为系统时钟，即为 72 MHz。采样间隔时间为 0.013 8 μs（1/72 MHz），所以高电平时间或者低电平时间必须大于 0.013 8 μs 才能保证每个脉冲都被采样到，否则有部分脉冲将不能被采样到。

当输入信号频率为 5 MHz 时，其周期为 0.2 μs（1/5 MHz）时，其高电平时间大于 0.013 8 μs，则其占空比大于 $\dfrac{0.013\ 8\ \mu s}{0.2\ \mu s} \times 100\% = 6.9\%$；低电平时间大于 0.013 8 μs，则其占空比小于 $\dfrac{0.2\ \mu s - 0.013\ 8\ \mu s}{0.2\ \mu s} \times 100\% = 93.1\%$。同样可以得到其他频率的占空比范围。

7.2　基于 STM32F103VCT6 的波形识别系统设计

7.2.1　任务要求

波形识别能够对信号有效的特征信息进行提取，是信号处理的一个基本问题。本系统设计要求能够利用 STM32F103VCT6 微控制器中的 ADC 资源实现波形识别系统：

　　（1）三种基本波形的识别：正弦波、方波和三角波；

　　（2）信号频率范围：30 Hz~4 kHz；

　　（3）信号幅度范围：峰值 ≥ 70 mV 的正极性信号。

7.2.2　波形识别原理

　　波形识别可以利用傅里叶算法，计算非正弦波基波、各次谐波和总谐波的有效值，根据不同谐波的特征来识别波形。例如，理想正弦波的有效值与基波有效值相等，高次谐波为零，而方波和三角波具有不同成分的高次谐波。但是这种波形识别方法的算法复杂、繁琐，且涉及的数字信号处理需要更强大的 CPU 才能发挥其优势。

　　还有一种方法是利用各波形的波形系数来判别信号的波形。这里的波形系数可以定义为：波形的幅值乘以周期与周期面积的比值。如图 7.2.2.1 所示为正弦波、方波和三角波波形半周期面积。

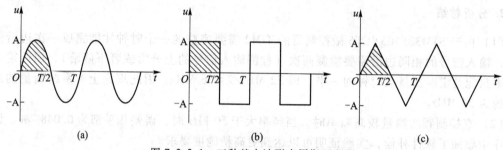

图 7.2.2.1　三种基本波形半周期面积图

（a）正弦波；（b）方波；（c）三角波

设各波形的半周期即阴影部分面积分别为：S（正）、S（方）和 S（三），则有：

$$S(\text{正}) = \int_0^{\frac{T}{2}} A\sin\left(\frac{2\pi}{T}t\right)\mathrm{d}t = \frac{AT}{2\pi}(\cos 0 - \cos \pi) = \frac{AT}{\pi} \tag{7.2.2.1}$$

$$S(\text{方}) = \frac{AT}{2} \tag{7.2.2.2}$$

$$S(\text{三}) = \frac{AT}{4} \tag{7.2.2.3}$$

于是有：

$$\frac{AT}{S(\text{正})} = \pi \tag{7.2.2.4}$$

$$\frac{AT}{S(\text{方})} = 2 \tag{7.2.2.5}$$

$$\frac{AT}{S(\text{三})} = 4 \tag{7.2.2.6}$$

　　从式（7.2.2.4）、（7.2.2.5）和（7.2.2.6）可知三种波形的幅值乘以周期与半周期面积的比值为一定值。由上述结论，结合积分的意义，当对波形进行 A/D 采样时，半周期内 A/D

的采样值之和可以近似为该波形的半周期面积。以方波为例，如图 7.2.2.2 所示，a 为采样起始点，b 为采样终止点，则有以下结论：

（1）$b-a+1$ 占用了波形的半个周期，即 $T=2(b-a+1)$；

（2）A 为 A/D 的采样值也即方波的幅值；

（3）从 a 到 b 的面积可近似等于采样点的电压之和，即 $S(方)=A(1)+A(2)+\cdots+A(b-a+1)$。

由结论（3）和式（7.2.2.2）可得方波波形系数：

$$A\times(b-a+1)/[A(1)+A(2)+\cdots+A(b-a+1)]=1 \qquad (7.2.2.7)$$

同理，可推导出正弦波波形系数：

$$A\times(b-a+1)/[A(1)+A(2)+\cdots+A(b-a+1)]=\pi/2=1.57 \qquad (7.2.2.8)$$

三角波波形系数：

$$A\times(b-a+1)/[A(1)+A(2)+\cdots+A(b-a+1)]=2 \qquad (7.2.2.9)$$

根据以上三个不同波形的波形系数即可实现波形识别。

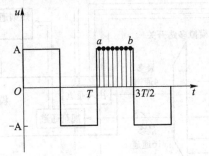

图 7.2.2.2　方波 A/D 采样示意图

7.2.3　STM32F103VCT6 之 ADC

1. ADC 概述

STM32F103VCT6 有三个片内、带自校准模式的 12 位逐次逼近型模/数转换器 ADC，多达 18 个通道，可测量 16 个外部和 2 个内部信号源，各通道可以以单次、连续、扫描或间断模式进行 A/D 转换。具有特色的成组转换模式：规则组和注入组。规则组是常用的转换模式，当临时或紧急事件需要 ADC 采集时可以采用注入组模式，此时规则组被暂停，并在注入组采集结束后从被暂停处继续进行，这样分组 A/D 转换模式简化了事件处理的程序并提高了事件处理的速度。具有越限报警功能，片内的模拟看门狗允许应用程序检测输入电压是否超出用户定义的高/低阈值。此外，STM32F103VCT6 的 ADC 还有多达 8 种可编程的采样时间，不同的采样时间取决于不同的外部阻抗，使之误差可以小于 1/4 LSB。单个 ADC 原理框图如图 7.2.3.1 所示，ADC1 和 ADC2 原理一样，ADC3 的规则转换和注入转换触发与 ADC1、ADC2 的不同。ADC 进行 A/D 转换所需的基准电压由 STM32F103VCT6 的电压基准参考正极引脚 V_{REF+} 和参考负极引脚 V_{REF-} 决定（引脚功能见表 7.2.3.1），ADC 的输入范围为：$V_{REF-}\leqslant V_{IN}\leqslant V_{REF+}$。在本章下一节即 7.3 节描述的 DAC 基准电压也是来自此 V_{REF} 引脚。

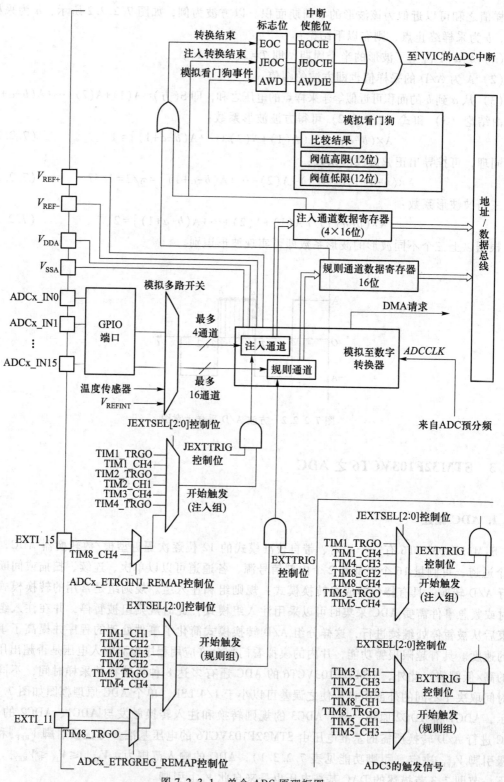

图 7.2.3.1　单个 ADC 原理框图

表 7.2.3.1　ADC 引脚功能

名称	型号类型	注释
V_{REF+}	输入，模拟基准电压正极	ADC 使用的高端/正极基准电压：$2.4\ V \leqslant V_{REF+} \leqslant V_{DDA}$
V_{DDA}	输入，模拟电源	等效于 V_{DD} 的模拟电源，且 $2.4\ V \leqslant V_{DDA} \leqslant V_{DD}$（3.6 V）
V_{REF-}	输入，模拟基准电压负极	ADC 使用的低端/负极基准电压，$V_{REF-} = V_{SSA}$
V_{SSA}	输入，模拟电源地	等效于 V_{SS} 的模拟电源地
ADCx_IN[15:0]	ADC 模拟输入信号	16 个模拟输入通道
EXIT_11/15	外部中断输入信号	外部中断线 11、15 作为 ADC 触发源

2. ADC 的可编程采样时间和触发转换模式选择

ADC 的输入时钟 ADC_CLK 不得超过 14 MHz，它是由 APB2 总线时钟经分频产生，ADC 使用若干个 ADC_CLK 周期对输入电压采样，采样周期数目共有 8 种可选，可以通过 ADC_SMPR1 和 ADC_SMPR2 寄存器中的 SMP[2:0] 位更改（从小到大依次为 1.5 周期、7.5 周期、13.5 周期、28.5 周期、41.5 周期、55.5 周期、71.5 周期和 239.5 周期）。每个通道可以分别用不同的时间采样，总转换时间 T_{CONV} 为：

$$T_{CONV} = 采样时间 + 12.5\ 个周期$$

例如，当 ADC_CLK = 14 MHz，并且设置最小采样时间为 1.5 周期时，则 ADC 的转换时间为 $[(1.5+12.5)/14]\ \mu s = 1\ \mu s$。若 STM32F103VCT6 微控制器所用的 ADC_CLK 采用 72 MHz 的 6 分频，则 ADC 的最小转换时间为 1.17 μs。由于 ADC 预分频器的分频系数为 2、4、6 和 8，如果要使 ADC 的转换时间为 $[(1.5+12.5)/14]\ \mu s = 1\ \mu s$ 所以 APB2 时钟必须设置在 14 MHz、28 MHz 和 56 MHz。

ADC 可以通过 GPIO 采集外部 16 个模拟信号（ADCx_IN[15:0]）和内部温度传感器及内部基准电压（V_{REFINT}）。这些 GPIO 都要设置成模拟输入，可以选择任意一路或多路通道作为 ADC 的输入通道。这些通道同时也可以被分成规则组和注入组，规则组最多可以有 16 个输入通道，而注入组最多只能有 4 个输入通道。规则组是在规定各个通道的采样顺序后，系统会自动按顺序采集每个通道；而注入组则是因为某些发生外界条件，ADC 需要先放下手头的通道采集任务，转去采集另外的不在规则组中的一个或多个注入通道，当这些注入通道采集完后，再返回去之前被挂起的通道采集任务继续执行，这样就提高了采集的实时性，简言之，注入组通道就像是微控制器系统中的中断功能，它简化了事件处理的程序并提高事件处理的速度。

ADC 有 9 种触发采集方式，包括 8 个硬件触发：定时器触发和外部中断触发，1 个软件触发。定时器触发先设定一个时间长度，定时时间到，就控制启动一次 A/D 转换，这种方式通常配合 DMA 通道来联系传递数据，如果不用，也可以通过定时器中断，在中断中启动一次采集。注意这个时间长度要大于 ADC 一次转换的时间。外部中断线触发一般不是连续的采集，而是根据是否在外部中断引脚上有产生一个信号来决定要不要启动一次 A/D 转换的。软件触发则是调用软件触发函数 "ADC_SoftwareStartConvCmd( )" 来启动 A/D 转换的。ADC1 和 ADC2 的规则通道和注入通道的触发方式如表 7.2.3.2 和表 7.2.3.3 所列。

表 7.2.3.2　ADC1 和 ADC2 用于规则通道的触发方式

触发源	类型	EXTSEL [2:0]
TIM1_CC1 事件		000
TIM1_CC2 事件		001
TIM1_CC3 事件		010
TIM2_CC2 事件	来自片上定时器的内部信号	011
TIM3_TRGO 事件		100
TIM4_CC4 事件		101
EXTI 线 11/TIM8_TRGO 事件	外部引脚/来自片上定时器的内部信号	110
SWTRIG（软件触发）	软件控制位	111

表 7.2.3.3　ADC1 和 ADC2 用于注入通道的触发方式

触发源	类型	JEXTSEL [2:0]
TIM1_ TRGO 事件		000
TIM1_CC4 事件		001
TIM2_TRGO 事件		010
TIM2_CC1 事件	来自片上定时器的内部信号	011
TIM3_CC4 事件		100
TIM4_TRGO 事件		101
EXTI 线 15/TIM8_CC4 事件	外部引脚/来自片上定时器的内部信号	110
SWTRIG（软件触发）	软件控制位	111

ADC 还支持 4 种转换模式的选择，它们分别为：单次转换模式、连续转换模式、扫描模式和间断模式。

当 ADC 控制寄存器 2（ADC_CR2）的 CONT 位设为 0 时，进入单次转换模式。该模式下，ADC 只执行一次转换。该模式既可通过设置 ADC_CR2 的 ADON 位（只适用于规则通道）启动，也可通过外部触发启动（适用于规则通道或注入通道）。

当 ADC_CR2 的 CONT 位设为 1 时，进入在连续转换模式。该模式下，当前面 ADC 转换一结束马上就启动另一次转换。该模式既可通过设 ADC_CR2 的 ADON 位（只适用于规则通道）启动，也可通过外部触发启动（适用于规则通道或注入通道）。

扫描模式用来扫描一组模拟通道，一组可以只是一个通道，即该模式下可实现单通道或多通道的连续扫描模式。扫描模式可通过设置 ADC 控制寄存器 1（ADC_CR1）的 SCAN 位来选择。一旦这个位被置位，ADC 扫描所有 ADC_SQRx 寄存器（对规则通道，x = 1，2，3）或 ADC_JSQR（对注入通道）选中的所有通道。在每个组的每个通道上执行单次转换，在每个转换结束时，同一组的下一个通道被自动转换。如果已设置 CONT 位为 1，转换不会在选择组的最后一个通道上停止，而是再次从选择组的第一个通道继续转换。如果设置 ADC_CR2 的 DMA 位为 1，在每组转换结束后，DMA 控制器把规则组通道的转换数据传输到 SRAM 中；而注入通道转换的数据总是存储在注入通道数据寄存器中。

间断模式也可以用来转换用户定义的 n 个通道（规则组 $n \leqslant 8$，注入组 $n \leqslant 4$）。当 ADC_CR1 中相应位被置 1 并在一个外部触发事件后，该模式按用户定义的通道顺序逐个转换，直到用户定义的所有通道转换结束，并产生转换结束标志（该标志可用于 ADC 中断）。但是注意：转换结束后不会自动从头开始，只有再一次的外部触发事件才会从头开始；必须避免同时为规则和注入组设置间断模式，间断模式只能作用于一组转换。

3. ADC 的校准和数据格式

ADC 有一个内置自校准模式。校准可大幅减小因内部电容器组的变化而造成的准精度误差。在校准期间，在每个电容器上都会计算出一个误差修正码（数字值），这个码用于消除在随后的转换中每个电容器上产生的误差。通过设置 ADC_CR2 寄存器的 CAL 位启动校准。一旦校准结束，CAL 位被硬件复位，可以开始正常转换。建议在上电时执行一次 ADC 校准。校准阶段结束后，校准码储存在规则通道寄存器 ADC_DR 中。

ADC_CR2 寄存器中的 ALIGN 位选择转换后数据储存的对齐方式，数据可以左对齐或右对齐。注入组通道转换的数据值已经减去了在注入通道偏移寄存器 ADC_JOFRx 中定义的偏移量，因此结果可以是一个负值，SEXT 位是扩展的符号值。对于规则组通道，不需减去偏移值，因此只有 12 个位有效。

（1）数据右对齐格式

① 注入组

SEXT	SEXT	SEXT	SEXT	D11	D10	D9	D8	D7	D6	D5	D4	D3	D2	D1	D0

② 规则组

0	0	0	0	D11	D10	D9	D8	D7	D6	D5	D4	D3	D2	D1	D0

（2）数据左对齐

① 注入组

SEXT	D11	D10	D9	D8	D7	D6	D5	D4	D3	D2	D1	D0	0	0	0

② 规则组

D11	D10	D9	D8	D7	D6	D5	D4	D3	D2	D1	D0	0	0	0	0

4. STM32F103VCT6 的 ADC 引脚定义

表 7.2.3.4 给出了 STM32F103VCT6 的 ADC 引脚定义，ADC 的引脚使用的是 GPIO 默认的复用功能，不支持引脚的重映射。

表 7.2.3.4　STM32F103VCT6 的 ADC 引脚定义

	ADC1	ADC2	ADC3		ADC1	ADC2	ADC3
通道 0	PA0	PA0	PA0	通道 10	PC0	PC0	PC0
通道 1	PA1	PA1	PA1	通道 11	PC1	PC1	PC1
通道 2	PA2	PA2	PA2	通道 12	PC2	PC2	PC2
通道 3	PA3	PA3	PA3	通道 13	PC3	PC3	PC3
通道 4	PA4	PA4	—	通道 14	PC4	PC4	—
通道 5	PA5	PA5	—	通道 15	PC5	PC5	—
通道 6	PA6	PA6	—	通道 16	片内温度传感器		
通道 7	PA7	PA7	—	通道 17	片内基准电压		
通道 8	PB0	PB0	—				
通道 9	PB1	PB1	—				

5. ADC 的主要电气特性

表 7.2.3.5 给出了 STM32F103VCT6 的 ADC 主要电气特性。

表 7.2.3.5　ADC 的主要电气特性

符号	参数	条件	最小值	典型值	最大值	单位
V_{DDA}	模拟供电电压		2.4		3.6	V
V_{REF+}	正基准电压		2.4		V_{DDA}	V
I_{VREF}	在 V_{REF} 输入脚上的电流			160	220	μA
f_{ADC}	ADC 时钟频率		0.6		14	MHz
f_s	采样速率		0.05		1	MHz
f_{TRIG}	外部触发频率	f_{ADC} = 14 MHz			823	kHz
					17	$1/f_{ADC}$
V_{AIN}	转换电压范围	0（V_{SSA} 或 V_{REF-} 接到地）			V_{REF+}	V
R_{AIN}	外部输入阻抗	见以下式（7.2.3.1）			50	kΩ
R_{ADC}	采样开关电阻				1	kΩ
C_{ADC}	内部采样和保持电容				8	pF
t_{CAL}	校准时间	f_{ADC} = 14 MHz		5.9		μs
				83		$1/f_{ADC}$
t_{lat}	注入触发转换时延	f_{ADC} = 14 MHz			0.214	μs
					3	$1/f_{ADC}$

符号	参数	条件	最小值	典型值	最大值	单位
$t_{lat\,r}$	常规触发转换时延	$f_{ADC} = 14$ MHz			0.143	μs
					2	$1/f_{ADC}$
t_S	采样时间	$f_{ADC} = 14$ MHz	0.107		17.1	μs
			1.5		239.5	$1/f_{ADC}$
t_{STAB}	上电时间		0	0	1	μs
t_{CONV}	总的转换时间（包括采样时间）	$f_{ADC} = 14$ MHz	1		18	μs
			14~252（采样 t_s+逐步逼近 12.5）			$1/f_{ADC}$
EO	偏移误差	$f_{ADC} = 14$ MHz，$R_{AIN} < 10$ kΩ，ADC 使用前已校准		±1.5	±2.5	LSB
EG	增益误差			±1.5	±3	
ED	微分线性误差			±1	±2	
EL	积分线性误差			±1.5	±3	

$$R_{AIN} = \frac{t_s}{C_{ADC} \times \ln\left(\dfrac{2^{12}}{SA}\right)} - R_{ADC} \qquad (7.2.3.1)$$

其中，SA 用一个 LSB 的分数表示（例如，建立精度 0.25 对应（1/4）LSB）。比如，在 $SA = 1$ 的情况下，当 $f_{ADC} = 14$ MHz，采样周期为 1.5 周期时，$t_s = 0.11$ μs，$R_{AIN} \approx 0.6$ kΩ。电路设计时需注意，如果待采集信号源的等效电阻没有远小于 R_{AIN}，那信号源就需要先经过一级运放跟随器后再接 STM32 微控制器的 ADC 输入通道，否则将降低 ADC 的采集精度。

6. ADC 的库函数一般操作步骤

以下以 STM32 库函数操作 ADC1 的通道 1 进行单次规则模式 A/D 转换为例说明其一般步骤。STM32F103VCT6 的 ADC 使用 3.3 V 的基准电压 V_{REF+}，V_{REF-} 接地。ADC 的库函数一般操作步骤如下：

（1）使能 PA 口时钟和 ADC1 时钟，设置 PA1 为模拟输入

STM32F103VCT6 的 ADC1 通道 1 在 PA1 上，所以，首先使能 PA 口的时钟，然后设置 PA1 为模拟输入。程序代码如下：

```
GPIO_InitTypeDef    GPIO_InitStructure;        //初始化声明
ADC_InitTypeDef    ADC_InitStructure;
// 使能 ADC1 时钟和 GPIO 时钟
RCC_APB2PeriphClockCmd(RCC_APB2Periph_ADC1|RCC_APB2Periph_GPIOA,ENABLE);
// ADC_CLK 时钟选择系统时钟的 8 分频，即 ADC_CLK = 72 MHz/8 = 9 MHz
RCC_ADCCLKConfig(RCC_PCLK2_Div8);
GPIO_InitStructure.GPIO_Pin = GPIO_Pin_1;
```

```
GPIO_InitStructure.GPIO_Speed = GPIO_Speed_50 MHz;
GPIO_InitStructure.GPIO_Mode = GPIO_Mode_AIN;        // 配置 PA1 为模拟输入
GPIO_Init(GPIOA,&GPIO_InitStructure);
```

（2）初始化 ADC1 参数，设置 ADC1 的工作模式以及规则序列的相关信息

ADC1 的模式配置，设置转换模式、触发方式选择、数据对齐方式等都在这一步实现。同时，还要设置 ADC1 规则序列的相关信息，单个 DAC 工作要开启独立模式（具有 2 个或以上 ADC 的 STM32 还有双 ADC 工作模式，本书未作介绍，请查看相关 STM32 产品的参考手册）。这里只有一个通道，并且是单次转换的，所以设置规则序列中通道数为 1。程序代码如下：

```
ADC_DeInit(ADC1);// ADC1 恢复默认初始值
ADC_InitStructure.ADC_Mode = ADC_Mode_Independent;        // 独立模式
ADC_InitStructure.ADC_ScanConvMode = DISABLE;             // 单通道模式
ADC_InitStructure.ADC_ContinuousConvMode = DISABLE;       // 单次转换模式
//软件触发转换
ADC_InitStructure.ADC_ExternalTrigConv = ADC_ExternalTrigConv_None;
ADC_InitStructure.ADC_DataAlign = ADC_DataAlign_Right;    // 数据格式右对齐
ADC_InitStructure.ADC_NbrOfChannel = 1;                   // 选择通道数目
ADC_Init(ADC1,&ADC_InitStructure);
```

（3）使能 ADC 并校准

初始化 ADC 之后，要使能 ADC 转换通道并设置校准。程序代码如下：

```
ADC_Cmd(ADC1,ENABLE);                              // 使能 A/D 转换
ADC_ResetCalibration(ADC1);                        // 复位校准
while(ADC_GetResetCalibrationStatus(ADC1));        // 等待复位校准完
ADC_StartCalibration(ADC1);                        // 开始校准
while(ADC_GetCalibrationStatus(ADC1));             // 等待校准完毕
```

（4）设置采样周期并开启 ADC 转换

设置规则序列 1 里面的通道、采样顺序以及通道的采样周期，然后启动 ADC 转换。在转换结束后，执行 ADC_GetConversionValue(ADC1)读取 ADC 转换结果值。程序代码如下：

```
//采样周期 1.5,转换时间 = [(1.5+12.5)/9] μs
ADC_RegularChannelConfig(ADC1,ADC_Channel_1,1,ADC_SampleTime_1Cycles5);
// 使能指定的 ADC1 的软件转换启动功能
ADC_SoftwareStartConvCmd(ADC1,ENABLE);
```

7.2.4　系统设计

1. 系统组成

系统整体框图如图 7.2.4.1 所示。系统主要由 STM32F103VCT6 微控制器最小系统和 LCD1602 液晶显示模块等组成。待测信号输入到 STM32F103VCT6 微控制器的 ADC1 的通道 1

引脚进行波形采集，ADC1 使用 3.3 V 的基准电压，LCD1602 将经过 ADC1 采样后的波形经过计算判断得到的结果显示出来。需要注意的是，由于 STM32F103VCT6 的基准电压值限制，为确保程序能够正常判断，待识别的信号的最大值和最小值必须在 0～3.3 V 范围内。STM32F103VCT6 的最小系统电路请看 5.2 节 "STM32F103VCT6 最小系统电路设计" 部分；LCD1602 液晶显示模块请看 6.2 节 "1602 字符型液晶显示模块及应用" 部分。

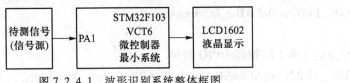

图 7.2.4.1　波形识别系统整体框图

2. 程序设计

（1）主程序设计

根据 7.2.2 小节分析，可以总结出程序中判别波形的一般步骤为：

① 找到波形的极值点（正弦波、方波和三角波的中点），并求出 A；

② 记录采样点的个数 $b-a+1$；

③ 求出所有采样点的幅值之和；

④ 求出波形系数并做出相应的判断。

如图 7.2.4.2 所示为主程序流程图。在波形识别前先进行波形类型预判定：根据采集的数据找到最大值和最小值，进而计算出中值，判断该点是不是在上升沿的中点（正弦波和三角波）或判断该点有没有跳变（方波）。初次判断是否为方波之后才开始正式采集数据，ADC1 采集 256 个电压值后，数据处理后计算出波形系数从而判别出波形类型，结果由 1602 液晶显示。

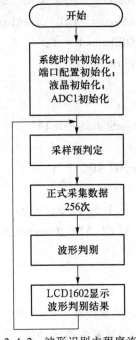

图 7.2.4.2　波形识别主程序流程图

ADC1 初始化过程在 7.2.3 小节已经说明，为了方便大家查看，此处再列出其完整的初始化程序：

```
void ADC1_Init(void)
{
    GPIO_InitTypeDef  GPIO_InitStructure;      //初始化声明
    ADC_InitTypeDef ADC_InitStructure;

    //使能 ADC1 时钟和 GPIO 时钟
    RCC_APB2PeriphClockCmd(RCC_APB2Periph_ADC1 | RCC_APB2Periph_GPIOA, ENA-
                BLE);
    // ADC_CLK 时钟选择系统时钟的 8 分频,即 ADC_CLK = 72MHz/8 = 9MHz
    RCC_ADCCLKConfig(RCC_PCLK2_Div8);
    GPIO_InitStructure.GPIO_Pin = GPIO_Pin_1;
    GPIO_InitStructure.GPIO_Speed = GPIO_Speed_50MHz;
    GPIO_InitStructure.GPIO_Mode = GPIO_Mode_AIN;      // 配置 PA1 为模拟输入
    GPIO_Init(GPIOA, &GPIO_InitStructure);

    ADC_DeInit(ADC1);      // ADC1 恢复默认初始值
    ADC_InitStructure.ADC_Mode = ADC_Mode_Independent;      //独立模式
    ADC_InitStructure.ADC_ScanConvMode = DISABLE;      // 单通道模式
    ADC_InitStructure.ADC_ContinuousConvMode = DISABLE;      // 单次转换模式
    ADC_InitStructure.ADC_ExternalTrigConv = ADC_ExternalTrigConv_None;// 软件触发转换
    ADC_InitStructure.ADC_DataAlign = ADC_DataAlign_Right;      // 数据格式右对齐
    ADC_InitStructure.ADC_NbrOfChannel = 1;      // 选择通道数目
    ADC_Init(ADC1, &ADC_InitStructure);

    ADC_ResetCalibration(ADC1);                           // 复位校准
    while(ADC_GetResetCalibrationStatus(ADC1));           // 等待复位校准完
    ADC_StartCalibration(ADC1);                           // 开始校准
    while(ADC_GetCalibrationStatus(ADC1));                // 等待校准完毕

    //采样周期 1.5,转换时间 = [(1.5+12.5)/9]μs
    ADC_RegularChannelConfig(ADC1, ADC_Channel_1, 1, ADC_SampleTime_1Cycles5);
}
```

（2）采样预判定程序设计

采样预判定计算中值程序如下：

```
#define SAVE_MAX 256        // 采集次数
u16 save_ad[SAVE_MAX];      // AD 采集值缓冲区
```

```
struct wavepro
{
    u16 mid;   // 中值
    u16 max;   // 最大值
    u16 min;   // 最小值
};
struct wavepro wave;
void Calculate_mid(void)
{
    u16 i;
    wave.max = save_ad[0];
    wave.min = save_ad[0];
    for(i = 1;i<SAVE_MAX;i++)                    // 找极值
    {
        if(wave.min>save_ad[i])
            wave.min = save_ad[i];               // 找最小值
        else if(wave.max<save_ad[i])             // 找最大值
            wave.max = save_ad[i];
    }
    wave.mid = (wave.max+wave.min)/2;            // 计算中值
}
```

（3）ADC1 采集程序设计

启动 ADC1 后，等待数据采集完毕，存入数组 save_ad［SAVE_MAX］中。ADC1 采集程序代码如下：

```
void caiyang_save(void)
{
    u16 i;
    for(i = 0;i<SAVE_MAX;i++)
    {
        ADC_SoftwareStartConvCmd(ADC1,ENABLE);
        //使能指定的 ADC1 的软件转换启动功能
        while(! ADC_GetFlagStatus(ADC1,ADC_FLAG_EOC));// 等待转换结束
        save_ad[i] = ADC_GetConversionValue(ADC1);     // 保存
    }
}
```

（4）波形判别程序设计

波形判别程序设计的要点是依据波形识别原理，通过对 ADC1 采集的数据进行处理，求出波形系数。数据处理步骤如下。

① 从采集数据中，找出波形的起始点：正弦波和三角波的上升中点，方波的上升跳变点。

② 从采集数据中，找出波形的终点：正弦波和三角波的下降中点，方波的下降跳变点。

③ 如果没找到起始点或终点，则判定该组数据无效，继续下轮寻找；如果找到，则计算出波形系数，由波形系数判断是哪种波形。

④ 进行 T_N（程序中宏定义）次循环步骤①②③。根据统计规律，循环次数越多结果越准确。但不宜太多，否则系统实时性变差。比如，T_N 可取为 12。

⑤ 记下 T_N 次循环中波形类型的次数，哪种波形出现的次数多即为判别结果。

波形判别程序的流程如图 7.2.4.3 所示。

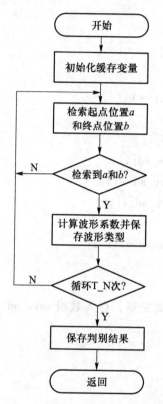

7.2.4.3　波形判别程序的流程图

波形判别程序代码如下：

```
#define T_N    12
#define ERR_A 0xffff
#define ERR_B 0xfffe
#define UNFOUND 0xfffd
u16 Waveform_Recognition(void)
{
    u16 i,a = 0,b = 0;
    u32 sum = 0;            // sum 相当于面积
```

```
u16 s = 0;                    // s 为比值系数
static u16 s_cnt = 0;
static u8 ss[4];
static u16 pre_s;// 存放波形代号:0-未识别出波形;1-三角波;2-正弦波;3-方波
for(i = 0;i<SAVE_MAX;i++)
{
    if(save_ad[i]<wave. mid&&save_ad[i+3]>wave. mid)    // 找上升沿中点
    {
        a = i;                                // 记录位置
        break;
    }
}
if(a! = 0)                                    // 如果找到 a 位置
{
    for(i = a+1;i<SAVE_MAX;i++)                // T/2,找到终点
    {
    // 对方波的额外处理:save_ad[i]-save_ad[i+3]> = (wave. max-wave. min)/2
    if((save_ad[i]>save_ad[i+2])&&((fabs(save_ad[i]-wave. mid)< = (wave. max-\
    wave. min) * 3/100)||(save_ad[i]-save_ad[i+3]> = (wave. max-wave. min)/2)))
        {
            b = i;                            // 记录位置
            break;
        }
    }
}
if(b! = 0)                                    // 如果找到 b 位置
    for(i = a;i< = b;i++)                      // 求各电压之和
    {
        sum = sum+fabs(save_ad[i]-wave. mid);
    }
    s = 1. 0 * (wave. max-wave. mid) * (b-a+1) * 100/sum;// 求波形系数
    if(s<250)                                 // 剔除干扰值
    {
        s_cnt++;
        if((s>175)&&(s<250))                  // 识别为三角波
            ss[1]++;
        else if((s>135)&&(s< = 175))          // 识别为正弦波
            ss[2]++;
```

```
            else if((s>70)&&(s< = 135))        // 识别为方波
                ss[3]++;
            else
                ss[0]++;                        // 未识别波形
            if(s_cnt = = T_N)                   // 已经识别了 T_N 次
            {
                s_cnt = 0;                      // 清除
                s = ss[0];
                pre_s = 4;
                for(i = 1;i<4;i++)
                {
                    if(s<ss[i])                 // 找出最大值并记录
                    {
                        s = ss[i];
                        pre_s = i;
                    }
                }
                for(i = 0;i<4;i++)              // 数组清 0
                    ss[i] = 0;
                return pre_s;
            }
            else return UNFOUND;
        }
        else return UNFOUND;                    // 找不到返回错误值
    }
    else return ERR_A;                          // 找不到起始点 a 返回错误值
}
else return ERR_B;                              // 找不到终值点 b 返回错误值
}
```

7.2.5 测试结果与分析总结

1. 测试结果

系统测试使用的信号发生器型号为 RIGOL DG1022，如表 7.2.5.1 所列为系统在不同偏移电压和频率时的测量数据。

表 7.2.5.1　系统在不同偏移电压和频率时的测量数据

偏移电压设为 800 mV；峰峰值设为 70 mV；频率设为 500 Hz		偏移电压设为 800 mV；峰峰值设为 70 mV；频率设为 4 kHz		偏移电压设为 1.2 V；峰峰值设为 70 mV；频率设为 500 Hz		偏移电压设为 1.2 V；峰峰值设为 70 mV；频率设为 4 kHz	
输入信号	判断结果	输入信号	判断结果	输入信号	判断结果	输入信号	判断结果
正弦波	正弦波	正弦波	正弦波	正弦波	正弦波	正弦波	正弦波
方波	方波	方波	方波	方波	方波	方波	方波
三角波	三角波	三角波	三角波	三角波	三角波	三角波	三角波

从上表可以看出该系统在任务要求条件下能稳定地识别判断出波形类型。

2. 分析总结

（1）依据 ADC1 采集的电压值计算出中值，但是实际 ADC1 采集的电压值中未必刚好等于中值，这时可取峰峰值的 6% 作为可容许误差电压，保证可靠取得中点电压值。

（2）当 ADC1 采集点少时，可能会出现误判的情况。程序设计时，采用多次判别的方法，在多次循环中，哪种波形类型出现的次数多，那这种就是最终识别到的波形类型。

（3）由于 ADC 采集精度和采样点数的关系，输入波形的峰峰值大于 70 mV 时，系统才能稳定识别出波形，这是本系统的一个缺陷。如果需要正确识别更小信号的波形，需要在 ADC1 前级增加放大电路。

7.3　基于 STM32F103VCT6 的程控放大器设计

7.3.1　任务要求

程控放大器被广泛应用在数据采集系统中，其增益能够通过程序控制。本系统设计要求能够通过 STM32F103VCT6 微控制器的 DAC 资源实现以下要求的程控放大器：

（1）放大器 -3 dB 带宽大于 50 MHz，带内起伏小于 1 dB；

（2）电路输入输出阻抗 50 Ω；

（3）增益可控范围 -16 dB~24 dB，增益 5 dB 步进。

7.3.2　程控放大器原理

程控放大器的原理请看第 2 章 2.1、2.2 和 2.3 节内容。

7.3.3　STM32F103VCT6 之 DAC

1. DAC 概述

STM32F103VCT6 有两个片内 12 位带缓冲器的电压输出型的数/模转换器（DAC），DAC1 和 DAC2 结构完全相同，使用方法类似，单个 DAC 通道的功能框图如图 7.3.3.1 所示，各引脚功能如表 7.3.3.1 所列。每个通道都有 DMA 功能并支持 8 个触发事件（定时器、外部中断线和软件触发）转换；DAC 可以配置为 8 位或 12 位模式，在 12 位工作模式时，数据可以设置成左对齐或右对齐格式；支持双 DAC 通道转换模式，在双 DAC 模式下，DAC1 和 DAC2 可以独立地进行转换，也可以同时进行转换并同步地更新 2 个通道的输出，可以用对应的控制寄存器 DAC_CR 的 ENx 位置 "1" 来使能 DAC 通道 x；每个 DAC 的电压基准由 V_{REF+} 引脚提供，每个 DAC 的输出摆幅均为 0 到 V_{REF+}。DAC 还集成了 2 个输出缓冲器，可以用来减少输出阻抗，无需外部运放即可驱动外部负载，每个 DAC 通道输出缓冲器可以通过设置 DAC_CR 寄存

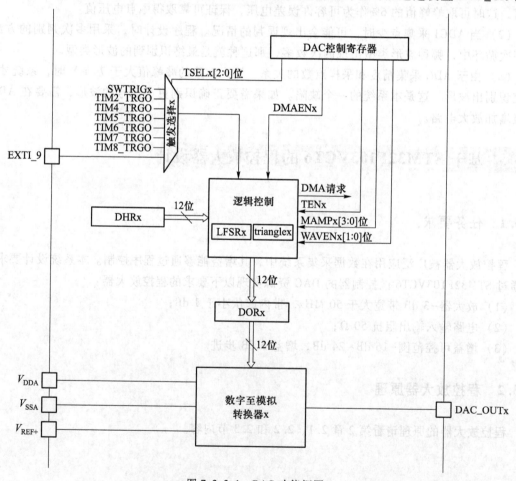

图 7.3.3.1　DAC 功能框图

器的 BOFFx 位来使能或者关闭。STM32F103VCT6 的 DAC 还具有产生幅度变化的伪噪声和三角波的功能。

表 7.3.3.1　DAC 引脚功能

名称	型号类型	注释
V_{REF+}	输入，模拟基准电压正极	DAC 使用的高端/正极基准电压：$2.4\ V \leqslant V_{REF+} \leqslant V_{DDA}$
V_{DDA}	输入，模拟电源	模拟电源
V_{SSA}	输入，模拟电源地	模拟电源的地线
DAC_OUTx	DAC 模拟输出信号	DAC 通道 x 的模拟输出（DAC1：PA4；DCA2：PA5）
EXIT_9	外部中断输入信号	外部中断线 9 作为 DAC 触发源

2. DAC 的转换和触发选择

STM32F103VCT6 的 DAC 支持 8 个触发事件转换，包括 7 个硬件触发：定时器触发和外部中断线 9 触发，1 个软件触发。DAC 控制寄存器 DAC_CR 的控制位 TSELx[2:0]可以选择 8 个触发事件之一触发 DAC 转换，如表 7.3.3.2 所列。

如图 7.3.3.1 所示，如果 DAC_CR 的 TENx 位被置 1，DAC 转换由硬件触发，数据传输在触发发生以后 3 个 APB1 时钟周期后完成；如果 DAC_CR 的 TENx 位被置 0，则 DAC 转换由软件触发，数据传输在触发发生以后 1 个 APB1 时钟周期后完成。数据传输从 DAC_DHRx 寄存器装入 DAC_DORx 寄存器后再经过时间 $t_{SETTLING}$（D/A 转换的建立时间，具体含义见 4.1 节）之后，输出即有效，所以，DAC 的最快转换时间为：$1T_{APB1} + t_{SETTLING}$。

STM32F103VCT6 的 DAC 是一个 8/12 位分辨率，模拟电压和数字量的对应关系如公式：

$$V_0 = V_{REF} \times \frac{DOR}{2^N - 1} \tag{7.3.3.1}$$

其中，V_0 为输出的模拟电压，V_{REF} 为基准电压，DOR 为输入到 DAC 的数字量，N 为 DAC 的分辨率。

表 7.3.3.2　DAC 的触发事件选择

触发源	类型	TSELx[2:0]
定时器 6 TRGO 事件	来自片上定时器的内部信号	000
定时器 8 TRGO 事件		001
定时器 7 TRGO 事件		010
定时器 5 TRGO 事件		011
定时器 2 TRGO 事件		100
定时器 4 TRGO 事件		101
EXTI 线 9	外部引脚	110
SWTRIG（软件触发）	软件控制位	111

3. DAC 的数据格式

STM32F103VCT6 的 DAC 支持 8/12 位模式，8 位模式的数据格式是固定的右对齐，而 12 位模式可以设置为左对齐或者右对齐格式。DAC 数据格式如图 7.3.3.2 所示。

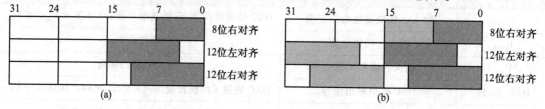

图 7.3.3.2　DAC 数据格式

（a）单 DAC 模式；（b）双 DAC 模式

4. DAC 的主要电气特性

表 7.3.3.3 给出了 STM32F103VCT6 的 DAC 主要电气特性。

表 7.3.3.3　DAC 的主要电气特性

符号	参数	最小值	典型值	最大值	单位	注释
V_{DDA}	模拟供电电压	2.4		3.6	V	
V_{REF+}	基准电压	2.4		3.6	V	V_{REF+} 必须始终低于 V_{DDA}
V_{SSA}	地线	0		0	V	
R_{LOAD}	缓冲器打开时的负载电阻	5			kΩ	DAC_OUT 和 V_{SSA} 之间的
R_O	缓冲器关闭时的输出阻抗			15	kΩ	DAC_OUT 和 V_{SSA} 之间的
C_{LOAD}	缓冲器打开时的负载电容			50	pF	在 DAC_OUT 引脚上的最大电容
DAC_OUT	缓冲器打开时 DAC 输出电压的最小值	0.2			V	当 $V_{REF+}=3.6$ V 时，0.2 V 对应于 12 位 DAC 的数值为 0x0E0；
	缓冲器打开时 DAC 输出电压的最大值			V_{REF+} −0.2	V	当 $V_{REF+}=3.6$ V 时，3.4 V 对应于 12 位 DAC 的数值为 0xF1C
DNL	微分非线性			±2	LSB	12 位 DAC 配置
INL	积分非线性			±4	LSB	12 位 DAC 配置
偏移	偏移误差（代码 0x800 时测量的数值与理想数值 $V_{REF+}/2$ 之间的偏差）			±10	mV	12 位 DAC 配置
				±12	LSB	12 位 DAC 配置，$V_{REF+}=3.6$ V
增益误差	增益误差			±0.5	%	12 位 DAC 配置

续表

符号	参数	最小值	典型值	最大值	单位	注释
t_{SETTLING}	建立时间（全范围：10 位输入代码从最小值转变为最大值，DAC_OUT 达到其终值的 ±1 LSB）		3	4	μs	$C_{\text{LOAD}} \leqslant 50$ pF，$R_{\text{LOAD}} \geqslant 5$ kΩ
更新速率	当输入代码为较小变化时（从数值 i 变到 $i+1$LSB），得到正确 DAC_OUT 的最大频率			1	MS/s	$C_{\text{LOAD}} \leqslant 50$ pF，$R_{\text{LOAD}} \geqslant 5$ kΩ
t_{WAKEUP}	从关闭状态唤醒的时间（使能 DAC 工作）		6.5	10	μs	$C_{\text{LOAD}} \leqslant 50$ pF，$R_{\text{LOAD}} \geqslant 5$ kΩ 输入代码介于最小和最大可能数值之间
PSRR+	电源抑制比（相对于 V_{DDA}）（静态直流测量）		−67	−40	dB	无 R_{LOAD}，$C_{\text{LOAD}} \leqslant 50$ pF

5. DAC 的库函数一般操作步骤

以下以库函数操作 DAC1，12 位数据右对齐，且以软件触发转换为例说明其一般步骤。STM32F103VCT6 的 DAC 使用的是 3.3V 的基准电压 $V_{\text{REF+}}$。DAC 的库函数一般操作步骤如下：

（1）使能 PA 口时钟和 DAC 时钟，设置 PA4 为模拟输入

STM32F103VCT6 的 DAC 通道 1 在 PA4 上，所以首先使能 PA 口的时钟，然后设置 PA4 为模拟输入。DAC 本身是输出，一旦使能 DACx 通道之后，相应的 GPIO 引脚（PA4 或者 PA5）会自动与 DAC 的模拟输出相连，设置为输入是为了减少寄生的干扰和额外的功耗。程序代码如下：

```
GPIO_InitTypeDef GPIO_InitStructure;                          // 初始化声明
DAC_InitTypeDef DAC_InitType;
RCC_APB2PeriphClockCmd( RCC_APB2Periph_GPIOA,ENABLE );// 使能 PA 时钟
RCC_APB1PeriphClockCmd( RCC_APB1Periph_DAC,ENABLE );  //使能 DAC 时钟
GPIO_InitStructure.GPIO_Pin = GPIO_Pin_4;                     // 端口配置
GPIO_InitStructure.GPIO_Mode = GPIO_Mode_AIN;                 // 模拟输入
GPIO_InitStructure.GPIO_Speed = GPIO_Speed_50MHz;
GPIO_Init( GPIOA,&GPIO_InitStructure );                       // 初始化 GPIOA
```

（2）初始化 DAC1，设置 DAC1 的工作模式

该部分设置全部通过 DAC_ CR 设置实现，包括：DAC1 使能、DAC1 输出缓冲器、触发方式、是否使用波形发生功能等设置。程序代码如下：

```
DAC_InitType.DAC_Trigger = DAC_Trigger_None;                 //使用软件触发
DAC_InitType.DAC_WaveGeneration = DAC_WaveGeneration_None;//不用波形发生器
```

DAC_InitType.DAC_LFSRUnmask_TriangleAmplitude = DAC_LFSRUnmask_Bit0；

DAC_InitType.DAC_OutputBuffer = DAC_OutputBuffer_Disable；　//输出缓冲器关

DAC_Init(DAC_Channel_1,&DAC_InitType)；　　　　// 初始化 DAC1

（3）使能 DAC1 转换通道

初始化 DAC1 之后，要使能 DAC1 转换通道。程序代码如下：

DAC_Cmd(DAC_Channel_1,ENABLE)；　　　　// 使能 DAC1

（4）设置 DAC1 的数据对齐方式和初始值。

DAC_SetChannel1Data(DAC_Align_12b_R,0)；// 12 位右对齐,设置 DAC1 初始值

7.3.4　系统设计

1. 系统组成

系统整体框图如图 7.3.4.1 所示。系统主要由 STM32F103VCT6 微控制器最小系统、AD603 放大电路、程控增益调理电路、矩阵键盘电路和 LCD1602 液晶显示模块等组成。由 2.3 节关于 AD603 程控放大器原理的介绍可知，该系统设计可通过一片 AD603 可以实现 40dB 的增益可控范围，通过外部引脚（反馈端 FPDK 与输出端短接）将其配置成带宽 90 MHz（-10~30 dB）的模式，在其输出端衰减一半之后加入高速缓冲器 OPA690 提高带负载能力，可实现增益-16 dB~24 dB 的可控范围。由于 AD603 的增益控制范围包含负电压值，而 STM32F103VCT6 的 DAC 只能输出正电压值，所以 DAC 经过调理后控制 AD603 放大电路的增益。DAC 的 V_{REF+} 使用外部 3.3 V 基准电压，实际测得基准电压值为 3.387V。STM32F103VCT6 微控制器最小系统电路请看 5.2 节"STM32F103VCT6 最小系统电路设计"部分；AD603 放大电路请看 2.3 节"基于 AD603 的程控放大器设计技巧"部分；矩阵键盘设计请看 6.1 节"矩阵键盘模块设计"部分；LCD1602 液晶显示模块请看 6.2 节"1602 字符型液晶显示模块及应用"部分。

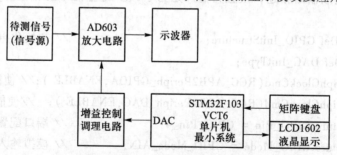

图 7.3.4.1　程控放大器整体框图

2. 增益控制调理电路设计

增益控制调理电路如图 7.3.4.2 所示。AD603 的有效增益控制范围为-500~500 mV，通过一个差分电路对正的 DAC 输出电压值进行转换。差分电路的反相端接一个偏移电压值，同相端接 DAC 输出。AD603 最终的控制电压值通过双路运放 NE5532 运算得到：首先，偏移电压值由电阻 R_1 和 R_2 分压得到，其值为 535 mV（5×120/1 120）；通过第一路运放跟随后，与外部

DAC 电压值经第二路的差分运算得到 -500 ~ 500 mV 的电压范围。

差分电路中，电阻 $R_3 = R_4 = R_5 = R_6$，所以外部 DAC 的控制电压 V_{DA} 范围为：

$$V_{DA(min)} = (535 - 500)\,mV = 35\ mV$$

$$V_{DA(max)} = (535 + 500)\,mV = 1\ 035\ mV$$

最后的电压值通过一阶 RC 低通滤波（R_7 和 C_5）后送给 AD603 的增益控制引脚（GPOS）。单级 AD603 增益（G /dB）与 DAC 输出电压（V_{DA}/mV）的关系为

$$G = 40 * (V_{DA} - 535) / 1\ 000 + 10 \tag{7.3.4.1}$$

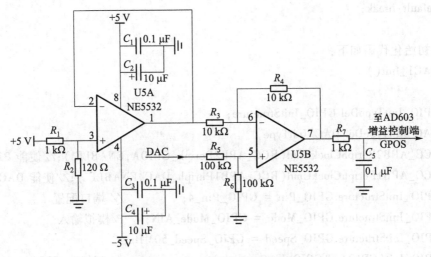

图 7.3.4.2　增益控制调理电路

3. 程序设计

如图 7.3.4.3 所示为程控放大器的主程序流程图。程序中初始化增益为 -16 dB，设置了最大增益和最小增益范围，以 5 dB 增益为步进或步退值，通过步进键和步退键实现增益递增或递减设置。电路增益由微控制器的 DAC1 输出电压控制。

宏定义及变量定义：

```
#define  VREF      3387        // 实际测得基准电压为 3387mV
#define  MIN_GAIN(-16)         // 可设置的最小增益
#define  MAX_GAIN(24)          // 可设置的最大增益
#define  SBS       5           // 增益步进值
int  gain;                     // 电路总增益
u8   dacval;                   // DAC 输出电压暂存单元/mV
u8   dacd;                     // 数字量暂存单元
```

根据键值处理程序代码如下：

```
switch(keyval)                                      // 判断键值
{
    case 12:if(gain+SBS< = MAX_GAIN)                // 按下加键 '+'
            gain + = SBS;                           // 增益步进
```

```
                    else
                        gain = MAX_GAIN;              // 设置最大增益
                    break;
            case 13:if(gain-SBS> = MIN_GAIN)          // 按下减键 '-'
                        gain - = SBS;                 // 增益步退
                    else
                        gain = MIN_GAIN;              // 设置最小增益
            default:break;
    }
```

DAC1 初始化代码如下:

```
void DAC1_Init( )
{
    GPIO_InitTypeDef GPIO_InitStructure;
    DAC_InitTypeDef DAC_InitType;
    RCC_APB2PeriphClockCmd( RCC_APB2Periph_GPIOA,ENABLE );//使能 PA 时钟
    RCC_APB1PeriphClockCmd( RCC_APB1Periph_DAC,ENABLE );//使能 DAC 时钟
    GPIO_InitStructure.GPIO_Pin = GPIO_Pin_4;         // 端口配置
    GPIO_InitStructure.GPIO_Mode = GPIO_Mode_AIN;     //模拟输入
    GPIO_InitStructure.GPIO_Speed = GPIO_Speed_50MHz;
    GPIO_Init( GPIOA,&GPIO_InitStructure );           // 初始化 GPIOA
    DAC_InitType.DAC_Trigger = DAC_Trigger_None;      // 使用软件触发
    DAC_InitType.DAC_WaveGeneration = DAC_WaveGeneration_None;
    //不使用波形发生功能
    DAC_InitType.DAC_LFSRUnmask_TriangleAmplitude = DAC_LFSRUnmask_Bit0;
    DAC_InitType.DAC_OutputBuffer = DAC_OutputBuffer_Disable ;//输出缓冲器关
    DAC_Init( DAC_Channel_1,&DAC_InitType );          // 初始化 DAC1

    DAC_Cmd( DAC_Channel_1,ENABLE );                  // 使能 DAC1
    DAC_SetChannel1Data( DAC_Align_12b_R,0 );         // 12 位右对齐,初始化为 0
}
```

DAC1 转换代码如下:

```
    dacval = 25 * ( gain+6 ) +535;        // 控制增益电压(mV)与增益(dB)关系式
    dacd = dacval * 4096/VREF;            // 转换成数字量
    DAC_SetChannel1Data( DAC_Align_12b_R,dacd );// DAC1 输出电压
```

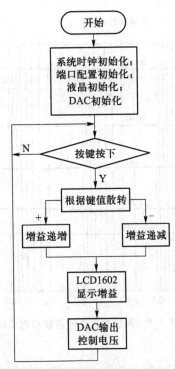

图 7.3.4.3　程控放大器的主程序流程图

7.3.5　测试结果与分析总结

1. 测试结果

系统测试使用的信号发生器型号为 RIGOL DG1022，信号源型号为 TEKTRONIX AFG3102。如图 7.3.5.1 所示为程控放大器的幅频特性曲线，测试增益从上到下分别为 24 dB、10 dB、0 dB、–10 dB 和 –16 dB（为了验证电路设计效果，测试增益未按 5 dB 步进）。

2. 分析总结

（1）不同芯片的 DAC 基准电压会略微不同。为保证程控放大器增益精度，需要用高精度万用表测量 DAC 的基准电压。

（2）由于运放、电阻等元件存在误差，增益控制的实际电压和理论值可能会存在一定的误差。可以采用曲线拟合的方法校准式（7.3.4.1），以获得更高精度的程控放大增益。

（3）由表 7.3.3.3 可知，DAC 输出缓冲器在关闭和不关闭的情况下，DAC 通道的输出阻抗都较大，最小值也有 5 kΩ。因此使用 STM32 的 DAC 时，DAC 的输出端最好经过一个电压跟随器再去控制外设，以提高 DAC 的带载能力。

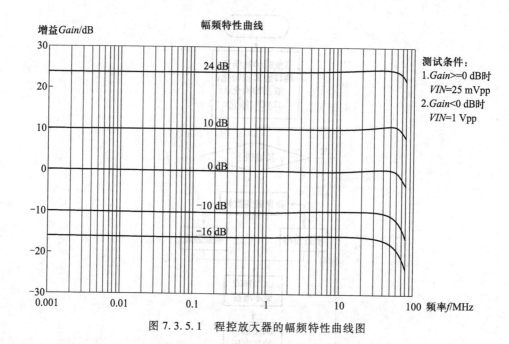

图 7.3.5.1　程控放大器的幅频特性曲线图

7.4 基于 STM32F103VCT6 的简易自动电阻测试仪设计（2011 国赛 G 题）

7.4.1　任务要求

电阻测量仪是电气安全检查的一种基本电子设备工具。本系统设计要求能够通过 STM32F103VCT6 微控制器的 ADC 资源实现以下要求的简易电阻测量仪（来自 2011 年国赛 G 题［高职高专组］更改）：

1. 基本要求

（1）测量量程为 100 Ω、1k Ω、10 kΩ、10 MΩ 四挡。测量准确度为±（1%读数+2 字）。

（2）位数字显示（最大显示 999），能自动显示小数点和单位，测量速率大于 5 次/秒。

（3）100 Ω、1 kΩ 和 10 kΩ 三挡量程具有自动量程转换功能。

2. 发挥部分

（1）提高测量精度，增加两挡量程，分别是 100 kΩ 和 1 MΩ。

（2）每一个挡位都具有自动量程转换功能。

7.4.2 方案论证

1. 电阻测量方案论证

方案一：电桥法。

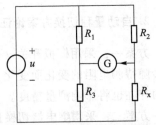

电桥法测量电阻的原理如图 7.4.2.1 所示。通过调节桥臂电阻使检流计 G 指示为零时，电桥平衡，待测电阻 $R_x = R_2 R_3 / R_1$。电桥法具有很高的测量精度，但是由于需要手动调节桥臂电阻，另外电桥的平衡也难以用简单的电路实现，电桥法不易实现电阻的快速自动测量。

图 7.4.2.1 电桥法测量电阻原理图

方案二：转换法。

将难测量的物理量转化为微控制器容易测量的物理量，比如时间或频率。利用 555 芯片和 RC 元件构成单稳态触发器，原理如图 7.4.2.2（a）所示：当微控制器有效触发 555 工作时，555 进入暂稳态，由微控制器计算暂稳态的持续时间；当电容值已知时，根据暂稳态持续的时间公式 $T_w = 1.1R_x C$，可计算出电阻值。或者利用 555 芯片和 RC 元件构成多谐振荡器，原理如图 7.4.2.2（b）所示：其振荡频率 f 很容易由微控制器的定时器测量得到，根据 $f = 1/[(R + 2R_x)C\ln 2]$，同样可以求出待测电阻值。

此方案测量电路简单，成本较低，但是由于电路中的电容会随温度变化而变化，所测量阻值的精度受电容的非线性影响较大，测量误差较大，特别是宽量程时误差更大，无法满足系统 1% 的精度要求。

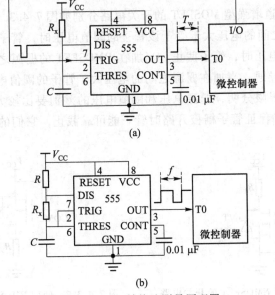

(a)

(b)

图 7.4.2.2 转换法测量原理图

（a）待测电阻通过 555 芯片构成的单稳态触发器转换成易于测量的时间；

（b）待测电阻通过 555 芯片构成的多谐振荡器转换成易于测量的频率

方案三：比例法。

恒压源、待测电阻和标准电阻串联，根据电阻分压原理，只要测得待测电阻或标准电阻的电压值，就可以计算出被测电阻值。此方案电路简单，只要保证恒压源和标准电阻的精度，就可以获得高精度的电阻值。

综上所述，本系统选择方案三。

2. 自动量程切换方案论证

方案一：采用模拟开关（如 CD4051 等）作为每一个量程挡的选择器。模拟开关的导通内阻会随待测电阻的变化而变化，且不适宜直接用于阻值小于 500 Ω 的电阻测量，而且其输入电容的存在也将影响测量精度。

方案二：采用继电器切换量程，其控制简单方便，内阻很小，但是接通断开大约有 0.5 s 的延迟，不满足题目测量速率大于 5 次/秒的要求。

方案三：采用 MOSFET 场效应管作模拟开关器件。FET 作开关器件使用时，流过栅极的电流或加在栅极上的电压对于流过漏极-源极间的信号电流完全没有影响，而且 FET 的输入电阻极高，而输出电阻极小，简化了系统信号调理过程。此方案电路结构简单，连接方便，几乎没有延时，内阻很小，有利于待测电阻的高精度快速自动测量。

综上所述，本系统选择方案三。

7.4.3　主要原理与理论分析

1. MOSFET 开关工作原理

使用 N 沟道和 P 沟道增强型 MOSFET 的开关电路分别如图 7.4.3.1 和图 7.4.3.2 所示。当加在 NMOSFET 的栅源之间的电压大于等于该管子的阈值电压时，管子导通；当加在栅源之间的电压小于管子的阈值电压时，管子截止。当加在 PMOSFET 的栅源之间的电压小于等于该管子的阈值电压时，管子导通；当加在栅源之间的电压大于管子的阈值电压时，管子截止。为了使截止和导通两个状态界限分明，栅源电压和阈值电压的差别要比较大。图中，R_1 和 R_3 为负载电阻；R_2 和 R_4 是为了保证管子栅极开路时管子能可靠截止，它们的取值要尽量大些，以保证管子的输入电阻较大。

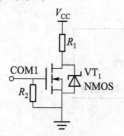
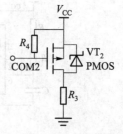

图 7.4.3.1　使用 NMOSFET 的开关电路　　　图 7.4.3.2　使用 PMOSFET 的开关电路

2. 比例法测量电阻的工作原理

本系统测量电阻的方案是采用电阻分压原理，通过测量被测电阻电压计算出被测电阻的阻值，并通过微控制器控制 PMOSFET 管的导通或截止，实现电阻的自动和手动测量，其工作原理如图 7.4.3.3 所示。

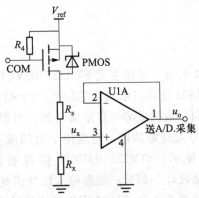

图 7.4.3.3　比例法测量电阻的工作原理图

由分压原理可得待测电阻

$$R_x = \frac{u_o}{V_{ref} - u_o} \times (R_s + R_{ON}) \tag{7.4.3.1}$$

其中，R_s 和 R_{ON} 分别是标准比较电阻和 PMOS 管的导通电阻，u_o 和 V_{ref} 分别是待测电阻两端的电压值和恒压源电压值。由于 PMOS 管的 R_{ON} 值一般是 mΩ 级数量单位，当待测电阻值大于该值 100 倍以上（即题目要求的 1% 精度）时就可忽略，大家选用 MOS 管时也要注意这个原则，此时，式（7.4.3.1）可简化为

$$R_x = \frac{u_o}{V_{ref} - u_o} \times R_s \tag{7.4.3.2}$$

又 R_s 和 V_{ref} 已知，因此只要由 ADC 采集 u_o 值便可求出待测电阻值。

考虑 AD 的测量范围，不同的 R_x 需要选取不同的 R_s。假设 V_{ref} 取值 2.5 V，当改变不同电阻测量时，为了输出电压变化范围比较明显，这里取 500 mV ~ 2.1 V，由式（7.4.3.2）可得

$$R_s = \frac{2.5 \text{ V} - u_o}{u_o} \times R_x \tag{7.4.3.3}$$

又 $u_o = 500$ mV ~ 2.1 V，则 R_s 的取值范围为 0.19 R_x ~ 4 R_x。当 $R_x = 100$ Ω 时，$R_s = 19$ Ω ~ 400 Ω；当 $R_x = 1$ kΩ 时，$R_s = 190$ Ω ~ 4 kΩ。因此，使用 1 kΩ 量程挡时，$R_s = 190$ Ω ~ 400 Ω，可取标称电阻 220 Ω。同理可得到不同量程挡的 R_s 取值范围，如表 7.4.3.1 所列。

表 7.4.3.1　不同量程挡的 R_s 取值

R_x 量程挡	100 Ω	1 kΩ	10 kΩ	100 kΩ	1 MΩ	10 MΩ
R_s 取值范围	0 Ω ~ 19 Ω	190 Ω ~ 400 Ω	1.9 kΩ ~ 4 kΩ	19 kΩ ~ 40 kΩ	190 kΩ ~ 400 kΩ	1.9 MΩ ~ 4 MΩ
R_s 取值	19 Ω	220 Ω	2.2k Ω	20 kΩ	220 kΩ	2 MΩ

由上述可知，通过微控制器 I/O 控制 COM 端口，使用多个 PMOS 管就能实现多个量程测量。u_o 值作为自动量程切换的依据，当 AD 采集值大于 u_o 的上限则往上一个量程，小于 u_o 的下限则往下一个量程，由此实现了量程的自动切换。

7.4.4　系统设计

1. 系统组成

系统整体框图如图 7.4.4.1 所示。系统主要 STM32F103VCT6 微控制器最小系统、电阻自动测量模块、键盘输入和 LCD1602 液晶显示模块等组成。STM32F103VCT6 微控制器是系统控制核心，主要完成量程切换控制、数据采集与显示等功能；电阻自动测量模块完成量程切换，阻值到电压值的转换，以及信号调理等功能；键盘用于自动或手动测量选择；LCD1602 液晶显示模块用于电阻测量结果显示。STM32F103VCT6 微控制器最小系统电路请看 5.2 节 "STM32F103VCT6 最小系统电路设计" 部分；键盘输入设计请看 6.1 节 "矩阵键盘模块设计" 部分；LCD1602 液晶显示模块请看 6.2 节 "1602 字符型液晶显示模块及应用" 部分。

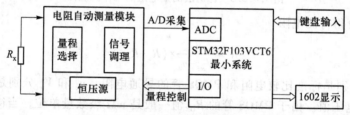

图 7.4.4.1　简易电阻测试仪整体框图

2. 电阻自动测量模块设计

本模块电路由 2.5 V 恒压源产生、量程选择和信号调理等电路组成，电路如图 7.4.4.2 所示。

（1）2.5 V 恒压源产生电路

该电路为比例法测量电阻提供恒压源，由具有良好热稳定性能的三端可调精密并联电压基准芯片 TL431 提供 2.5 V 电压，并通过三极管 9013 提高了它的驱动电流能力，使其带负载特性更好。TL431 的灌电流（即阴极电流 I_{KA+}）为 1 ~ 100 mA，因此在供电电源（本电路使用 5 V 电源）与 TL431 阴极间串联一个限流电阻 R_1。假设三极管的基级和发射级之间的导通压降为 0.7 V，则 $V_B = (2.5+0.7)\text{V} = 3.2\text{ V}$，可得到：

$$R_1 = \frac{5\text{ V} - V_B}{I_B + I_{KA}} = \frac{5\text{ V} - 3.2\text{ V}}{I_{KA}} \tag{7.4.4.1}$$

式中，I_B 是流过三极管的基级电极，其电流很小，可以忽略不计。因此，由式（7.4.4.1）可得 R_1 的取值是 17 Ω ~ 1.7 kΩ，本电路选取 R_1 为 330 Ω。另外，在恒压源输出端串接旁路电容 C_1 和 C_2，起到稳定输出电压的作用。

（2）量程选择电路

系统要求测量 6 个量程挡的电阻，因此电路使用了 6 个 PMOS 管 SI2301。根据被测电阻的

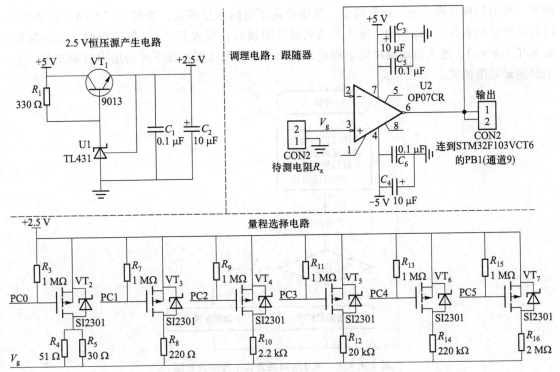

图 7.4.4.2　电阻自动测量模块电路原理图

大小选择合适的量程标准比较电阻，不同量程挡 R_s 的取值在比例法测量电阻的工作原理中已经证明过。为提高测量精度，R_s 应选用高精度（比如 1%）的电阻，同时还要保证功率足够。由表 7.4.3.1 可知，在 100 Ω 量程挡时，R_s 选取范围为 0~19 Ω。假设 R_s 取值 19 Ω，当被测电阻为 4.7 Ω 时，回路电流 = 2.5/(19+4.7) ≈ 105 mA。对于三极管 9013 来说，集电极电流 I_C 最大可以达到 500 mA，因此三极管 9013 可以驱动 105 mA 的负载。此时，R_s 的功耗 = (105×10^{-3})^2×19 W ≈ 0.2 W。因为 0603 封装的贴片电阻的功率是 1/10 W，如果在 100 Ω 这个量程挡上，R_s 直接用一个 0603 封装的贴片电阻，超出电阻的额定功率，造成电阻的可靠性降低，电阻易损坏。可以使用两个 0805 封装（功率 1/8 W）的贴片电阻并联构成 19 Ω，如 R_4 = 51 Ω，R_5 = 30 Ω。其他量程的 R_s 可选 0603 封装 1% 精度的贴片电阻。

（3）调理电路

被测电阻最大为 10 MΩ，经过比例法分压后输出，输出电阻大，而 STM32F103VCT6 微控制器片内 ADC 的输入阻抗小，如果被测电阻分压值直接送微控制器 ADC 进行 A/D 采集，测量精度严重下降，甚至会出现输入信号不稳定的情况。因此要经过一个调理电路，利用电压跟随器高输入阻抗、低输出阻抗的特点，起到很好的隔离作用。跟随使用的运放必须具有很高的输入阻抗，这里选用高输入阻抗、低偏移的通用运放 OP07。

3. 程序设计

（1）主程序设计

如图 7.4.4.3 所示为简易电阻测量仪主程序流程图，包括初始化、按键扫描和电阻测量等操作。按键扫描过程是为了获取键值，按键决定了电阻测量模式，当按下"1~6"数字键时，清自动测量标志 Self_flag 为 0，进入手动测量电阻模式；当按下"7"数字键时，自动测量标志 Self_flag = 1，进入自动测量电阻模式，直到有手动测量按键按下才会退出自动测量，进入手动测量电阻模式。

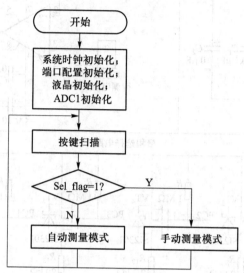

图 7.4.4.3　简易电阻测量仪主程序流程图

（2）手动测量程序设计

在手动测量程序中，由按键扫描获取的键值来选择量程挡，并赋给不同的 Hand_flag 值来区分。手动测量程序流程如图 7.4.4.4 所示。

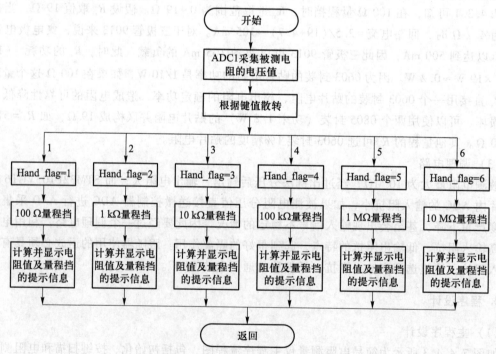

图 7.4.4.4　手动测量程序流程图

（3）自动测量程序设计

当按下键盘上定义的数字"6"键时，才能进入自动测量电阻模式，其他按键按下则退出自动测量过程。默认选用 10 kΩ 量程挡，并从该量程挡开始判断，直到选择到合适的量程挡。ADC1 采集的被测电阻电压值范围为 0.5~2.1 V 时，此时的量程挡被认为是有效的量程挡；如果 ADC1 采集值 ≥2.1 V，则切换到阻值更大一级的量程挡，即向上一挡；如果 ADC1 采集值 ≤0.5 V，则切换到阻值更小一级的量程挡，即向下一挡。这样的工作流程实现了量程的自动切换。自动测量程序流程如图 7.4.4.5 所示。

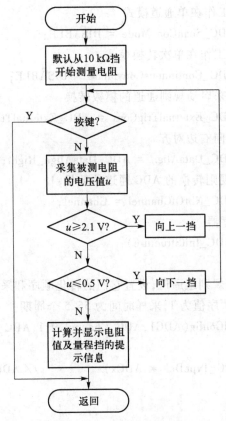

图 7.4.4.5　自动测量程序流程图

（4）ADC1 采集程序设计

利用 STM32F103VCT6 微控制器的 ADC1 进行数据采集，ADC1 的 A/D 转换是采用单通道、单次转换模式，使用软件来启动规则通道注入的模数转换。ADC1 初始化程序代码如下：

```
#define Channel  1
void GPIO_ADC_Configuration(ADC_TypeDef * ADCx)   // ADC 通道 GPIO 配置
{
    GPIO_InitTypeDef GPIO_InitStructure;
    RCC_APB2PeriphClockCmd(RCC_APB2Periph_GPIOB,ENABLE);
    GPIO_InitStructure.GPIO_Pin = GPIO_Pin_1;        // PB1
    GPIO_InitStructure.GPIO_Mode = GPIO_Mode_AIN;  // 模拟输入
```

```
    GPIO_Init(GPIOB,&GPIO_InitStructure);
}
void ADC_Initialization(ADC_TypeDef * ADCx)                // ADC 初始化
{
    ADC_InitTypeDef ADC_InitStructure;
    //设置每个 ADC 工作在独立模式
    ADC_InitStructure.ADC_Mode = ADC_Mode_Independent;
    //规定了模数转换工作在单通道模式
    ADC_InitStructure.ADC_ScanConvMode = DISABLE;
    // 规定了模数转换工作在单次转换模式
    ADC_InitStructure.ADC_ContinuousConvMode = DISABLE;
    // 定义了使用软件来启动规则通道的模数转换
    ADC_InitStructure.ADC_ExternalTrigConv = ADC_ExternalTrigConv_None;
    //规定了 ADC 数据向右边对齐
    ADC_InitStructure.ADC_DataAlign = ADC_DataAlign_Right;
    //规定了顺序进行规则转换的 ADC 通道的数目:1
    ADC_InitStructure.ADC_NbrOfChannel = Channel;
    //设置 ADC1 的寄存器
    ADC_Init(ADCx,&ADC_InitStructure);

    //设置指定 ADC 的规则组通道,设置它们的转化顺序和采样时间
    //通道9规则采样顺序值为1,采样时间为55.5 个周期
    ADC_RegularChannelConfig(ADC1,ADC_Channel_9,1,ADC_SampleTime_55Cycles5);
}
void ADC_Calibration(ADC_TypeDef * ADCx)                // ADCx 自动校准函数
{
    //复位 ADC 自校准
    ADC_ResetCalibration(ADCx);
    //检查 ADC 复位校准结束否
    while(ADC_GetResetCalibrationStatus(ADCx));
    //启动 ADC 自校准程序
    ADC_StartCalibration(ADCx);
    //检查 ADC 自校准结束否
    while(ADC_GetCalibrationStatus(ADCx));
}
void ADC_RegularChannel_Configuration(ADC_TypeDef * ADCx)        // ADC1 初始化
{
    //打开 ADC1 时钟
```

```
    RCC_APB2PeriphClockCmd( RCC_APB2Periph_ADC1, ENABLE );
    RCC_ADCCLKConfig( RCC_PCLK2_Div6 );        // 设置 ADC 时钟为系统时钟的 6 分频
    GPIO_ADC_Configuration( ADCx );            // ADCx IO 配置
    ADC_Initialization( ADCx );                // ADCx 初始化
    ADC_Cmd( ADCx, ENABLE );                   // 使能 ADCx
    ADC_Calibration( ADCx );                   // ADCx 自动校准
}
```

初始化完 ADC1 后，设置指定 ADC1 的规则组通道、转化顺序和采样时间，等待数据采集完毕，之后采用中值求均值的数字滤波算法，提高采集精度。ADC1 采集程序代码如下：

```
u16 Get_Adc( u8 ch )        // 设置采样时间等, 并启动 AD 转换
{
    ADC_ SoftwareStartConvCmd( ADC1, ENABLE );            // 软件启动转换
    while( ! ADC_GetFlagStatus( ADC1, ADC_FLAG_EOC ) ) ;  // 等待转换结束
    return ADC_GetConversionValue( ADC1 );  //返回最近一次 ADC1 规则组的转换结果
}
u16 Get_Adc_Average( u8 ch, u8 times, u8 deletime )       // 数字滤波算法
{
    u16   value_buf[ 256 ] = {0};                         // 保存采样值数组
    u32 temp_val, adcx, temp2;
    u8 count, i, j;
    temp_val = 0; i = 0; j = 0; adcx = 0; temp2 = 0;
    for( count = 0; count<times; count++ )                // 采样 N 个数据
    {
        value_buf[ count ] = 0;
    }
    for( count = 0; count<times; count++ )
    {
        value_buf[ count ] = Get_Adc( ch );
    }
    for( j = 0; j<times-1; j++ )                          // 冒泡排序（滤波算法）
    {
        for( i = 0; i<times-j; i++ )
        {
            if( value_buf[ i ]>value_buf[ i + 1 ])
            {
                temp2 = value_buf[ i ];
                value_buf[ i ] = value_buf[ i + 1 ];
                value_buf[ i + 1 ] = temp2;
```

```
        }
    }
}
for(count = deletime;coun<times-deletime;count++)  //去除低三位和高三位,余下求和
{
    temp_val + = value_buf[count];                //求和
}
adcx = (u32)(temp_val /(times - deletime * 2));    // 取平均值
return adcx;                                        // 返回数字量
}
```

7.4.5 测试结果与分析总结

1. 测试结果

选取电阻值从 10Ω 到 10MΩ 种不同的直插电阻,覆盖系统设计的六个量程,采用本系统测试仪和四位半数字万用表 VC980$^+$ 做参考对照测试,如下表 7.4.5.1 所列。

表 7.4.5.1   电阻测量仪与万用表的测量数据与误差

标准/Ω	实测电阻/Ω	万用表测量/Ω	误差/%
10	10.0	9.98	0.20
39	39.6	39.2	1.01
68	68.2	68.5	0.44
100	99.4	100	0.60
470	470	472.4	0.51
750	748	743.1	0.66
1 k	998	997.3	0.07
5.6 k	5.62 k	5.58 k	0.71
6.8 k	6.84 k	6.79 k	0.73
10 k	9.77 k	9.76 k	0.10
68 k	68.2 k	67.79 k	0.60
33 k	33.4 k	33.1 k	0.90
270 k	272 k	269.5 k	0.92
1 M	1.00 M	0.99 M	1.00
3.3 M	3.31 M	3.3 M	0.30
4.7 M	4.72 M	4.71 M	0.21
10 M	10.5 M	10.6 M	0.95

2. 分析总结

（1）在调理电路后级加上硬件 *RC* 滤波，可以进一步提高测量精度。

（2）为了保证测量精度，STM32F103VCT6 微控制器的 DAC 基准电压和 2.5 V 恒压源都需要使用高精度万用表。

（3）为了克服供电电源、恒压源和 MOS 开关管等干扰引起的随机误差，除了采取必要的硬件滤波措施外，还采用了防脉冲干扰平均滤波算法进行软件滤波。

（4）对更小电阻（比如 1 Ω）测量的精度达不到系统要求，主要是受限于系统采用的测量方法，以及系统硬件所使用元件的精度。因此，本测试仪不适合用于微小电阻测量。

STM32 应用系统设计训练

1. 设计一个统计某一微控制器开发板上电次数的系统，要求：

（1）使用 1602 液晶显示统计次数，使用带 SPI 总线接口的存储器保存次数；

（2）上电次数可以从默认的 0 次开始统计，也可以由键盘预置，最大统计次数为 1 000。

2. 设计一个低频相位测量系统，要求：

（1）频率范围：20 Hz ~ 20 kHz；

（2）相位测量仪的输入阻抗 $\geqslant 100$ kΩ；

（3）允许两路输入正弦信号峰峰值可分别在 1 ~ 5 V 范围内变化；

（4）相位测量绝对误差 $\leqslant 2°$；

（5）具有频率测量及数字显示功能；

（6）相位差数字显示：相位读数为 0° ~ 359.9°，分辨率为 0.1°。

3. 设计一个程控放大器，要求：

（1）放大器 -3 dB 带宽 10 MHz，带内起伏小于 1 dB；

（2）输入阻抗为 1 MΩ；

（3）增益范围 -30 ~ 30 dB，步进 6 dB。

4. 设计一个简易的波形采集、存储与回放系统，要求：

（1）能完成对单极性信号（高电平约 2 V、低电平接近 0 V）、频率约 500 Hz 信号的采集、存储与连续回放；

（2）采集、回放时能测量并显示信号的高电平、低电平和信号的周期。原信号与回放信号电平之差的绝对值 $\leqslant 50$ mV，周期之差的绝对值 $\leqslant 5\%$。

5. 设计一个数字显示的电阻和电容参数测试仪，要求如下：

（1）测量范围：电阻 100 Ω ~ 1 MΩ，电容 100 ~ 10 000 pF；

（2）测量精度：±5% 。

（3）测量量程自动转换。

第三部分

现代数字（FPGA）系统设计

第 8 章　FPGA 快速入门

8.1　FPGA 简介

8.1.1　FPGA 逻辑资源

1. FPGA 概述

FPGA（Field-Programmable Gate Array），即现场可编程门阵列，它是在 PAL、GAL、CPLD 等可编程器件的基础上进一步发展的产物。它是作为专用集成电路（ASIC）领域中的一种半定制电路而出现的，既解决了定制电路的不足，又克服了原有可编程器件门电路数有限的缺点。FPGA 采用了逻辑单元阵列 LCA（Logic Cell Array）这样一个概念，内部包括可配置逻辑模块 CLB（Configurable Logic Block）、输入输出模块 I/OB（Input Output Block）和内部连线（Interconnect）三个部分。现代许多数字系统是基于 FPGA 芯片实现的，可以说，FPGA 芯片是小批量提高系统集成度、可靠性的最佳选择之一。其主要有以下优点：

（1）采用 FPGA 设计 ASIC 电路（专用集成电路），用户不需要投片生产，就能得到适用的芯片。

（2）FPGA 可做其他全定制或半定制 ASIC 电路的中试样片。

（3）FPGA 内部有丰富的触发器和 I/O 引脚。

（4）FPGA 是 ASIC 电路中设计周期最短、开发费用最低、风险最小的器件之一。

（5）FPGA 采用高速 CMOS 工艺，功耗低，可以与 CMOS、TTL 电平兼容。

目前市场上 FPGA 芯片主要来自 Xilinx 公司和 Altera 公司。本书所述的有关 FPGA 的系统应用都是以 Altera 公司 Cyclone II 系列的 EP2C5T144C8 芯片为核心芯片。

2. EP2C5T144C8 逻辑资源

EP2C5T144C8 是 Altera 公司 Cyclone II 系列的一款定义为入门级的 FPGA 芯片，该芯片所拥有的内部资源如表 8.1.1.1 所列。

为什么选择 EP2C5T144C8 芯片？EP2C5T144C8 拥有 4096 个逻辑资源，对于一个图像采集卡的程序，其中将近用了 10000 行的代码，使用在 FPGA 工程中也只用了 1312 个逻辑资源，如果应用系统中没有使用 NOISII 软核，EP2C5T144C8 在逻辑应用和算法处理方面，资源已经足够使用；EP2C5T144C8 在众多的 FPGA 芯片中，被定义为学习 FPGA 的入门级芯片，市场价格相对便宜，适合一般规模的 FPGA 系统设计。在本书的实例项目中，还未出现 FPGA 芯片资源不够用的情况。

表 8.1.1.1　EP2C5T144C8 内部资源表

资源	逻辑资源（LEs）	M4KRAM 块	片内 RAM 位数（Total RAM bits）	嵌入式 18×18 乘法器	PLLs	I/O 引脚	封装
数量	4096	26	119，808	13	2	144	TQFP

用户使用过程中，可通过编写 Verilog 硬件描述语言或输入原理图的方式调用 FPGA 内部的资源，实现相应的系统功能。

（1）逻辑资源

EP2C5T144C8 拥有 4096 个 LEs。利用小型查找表（16×1RAM）来实现组合逻辑，每个查找表连接到一个 D 触发器的输入端，触发器再来驱动其他逻辑电路或驱动 I/O，由此构成了既可实现组合逻辑功能又可实现时序逻辑功能的基本逻辑单元。基于以上工作原理，通过 FPGA 芯片可构建常用的数字电路：D 触发器、多路选择器、锁存器、计数器、移位寄存器等。

（2）M4KRAM 块

M4K 是 EP2C5T144C8 内部集成的存储单元块，总共 26 个，以 4 Kbits 为一块，最多可配置成 36 bit 的位宽，超出位宽会占用其他的 M4K 块，合理配置位宽，可高效使用 M4K 块。由于 M4K 是芯片内部集成的，用它存储数据不会浪费片内 RAM 的资源。具体的工程使用，后续章节将会进一步描述。

（3）片内 RAM 位数

片内 RAM 位数表示 FPGA 芯片内部拥有的存储空间，EP2C5T144C8 可存储 119808bits 的数据。这些存储单元可用于设计集成的 ROM 或 RAM 电路，更好地完成与数据存储相关的系统功能，比如后续章节讲述的 DDS 原理应用等。

（4）嵌入式乘法器

嵌入式乘法器是 FPGA 芯片内部集成的乘法器，EP2C5T144C8 内部每个嵌入式乘法器均可实现 18 bits×18 bits 的数据输入。目前，很多 FPGA 系统需要进行数据算法处理，嵌入式乘法器可以直接应用，方便且节约逻辑资源。

（5）PLLs

锁相环 PLL 是 FPGA 内嵌的功能模块，可以完成时钟高精度、低抖动的倍频和分频，以及占空比调整和移相等功能，EP2C5T144C8 内部拥有 2 个可 3 路输出的 PLL，输出时钟范围为 10~400 MHz。现代的数字系统要求的都是高速率，有了 PLL 可以方便地实现时钟信号的倍频，输出一般硬件难以达到的高频率时钟。

（6）I/O 口引脚

I/O 口是每个 CPU 芯片不可或缺的一部分，EP2C5T144C8 拥有 144 个外部引脚，可供用户操作使用的 I/O 口引脚最多只有 89 个，I/O 口支持多种电平方式选择。I/O 口的具体使用方法参见 8.1.3 节 "I/O 口分类与特性"。

8.1.2　芯片电源选择

电源是芯片工作的能量来源，电源电路的设计在电子系统的设计中相当重要。一栋高楼，想要平稳的耸立在城市中，必须打好地基，而一个电子系统想要稳定高效地工作，就必须要有稳定的电源电路，电源电路的设计，得从系统的供电电压开始。FPGA 芯片一般需要 2 种电源电压才能工作，EP2C5T144C8 芯片的电源电压分为：核心电压（这里简称 VCCINT）、I/O 口电压（简称 VCCIO）和 PLL 电压（简称 VCCPLL），每个电压通过独立的电源引脚来提供。实际上，FPGA 器件本身是允许 VCCINT 和 VCCIO 相同的（比如 VCCINT 和 VCCIO 两种引脚可以被连接在一起）。但是 FPGA 设计是面向低电压内核和高电压 I/O 的，所以两种电压一般是不相同的。

1. 内核电压

内核电压是给 FPGA 内部的逻辑门和触发器提供电压的，内核电压是固定的。该电压随着 FPGA 的发展从 5 V、3.3 V、2.5 V、1.8 V、1.5 V，一直到现在更低的电压值，越低的内核电压意味着功耗越小，芯片的工作效率越高。EP2C5T144C8 芯片的内核电压范围为 -0.5~1.8 V，一般内核电压取 1.2 V，此时允许 I/O 输入的电压为 1.5 V、1.8 V、2.5 V 和 3.3 V，而内核电流一般取 10 mA。现代 FPGA 芯片内部一般都有分 I/O 口 Bank 的，不同的 Bank 块其内部的逻辑门和触发器都需要供电电源，所以一般会有多个 VCCINT 引脚，EP2C5T144C8 芯片拥有 4 个 VCCINT，分别给 4 个不同的 Bank 块提供电源电压。

2. I/O 口电压

I/O 口电压是用于 FPGA 的 I/O 引脚上的电压，该电压需要与其他连接到 FPGA 上的器件的电压匹配。目前，许多处理器芯片的引脚都只能输出固定的电压值，比如 51 系列单片机 I/O 口引脚输出电压只有 5 V，但是有的时候系统需要单片机引脚输出不同的电压适应外部器件的电压，此时就需要对单片机输出的电压进行处理，增加了电路的复杂度和成本。

现代的 FPGA 芯片引入了 Bank，可以把 I/O 口分为不同的 Bank 模块，不同的 Bank 提供不同的 I/O 口电压，I/O 口就可以输出不同的电压值，此时 FPGA 就类似于一个变压转换器。EP2C5T144C8 芯片把 I/O 口分为 4 个 Bank，拥有 4 组 VCCIO，可提供 4 种不同的 I/O 口电压，每组 VCCIO 包含的 3 个 VCCIO 可直接连接，I/O 口电压范围在 -0.5~4.6 V。不同 I/O 口电压，I/O 口可支持的电压标准是不一致的，具体的 I/O 口特性参见 8.1.3 "I/O 口分类与特性"。

3. PLL 电压

PLL 电压是为 FPGA 芯片内部锁相环提供电源电压的，PLL 电压需要和内核电压的电路进行隔离。对于 EP2C5T144C8 芯片，内部拥有 2 个 PLL，每个 PLL 电压包含模拟电压和数字电压，PLL 电压范围为 -0.5~1.8 V，一般和内核电压保持一致取 1.2 V。模拟电压需要独立的电源 VCCAPLL 和地 GNDAPLL 引脚进行供电，需要和其他数字电源进行隔离。而对于数字电压，其电源 VCCDPLL 和地 GNDDPLL 引脚可以直接和数字电源连接，也可以和模拟 PLL 一样进行隔离。一般直接对内核电压进行 π 型滤波，得到 PLL 电压。

8.1.3　I/O 口分类与特性

1. I/O 口分类

I/O 口引脚一般分为：专用引脚和用户自定义引脚。所有的 I/O 口引脚均连接到输入输出模块 IOB，外部输入信号即可直接输入到 FPGA 内部，也可直接通过 IOB 上的寄存器输入到 FPGA 内部。这些"IOB 单元"是通过 VCCIO 引脚来上电，其相关的电气特性也是根据 VCCIO 确定的。

专用引脚分为以下 3 个子类：

（1）电源引脚

包含电源和接地引脚，EP2C5T144C8 芯片包含 4 个提供内核电压的 VCCINT 引脚、12 个提供 I/O 口电压的 VCCIO 引脚、2 个提供模拟 PLL 电压的 VCCAPLL 引脚、2 个提供数字 PLL 电压的 VCCDPLL 引脚；17 个接地引脚 GND、2 个模拟 PLL 的接地引脚 GNDAPLL 和 4 个数字 PLL 的接地引脚 GNDDPLL。

（2）配置引脚

把用户描述的硬件语言代码"下载"至 FPGA 芯片内部，引导 FPGA 芯片构建用户希望电路的引脚。EP2C5T144C8 芯片包含有 JTAG 配置方式的引脚有：TCK、TDO、TDI、TMS、nCONFIG、CONF_DONE 和 nSTATUS；AS 配置方式的引脚有：DCLK、DATA、ASDO、CONF_DONE、nCONFIG、nSTATUS、nCSO、nCE、MSEL0 和 MSEL1。在配置完成后除了 nCEO，其他配置引脚不可当作普通的 I/O 口使用。

（3）专用输出或时钟引脚

能够驱动 FPGA 内部大的电路网络，适合于带有高扇出的时钟和信号。EP2C5T144C8 芯片包含有 8 个只能用于输入的专用时钟引脚 CLK0～CLK7 和 4 个 PLL 输出引脚。对于一些需要全局控制电路的信号，比如复位信号，可使用专用时钟引脚输入，减少复位信号到达各个电路模块的时间差，提高系统的稳定度；PLL 输出引脚可用于输出高精度、低抖动的时钟信号。

除了专用引脚，FPGA 的大部分引脚属于"用户引脚"（I/O，I/O 代表"输入-输出"），用户可以完全自定制 I/O 作为输入，输出或双向 I/O，EP2C5T144C8 芯片有 79 个用户引脚可供用户配置。

2. I/O 口特性

FPGA 芯片的 I/O 口，使用时需要考虑 I/O 口的电平标准、I/O 口驱动电流和 I/O 口信号速度。

（1）I/O 口电平标准

I/O 口的电平标准表示 I/O 口可以兼容的输入输出电压值，而 FPGA 芯片的 I/O 口电平标准还和 I/O 口电压 V_{CCIO} 有关。如表 8.1.3.1 所示，不同的 V_{CCIO} 对应支持的电平标准也是不一样的。本书主要使用的电平标准是 3.3 V-LVTTL，该电平标准的输入电压范围为 $-0.3 \sim 3.9$ V，Altera 推荐的输入电压范围是 $-0.5 \sim 4.1$ V。输入电压 $V_{IL} \leqslant 0.8$ V，认为是低电平，$V_{IH} \geqslant 2$ V 认为是高电平；输出电压 $V_{\mathrm{OH}} \geqslant 2.4$ V，认为输出高电平，$V_{\mathrm{OL}} \leqslant 0.4$ V 认为输出低电平。

表 8.1.3.1　I/O 口电平标准与 VCCI/O 的关系

$V_{\mathrm{CCIO}}/\mathrm{V}$	电平标准
3.3	3.3 V-LVTTL、3.3 V-LVCMOS、3.3 V-PCI、3.3 V-PCIX
2.5	2.5 V-LVTTL、2.5 V-LVCMOS、SSTL-2 class I、SSTL-2 class II、Differential SSTL-2 class I or class II、LVDS、RSDS and mini-LVDS、LVPECL
1.8	1.8 V-LVTTL、1.8 V-LVCMOS、SSTL-18 class I、SSTL-18 class II、HSTL-18 class I、HSTL-18 class II、Differential SSTL-18 class I or class II、Differential HSTL-18 class I or class II、LVPECL
1.5	1.5-V LVCMOS、HSTL-15 class I、HSTL-15 class II、Differential HSTL-15 class I or class II、LVPECL

（2）I/O 口驱动电流

I/O 口驱动电流表示 I/O 口的驱动能力，也是需要关注的特性。FPGA 的 I/O 口即可差分输出，也可单端输出，输出状态可以设置，一般比较常用的是弱上拉输出和开漏输出。弱上拉输出主要是为内部的开漏电路设置上拉，内部上拉电阻通常为 25 kΩ，输出电流小。输出低电平时，弱上拉自动关闭，减少系统功耗；输出高电平时，输出电平满足大部分电路，不用再外接上拉电阻；作为输入口悬空时，也不用外接上拉电阻。开漏输出类似于电流型集电极输出，需要外接上拉电阻，驱动能力比较强。电路不需要开漏输出时，最好不用，开漏输出会增加 FPGA 的功耗。以 3.3 V-LVTTL 电平标准为例，此时 I/O 口的灌电流和拉电流范围是 4~24 mA，输出电流可编程控制，其他电平标准对应的电流范围如表 8.1.3.2 所列。

表 8.1.3.2　电平标准与输出电流关系

I/O 电平标准	Cyclone II
	输出电流 $I_{\mathrm{OH}}/I_{\mathrm{OL}}$ 的可设置值（mA）
LVTTL/LVCMOS（3.3 V）	4、8、12、16、20、24
LVTTL/LVCMOS（2.5 V）	4、8、12、16
LVTTL/LVCMOS（1.8 V）	2、4、6、8、10、12
LVCMOS 1.5V	2、4、6、8
SSTL-2 Class I	8、12
SSTL-2 Class II	16、20、24
SSTL-18 Class I	4、6、8、10、12
SSTL-18 Class II	8、16、18
HSTL-18 Class I	4、6、8、10、12
HSTL-18 Class II	16、18、20
HSTL-15 Class I	4、6、8、10、12
HSTL-15 Class II	16

（3）I/O 口信号速度

I/O 口信号速度表示 I/O 口可以传送信号的速率范围，信号速度分为时钟速度和数据速度。信号速度与电平标准有关系，一般常用的 TTL 和 CMOS 电平标准信号速度范围在二三十 MHz 以内，信号速度更快的 SSTL 电平标准时钟速度最快可达 167 MHz，数据速度最快可达 333 MHz，总线传输带宽最大可达 72 MHz。HSTL 电平标准的时钟速度最快达 167 MHz，数据时钟最快可达 668 MHz，总线传输带宽最大可达 32 MHz。对于不同系统，需要根据信号速度的要求对 I/O 口的电平标准进行选择。

8.1.4　FPGA 时钟与配置

现在数字系统的设计大多数需要有时钟的参与，对 FPGA 芯片提供一个时钟是必要的。为了不导致系统时序混乱，系统时钟一般只有一个，好比我们同时拥有好几个手表，此时你就无法确定现在的时间。FPGA 芯片内部的资源是可编程控制的，用户编程生成的电路网表，需要通过下载电路加载到 FPGA 芯片内部，搭建用户所需的电路结构。

1. FPGA 时钟

目前，FPGA 芯片运行的速度越来越快，对外部的时钟要求也越来越高，但其实 FPGA 时钟并不是固定的，需要考虑整个系统的工作频率。假设系统的工作时钟只要求 30 MHz，此时用户可以直接使用 30 MHz 的外部时钟作为系统的工作时钟；也可以外接 50 MHz 的时钟，芯片内部进行分频得到 30 MHz 的时钟信号。为适应现在的高速系统的设计，FPGA 芯片可外接 50 MHz 的时钟信号。

FPGA 内部是逻辑单元，有丰富的连接线，从普通引脚引入的时钟信号，经过缓冲才能到达每个电路，时钟的延时和偏差都会比较大，各个电路的时钟触发电路作用时间不一致，不利于系统的同步设计。现在的 FPGA 芯片内部有提供专用的时钟引脚，通过这些引脚引入的时钟信号可直接进入全局网络，时钟延时和偏差都是最小的。专用的时钟引脚不仅可以引入时钟信号，对于一些全局信号也可以使用专用的时钟引脚，比如系统的复位信号等。

2. FPGA 配置

FPGA 是现场可编程逻辑门阵列，用户可以根据需要构建相应的硬件电路。一般单片机程序需要下载到单片机内部寄存器运行，类似的 FPGA 也需要把硬件描述代码"下载"到 FPGA 内部。因为 FPGA 内部只有 RAM，掉电后无法存储硬件描述代码，只能通过外部的存储芯片加载硬件描述代码，所以此时的"下载"称之为配置，存储芯片称之为配置芯片。EP2C5T144C8 芯片的配置方式有：主动方式 AS（Active serial）、被动方式 PS（Passive serial）和 JTAG 方式，常用的是 AS 和 JTAG 方式。配置方式需要通过 MSEL0 和 MSEL1 两个寄存器的值进行选择，如表 8.1.4.1 所列。若考虑只使用 AS 和 JTAG 配置，可将 MSEL0 和 MSEL1 都接地。

表 8.1.4.1　配置方式选择

配置方式	MSEL0	MSEL1
AS	0	0
PS	1	0
快速 AS	0	1
JTAG	0	0 或 1

　　配置芯片采用 Altera 公司提供的 EPCS 系列（如 EPCS1、EPCS4），该系列芯片带有永久性存储器和四个 I/O 口的串行配置协议，成本低可以解决配置器件成本高的问题。EPCS 系列芯片提供一个串行接口去存取数据，配置期间，FPGA 芯片通过串行接口读取数据，此时控制配置接口的是 FPGA，所以称之为主动方式 AS。其配置过程为：用户通过上位机把所需的配置数据通过 AS 接口存储到配置芯片内，当 FPGA 上电复位时，FPGA 主动从配置芯片内读取所需的配置数据。AS 配置相关接口（FPGA）与信号介绍如下：

　　● DCLK，串行时钟输出端，连接到配置芯片的 DCLK 引脚。

　　● DATAO，串行数据输入端，连接到配置芯片的 DATA 引脚，DCLK 上升沿锁存数据，下降沿使配置芯片输出配置数据。

　　● nCSO，使能输出端，连接到配置芯片的 nCS 引脚，低电平有效。

　　● ASDO，控制信号输出端，连接到配置芯片的 ASDI 引脚，DCLK 上升沿配置芯片锁存控制信号，下降沿 FPGA 输出控制信号。

　　● nSTATUS，配置状态信号，上电复位时该信号为低电平，复位完成后，又恢复为高电平。作为输出时，当配置过程出现错误，该信号马上变成低电平；作为输入时，外部芯片可对其进行操作，当信号为低电平时，FPGA 会进入配置错误状态。使用时需要外接 10 kΩ 的上拉电阻。

　　● CONF_DONE，配置结束信号，作为输出时，配置之前和配置过程中，该信号为低电平，配置完成且没有出错时，则初始化一开始，该信号就变成高电平；作为输入时，在接收完全部数据后，将其置为高电平。之后器件就开始初始化再进入用户模式。使用时需要外接 10 kΩ 的上拉电阻。

　　● nCONFIG，用户模式配置起始信号，当该信号为低电平时，FPGA 失去配置数据进入复位状态，此时 I/O 口全部为三态，nSTATUS 和 CONF_DONE 均为低电平；nCONFIG 至少保持 2 μs 后，复位完成，nCONFIG 信号变成高电平，nSTATUS 又恢复为高电平，此时重新配置开始。使用时需要外接 10 kΩ 的上拉电阻。

　　● nCE，配置使能输入，在配置、初始化和用户模式时低电平有效，当有多个器件需要配置时，连接到上一个器件的 nCEO，此时 nCEO 需要外接 10 kΩ 的上拉电阻。配置链最后一个器件的 nCE 接地。

　　● nCEO，配置使能输出，当有多个器件需要配置时，连接到下个器件的 nCE，当本器件配置完成后，此信号输出低电平使能下一个器件开始进行配置。配置链最后一个器件的 nCEO

悬空，也可在配置完成后当做普通 I/O 口使用。

- CLKUSER，初始化时钟输入端，配置完成后，FPGA 需要 299 个时钟周期完成寄存器的初始化，此信号可由内部晶振产生 10 MHz 的时钟信号，也可由 CLKUSER 引脚引入外部的时钟信号（最大不超过 100 MHz）。没用于引入初始化时钟时，可当做普通 I/O 口使用，默认当做普通 I/O 口使用。

DCLK、DATA、ASDO 和 nCSO 这 4 个配置接口需要和专用串行配置芯片的接口一一对应，专用串行配置芯片可选 EPCS1、EPCS4 或其他 EPCS 系列芯片。其中，EPCS1 的存储空间是 1 Mbits，EPCS4 存储空间是 4 Mbits，两种芯片的 DCLK 均可达到 20 MHz，若使用 EPCS16 或 EPCS64，DCLK 可达 40 MHz。设计者可根据配置文件的大小和所需的配置速度进行选择，一般选用 EPCS1 或 EPCS4。

JTAG 配置方式，是一个业界标准，主要用于芯片的测试。JTAG 配置数据直接存储在 FPGA 内部的 SRAM 中，配置速度较快，但掉电后配置数据丢失，无法实现相应的电路功能，只能用于测试。JTAG 配置所需的信号接口如下：

- TCK，测试时钟输入，在信号时钟边沿可完成一些相应的操作，时钟信号占空比必须为 50%，使用时需外接 10 kΩ 的下拉电阻。
- TMS，测试模式输入，在 TCK 的上升沿有效，控制 JTAG 测试处于某种特定的模式，使用时需外接 1 0 kΩ 的上拉电阻。
- TDI，测试数据输入，测试数据通过该端口输入到 JTAG 端口，数据在 TCK 的下降沿可以发生改变，在 TCK 上升沿数据移位输入到 JTAG 端口，使用时需外接 10 kΩ 的上拉电阻。
- TDO，测试数据输出，测试数据通过该端口输入到 JTAG 端口，数据在 TCK 的下降沿输出，没有数据输出时设置为三态。

其他配置信号的状态和 AS 配置时一致。实际工程应用中，需要结合两种配置方式，在系统功能测试阶段，使用 JTAG 配置方式，可加快系统调试进度；最后系统验证没有错误后，使用 AS 配置方式，加载硬件网表到配置芯片。

8.2　FPGA 最小系统电路设计

前面章节我们简单介绍了 FPGA 的相关的特性，对 FPGA 有了一定的了解，本章节主要是基于对 FPGA 特性的了解，设计 FPGA 芯片的最小系统电路（下面简称系统板），加深读者对 FPGA 相关特性的理解。最小系统电路设计主要分为电源电路设计、时钟与复位电路设计、配置电路设计和其他一些相关接口电路的设计。

8.2.1　电源电路设计

电源电路是任何系统的核心部分，合理的电源电路是系统的基石。FPGA 芯片需要三种电源电压供电，这些电源都需要进行相应的电路设计处理，保证电源电路具有良好的性能。

现代的数字系统电路，一般都是直接使用日常生活中的 220 V 交流电供电，但对于集成电路，一般都需要把 220 V 交流电压转换成系统所需的低直流电压，比如 5 V 或 3.3 V 直流电压，一般使用开关电源电路即可实现。开关电源电路输出的直流电压，由于开关的作用，纹波抖动比较大，对于一些对电源要求比较高的系统，开关电源输出直接给系统供电显然是不适用的，所以开关电源输出的直流电压要进行电源滤波。系统电源由外部+5 V 开关电源提供，电源输入电路中，开关电源输入的纹波处理电路和 STM32 微控制器系统相同，请参见 5.2 节部分。

FPGA 供电为 3.3 V 和 1.2 V 的电源电压。5 V 开关电源经过滤波后，滤波得到的电源经稳压芯片 AS1117-3.3 得到 3.3 V 的直流电压。同理，3.3 V 直流电压经电容滤波和稳压芯片 AS1117-1.2 最终得到 1.2 V 电源电压输出。两个电源电压虽然都是供给 FPGA，但是内部电路属于不同的电路模块，所以两个电源电压的地需要用 0 电阻隔离，提高抗干扰能力。电源电路原理如图 8.2.1.1 所示。

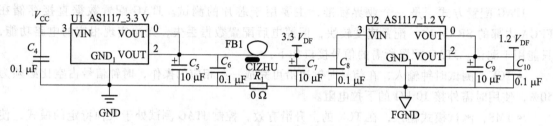

图 8.2.1.1　FPGA 电源电路

电源电路得到的直流电压供给 FPGA 芯片前，3.3 V 电压供给 I/O 口电压，1.2 V 电压供给内核电压，在 FPGA 芯片的电源和地之间还需要经过多个小电容（0.1 μF 的旁路电容）进行电源滤波，这些电容需要靠近电源引脚摆放。电路如图 8.2.1.2 所示。

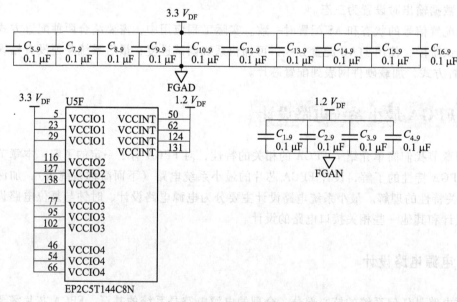

图 8.2.1.2　FPGA 芯片电源滤波电路

对于锁相环电压，不能直接和 1.2 V 内核电压连接，需要进行平衡式 π 型滤波隔离，电路如图 8.2.1.3 所示。

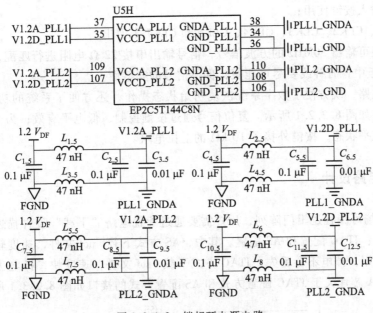

图 8.2.1.3　锁相环电源电路

8.2.2　时钟与复位电路设计

　　基于现代数字系统的速度要求越来越高，本系统的 FPGA 外部时钟源采用 50 MHz 的有源晶振，稳定的外部时钟源是系统正常工作的保证，时钟电路的原理如图 8.2.2.1 所示。有源晶振需要 3.3 V 电源供电，电源电压经过 π 型滤波电路，滤除了高频噪声对电源的影响，提高了电源电路的稳定性。EP2C5T144C8 芯片提供了 8 个 CLK 时钟：CLK0～CLK7。这些时钟都可以用作普通的输入引脚，本系统中对这些时钟引脚处理如下：

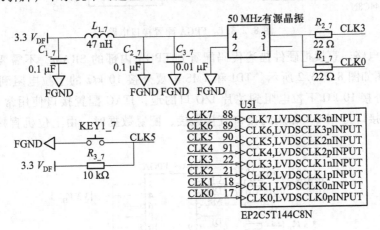

图 8.2.2.1　时钟电路

　　（1）CLK0 和 CLK3 用作系统工作时钟，直接接入 50 MHz 有源晶振；

　　（2）CLK5 用作系统复位引脚，用户可以通过编程实现系统复位功能，同时也可以作为系统的一个普通输入按键使用；

（3）CKL1、CLK2、CLK3、CLK4、CLK6 和 CLK7 未引出。

上电后晶振可输出 50MHz 的方波信号，信号输出串接 22 Ω 电阻进行匹配，减小信号的反射。在 PCB 布板中，时钟线要尽可能短，保持信号的完整性。

增加复位电路，既方便了数字系统恢复初始状态操作，还方便了系统的功能调试。FPGA 系统的复位电路如图 8.2.2.1 所示。复位信号通过按键控制，低电平有效；为了保证不复位时该引脚处于高电平状态，按键外接了 10 kΩ 的上拉电阻。

8.2.3 配置电路设计

FPGA 是现场可编程逻辑门阵列，用户需要通过配置电路"下载"硬件描述代码，配置电路常用的有两种：JTAG 配置和 AS 配置。其中，AS 方式下载 .pof 文件，速度较慢，用于最后固化 FPGA 程序用，掉电不会丢失；JTAG 方式下载 .sof 文件，速度快，掉电丢失，用于调试过程使用。FPGA 芯片关于 JTAG 配置方式和 AS 配置方式的接口如图 8.2.3.1 所示。

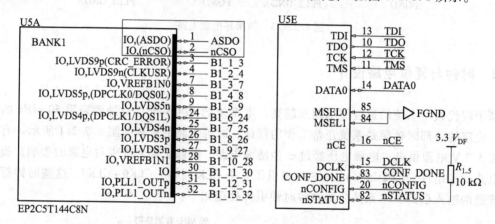

图 8.2.3.1 FPGA 配置接口电路

JTAG 配置电路，直接把硬件描述代码配置到 FPGA 内部的 SRAM，不需要外部的存储芯片，电路原理图如图 8.2.3.2 所示。TDI 和 TMS 需要外接 10 kΩ 的上拉电阻到芯片的 V_{CCIO} 电平，TCK 需要外接 10 kΩ 下拉电阻到芯片 I/O 口的地，JTAG 配置接口使用常见的 10 脚牛角座，4 个 JTAG 接口与 FPGA 相应的接口直接连接，配置数据时，由上位机直接与 FPGA 芯片进行数据交换。

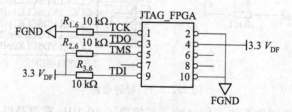

图 8.2.3.2 JTAG 配置电路

AS 配置电路，需要外接存储芯片（EPCS 系列），EP2C5T144C8 器件的配置数据为 1,265,792 bits，考虑工程中 FPGA 程序占用资源最好不要超过 80% 的原则，采用存储量为 1 Mbits 的 EPCS1SI8 芯片，电路原理图如图 8.2.3.3 所示。配置芯片 EPCS1 通过 AS 接口与 FPGA 芯片完成配置数据的存储和读取。EPCS1 芯片的 4 个 AS 配置接口直接与 FPGA 芯片相应的接口连接，配置芯片和 AS 配置接口电源均取自 V_{CCIO} 相等的电压值。前面章节已描述过，在配置和初始化结束后，CONF_DONE 信号均变成高电平，且 nCONFIG 是低电平有效，所以两个信号引脚均需要外接 10 kΩ 的上拉电阻；因为只有一个 FPGA 芯片需要配置，所以 nCE 要外接 10 kΩ 的下拉电阻，保持低电平。在极端情况下，FPGA 程序可能"跑飞"，为了避免断电再重新配置 FPGA 程序的麻烦，电路设计了复位手动配置按键 KEY2_1 用于复位。由于 nCONFIG 低电平时，FPGA 会进入复位状态，因此设计按键低电平有效。

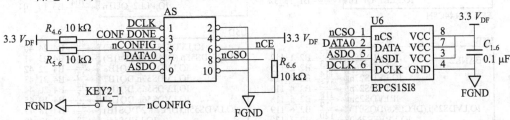

图 8.2.3.3　AS 配置电路

对于 FLASH 存储芯片的配置，可以不使用 AS 接口，直接使用 JTAG 接口进行。使用 JTAG 接口进行 FLASH 配置时，FLASH 芯片的容量要足够大，否则此方法将不能使用。其具体的配置过程见 8.3.2 小节"下载配置"部分。

为了便于观察 FPGA 芯片的配置状态，根据 CONF_DONE 信号的变化规律，设计了一个三极管开关电路，如图 8.2.3.4 所示。在 JTAG 模式下，FPGA 数据配置结束前，CONF_DONE 为低电平，此时三极管导通，LED 灯亮；FPGA 配置结束后，CONF_DONE 信号变成高电平，三极管截止 LED 灯熄灭。在 AS 配置模式下，FPGA 数据配置结束前，CONF_DONE 为低电平，此时三极管导通 LED 灯亮；FPGA 配置结束后，如果没有拔掉下载器，会一直处于配置数据当中，CONF_DONE 一直为低电平，LED 灯常亮，所以使用 AS 配置 FLASH 芯片时，下载完需要断电拔掉下载器。

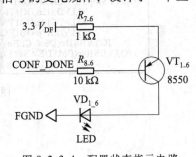

图 8.2.3.4　配置状态指示电路

8.2.4　接口电路设计

FPGA 提供了丰富的 I/O 接口，可以连接不同的外设。EP2C5T144C8 的接口电路如图 8.2.4.1 所示。除了和本书涉及到的其他外设模块连接的引脚外，使用插针将其中 38 个闲置 I/O 口引出，可以方便外扩其他外设使用，如图 8.2.4.2 所示。与本书外设模块（如高速 ADC、高速 DAC、高速比较器、与单片机的 SPI 接口等）的连接和应用方法见以下各章内容。

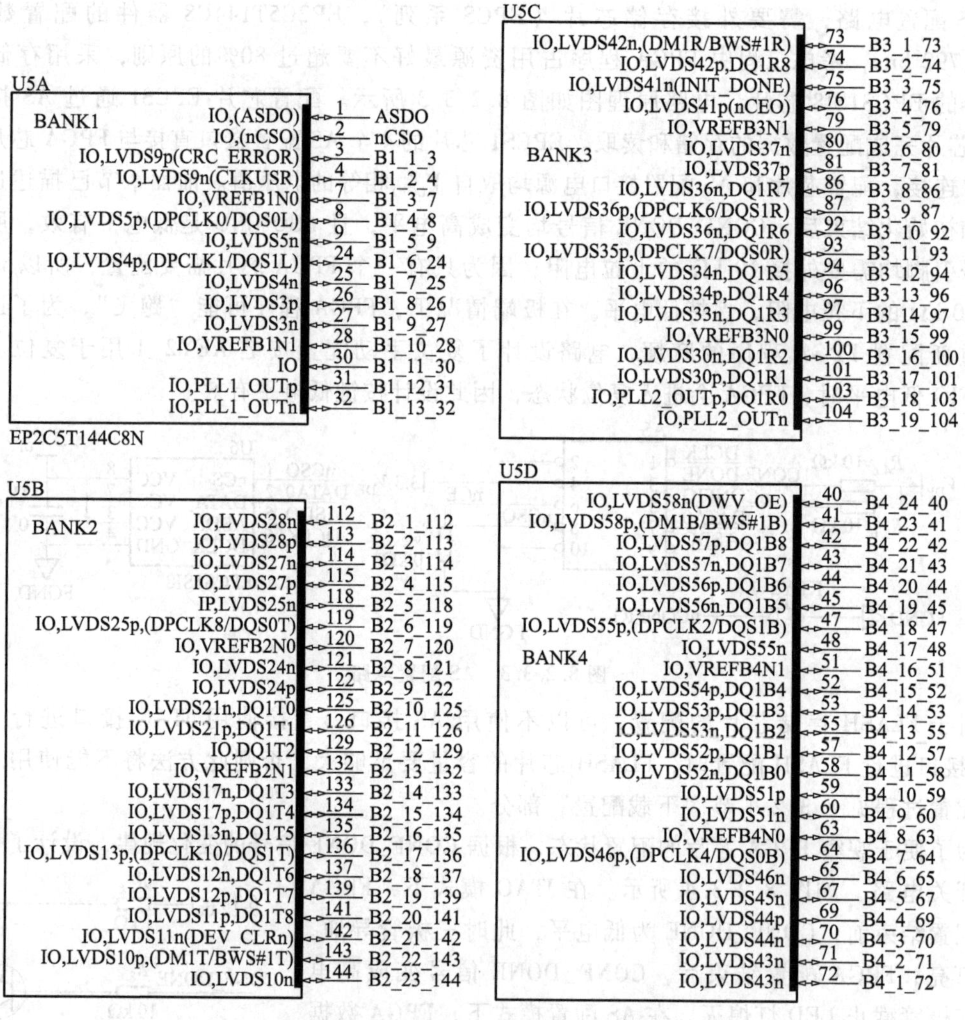

U5A

BANK1

IO,(ASDO)	1	ASDO
IO,(nCSO)	2	nCSO
IO,LVDS9p(CRC_ERROR)	3	B1_1_3
IO,LVDS9n(CLKUSR)	4	B1_2_4
IO,VREFB1N0	7	B1_3_7
IO,LVDS5p,(DPCLK0/DQS0L)	8	B1_4_8
IO,LVDS5n	9	B1_5_9
IO,LVDS4p,(DPCLK1/DQS1L)	24	B1_6_24
IO,LVDS4n	25	B1_7_25
IO,LVDS3p	26	B1_8_26
IO,LVDS3n	27	B1_9_27
IO,VREFB1N1	28	B1_10_28
IO	30	B1_11_30
IO,PLL1_OUTp	31	B1_12_31
IO,PLL1_OUTn	32	B1_13_32

EP2C5T144C8N

U5C

IO,LVDS42n,(DM1R/BWS#1R)	73	B3_1_73
IO,LVDS42p,DQ1R8	74	B3_2_74
IO,LVDS41n(INIT_DONE)	75	B3_3_75
IO,LVDS41p(nCEO)	76	B3_4_76
IO,VREFB3N1	79	B3_5_79
IO,LVDS37n	80	B3_6_80
IO,LVDS37p	81	B3_7_81
IO,LVDS36n,DQ1R7	86	B3_8_86
IO,LVDS36p,(DPCLK6/DQS1R)	87	B3_9_87
IO,LVDS36n,DQ1R6	92	B3_10_92
IO,LVDS35p,(DPCLK7/DQS0R)	93	B3_11_93
IO,LVDS34n,DQ1R5	94	B3_12_94
IO,LVDS34p,DQ1R4	96	B3_13_96
IO,LVDS33n,DQ1R3	97	B3_14_97
IO,VREFB3N0	99	B3_15_99
IO,LVDS30n,DQ1R2	100	B3_16_100
IO,LVDS30p,DQ1R1	101	B3_17_101
IO,PLL2_OUTp,DQ1R0	103	B3_18_103
IO,PLL2_OUTn	104	B3_19_104

BANK3

U5B

BANK2

IO,LVDS28n	112	B2_1_112
IO,LVDS28p	113	B2_2_113
IO,LVDS27n	114	B2_3_114
IO,LVDS27p	115	B2_4_115
IP,LVDS25n	118	B2_5_118
IO,LVDS25p,(DPCLK8/DQS0T)	119	B2_6_119
IO,VREFB2N0	120	B2_7_120
IO,LVDS24n	121	B2_8_121
IO,LVDS24p	122	B2_9_122
IO,LVDS21n,DQ1T0	125	B2_10_125
IO,LVDS21p,DQ1T1	126	B2_11_126
IO,DQ1T2	129	B2_12_129
IO,VREFB2N1	132	B2_13_132
IO,LVDS17n,DQ1T3	133	B2_14_133
IO,LVDS17p,DQ1T4	134	B2_15_134
IO,LVDS13n,DQ1T5	135	B2_16_135
IO,LVDS13p,(DPCLK10/DQS1T)	136	B2_17_136
IO,LVDS12n,DQ1T6	137	B2_18_137
IO,LVDS12p,DQ1T7	139	B2_19_139
IO,LVDS11p,DQ1T8	141	B2_20_141
IO,LVDS11n(DEV_CLRn)	142	B2_21_142
IO,LVDS10p,(DM1T/BWS#1T)	143	B2_22_143
IO,LVDS10n	144	B2_23_144

U5D

IO,LVDS58n(DWV_OE)	40	B4_24_40
IO,LVDS58p,(DM1B/BWS#1B)	41	B4_23_41
IO,LVDS57p,DQ1B8	42	B4_22_42
IO,LVDS57n,DQ1B7	43	B4_21_43
IO,LVDS56p,DQ1B6	44	B4_20_44
IO,LVDS56n,DQ1B5	45	B4_19_45
IO,LVDS55p,(DPCLK2/DQS1B)	47	B4_18_47
IO,LVDS55n	48	B4_17_48
IO,VREFB4N1	51	B4_16_51
IO,LVDS54p,DQ1B4	52	B4_15_52
IO,LVDS53p,DQ1B3	53	B4_14_53
IO,LVDS53n,DQ1B2	55	B4_13_55
IO,LVDS52p,DQ1B1	57	B4_12_57
IO,LVDS52n,DQ1B0	58	B4_11_58
IO,LVDS51p	59	B4_10_59
IO,LVDS51n	60	B4_9_60
IO,VREFB4N0	63	B4_8_63
IO,LVDS46p,(DPCLK4/DQS0B)	64	B4_7_64
IO,LVDS46n	65	B4_6_65
IO,LVDS45n	67	B4_5_67
IO,LVDS44p	69	B4_4_69
IO,LVDS44n	70	B4_3_70
IO,LVDS43n	71	B4_2_71
IO,LVDS43p	72	B4_1_72

BANK4

图 8.2.4.1　EP2C5T144C8 的 I/O 接口

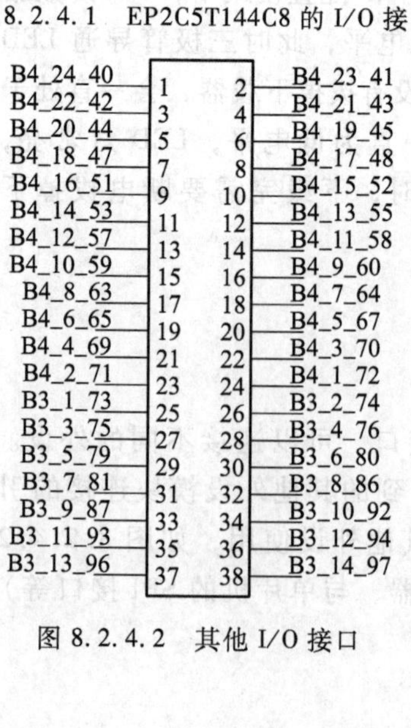

B4_24_40	1	2	B4_23_41
B4_22_42	3	4	B4_21_43
B4_20_44	5	6	B4_19_45
B4_18_47	7	8	B4_17_48
B4_16_51	9	10	B4_15_52
B4_14_53	11	12	B4_13_55
B4_12_57	13	14	B4_11_58
B4_10_59	15	16	B4_9_60
B4_8_63	17	18	B4_7_64
B4_6_65	19	20	B4_5_67
B4_4_69	21	22	B4_3_70
B4_2_71	23	24	B4_1_72
B3_1_73	25	26	B3_2_74
B3_3_75	27	28	B3_4_76
B3_5_79	29	30	B3_6_80
B3_7_81	31	32	B3_8_86
B3_9_87	33	34	B3_10_92
B3_11_93	35	36	B3_12_94
B3_13_96	37	38	B3_14_97

图 8.2.4.2　其他 I/O 接口

8.3　Quartus II 9.0 的使用

使用硬件描述语言完成电路设计后，还需要借助 EDA 工具中的综合器、适配器和编程器等工具处理，才能下载到 FPGA 芯片内部实现硬件电路的设计。目前，主流的 FPGA 开发软件是 Altera 公司的 Quartus II 软件和 Xilinx 公司的 ISE 软件，本节主要介绍 Quartus II 9.0 软件的功能与特点，并通过一个实际工程的设计实现使读者快速掌握创建工程、设计输入、编译综合、波形仿真和代码的配置下载等基本的开发设计流程。

8.3.1　Quartus II9.0 简介

1.　Quartus II 9.0 功能概述

Quartus II 软件是 Altera 公司 2001 年推出的第四代综合开发工具，软件支持的开发器件主要有：Cyclone、Cyclone II、Cyclone III、MAX3000A、Stratix、Stratix II、MAX700S 等系列。Quartus II 软件是一种集编辑、编译、综合、布局布线、仿真和配置下载于一体的集成化多平台设计环境，能够直接满足用户的设计需求。软件既支持 Verilog HDL 和 VHDL 等硬件描述语言的设计输入，同时也支持图形设计输入；软件综合器不但内嵌有 Verilog HDL 和 VHDL 的综合器，还支持第三方的综合工具的综合。

2.　Quartus II 9.0 用户界面

Quartus II 软件启动后，默认界面如图 8.3.1.1 所示，默认界面主要由标题栏、菜单栏、工具栏、资源管理窗、编译状态指示窗、工程工作窗和信息显示窗组成。

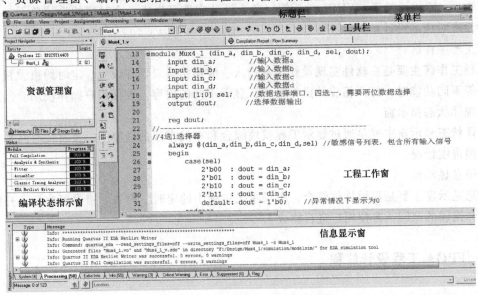

图 8.3.1.1　Quartus II 软件用户界面

- 标题栏

标题栏显示的是当前工程的名称与路径。

- 菜单栏

菜单栏包括了 Quartus II 软件全部核心操作命令，主要由：文件（File）、编辑（Edit）、视图（View）、工程（Project）、资源分配（Assignments）、操作（Processing）、工具（Tools）、窗口（Window）和帮助（Help）9 个菜单组成，比较常用的菜单主要有：文件、工程、资源分配、操作和工具。

文件：主要用于新建、打开、保存设计输入文件或工程。

工程：主要是对工程的创建和删除、TCL 脚本的产生、工程的功率估算等。

资源分配：主要是对工程的引脚分配、时序约束、参数设置等工程参数的设置。

操作：主要是执行工程的综合、布局布线、时序分析等设计流程。

工具：主要是调用 MegaWizard Plug-In manager、Chip Editor、RTL Viewer 等软件内部集成的工具。

- 工具栏

工具栏包含了各种常用命令的快捷图标，比如新建文件、编译等，各种图标均可在菜单栏找到相应的菜单命令。鼠标放置在图标上，即可显示图标的功能，用户也可根据实际使用自定义工具栏的图标，方便操作。

- 资源管理窗

资源管理窗主要用于显示当前工程中的所有相关的设计输入文件。窗口下方有 3 个标签结构层次（Hierarchy）、文件（File）和设计单元（Design Units）。在工程编译前，结构层次标签下的窗口只显示顶层文件的模块名，编译后显示所有的模块与其资源使用情况。文件标签下的窗口显示工程编译后的所有文件，文件类型可以是设计输入文件（Design Device Files）、波形仿真文件（Software Files）等与工程相关的文件。设计标签下的窗口主要列出了工程编译后的 AHDL 单元、Verilog 单元、VHDL 单元等，每个设计文件可生成一个对应的设计单元，参数定义文件没有对应的设计单元。

- 工程工作区

工程工作区主要是在软件实现设计文本输入、波形仿真、器件设置、定时约束设置、底层编辑器等不同功能时，打开相应的操作窗口，显示不同的内容，方便用户操作使用。

- 编译状态指示窗

编译状态显示窗主要是通过显示工程模块综合和布局布线的进度条，及所耗时间来显示工程当前的进度情况。

- 信息显示窗

信息显示窗主要是显示软件综合、布局布线过程中的定时、警告、错误等信息，并给出出现警告和错误的原因，方便用户进行修改。

8.3.2 FPGA 工程设计流程

FPGA 工程的设计流程主要包括：设计输入、综合、布局布线、时序分析、仿真验证和编程配置等。布局布线和时序分析需要深入学习，对于逻辑应用和算法处理方面，其设计流程可以省略布局布线和时序分析。本小节以 4 路选择器的实现，简单介绍 FPGA 工程的设计流程。

1. 创建工程

如图 8.3.2.1 所示，在文件菜单下，单击"New Project Wizard"，进入工程创建界面。

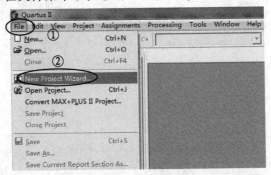

图 8.3.2.1　创建工程

工程创建界面如图 8.3.2.2 所示，按如下步骤操作。

（1）首先，选择工程的文件路径，文件夹的名字不能用中文，也不要有空格。

（2）然后，"What is the name of this project?"下输入工程名；"What is the name of the top-level design entity for this project?"下输入工程顶层设计文件的名字，工程名和工程顶层文件默认保持一致，本工程名和顶层设计文件名均为"Mux4_1"。

（3）命名完后，单击"Next"进入下一步。

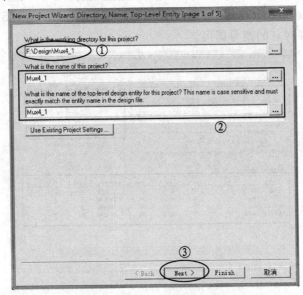

图 8.3.2.2　工程创建界面

完成工程命名后，进入添加设计文件的界面，如图 8.3.2.3 所示。

（1）首先，选择所要添加的文件。

（2）如果是单个文件，需要单击右边界面的"Add"，如果添加文件多于 1 个，无需单击

"Add"或"Add All"。

（3）添加完成后，单击"Next"进入下一步。

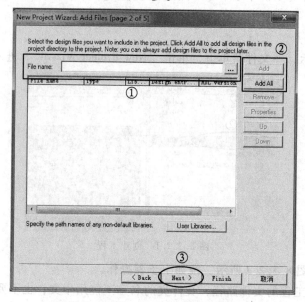

图 8.3.2.3　添加已有设计文件

如图 8.3.2.4 所示，进入器件选择页面。

（1）在"Family"中选择 Cyclone II 系列。

（2）在界面右边具体选择器件的封装、引脚和速度级别。

（3）然后在"Available device"中选择具体芯片型号，比如 EP2C5T144C8。如果使用的芯片为其他型号，选择对应的型号即可。

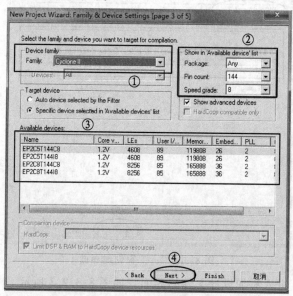

图 8.3.2.4　器件选择界面

（4）单击"Next"进入下一步。

如图 8.3.2.5 所示，进入选择 EDA 工具的界面。这里可以设置工程各个开发环节中需要用到的第三方（Altera 公司以外）EDA 工具。如果没有用到第三方的 EDA 工具，则默认为"<None>"即可，单击"Next"进入下一步。

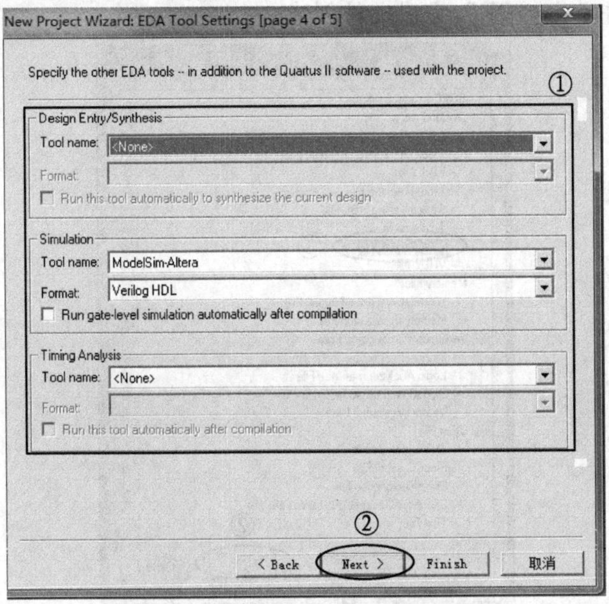

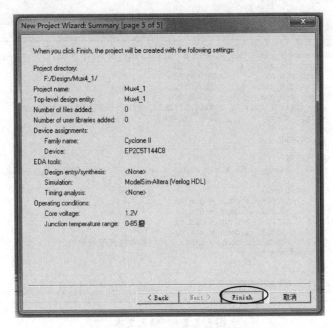

图 8.3.2.5　EDA 工具选择界面

完成以上操作后，进入工程信息核对界面，如图 8.3.2.6 所示。确认工程信息无误以后，单击"Finish"完成工程创建。

图 8.3.2.6　工程信息核对界面

2. 设计输入

（1）新建设计输入文本。单击菜单栏的"File"后单击下拉菜单中的"New…"，出现如图 8.3.2.7 所示的新建文件窗口，在这里可以选择各种需要的设计文件格式，比如选择"Verilog HDL File"并单击"OK"完成文件创建。

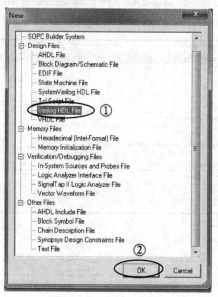

图 8.3.2.7　设计输入文本选择

（2）输入设计文本。在刚创建的 Verilog 文件中输入代码后，如图 8.3.2.8 所示，文本还没保存，文件名还是"Verilog1．v"。

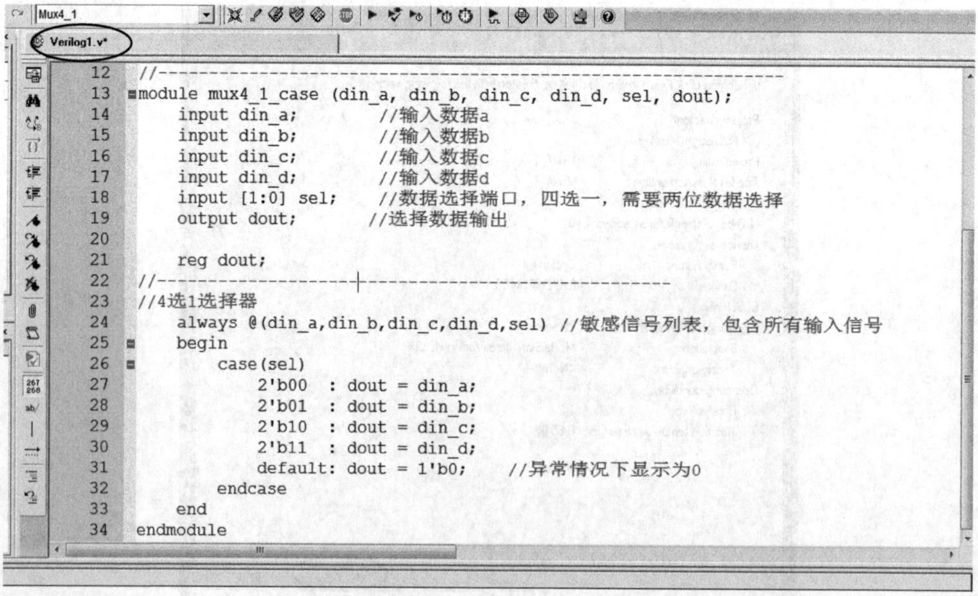

```verilog
12   //-------------------------------------------------
13   module mux4_1_case (din_a, din_b, din_c, din_d, sel, dout);
14       input din_a;        //输入数据a
15       input din_b;        //输入数据b
16       input din_c;        //输入数据c
17       input din_d;        //输入数据d
18       input [1:0] sel;    //数据选择端口，四选一，需要两位数据选择
19       output dout;        //选择数据输出
20
21       reg dout;
22   //-------------------+----------------------------
23   //4选1选择器
24       always @(din_a,din_b,din_c,din_d,sel) //敏感信号列表，包含所有输入信号
25       begin
26           case(sel)
27               2'b00  : dout = din_a;
28               2'b01  : dout = din_b;
29               2'b10  : dout = din_c;
30               2'b11  : dout = din_d;
31               default: dout = 1'b0;    //异常情况下显示为0
32           endcase
33       end
34   endmodule
```

图 8.3.2.8　输入文本

（3）设计文本保存。按快捷键 Ctrl+S 或单击"File"，在下拉菜单中单击"Save"后则会弹出一个对话框提示输入文件名和保存路径，如图 8.3.2.9 所示。文件名默认会和所命名的 module 名一致，默认路径也会是当前的工程文件夹。通常也都采用默认设置进行保存即可。

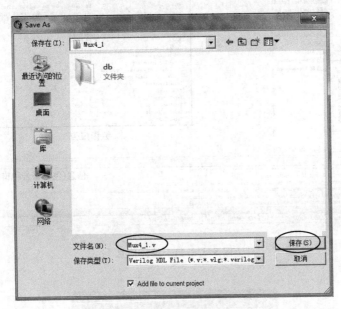

图 8.3.2.9　保存设计输入文本

（4）编译。为了验证设计输入代码的基本语法是否正确，可以单击工具栏的 Analysis & ElaboratI/On 按钮，如图 8.3.2.10 所示。

图 8.3.2.10　编译

同时可以输出打印窗口的 Processing 里的信息，如图 8.3.2.11 所示，包括各种 Warning 和 Error。Error 意味着代码有语法错误，后续的编译将无法继续；而 Warning 则不一定是致命的，但很多时候 Warning 中暗藏玄机，很多潜在的问题都可以从这些条目中寻找到蛛丝马迹。当然了，也并不是说一个设计编译下来就不可以有 Warning，如果设计者确认这些 Warning 符合设计要求，那么可以忽略它。

3. 仿真验证

为了进一步验证代码所实现功能的正确性，还需要进行仿真（包括功能仿真和时序仿真），因此需要新建一个波形文件。点击菜单栏的"File"后单击下拉菜单中的"New…"，然后弹出如图所示的新建文件窗口，如图 8.3.2.12 所示，选择"Vector Waveform File"并单击"OK"完成波形文件创建。

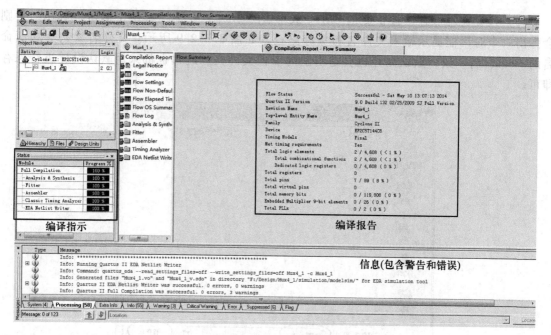

图 8.3.2.11　编译信息

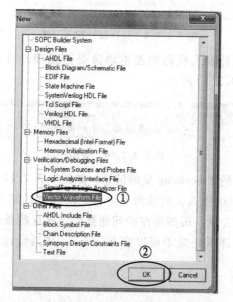

图 8.3.2.12　新建一个波形文件

　　波形仿真窗口如图 8.3.2.13 所示，主要包含有端口窗和波形信息窗。在编辑框的左侧端口窗的空白区域双击出现如图 8.3.2.14 所示界面。

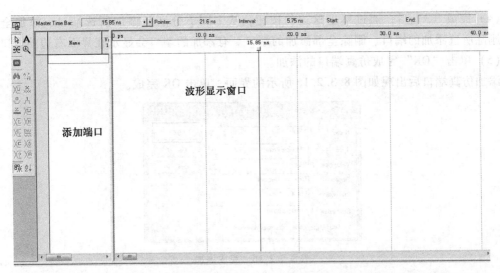

图 8.3.2.13　波形仿真窗口

选择 "Node Finder…"，进入添加仿真端口的界面，如图 8.3.2.15 所示，在此界面中需要添加待仿真端口并添加激励信号，操作步骤如下：

（1）选择待添加端口的类型，一般选择 "Pin：all"，表示全部的模块端口。

（2）单击 "List"，界面左边会显示全部的模块端口。

（3）这里显示的都是模块的端口，单击需要添加的端口。

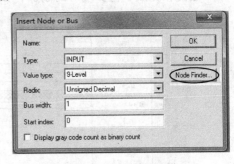

图 8.3.2.14　端口查找

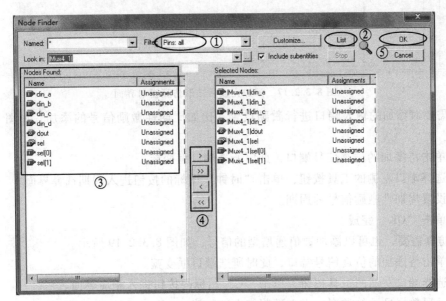

图 8.3.2.15　添加仿真端口

（4）完成（3）后，通过单击这边的按钮，从上到下分别是添加所选端口、添加全部端口、删除所选添加的端口、删除全部添加的端口。有添加的端口会显示在界面右边的窗口里。

（5）单击"OK"完成仿真端口的添加。

添加仿真端口后出现如图 8.3.2.16 所示的界面，单击 OK 完成。

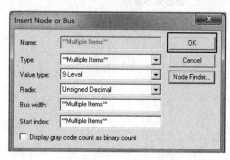

图 8.3.2.16　完成添加

至此，完成了仿真端口的添加，如图 8.3.2.17 所示。

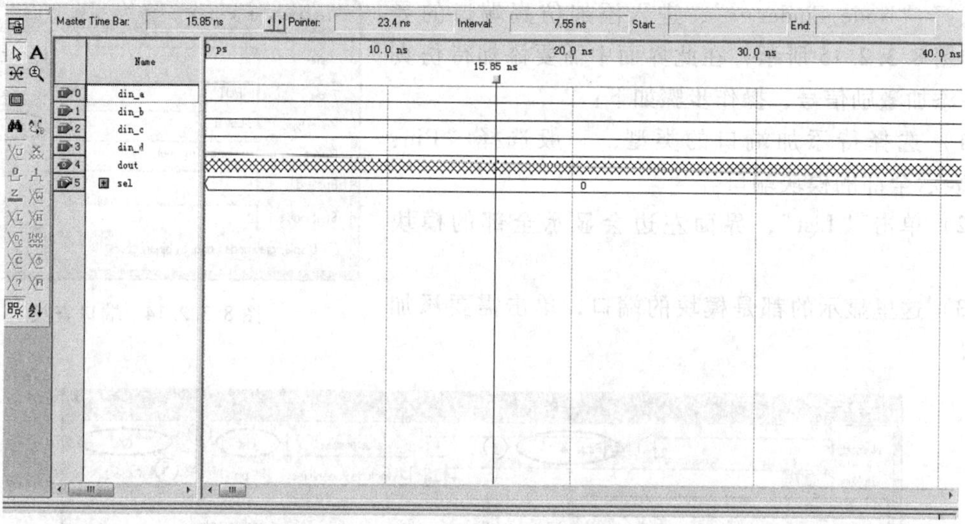

图 8.3.2.17　添加完成后波形仿真窗口界面

接着需要对添加的输入端口进行激励设置，比如周期性激励信号的添加，如图 8.3.2.18 所示。

（1）单击待添加的仿真信号端口，此时所选端口框变蓝。

（2）选择端口左侧的工具按钮，单击"时钟"图标的按钮进入周期选择界面。

（3）设置周期性激励信号的周期。

（4）单击"OK"完成。

根据仿真需要，也可以添加数值递增型的信号，如图 8.3.2.19 所示。

（1）单击待添加的仿真信号端口，此时所选端口框变蓝。

（2）选择端口左侧的工具按钮，单击"C"图标的按钮进入相应界面。

（3）设置数据显示的类型，十六进制或十进制等。

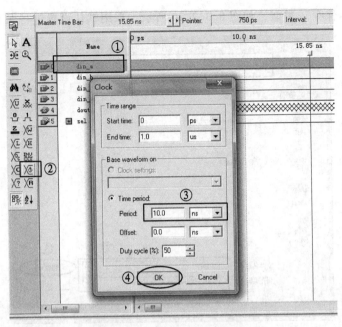

图 8.3.2.18　添加周期性激励信号

（4）单击"Timing"，设置数据递增的周期，界面如图 8.3.2.19 下方所示。

（5）设置数据递增的开始和结束时间。

（6）设置数据递增的周期。

（7）单击"确认"完成设置。

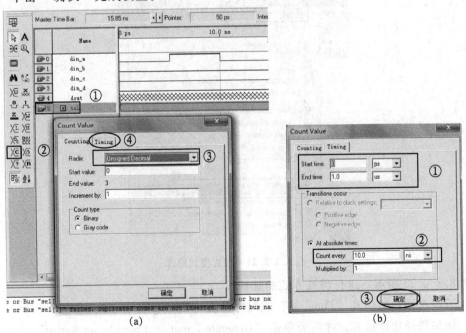

图 8.3.2.19　添加数值递增型信号

(a) 设置类型；(b) 设置周期

和"设计文本保存"类似，如图 8.3.2.20 所示，采用默认设置进行保存即可。

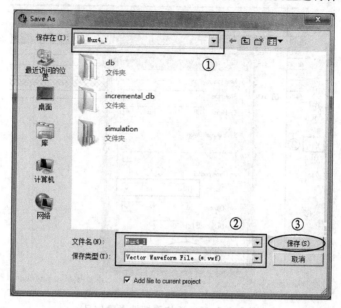

图 8.3.2.20 保存波形仿真文件

波形文件的建立和输入完成之后可以进行仿真。在仿真前，需要设置仿真模式。接下来介绍如何进行仿真模式的选择。如图 8.3.2.21 所示，单击菜单栏的"Processing"选择"Simulator Tool"，进入仿真工具设置。

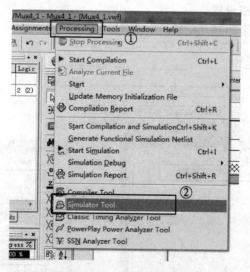

图 8.3.2.21 仿真模式选择

如图 8.3.2.22 所示，进行仿真方式的选择：

（1）下拉选择功能仿真"Function"或时序仿真"Timing"。

（2）如果选择功能仿真，才需要单击"Generate Functional Simulation Netlist"。

（3）设置完成后，单击"Start"开始仿真。

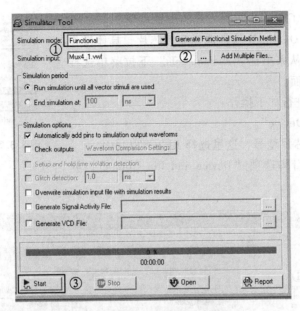

图 8.3.2.22　选择功能仿真

4. 引脚锁定

完成以上步骤后,可以进行模块端口的引脚锁定,引脚锁定界面如图 8.3.2.23 所示。

(1) 单击工具栏的"Assignment Editer",进入引脚锁定界面。

(2) 选择模块端口需要设置的特性,比如 I/O 口电平标准、是否内部上拉等,引脚的锁定选择"Pin"。

(3) 下拉选择需要锁定引脚的端口。

(4) 下拉选择锁定的引脚,也可直接输入引脚标号。

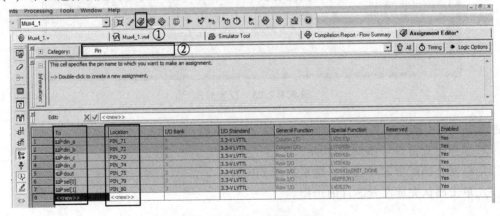

图 8.3.2.23　引脚锁定界面

5. 下载配置

当引脚锁定和全局编译通过后,接下来就要将编译生成的文件下载到板上验证功能是否正确。下面简单介绍 JTAG 和 AS 两种方式的配置过程。

AS 配置方式需要 QuartusII 软件选择配置芯片，具体操作如图 8.3.2.24 所示。从菜单栏"Assignments"下拉菜单选择"Setting"进入设置界面。

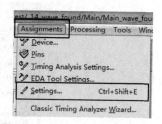

图 8.3.2.24　进入设置界面

进入设置界面后进行如下操作：

（1）选择设置"Device"。

（2）选择 FPGA 芯片型号，这里选择 EP2C5T144C8。

（3）进入设置和引脚选项"Device and Pin Option"，界面如图 8.3.2.25 所示。

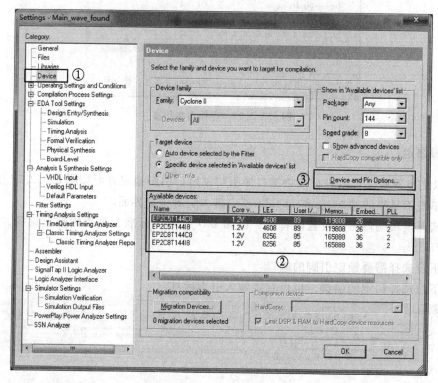

图 8.3.2.25　设置界面

进入设置和引脚选项界面后，如图 8.3.2.26 所示：

（1）选择配置窗口"Configuration"。

（2）根据外部配置芯片选择，这里选择 EPCS1。

（3）单击确认完成配置芯片的选择。

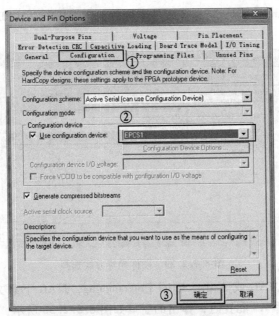

图 8.3.2.26　配置芯片选择

　　无论是 JTAG 配置方式，还是 AS 配置方式，以下操作是一致的。如图 8.3.2.27 所示，单击红框选择的图标，进入配置界面。

图 8.3.2.27　进入配置界面

配置界面如图 8.3.2.28 所示，主要显示一些配置方式和配置文件的信息。

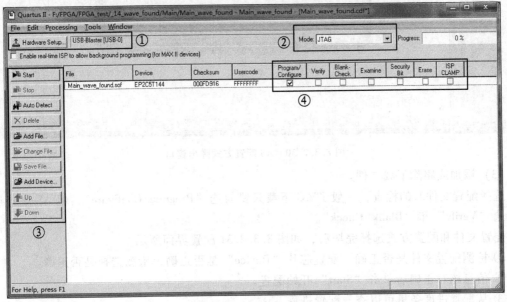

图 8.3.2.28　配置界面 1

（1）单击"Hardware Setup…"选择硬件上配置的下载方式为 USB-Blaster ［USB-0］，界面如图 8.3.2.29 所示。

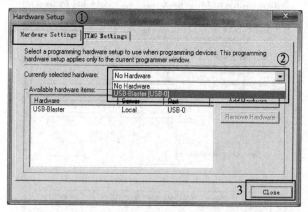

图 8.3.2.29　硬件配置方式选择

（2）选择配置方式 JTAG 或 Active Serial Programming，JTAG 下载文件后缀为 . sof，AS 下载文件后缀为 . pof。选择 AS 配置时，弹出的窗口如图 8.3.2.30 所示，直接单击"是"即可。

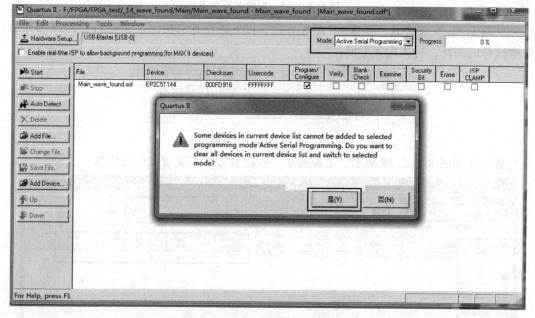

图 8.3.2.30　AS 配置方式弹出窗口

（3）添加或删除下载文件。

选择配置文件时的检查，一般 JTAG 下载只要勾选"Program/Configure"，但 AS 配置还要多勾选"Verify"和"Blank-Check"。

配置文件和配置方式选择完毕后，如图 8.3.2.31 配置界面所示。

① 检测配置文件是否正确、配置芯片"Device"是否正确，检测选择是否正确。

② 信息核对正确后单击"Start"开始配置。

③ 从配置进度条里可以查看配置进程。

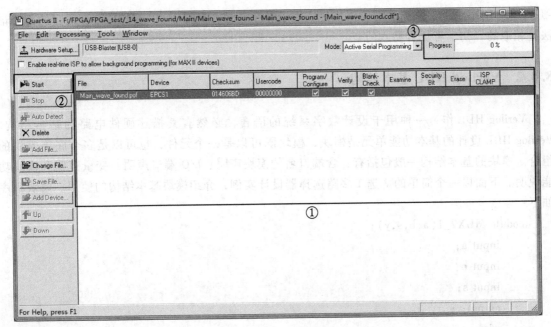

图 8.3.2.31　配置界面 2

8.4　Verilog HDL 编程基础

现代数字系统设计中，无论规模的大小，大部分采用的都不再是传统的电路图输入进行设计，广泛使用的是基于语言的设计方法。硬件描述语言（Hardware Description Language，HDL）是国际上流行的描述数字电路和数字系统的语言，在 EDA 工具支持的设计平台下，可快速实现用户的设计需求。其主要流程是：设计者采用硬件描述语言按照数字电路系统的功能建立其行为模型，由 EDA 综合工具自动对所设计的电路进行优化和仿真，并创建针对物理可实现的网表文件，再转为 FPGA 可实现的方式完成数字系统的硬件实现。

本节主要介绍 Verilog 硬件描述语言的特点、基本结构、语法和常用语句的使用，并根据不同语句的使用情况给出相应的设计实例，加深读者对 Verilog HDL 语言的学习与理解。

8.4.1　Verilog HDL 语言简介

Verilog HDL 和 VHDL 是目前世界上最流行的两种硬件描述语言，都是在 20 世纪 80 年代中期开发出来的，两种 HDL 均为 IEEE 标准。Verilog HDL 是一种以文本形式来描述数字系统硬件的结构和行为的语言，用它可以表示逻辑电路图、逻辑表达式，还可以表示数字逻辑系统所完成的逻辑功能。

两种语言的主要功能没多大区别，VHDL 的系统描述能力更好，适合大规模电路系统的设计，Verilog HDL 的底层描述能力更好，更偏向于底层硬件电路的设计。Verilog HDL 设计初衷是想成为一种基本语法与 C 语言类似的硬件描述语言，设计者希望电路设计者可以更快地学习 Verilog HDL,让它像 C 语言一样快速应用于各个领域。所以 Verilog HDL 和 C 语言的部分语法是相似的,初学者更容易入门。

8.4.2 Verilog HDL 基本结构

Verilog HDL 作为一种用于设计数字系统的语言,必然有其描述硬件电路的基本结构。Verilog HDL 设计的基本功能单元是模块,模块既可以是一个元件,也可以是多个底层模块的组合。模块的基本结构一般包括有:含端口名的模块声明、I/O 端口声明、变量声明和模块功能说明。下面以一个简单的 2 选 1 多路选择器设计实例,介绍模块基本结构的使用。模块程序如下:

```
module MUX2_1(a,b,s,y);
    input a;
    input b;
    input s;
    output y;
    wire y;
    assign y = (s? a:b);
endmodule
```

1. 含端口名的模块声明

Verilog HDL 每个电路模块都是以关键字 module 引导,以关键字 endmodule 结束,模块声明语句的一般格式如下:

```
module 模块名(端口 1,端口 2,端口 3,…,端口 n);
endmodule
```

模块名命名一般与模块的功能相关,比如以 MUX2_1 作为 2 选 1 多路选择器的模块名,命名的字符必须符合 Verilog HDL 对字符的规定,相关规定在 8.4.3 的基本语法中有描述。模块名右侧括号内的是模块的端口列表,每个端口名必须使用逗号隔开,端口是模块与外界进行信息交流的接口,比如设计实例里的 a、b、s 和 y,端口名也是标识符,也必须符合 Verilog HDL 对字符的规定。模块声明最右侧括号外必须有个分号。

2. I/O 端口声明

在模块声明端口列表里的各个端口都必须说明其端口类型、位宽。根据实际信号的流向,端口类型可分为输入端口、输出端口和双向端口。

- 输入端口的声明:input [信号位宽-1:0]端口 1,端口 2,…,端口 n;
- 输出端口的声明:output [信号位宽-1:0]端口 1,端口 2,…,端口 n;
- 双向端口的声明:inout [信号位宽-1:0]端口 1,端口 2,…,端口 n;

不同类型的端口声明关键字是不一样的,相同位宽且端口类型一样的端口可在同一个端口类型下声明,此时端口间必须使用逗号隔开。但是为了方便对端口管理,一般各个端口分开声明。与 C 语言一样，信号位宽的第 0 位是有效的，所以端口信号的有效位是第 0 位到第 "信号位宽–1" 位，实际上信号有效位不一定要从第 0 位开始，只要位宽和信号位宽一致即可。如果没有进行位宽声明，软件默认位宽为一位，如设计实例里的 a、b、s 和 y。端口声明完后，必须加分号结束。

3. 变量声明

除了模块端口需要声明外，模块内部的信号同样需要进行变量类型、位宽的声明。位宽的声明与 I/O 端口的声明一样，内部信号的变量类型主要分为线网和寄存器，线网型以关键字 wire 引导，寄存器型以关键字 reg 引导。

线网的一般表达式如下：

    wire　[变量位宽–1:0] 变量 1, 变量 2, …, 变量 n;

寄存器的一般表达式如下：

    reg　[变量位宽–1:0] 变量 1, 变量 2, …, 变量 n;

设计实例中得输出信号 y 就是定义为线网型的，关于变量类型的具体使用，在 8.4.3 的基本语法与数据类型中有相关的描述。

4. 模块功能说明

模块功能说明是一个模块的核心部分，通过 assign、always 等关键语句和运算表达式，描述模块的逻辑功能。设计实例里模块逻辑功能是 2 选 1 多路选择器，使用组合逻辑常用的语句 assign 和相关表达式描述电路的逻辑功能：

    assign y = (s? a:b);

这条语句功能如下：通过选择信号 s 控制 y 的输出信号，若 s = **1**，则 y = a；反之 s = **0**，y = b。语句的使用在后续章节会有相关描述。

8.4.3　基本语法与数据类型

1. 基本语法

Verilog HDL 语言中的基本语法有：数字、空白符、注释、分隔符、标识符和关键字等，其基本词法与 C 语言类似，下面简单介绍它们的使用情况。

（1）数字

Verilog 语言中整型数字的一般表达式如下：

        <位宽><进制><数字>

数字的位宽默认由具体的机器系统决定，但至少 32 位，所以使用中数字位宽最好标明。Verilog 支持的数字进制表示形式如下：二进制（'b 或 'B）、十进制整数（'d 或 'D）、八进制整数（'o 或 'O）和十六进制整数（'h 或 'H），数字默认进制是十进制。数字根据实际需要取值，不能超出位宽允许的最大数字值，超出后只取数字最低位到位宽位减一的数据。具体实例如下：

8'd10　　　　//表示位宽 8 位的十进制数字 10

'H10　　　　//表示位宽 32 位的十六进制数字 10

10　　　　　//表示位宽 32 位的十进制数字 10

数字可以阿拉伯数字表示，也可以使用 x 代表不定值，z 代表高阻值。一个 x 可以用来定义十六进制数的四位二进制数的状态，八进制数的三位，二进制数的一位。z 的表示方式同 x 类似。z 还有一种表达方式是可以写作。在使用 case 表达式时建议使用这种写法，以提高程序的可读性。见下例：

4'b10x0　　//位宽为 4 的二进制数从低位数起第二位为不定值

4'b101z　　//位宽为 4 的二进制数从低位数起第一位为高阻值

12'dz　　　//位宽为 12 的十进制数其值为高阻值(第一种表达方式)

12'd?　　　//位宽为 12 的十进制数其值为高阻值(第二种表达方式)

8'h4x　　　//位宽为 8 的十六进制数其低四位值为不定值

一个数字可以被定义为负数，对于负数的表示方式，只需在位宽表达式前加一个减号，减号必须写在数字定义表达式的最前面。注意减号不可以放在位宽和进制之间，也不可以放在进制和具体的数之间。见下例：

-8'd5　　　//这个表达式代表 5 的补数 （用八位二进制数表示）

8'd-5　　　//非法格式

有时候为了提高程序可读性，可用下划线分隔开数字的表达方式。下划线不可以用在位宽和进制处，只能用在具体的数字之间。见下例：

16'b1010_1011_1111_1010　　　　　//合法格式

8'b_0011_1010　　　　　　　　　　//非法格式

（2）空白符

Verilog HDL 里空白符主要由空格、制表符和换行符组成，这些空白符只是为分隔开标识符，软件不会对其进行编译。在使用语言输入设计文本时，最好不要使用中文状态下的空白符，有可能会导致编译出错。

（3）注释

无论使用何种语言编写代码程序，都需要对代码和程序进行必要的注释。这样不仅可以加强程序的可读性，还可以在系统出错时，快速找出代码出错的位置，方便后期的系统改进。Verilog HDL 语言主要有两种注释方式：单行注释和多行注释。

单行注释，以“//”开始,注释内容只能写在想要注释的那一行中。

多行注释，以“/*”开始,“*/”结束,注释内容写在里面,可以进行多行注释。

Quartus II 软件不支持中文注释输入，但是可以显示。设计文件输入时，不要在中文状态下输入，此时的输入内容只会显示空白，编译出错会比较难检查出来。注释表达方式如下：

assign y=a+b;　　　//对 a 和 b 进行求和,并赋值给 y

assign y=a+b;　　　/*对 a 和 b 进行求和,并赋值给 y*/

（4）标识符

在系统的硬件描述中，往往需要对系统的一些模块、端口名、连线和信号名等进行命名，此时需要用到标识符表示。字母、数字、$符号和_下划线任意一种都可以组成标识符，标识符的第一个字符必须是字母或下划线，字母区分大小写，字符最多不能超过 1 024 个。标识符表示实例：

Data_1,data_1　　//两个标识符是不同的

1data,$data　　//非法标识符

（5）关键字

Veriloog 语言约定俗成的一些词，且用户不能再使用的，称之为关键字。关键字必须使用小写字母。Verilog 语言中使用的关键字如下：

always，and，assign，begin，buf，bufif0，bufif1，case，casex，casez，cmos，deassign，default，defparam，disable，edge，else，end，endcase，endmodule，endfunction，endprimitive，endspecify，endtable，endtask，event，for，force，forever，fork，function，highz0，highz1，if，initial，inout，input，integer，join，large，macromodule，medium，module，nand，negedge，nmos，nor，not，notif0，notifl，or，output，parameter，pmos，posedge，primitive，pull0，pull1，pullup，pulldown，rcmos，reg，releses，repeat，mmos，rpmos，rtran，rtranif0，rtranif1，scalared，small，specify，specparam，strength，strong0，strong1，supply0，supply1，table，task，time，tran，tranif0，tranif1，tri，tri0，tri1，triand，trior，trireg，vectored，wait，wand，weak0，weak1，while，wire，wor，xnor，xor

注意：在编写 Verilog HDL 程序时，变量的定义不要与这些关键词冲突。

2. 常用数据类型

Verilog HDL 中总共有十九种数据类型，数据类型是用来表示数字电路硬件中的数据储存和传送元素的。在本书中先只介绍三个最基本的数据类型，它们是：

reg 型、wire 型、parameter 型

在一般电路设计自动化的环境下，仿真用的基本部件库是由半导体厂家和 EDA 工具厂家共同提供的。系统设计工程师不必过多地关心门级和开关级的 Verilog HDL 语法现象。

（1）线网型（wire）

线网型表示硬件单元之间的直接连接，常用在以关键字 assign 指定的组合逻辑信号中，输入输出信号默认的变量类型是线网，线网型既可以作为任何表达式的输入，也可作为"assign"语句和模块端口的输出。线网的一般表达式如下：

wire[w-1:0]变量 1,变量 2,…,变量 n;

wire[w1:w0]变量 1,变量 2,…,变量 n;

式中，wire 为关键字，n 表示变量数量，如果一次定义多个变量，每个变量使用逗号隔开。[w-1：0] 和 [w1：w0] 表示每个变量的数据位宽，缺省时位宽默认为 1。声明完变量的数据类型后，需要加分号结束数据类型的声明。wire 数据类型的缺省初始值为高阻值 z，对于模块的输入和输出信号，缺省状态下数据类型默认为 wire 型。具体实例如下：

wire　　　x;　　//定义了一个一位的 wire 型数据

wire[7:0] x;　　//定义了一个八位的 wire 型数据

wire[8:1] x,y;　//定义了二个八位的 wire 型数据

（2）寄存器型（reg）

寄存器是数据储存单元的抽象，寄存器数据类型的关键字是 reg。用户可通过赋值语句去改变寄存器储存的值，其作用与改变触发器储存的值一样。reg 型数据常用来表示用于"always"模块内的指定信号，常代表触发器。通常，在设计中要由"always"块通过使用行为描述语句来表达逻辑关系。在"always"块内被赋值的每一个信号都必须定义成 reg 型。reg型数据的格式如下：

reg ［w-1:0］ 变量 1,变量 2,…,变量 n;

reg ［w1:w0］ 变量 1,变量 2,…,变量 n;

式中，reg 是关键字，n 表示变量数量，其用法和 wire 类似。但 reg 类型数据的缺省初始值为不定值 x，reg 型数据可以赋正值，也可以赋负值。但当一个 reg 型数据是一个表达式中的操作数时，它的值被当作是无符号值，即正值。例如：当一个四位的寄存器用作表达式中的操作数时，如果开始寄存器被赋以值-1，则在表达式中进行运算时，其值被认为是+15。具体实例如下：

reg　　　　x;　　　　　//定义了一个一位的名为 x 的 reg 型数据

reg[3:0] x;　　　　　//定义了一个四位的名为 x 的 reg 型数据

reg[4:1] x,y;　　　//定义了两个四位的名为 x 和 y 的 reg 型数据

对于 reg 型数据，其实相当于数字电路中的触发器，若要修改这些触发器存储单元的值，需要外加控制信号进行触发。控制信号也称为触发条件，常用的触发条件为时钟的边沿，有时也使用逻辑电平进行触发，但此时 reg 型数据就相当于锁存器了。

（3）参数型（parameter）

与 C 语言的 define 类似，Verilog HDL 中常用 parameter 来定义常量，即用 parameter 来定义一个标识符代表一个常量。参数的定义常用在信号位宽定义、延时时间定义等，可提高程序的可读性和可维护性。parameter 型数据是一种常数型的数据，其一般格式如下：

parameter 参数名 1=表达式 1,参数名 2=表达式 2,…,参数名 n=表达式 n;

式中，parameter 是关键字，关键字后跟着一个用逗号分隔开的赋值语句表。每一个赋值语句的右边必须是一个常数表达式，可以是数字或先前已定义过的参数，具体实例如下：

parameter　width=8;　　　　　　　　　//定义位宽 width 为常量 8

parameter　x=25,y=29;　　　　　　　　//定义二个常数参数 x 和 y

parameter　r=5.7;　　　　　　　　　　//声明 r 为一个实型参数

parameter　width=8,width_7=width - 1;　　//用常数表达式赋值

8.4.4　常用运算符

Verilog HDL 语言的运算符范围很广，其运算符按其功能可分为以下几类：

1. 算术运算符（+、-、×、/、%）

2. 赋值运算符（=、<=）

3. 关系运算符（>、<、>=、<=）

4. 逻辑运算符（&&、‖、!）

5. 条件运算符（?:）

6. 位运算符（ ~ 、 | 、 ^ 、 & 、 ^~ ）

7. 移位运算符（ << 、 >> ）

8. 拼接运算符（ {} ）

9. 其他

按运算符所带操作数的个数，运算符又可分为三种：

10. 单目运算符（unary operator）：可以带一个操作数，操作数放在运算符的右边。

11. 二目运算符（binary operator）：可以带二个操作数，操作数放在运算符的两边。

12. 三目运算符（ternary operator）：可以带三个操作数，这三个操作数用三目运算符分隔开。见下例：

$$a = ~a;　　　　//~ 是一个单目取反运算符，a 是操作数$$

$$c = a\&b;　　　　// 是一个二目按位与运算符，a 和 b 是操作数$$

$$y = s?\ a:b;　　　//?: 是一个三目条件运算符，s, a, b 是操作数$$

Verilog HDL 语言的常用运算符的类型和优先级关系如表 8.4.4.1 所列，本节主要对这些常用的运算符进行介绍。另外建议各运算符间尽量使用括号，不但可以保证不会出现优先级先后次序判断出错的问题，还增加了程序的可读性。

表 8.4.4.1　常用运算符分类与优先级

运算符分类	运算符功能	运算符符号	优先级
位拼接运算符	位拼接	{}	
逻辑与位运算符	单目运算	!、~	
算术运算符	乘、除、取模	*、/、%	
	加、减	+、-	
移位运算符	移位	<<、>>	
关系运算符	关系	<、<=、>、>=	
等式运算符	等式	==、!=、===、!==	优先级由上到下
位运算符	位与、位异或、位或	&	
		^	
		|	
逻辑运算符	逻辑	&&	
		||	
条件运算符	条件	?:	

1. 算术运算符

在 Verilog HDL 语言中，算术运算符又称为二进制运算符，共有下面几种：

- +，加法运算符，或正值运算符。

- -，减法运算符，或负值运算符。

- ×，乘法运算符。
- /，除法运算符。
- %，模运算符，或称为求余运算符，要求%两侧均为整型数据。

在进行整数除法运算时，结果值要略去小数部分，只取整数部分。而进行取模运算时，结果值的符号位采用模运算式里第一个操作数的符号位。在进行算术运算操作时，如果某一个操作数有不确定的值 x，则整个结果也为不定值 x。

2. 位运算符

硬件电路信号有 **1**、**0**、x 和 z 四种状态值。在电路中信号进行与或非时，反映在 Verilog HDL 中则是相应的操作数的位运算：~（按位取反）、&（按位与）、|（按位或）、^（按位异或）、~^（按位同或，即异或非）。

除了取反运算是单目运算符外，其余的运算符都是二目运算符。若两个操作数位宽不同，系统默认对两个操作数进行右对齐，不足位宽的操作数进行左端补零，然后进行按位运算。按位运算的结果是位宽等于较长位宽操作数的数值，使用时注意与逻辑运算区分，逻辑运算结果是个一位的数值。假设 a = 4'b**1001**、b = 4'b**1100**，位运算如下：

~a	= 4'b**0110**	//对 a 按位取反
a&b	= 4'b**1000**	//对 a 和 b 进行按位与运算
a|b	= 4'b**1101**	//对 a 和 b 进行按位或运算
a^b	= 4'b**0101**	//对 a 和 b 进行按位异或运算
a^~b	= 4'b**1010**	//对 a 和 b 进行按位同或运算

3. 逻辑运算符

Verilog HDL 语言中具有三种逻辑运算符：&&（逻辑与）、‖（逻辑或）、!（逻辑非）。其中，"!"是单目运算符，"&&"和"‖"是二目运算符。当两个操作数的值出现不同组合时，可得到三种情况的值：逻辑真（1）、逻辑假（0）和不确定（x），三种情况逻辑运算得到的数值位宽都是 1 位。当操作数不等于 **0** 时，等价于逻辑真；操作数等于 **0** 时，等价于逻辑假；若操作数任何一位为不定值 x 或高阻值 z 时，等价于不确定（x）。假设 a = 3，b = 0，c = x，逻辑运算如下：

a && b	//逻辑真 && 逻辑假,结果等价于逻辑假
a ‖ b	//逻辑真 ‖ 逻辑假,结果等价于逻辑真
! a	//逻辑真进行非运算,结果等价于逻辑假
a ‖ c	//逻辑真 ‖ 不定值,结果等价于逻辑真

4. 关系运算符

Verilog HDL 语言中的关系运算符共有以下四种：<（小于）、>（大于）、<=（小于或等于）、>=（大于或等于）。4 种关系运算符都是二目运算符，运算得到的数值是位宽为 1 位的数值。若两个操作数的数值不满足运算符的关系，此时得到的结果为假，即返回值是 0；若两个操作数的数值满足运算符的关系，此时得到的结果为真，即返回值是 1。如果某个操作数的值不定，则关系是模糊的，返回值是不定值。4 个关系运算符有着相同的优先级别，同时出现时从左向右进行运算。假设 a=3,b=0,c=x,d=5,关系运算如下：

a<b	//得到的结果是 **0**
d>=a	//得到的结果是 **1**
d-(1<a)	//先进行 1<a 的运算,得到的结果是 4
d-1<a	//先进行 d-1 的运算,得到的结果是 **0**
a>c	//c 为不定值,得到的结果是不定值

5. 等式运算符

在 Verilog HDL 语言中存在四种等式运算符：＝＝（等于）、！＝（不等于）、＝＝＝（case 等于）、！＝＝（case 不等于）。4 个运算符都是二目运算符，得到的结果为位宽是 1 位的数值。"＝＝"和"！＝"又称为逻辑等式运算符，其结果由两个操作数的值决定，当操作数中某些位出现不定值 x 或高阻值 z，其结果就为不定值 x。所以就有了"＝＝＝"和"！＝＝"运算符，在运算时，它对操作数进行精确比较，包括不定值 x 和高阻值 z，两个操作数必须完全一致，其结果才是 **1**，否则为 **0**。"＝＝＝"和"！＝＝"运算符常用于 case 表达式的判别，所以又称为"case 等式运算符"。若两个操作数位宽不同，系统默认对两个操作数进行右对齐，不足位宽的操作数进行左端补零，再进行运算。假设 a=4'b**1001**, b=4'b**10**xz, c=4'b**10**xz, d=4'b**1**xxz，关系运算如下：

a＝＝b	//结果为不定值 x
a＝＝＝b	//结果为 **0**
c＝＝＝b	//结果为 **1**
d＝＝c	//结果为 **0**

6. 移位运算符

Verilog HDL 中有两种移位运算符：<<（左移位）、>>（右移位）。以数值 a 为例，则 a>>n 和 a<<n 分别表示 a 右移和左移 n 位。移位运算结束后空出的位置都用 **0** 来填补。可以通过左右移进行乘法和除法运算，比如左移一位表示操作数乘以 2，右移一位表示操作数除以 2。假设,a=4'b**1001**,b=4'b**1000**,c=4'b**0000**,移位运算如下：

c=a<<2	//得 c=4'b**0100**
c=b>>2	//得 c=4'b**0010**

7. 条件运算符

Verilog HDL 语言中的条件运算符三目运算符，需要三个操作数。其基本表达式如下：

$$条件表达式？表达式 1:表达式 2$$

首先计算条件表达式的值，若条件表达式为真，则计算表达式 1 的值；若条件表达式为假，则计算表达式 2 的值。若条件表达式的值不确定，且表达式 1 和表达式 2 的值不相等，则得到的值为不确定（x）。假设 a=1, b=0, c=x, d=1 条件运算符实例如下：

assign d=a>b? a:b	//若 a 大于 b,d=a,否则 d=b

assign d = (a = = c)？ a：b　　//c 为不定值,且 a 不等于 b,所以 d = x

assign b = (a = = c)？ a：d　　//c 为不定值,且 a 等于 d,所以 d = 1

8. 位拼接运算符

Verilog HDL 语言有一个特殊的运算符——位拼接运算符：{}。该运算符可以把两个或多个信号的某些位拼接起来成为一个操作数。运算表达式的一般表示方法：

{信号 1 的某几位,信号 2 的某几位,……,信号 n 的某几位}

详细列出信号的某几位，中间用逗号分开，最后用大括号括起来表示一个完整的操作数。表达式中不允许存在没有指明位数的信号，因为在计算拼接信号的位宽的大小时，系统必须知道其中每个信号的位宽。位拼接运算还可以使用重复操作和嵌套的方式来简化表达式。比如，"{a[3:0],b}" 表示 "{a[3],a[2],a[1],a[0],b}"，"{3{b}}" 表示等价于 {b, b, b}。

8.4.5　赋值语句与块语句

1. 赋值语句

在 Verilog HDL 语言中，线网型变量和寄存器信号的赋值方式是不一样的，对于寄存器信号的赋值称为过程赋值，有两种赋值方式：

- 非阻塞（Non_Blocking）赋值方式，赋值符号为 "<="。比如 "a<=b;"，表示使用非阻塞赋值方式把 b 的值赋给 a。非阻塞赋值一般用在 "always" 模块内的 reg 型信号的赋值（特别在编写可综合模块时）。在 "always" 模块内，下一条语句执行后 a 的值并不是立刻就改变为 b，需要等到块结束后才完成赋值操作。

- 阻塞（Blocking）赋值方式，赋值符号为 "="。比如 "a=b;"，表示使用阻塞赋值方式把 b 的值赋给 a。阻塞赋值一般用在 "assign" 赋值中 wire 型变量的赋值，也可使用在 "always" 模块内。在 "always" 模块内，下一条语句执行后 a 的值立刻就改变为 b，不需要等到块结束后，但是在 "always" 模块内使用阻塞赋值方式可能会产生意想不到的结果。阻塞和非阻塞使用的区别和特点在下一章节中会有进一步的描述。

而对于线网型变量的赋值方式称为连续赋值方式，使用的是 "assign" 语句，赋值的一般表达式如下：

assign 线网型变量 = 变量/常量；

式中，"=" 左边的变量，即被赋值的变量数据类型必须是线网型的，"=" 右边的数据可以是变量或常量。赋值语句的实例如下：

```
reg   a,b,c,d;
wire  e,f;
assign  e=b;      //把变量 b 的值直接赋值给线网型变量 e
assign  f=1'd1;   //把常量 1 的值直接赋值给线网型变量 f
always@（posedge  clk） //always 的使用在后面有描述,这里仅关心赋值方式
begin
```

```
        a  =  b;   //这里采用阻塞赋值方式,执行完该语句后,b 的值马上赋值给 a
end
always@ ( posedge clk )
begin
        c  <=  d;  / * 这里采用非阻塞赋值方式,执行完该语句后,d 的值没有马上赋值给
                c,等到"always"模块结束后,d 的值才赋值给 c * /
end
```

2. 块语句

在 Verilog HDL 语言中，通常使用块语句把两条或多条语句组合在一起。块语句主要分为顺序块语句 begin_end 和并行块语句 fork_join。

（1）顺序块语句 begin_end

顺序块内的语句是按从上到下的顺序执行的，由关键字 "begin" 引导，"end" 结束。其一般格式如下：

```
        begin
            语句 1；
            语句 2；
            ……
            语句 n；
        end
```

或

```
        begin   块名
            块内声明语句；
            语句 1；
            语句 2；
            ……
            语句 n；
        end
```

两种格式都是执行到最后一句才跳出顺序块。采用第二种格式，可以标识出块名，块内可进行数据类型变量的声明，声明变量只能在块内使用。

（2）并行块语句 fork_join

并行块内的语句是并行执行的，没有先后顺序，由关键字 "fork" 引导，"join" 结束。其一般格式如下：

```
        fork
            语句 1；
            语句 2；
            ……
            语句 n；
```

```
    join
    或
    fork    块名
        块内声明语句；
        语句 1；
        语句 2；
        ……
        语句 n；
    join
```

每条语句都是一个独立的进程，语句顺序不影响执行结果，不能使用多条语句对同一变量进行赋值，会引起竞争，当执行时间最长的语句执行完后跳出并行块。采用第二种格式，可以标识出块名，块内可进行数据类型变量的声明，声明变量只能在块内使用。

8.4.6　结构说明语句

在 Verilog 语言中，任何过程模块都从属于以下四种结构的说明语句。

1. initial 说明语句
2. always 说明语句
3. task 说明语句
4. function 说明语句

任何一个 verilog 语言模块都可以有多个结构说明语句。initial 和 always 说明语句在仿真的一开始即开始执行，initial 语句只执行一次；当触发条件满足时，always 语句则是不断地重复执行，直到仿真过程结束。task 和 function 说明语句主要是定义某一特定功能的模块，当系统需要相似功能的模块时，可在代码中直接进行多次调用。本书主要对常用的 initial 和 always 说明语句加以介绍，对于 task 和 function 说明语句主要用于仿真测试文件的使用，本书的设计实例没有使用所以不进行介绍。

1. initial 语句

initial 语句常用来作为测试文本中信号的初始化，模块中可以有多个并行运行的 initial 块。initial 块常用于测试文件和虚拟模块的编写，用来产生仿真测试信号和设置信号记录等。initial 语句都是从 0 时刻开始执行的，且只执行一次。Initial 语句的一般格式如下：

```
initial
begin
    语句 1；
    语句 2；
    ……
    语句 n；
end
```

因为测试语句的编写在本书的设计实例中没有使用，具体的语句语法不在累述，有兴趣的读者可以自行查阅相关资料。

2. always 语句

always 语句在仿真过程中是不断重复执行的，该语句需要和一定的时序控制结合在一起才有用。always 语句的一般格式如下：

always@ <触发事件> 执行语句或语句组；

触发事件可以是电平信号的变化、时钟沿信号的变化等。触发事件可以只有一个，也可以有多个，多个触发事件之间使用逗号或关键字"or"隔开，一般不把电平信号和时钟沿信号同时作为触发事件。执行语句或语句组主要是描述电路的功能，对于多条执行语句一般会使用顺序块语句 begin-end 组合成一个复合语句。一个模块内可以有多个 always 模块，他们是并行执行的，触发事件发生一次，always 模块执行一次，触发事件一直发生，always 模块就一直执行。

当触发事件是电平信号的变化时，always 语句常用来描述组合逻辑和带锁存器的组合逻辑电路，常用的有锁存器。实例如下：

always@（a or b or c） /＊多个电平信号触发的 always 块，只要 a、b、c 任一个信号的电平发生变化，就会触发 always 模块＊/

begin

　　语句 1；

　　语句 2；

　　……

end

当触发事件是时钟沿信号的变化时，always 语句常用来描述时序逻辑的寄存器组和门级逻辑电路，常用的有 D 触发器。时钟沿信号的变化有上升沿变化和下降沿变化，都需要使用关键字引导，上升沿用"posedge"引导，下降沿用"negedge"引导，实例如下：

always@（posedge clk，negedge rst_n）/＊clk 的上升沿和 rst_n 的下降沿都会触发 always 模块，此时描述的电路是时序电路＊/

begin

　　语句 1；

　　语句 2；

　　……

end

always 语句是 Verilog 语言中最常用的语句之一，可以实现电路模块化，方便用户对系统的修改和维护。

8.4.7 条件语句

1. if-else 语句

if 语句是 Verilog 语句中比较常用的语句之一，主要是用来判定所给定的条件是否满足，根据判定的结果执行相应的语句，if 语句常用于实现两路选择器。Verilog HDL 语言提供了三种形式的 if 语句：

- if(表达式)　　　<语句>;
- if(表达式)　　　<语句 1>;
  else　　　　　　<语句 2>;
- if(表达式 1)　　<语句 1>;
  else　if(表达式 2)　　<语句 2>;
  else　if(表达式 3)　　<语句 3>;
  ……
  else　if(表达式 m)　　<语句 m>;
  else　　　　　　　　<语句 n>;

三种形式的 if 语句中在 if 后面都有"表达式"，可以是逻辑表达式、关系表达式或操作数。若表达式的值为真（1），执行在 if 语句后面的语句；若表达式的值为假（0、x、z），执行 else 后面的语句。

if 和 else 语句后面可以有多个执行语句，可以使用顺序块语句 begin-end 组合成一个复合语句，且 else 是不能单独使用的，需要和 if 配对使用。

```
if(a>b)
    begin
        out1<=int1;
        out2<=int2;
    end
else
    begin
        out1<=int2;
        out2<=int1;
    end
```

if 语句可以实现语句嵌套，即在 if 语句中又包含一个或多个 if 语句。但是使用嵌套时，需要注意 if 与 else 的配对关系，else 总是与它上面的最近的 if 配对。如果 if 与 else 的数目不一样，可以使用顺序块语句 begin_end 来确定配对关系，有时 begin_end 块语句的不慎使用会改变逻辑行为。if 嵌套语句的一般格式如下：

```
if(a)
    if(b)       <语句 1>;(内嵌 if)
    else        <语句 2>;
else
    if(c)       <语句 3>;(内嵌 if)
    else        <语句 4>;
```

if 语句只能使用在 always 模块、initial 模块、任务或函数中，只能在行为建模中使用。使用 if 语句时，最好都配有 else 语句，否则会产生不必要的锁存器，导致系统的功能出错，实际例子如下：

```
always@ ( a,b )
begin
    if( s ) y< = a;
end
```

上面的语句，本来想实现的功能是：当 s = 1 时，y = a，否则 y = b。但是当 s 等于 0 时，没有 else 语句，建模会产生锁存器把 y 的值锁定为 a。工程文件设计时，最好每个 if 语句都有相对应的 else 语句。

2. case 语句

对于只有两个选择操作时，使用 if-else 语句是最好的选择，但是如果分支选项比较多时，Verilog 中有多分支选择语句 case 可供使用。case 语句常用于多路选择器中，case 语句的一般形式如下：

```
case (表达式)
        分支表达式 1:语句 1;
        分支表达式 2:语句 2;
        ……
        分支表达式 n:语句 n;
        default:默认语句;
    endcase
```

case 括弧内的表达式称为控制表达式，控制表达式通常表示为控制信号的某些位，分支表达式主要是用来表示控制信号的具体状态值，所以分支表达式又可以称为常量表达式。控制表达式的数据位宽与分支表达式的数据位宽必须相同，最好不要使用不定值 x 和高阻值 z 作为分支表达式的值，因为 x 和 z 默认的位宽为 32 位。只有当控制表达式的值与分支表达式的状态值相等时，才能执行分支表达式后面的语句。分支表达式的值必须互不相同，不然会出现同一个控制表达式的值有多种执行语句，出现矛盾。如果不同的状态值有相同的执行语句，可以使用逗号隔开不同的状态值。实例如下：

```
case ( s )
        2'b00           :  out< = in_1;
        2'b10,2'b01     :  out< = in_2;
        default         :  out< = in_3;
    endcase
```

当分支表达式的值与控制表达式的值都不匹配时，执行 default 后面的语句，case 语句中只能有一个 default 项，一般都要加入 default 项，避免分支表达式对控制表达式的状态值无法进行穷举，生成不必要的锁存器。根据不定值 x 和高阻值 z，case 语句还存在两种变形：casex 和 casez。casez 语句用来处理不考虑高阻值 z 的比较过程，casex 语句则将高阻值 z 和不定值 x 都视为不必考虑的比较过程，不必考虑也即不需要进行数据比较。用户可根据系统要求，只对某些数据位进行数据比较。

第9章 FPGA 系统设计基础

9.1 组合电路设计

组合电路，即输出状态在任何时刻都只取决于当前时刻的输入状态，而与电路的初始状态无关。组合电路的产生可以是 assign 语句综合得到，也可以由电平敏感的 always 块语句综合（把 Verilog 语言转换成实际电路）得到。本章节主要是通过一些可综合的 Verilog HDL 设计实例，对组合电路的设计进行相关描述。

FPGA 系统设计，需要注意我们不是在编写程序，而是在搭建电路。硬件电路实现不了的，FPGA 也无法实现。始终要以硬件电路的思想，学习 FPGA 系统的设计。

9.1.1 阻塞赋值与非阻塞赋值

组合电路，输出状态的变化只与当前的输入有关，所以一般采用的是阻塞赋值。阻塞赋值方式可以用在 assign 语句，也可以使用在 always 块语句中，最后综合得到的都是组合电路。assign 语句只能使用阻塞赋值，被赋值的变量是 wire 型数据，所以最终综合得到的都是组合电路。always 块语句内的变量都必须是 reg 类型的，如果想设计组合电路，一般采用的是阻塞赋值。此时 always 触发事件应该是与时钟沿信号无关的电平信号，且等式右边的变量必须出现在触发事件里，否则会综合出透明寄存器，电路不再是纯组合电路。如果设计的电路是时序电路，一般采用的是非阻塞赋值，此时 always 触发事件应该是时钟沿跳变信号。

综上，在组合电路中使用阻塞赋值；在时序电路中使用非阻塞赋值。

9.1.2 数值比较器

数值比较器，即比较两个位宽相同数据的大小关系的逻辑电路，是现代数字系统比较常用的组合电路。对于位宽只有一位的数据，可以使用原理图调用基本的逻辑门电路实现。但是使用逻辑门电路对于数据位宽不止一位的时候，电路设计较为复杂，对此一般使用 Verilog 语句描述数据比较器。Verilog 语句的关系运算符可方便地实现数据大小比较的关系，下面以设计实例描述数值比较器。

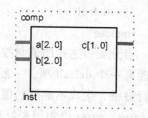

图 9.1.2.1 数据比较器端口示意图

【例 9.1.2.1】输入两个三位的数据 a 和 b，若 a 小于 b 输出 c=0；若 a 等于 b 输出 c=1；若 a 大于 b 输出 c=2。

其模块例化示意图如图 9.1.2.1 所示：

程序代码如下：

```
// ********************************************************************
module comp(a,b,c);
input     [2:0]    a;           //输入数据 a
input     [2:0]    b;           //输入数据 b
output    [1:0]    c;           //比较后输出结果

reg       [1:0]    c;
// ********************************************************************
//数据比较模块
    always @ (a or b)   begin       //当 a 或 b 发生变化时,进入模块
        if(a<b) begin
            c<=2'b00;               //如果 a<b,c 的值为 00b
        end
        else begin
            if(a==b)   begin
                c<=2'b01;           //如果 a=b,c 的值为 01b
            end
            else begin
                if(a>b)   begin
                    c<=2'b10;       //如果 a>b,c 的值为 10b
                end
                else begin          // else 语句没加会导致电路多出两个锁存器
                    c<=2'b11;        //出现异常情况,c 的值为 11b;
                end
            end
        end
    end
endmodule
```

其时序仿真波形如图 9.1.2.2 所示:

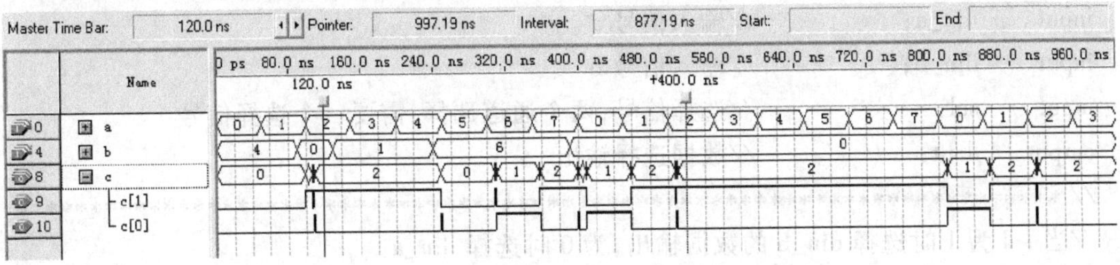

图 9.1.2.2　3 位数据比较器的时序仿真

组合电路的输出是实时随着输入变化的,所以组合电路一般采用阻塞赋值方式,且在电路设计时主要考虑是否会产生不必要的透明锁存器(Latch)即可。锁存器的产生,必然导致组

合电路的输出无法实时随输入信号的变化而变化，最终导致电路功能出错。程序中会产生锁存器的主要是条件语句 if_else 的使用，对于条件语句使用时必须对实际电路可能出现的全部条件进行相应的操作，比如程序中最后一个 else 的使用，涵盖了其他条件的数据处理，防止了锁存器的产生。时序仿真图中 120 ns 和 400 ns 左右数据 c 变化过程，出现了毛刺信号，主要是因为组合电路容易产生竞争冒险现象导致的，可通过设计时序电路避免毛刺信号。

9.1.3　多路选择器

多路选择器，即在数据传送过程中，输入数据从多条路径中选取一条路径处理输出，是现代数字系统的设计中很常用的逻辑电路。

1. 2 路选择器

多路选择器中最基本的电路即 2 路选择器，即数据只能从两条路径中选择一条输出。Verilog 语言描述可以使用 assign 语句和条件运算符一起使用，或 if_else 语句，即综合实现 2 路选择器。设计实例如下：

【例 9.1.3.1】输入两个二进制数据 din_a 和 din_b，当选择信号为 sel = 0 时，输出数据 dout = din_a；当选择信号为 sel = 1 时，输出数据 dout = din_b。

其模块例化示意图分别如图 9.1.3.1 和图 9.1.3.2 所示：

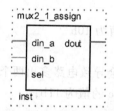

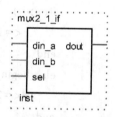

图 9.1.3.1　assign 语句实现的 2 选 1 端口示意图　　图 9.1.3.2　if 语句实现的 2 选 1 端口示意图

程序代码如下：

（1）使用 assign 语句

```
// ****************************************************************
module mux2_1_assign(din_a,din_b,sel,dout);
input     din_a;              //输入信号 a
input     din_b;              //输入信号 b
input     sel;               //选择信号,两个通道选择,需要一个选择信号
output    dout;              //数据选择输出
// ****************************************************************
//当 sel 为 1 时选择 din_b 的数据输出,为 0 时选择 din_a
assign    dout = sel? din_b:din_a;
endmodule
```

（2）使用 if_else 语句

```
// ******************************************************************
module mux2_1_if(din_a,din_b,sel,dout);
input     din_a;              //输入信号 a
input     din_b;              //输入信号 b
input     sel;               //选择信号,两个通道选择,需要一个选择信号
output    dout;              //数据选择输出
reg       dout;
// ******************************************************************
always@(din_a,din_b,sel)
    if(sel)//       当 sel 为 1 时选择 din_b 的数据输出,为 0 时选择 din_a
        dout = din_b;
    else
        dout = din_a;
endmodule
```

其时序仿真波形如图 9.1.3.3 和图 9.1.3.4 所示：

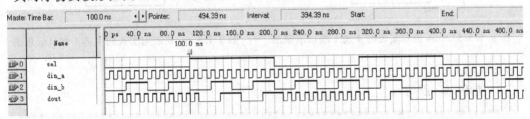

图 9.1.3.3　assign 语句实现的 2 选 1 选择器的时序仿真

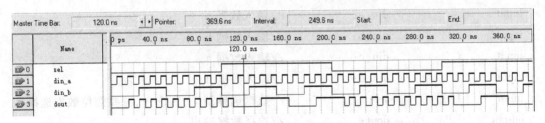

图 9.1.3.4　if…else 语句实现的 2 选 1 选择器的时序仿真

由时序仿真图可以看到最后的输出信号 dout 都会延时一小段时间再输出，主要是因为电路器件和连接线上存在的固有延时。此设计实例相对于例 9.1.2.1，程序主要多出了 assign 语句和条件运算符的使用。assign 是连续赋值语句，主要用于线网型变量的电路描述，实现的都是组合电路。最基本的条件运算符实现的是一个 2 路选择器，也可嵌套使用描述多路选择器，程序语句如下述所示：

assign dout = (sel = 2'b00)？ din_a:((sel = 2'b01)？ din_b:din_c);

上面的语句描述的是一个 3 路选择器，sel = 2'b00 时，dout = din_a；当 sel = 2'b01 时，dout = din_b；当选择信号 sel = 2'b10 或 sel = 2'b11 时，dout = din_c，全部条件已全部列举，电路不会产生锁存器。

2. 多路选择器

对于不止 2 路的选择器，最好使用 case 语句或 if_else 语句。若选择器的路径比较少，使用嵌套的 if_ else 语句比较方便，反之选择路径较多时，使用 case 语句代码会比较有层次，方便修改。

【例 9.1.3.2】输入四个二进制数据 din_a、din_b、din_c 和 din_d，当选择信号为 sel = 0 时，输出数据 dout = din_a；sel = 1 时，输出数据 dout = din_b；sel = 2 时，输出数据 dout = din_a；sel = 3 时，输出数据 dout = din_b。

其模块例化示意图分别如图 9.1.3.5 和图 9.1.3.6 所示：

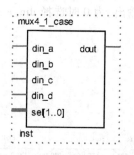
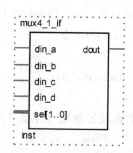

图 9.1.3.5　case 语句实现的 4 选 1 端口示意图　　图 9.1.3.6　if 语句实现的 4 选 1 端口示意图

程序代码如下：

（1）使用 case 语句

```
// ***********************************************************************
module mux4_1_case(din_a,din_b,din_c,din_d,sel,dout);
input              din_a;              //输入数据 a
input              din_b;              //输入数据 b
input              din_c;              //输入数据 c
input              din_d;              //输入数据 d
input      [1:0]   sel;                //数据选择端口,四选一,需要两位数据选择
output             dout;               //选择数据输出

reg                dout;
// ***********************************************************************
    //4 选 1 选择器
    always @ (din_a,din_b,din_c,din_d,sel)begin   //敏感信号列表,包含所有输入信号
        case(sel)
            2'b00  :  dout  =  din_a;
            2'b01  :  dout  =  din_b;
            2'b10  :  dout  =  din_c;
            2'b11  :  dout  =  din_d;
```

```
            default :  dout  =  1'b0;                    //异常情况下显示为 0
        endcase
    end
endmodule
```

（2）使用 if_ else 语句

```
// ***********************************************************************
module mux4_1_if( din_a, din_b, din_c, din_d, sel, dout);
input          din_a;                    //输入数据 a
input          din_b;                    //输入数据 b
input          din_c;                    //输入数据 c
input          din_d;                    //输入数据 d
input   [1:0]  sel;                      //数据选择端口,四选一,需要两位数据选择
output         dout;                     //选择数据输出

reg            dout;
// ***********************************************************************
    always@ ( din_a, din_b, din_c, din_d, sel)  begin//敏感信号列表,包含所有输入信号
        if( sel = = 4'b00)
            dout = din_a;
        else if( sel = = 4'b01)
            dout = din_b;
        else if( sel = = 4'b10)
            dout = din_c;
        else                             //当 sel 为 4'b11 以及特殊情况时,均选择 din_d 的数据
            dout = din_d;
    end
endmodule
```

其时序仿真波形如图 9.1.3.7 和图 9.1.3.8 所示：

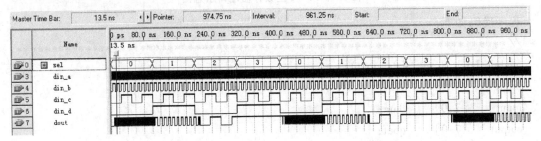

图 9.1.3.7　case 语句实现的 4 选 1 选择器的时序仿真

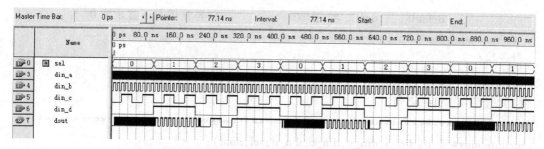

图 9.1.3.8　if 语句实现的 4 选 1 选择器的时序仿真

对于多路选择器，"case"语句描述的选择器没有优先级，所有条件都是并行判断的。而 if_else 语句描述的选择器先描述的条件优先级更高。"case"语句与其他条件语句一样需要把列举全部条件的数据处理，即 default 项必须添加描述。对于 always @（敏感信号），块内的所有输入信号和判断信号都要在敏感信号内进行声明，才能保证组合电路的输出是实时随着输入变化的。

9.1.4　锁存器

锁存器，即一种对脉冲电平信号敏感的存储单元电路，只有在锁存信号（电平信号）有效时，输出状态才会随输入状态变化。其最主要的作用是缓冲数据，匹配数据传输中两个接口的速度，防止错误数据的传送。可以使用 always 块语句实现锁存器，触发事件必须是电平信号。

【例 9.1.4.1】设计一个锁存信号为时钟高电平有效的锁存器。

其模块例化示意图如图 9.1.4.1 所示：

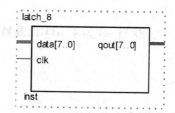

图 9.1.4.1　8 位锁存器端口示意图

程序代码如下：

```
// ************************************************************
module latch_8( clk , data , qout ) ;
input              clk ;
input     [7:0]    data ;
output    [7:0]    qout ;

reg       [7:0]    qout ;
// ************************************************************
```

```
//锁存器模块
    always @ ( clk or data )    begin
        if ( clk )
            qout = data ;            //没有添加 else 语句,产生锁存器
        end
endmodule
```

其时序仿真波形如图 9.1.4.2 所示:

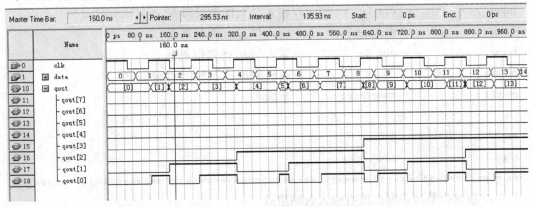

图 9.1.4.2　8 位锁存器的时序仿真

程序设计中以 clk 信号作为锁存信号,由仿真图中可以看出,当 clk 为高电平信号时,输出信号 qout 才会随输入信号 data 的数据变化而变化;当 clk 为低电平信号时,即锁存信号无效时,输出信号 qout 保持原值。仿真图中展开 qout 的 8 位数据初始状态 qout 数据为不定值,主要是因为 qout 没有初始值,且此时锁存信号无效,qout 出现的就是不定值。系统电路设计中应避免数字电路没有初始状态的情况,容易导致系统的功能出错。

9.1.5　编码器与译码器

1. 8-3 编码器

编码器是将信号或数据进行编制,转换为可以用于通信、传输和存储的信号形式的逻辑电路。使用 if_else 语句描述,综合得到的编码器是优先编码器,越前面的信号,优先级越高,当高优先级信号有效时不再进行低优先级的信号编码。而使用 case 语句描述,综合得到的只是普通编码器,没有优先级。

【例 9.1.5.1】使用 if_else 语句设计一个 8-3 优先编码器。

其模块例化示意图如图 9.1.5.1 所示:

程序代码如下:

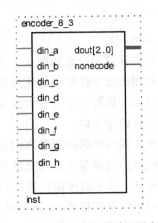

图 9.1.5.1　优先编码器端口示意图

```verilog
// ***********************************************************************
module encoder_8_3   (din_a,din_b,din_c,din_d,din_e,din_f,din_g,din_h,dout,nonecode);
input              din_a;            //输入口 a,优先权最高
input              din_b;            //输入口 b,优先权第二
input              din_c;            //输入口 c,优先权第三
input              din_d;            //输入口 d,优先权第四
input              din_e;            //输入口 e,优先权第五
input              din_f;            //输入口 f,优先权第六
input              din_g;            //输入口 g,优先权第七
input              din_h;            //输入口 h,优先权最低
output   [2:0]     dout;             //编码输出,8 位输入可编三位
output             nonecode;         //未编码

reg      [2:0]     dout;
reg                nonecode;
// ***********************************************************************
    //敏感信号列表列出所有输入敏感信号
    always @ (din_a,din_b,din_c,din_d,din_e,din_f,din_g,din_h)    begin
        if( din_a)          {nonecode,dout} <= 4'b0000;
        else if( din_b)     {nonecode,dout} <= 4'b0001;
        else if( din_c)     {nonecode,dout} <= 4'b0010;
        else if( din_d)     {nonecode,dout} <= 4'b0011;
        else if( din_e)     {nonecode,dout} <= 4'b0100;
        else if( din_f)     {nonecode,dout} <= 4'b0101;
        else if( din_g)     {nonecode,dout} <= 4'b0110;
        else if( din_h)     {nonecode,dout} <= 4'b0111;
        else                {nonecode,dout} <= 4'b1000;    //未编码时 dout 显示为 000
    end
endmodule
```

其仿真波形分别如图 9.1.5.2 和图 9.1.5.3 所示:

程序设计中使用到的位拼接运算符,可减少程序中的赋值语句,增加程序的可读性。但是使用拼接运算符要注意每个变量都要指明位数,比如 nonecode 和 dout 拼接得到的被赋值变量数据位数即为 4 位。

优先编码器的功能仿真的波形图,在“理想”状态下的情况,电路设计满足要求,功能仿真仿真的电路是完全理想的状态,没有门延时。但实际电路中还存在门延迟,线延迟等,此时如图 9.1.5.3 时序仿真图所示,nonecode 会出现错误的高电平(毛刺),不符合逻辑设计要求,时序仿真模仿实际门电路结构,会产生些许的门延时。因此有时候,设计电路时不能只进行功能仿真,一般验证电路功能时使用功能仿真,考虑电路的时序关系后需要进行时序仿真,

保证实际电路功能的实现。

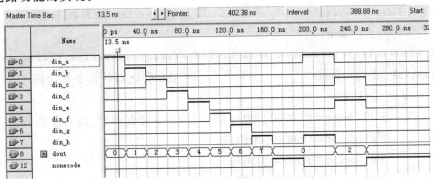

图 9.1.5.2　优先编码器波形仿真（功能仿真）

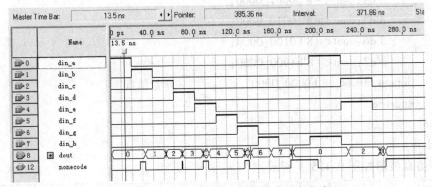

图 9.1.5.3　优先编码器波形仿真（时序仿真）

2. 3-8 译码器

译码是编码的逆过程，编码时，每一种二进制代码，都赋予特定的含义。把代码特定的含义翻译过来的过程即译码。常见的译码器分为：显示译码和变量译码。显示译码如数码管显示、LCD 显示等。变量译码是一个将输入变成 2^n 个输出的多输出端的组合电路。译码器也可改进设计成时序电路，减少毛刺。

【例 9.1.5.2】 使用 case 语句设计一个 3-8 译码器。

其模块例化示意图如图 9.1.5.4 所示：

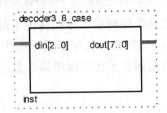

图 9.1.5.4　case 语句描述的 3-8 译码器端口示意图

程序代码如下：

```
// ***************************************************************
module decoder3_8_case（din,dout）;                //例化 din,dout
```

```
input       [2:0]       din;                //输入三位二进制数 din
output      [7:0]       dout;               //输出八位二进制数 dout
reg         [7:0]       dout;
// ****************************************************************
    always @ (din)   begin                  //din 变化则开始 3-8 译码
        case(din)
            3'd0:dout<= 8'b0000_0001;        //3-8 译码判断,用 case 语句进行译码
            3'd1:dout<= 8'b0000_0010;
            3'd2:dout<= 8'b0000_0100;
            3'd3:dout<= 8'b0000_1000;
            3'd4:dout<= 8'b0001_0000;
            3'd5:dout<= 8'b0010_0000;
            3'd6:dout<= 8'b0100_0000;
            3'd7:dout<= 8'b1000_0000;
            default:dout<= 8'b0000_0000;     //异常情况
        endcase
    end
endmodule
```

其时序仿真波形如图 9.1.5.5 所示:

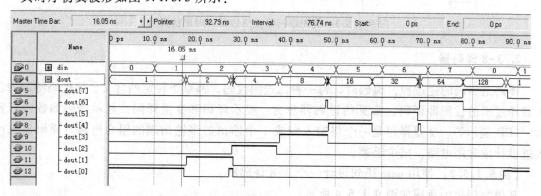

图 9.1.5.5　case 语句描述的 3-8 译码器的时序仿真

译码器设计中主要设计原理还是条件判断,不同情况下的值,译码得到的数据也是不一致的,如 din=2 译码得到 dout=8'b0000_0100。故程序设计中主要设计到条件语句的使用,特别需要注意仿真图中的毛刺信号,若毛刺会干扰后级电路的数据接收,应改进为时序电路,消除毛刺信号。

9.2　时序电路设计

时序电路,即输出状态在任何时刻不仅与当前时刻的输入状态有关,还与电路原来的状态有关。时序电路的产生由 always 块语句综合得到,此时触发事件必须使用时钟沿的变化,比

如时钟信号、复位信号等。时序电路的设计主要是考虑电路中各个信号的生成以及它们之间的约束关系。相对于组合电路，时序电路的数据变化可以实现同步化，减少毛刺信号的产生。本节主要是通过一些可综合的 Verilog HDL 设计实例，对时序电路的设计进行相关描述。

9.2.1　数据寄存器

数据寄存器，即用来暂时存储数据的存储器电路，是时序电路设计中很常用的时序电路。数据寄存器的基本单元是 D 触发器，每个 D 触发器只能寄存一位二进制码，D 触发器可使用原理图调用 D 触发器电路实现或使用 always 语句描述。当数据位宽较大时，需要多个 D 触发器组合成数据寄存器，此时一般采用 always 语句描述。数据寄存器可以保证输出数据的稳定，减少毛刺信号的产生。

【例 9.2.1.1】设计一个位宽为 4 位的数据寄存器。

其模块例化示意图如图 9.2.1.1 所示：

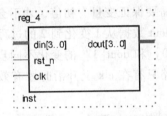

图 9.2.1.1　4 位寄存器端口示意图

程序代码如下：

```
// ***********************************************************
module reg_4( din, rst_n, clk, dout);
input          clk;                    //输入时钟信号 clk
input          rst_n;                  //输入复位信号 rst_n
input   [3:0]  din;                    //输入四位数据 din
output  [3:0]  dout;                   //输出四位锁存数据 dout

reg     [3:0]  dout;
// ***********************************************************
//时钟信号 clk 上升沿有效,复位信号 rst_n 低电平有效
   always @ ( posedge clk or negedge rst_n)   begin      //准备进入锁存数据
       if( !rst_n)   begin   //复位信号 rst_n 低电平有效时,四位锁存数据 dout 置 0
           dout< = 4'd0;
       end
       else   begin              //复位信号无效时,进行锁存处理
           dout< = din;
       end
```

```
        end
    endmodule
```

其时序仿真波形如图 9.2.1.2 所示。

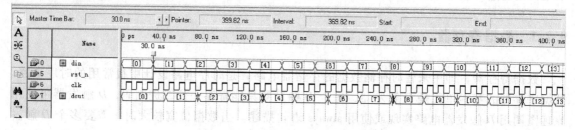

图 9.2.1.2　4 位寄存器的时序仿真

　　时序电路设计与组合电路设计主要在于 always 块语句的敏感信号类型、变量赋值方式等的不同。时序电路敏感信号都是信号的沿变化，因为时序电路数据不是实时变化的，所以变量的赋值一般都是采用非阻塞赋值。数据寄存器设计中还涉及到复位信号的设计，主要是对变量赋初值。一般在时序电路设计中需要保证变量有初值，才不会因为变量值的不确定导致系统的功能出错。由时序仿真图看出，dout 数据从 1 变化到 2 的过程得到的具体细节如图 9.2.1.3 所示。数据从 1 变化到 2 时，dout[0] 和 dout[1] 的变化不同步，导致存在 dout[0] 和 dout[1] 都为 0 的情况，但是由于时序电路只有在 clk 上升沿时才有效，错误的数据只要不在 clk 上升沿出现即可。

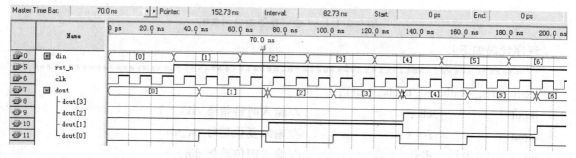

图 9.2.1.3　4 位寄存器的时序仿真细节图

9.2.2　计数器与分频器

　　计数器与分频器的原理都是基于对脉冲信号的计数，是最常用的时序电路。根据计数原理，可以用于对时钟信号的计数、时钟分频、定时、产生节拍脉冲和控制程序执行时间等。
　　计数器和分频器的设计，对于 if_else 语句，都要列举全部的条件，且对于计数寄存器需要赋初值，否则电路会因为初值的不确定，导致计数值出错。

1. 计数器

　　计数器，是时序电路中最常用的电路。主要是实现对脉冲信号的计数、定时和控制程序执行时间等。

【例 9.2.2.1】 设计 4 位的计数器。

其模块例化示意图如图 9.2.2.1 所示：

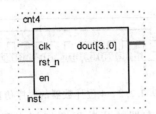

图 9.2.2.1　4 位计数器端口示意图

程序代码如下：

```
// *******************************************************************
module cnt4( clk, rst_n, en, dout);
input            clk;                //输入时钟信号 clk
input            rst_n;             //输入复位信号 rst_n
input            en;                //输入使能信号 en
output  [3:0]    dout;              //输出四位计数值 dout

reg     [3:0]    dout;
// *******************************************************************
    //设置时钟信号上升沿有效,复位信号在低电平有效
    always @ ( posedge clk or negedge rst_n)   begin    //准备开始计数
        if( ! rst_n)    begin       //复位信号在低电平时刻,复位四位计数值 dout 为 0
            dout< = 4'd0;
        end
        else  begin
            if( en = = 1)   begin      //使能信号有效时,四位计数值加 1
                dout< = dout+4'b1;
            end
            else   begin               //使能信号无效时,四位计数值保持
                dout< = dout;
            end
        end
    end
endmodule
```

其时序仿真波形如图 9.2.2.2 所示：

计数器的设计一般都会添加使能信号 en，才能保证计数器是可控的。程序设计中使用了条件语句，必须保证 if 语句下的每个变量在 else 语句下都必须有相应的变量操作，才能避免出现不必要的锁存器，增加电路设计面积。因为在 else 语句下计数值寄存器 dout 只需保持原值

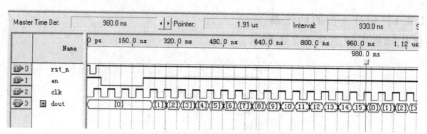

图 9.2.2.2　4 位计数器的时序仿真

即可，故有 dout<=dout。计数值寄存器的位数需要根据实际系统的需求设计，比如上述程序中的 4 位寄存器 dout 计数值从 0~15，超过 15 计数值变为 0 重新计数。假设实际电路中需要的计数值为 10，此时需要添加条件语句判断计数值是否等于 10，条件判断语句描述如下，该段语句放在第二个 if 语句下。

```
if( dout = = 4'd10)
begin
    dout<=0;
end
else
begin
    dout<=dout+1'b1;
end
```

仿真图中，每个 clk 上升沿到来后计数值 dout 即加一，完成一次上升沿脉冲的计数。实际系统设计中若想设计对下降沿进行计数，可直接更换 always@（敏感信号）中的敏感信号的关键字 posedge 为 negedge，即可完成对 clk 下降沿的脉冲计数。

2. 分频器

分频器也是基于计数器原理，也是时序电路中很常用的电路。主要是实现对时钟信号的分频，产生不同频率的矩形波，用于系统电路中的控制信号、基准时钟等。

【例 9.2.2.2】设计一个 10 分频器。

其模块例化示意图如图 9.2.2.3 所示：

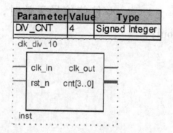

图 9.2.2.3　10 分频器端口示意图

程序代码如下：

```
// ****************************************************************
module clk_div_10( clk_in,rst_n,clk_out,cnt);
```

```
input              clk_in;          //输入时钟
input              rst_n;           //异步复位,低电平有效
output             clk_out;         //分频信号
output   [3:0]     cnt;             //计数值

reg      [3:0]     cnt;             //计数寄存器,输出用于仿真,实际应用可去除
reg                clk_out;         //分频信号寄存器
parameter          DIV_CNT=4;       //分频值寄存器
// *********************************************************************
    always @ (posedge clk_in,negedge rst_n ) begin     //上升沿计数器
        if(! rst_n)                            //异步复位
            cnt<=4'd0;
        else
        if( cnt = =DIV_CNT )   begin     //计数值达到分频值时输入时钟翻转
            cnt         <=4'd0;
            clk_out     <= ~ clk_out;
        end
        else   begin
            cnt         <=cnt+4'd1;         //计数值还没到分频值,继续计数
            clk_out     <=clk_out;
        end
    end
endmodule
```
其时序仿真波形如图 9.2.2.4 所示：

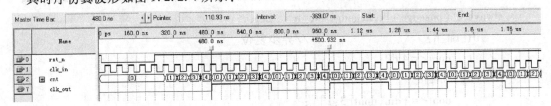

图 9.2.2.4　10 分频模块时序仿真图

分频电路是基于计数器原理设计的，当计数值达到预定值 DIV_CNT 时，对输入时钟信号 clk_in 进行翻转得到占空比 50% 的时钟信号 clk_out。因为对输入时钟信号进行翻转，故时钟只能进行偶数分频，且预定值只能取 "DIV_CNT=分频值/2-1"，减一是因为计数值从 0 开始计数，parameter 的功能与 C 语言的 define 一样，是定义常量。程序中在进行计数值赋值时，比如 "cnt<=cnt+4'd1"，要标明常量的位数，否则默认位数为 32 位。时序仿真图可看出输出时钟的周期刚好是输入时钟周期的 10 倍，复位信号低电平有效时，虽然时钟上升沿有效但不进行计数，先执行复位操作，计数值 cnt 赋 0。

9.2.3　移位寄存器

移位寄存器，即在脉冲信号作用下可以对数据进行左移或右移的时序电路。移位寄存器主要用于数据的串并转换、数值运算和数据处理等操作。数据左移一位相当于数据乘以 2，反之右移一位相当于数据除以 2。

【例 9.2.3.1】设计一个 4 位的移位寄存器，实现对数据的串行输入并行输出。

模块例化示意图如图 9.2.3.1 所示。

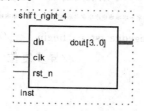

图 9.2.3.1　4 位移位寄存器端口示意图

```
//进行右移操作,实现对四位数据的串入并出,clk 控制
// *********************************************************************
module shift_right_4( din,clk,rst_n,dout);
input           din;            //串行数据输入
input           clk;            //控制时钟
input           rst_n;          //异步复位信号,低电平有效
output  [3:0]   dout;           //四位并行输出

reg     [3:0]   dout;
// *********************************************************************
    always @ ( posedge clk,negedge rst _n)    begin
        if(! rst_n)                      //异步复位
            dout< = 4'd0;
        else   begin
            dout< = { din,dout[ 3:1] } ;
        end
    end
endmodule
```

其时序仿真波形如图 9.2.3.2 所示：

移位寄存器，主要有两种移位方式：自循环移位和移位补零。以右移为例，循环移位即最低位数据移出后补到最高位，移位补零即最低位移出后最高位补零。上述串转并程序使用位拼接运算符，需要注意每一个数据均需说明数据位数。串并转换在数据通信的系统设计中比较是常用的电路模块。上述实例设计只是串转并电路的基本描述，一般在系统使用中都需要考虑并行数据的输出位数。上述实例中输出数据位数为 4 位，故需要控制以某个时钟沿开始，每 4 个

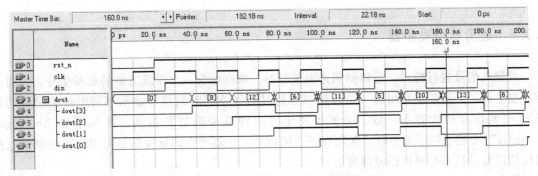

图 9.2.3.2　4 位移位寄存器的时序仿真

clk 时钟输出一次并行数据 dout，时钟不能多也不能少，否则转换得到错误的数据。而对于时钟个数的控制，就可以使用 9.2.2 小节所述的计数器模块。

9.2.4　复位电路

复位电路，是现代数字系统设计中不可或缺的电路，主要是实现对系统的初始化、系统崩溃时的电路还原等操作。复位电路主要有两种电路形式：同步复位和异步复位。同步复位可以实现系统的同步化，稳定系统的运行，只有在系统时钟沿有效时，复位信号的到来才能实现系统复位，占用的逻辑资源较多。异步复位可在复位信号到来时马上复位，但是在时序要求较严格时，系统不稳定的概率比较大，占用逻辑资源较少。一般在复位有效时，进行变量的初始化。

【例 9.2.4.1】设计同步复位和异步复位的 always 块程序。

（1）同步复位 always 块程序

```
always  @（posedge clk）  begin      //触发事件只有系统时钟
    if(! rst_n)
        ……                         //主要是对 always 块内的变量初始化
    else
    ……                             //主要是对 always 块内的功能描述
end
```

（2）异步复位 always 块程序

```
always  @（posedge clk，negedge rst_n）  begin//触发事件包含系统时钟和复位信号
    if(! rst_n)
        ……                         //主要是对 always 块内的变量初始化
    else
    ……                             //主要是对 always 块内的功能描述
end
```

9.2.5　边沿脉冲发生器

对输入信号进行检测，当检测到边沿信号时，就会输出一个系统时钟的脉冲信号，即边沿脉冲发生器。其原理是利用前一个时刻与当前时刻（不同时刻信号表示不同时钟沿信号的到来），时钟信号的状态不一致。主要可用于对时钟信号的边沿检测，其作用和 "posedge" "negedge" 关键字的作用类似，区别在于边沿脉冲发生器产生的脉冲信号可用作其他模块电路的使能信号，且不与时钟信号冲突。

【例 9.2.5.1】设计一个边沿脉冲发生器，输出高脉冲信号。

其模块例化示意图如图 9.2.5.1 所示：

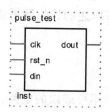

图 9.2.5.1　边沿脉冲发生器端口示意图

```
// *********************************************************************
module pulse_test( clk , rst_n , din , dout ) ;
input         clk ;              //时钟信号
input         rst_n ;            //异步复位信号,低电平有效
input         din ;              //输入信号
output        dout ;             //输出信号,检测到脉冲信号,输出 1 个 clk 的高电平

reg           dout ;
reg           din_reg ;          //输入信号缓存
// *********************************************************************
//输入信号缓存
    always @ ( posedge clk , negedge rst _n )    begin
        if(! rst_n)
            din_reg< = 1'b0;
        else
            din_reg< =din;                //输入数据缓存
        end
//边沿脉冲检测
    always @ ( posedge clk , negedge rst _n )    begin
        if(! rst_n)
            dout< = 1'b0;
```

```
    else    begin
        if( din_reg! = din)        //两次电平不同,说明有沿信号产生
            dout< = 1'b1;
        else
            dout< = 1'b0;
    end
end
endmodule
```

其时序仿真波形如图 9.2.5.2 所示：

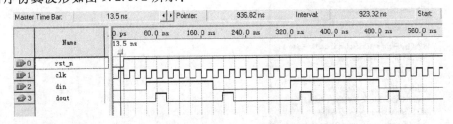

图 9.2.5.2 边沿脉冲发生器的时序仿真

边沿检测电路脉冲信号的产生，需要对检测信号先进行一级 *D* 触发器缓存，保存前一次的数据信号，然后与当前的数据信号进行比较得到边沿信号，所以产生的脉冲信号会延时一个时钟周期。电路实现流程：首先输入信号 din = 0，第一个 clk 时钟后 din_reg = 0；当某一时刻输入信号 din 上升沿到来时 din = 1，因为 din_reg 是非阻塞赋值，必须等到 always 块语句全部执行完才能完成对 din_reg 的赋值，所以 clk 上升沿到来时 din_reg = 0，此时可判断 din_reg 与 din 值不相等，即可输出 dout = 1；等到下一个 clk 上升沿到来时，din_reg 赋值完成与 din 值相等了，模块电路输出 dout = 0，即完成对输入信号的边沿信号的检查与脉冲输出。实际系统设计时，可根据边沿脉冲发生器的原理，设计信号的上升沿检测或下降沿检测，后面章节的设计实例中会涉及相关的电路设计。

9.3 存储电路设计

存储电路，即能够实现数据存储的电路，在现代数字系统的设计中也是不可或缺的电路单元。存储电路的实现主要是由时序电路和组合电路组合实现，常用的存储电路有：先进先出存储器 FIFO、只读存储器 ROM 和随机存储器 RAM。本节主要是通过一些可综合的 Verilog HDL 设计实例，并通过调用 IP 核的方法实现存储电路的搭建。

9.3.1 先进先出存储器 FIFO

FIFO，即先进先出队列存储器，其存储速度快，存储方便，FIFO 一般用于不同时钟域之间的数据传输，在高速数据采集存储、显示缓存、高速通信缓存等方面有着重要的作用。下面简单介绍 FIFO 的使用。

1. 使用方法

（1）如图 9.3.1.1 所示，使用 Mega Wizard Plug-In Manager 工具。弹出一个窗口如图 9.3.1.2 所示，有 3 个选项，分别是：创建一个新的宏功能模块、编辑一个已有的宏功能模块、复制一个已有的宏功能模块。选择创建一个新的宏功能模块，单击"Next"按钮。

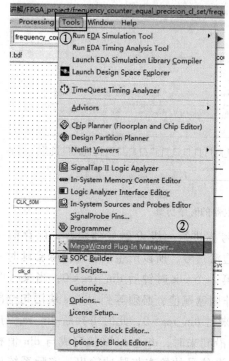

图 9.3.1.1　工具向导

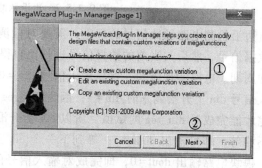

图 9.3.1.2　新建新项目界面

（2）如图 9.3.1.3 所示，进入创建一个新的宏功能模块窗口后，按图中的序号顺序操作。

① 左边的窗口选择 FIFO。

② 在右上角，选择 FPGA 芯片的家族系列，这里选择 Cyclone II。

③ 选择想要创建输出的文件类型，这里选择 Verilog HDL。

④ 命名 FIFO、并选择 FIFO 的存放路径，默认选择在工程文件夹下。

⑤ 以上设置完毕后，单击"Next"，进入 FIFO 功能的设置。

（3）如图 9.3.1.4 所示，进入 FIFO 存储数据的位宽、深度和是否使用时钟控制读写设置。

① 首先，先选择芯片系列，选中 Match project/default，则表示与工程选择的芯片系列保持一致。

② 选择存储数据的宽度和深度，第一个表示选择的每个数据的位数，第二个表示选择数据的个数。这里选择 8 bit×256 word，表示有 256 个 8 位的数据。

③ 单击"Next"进入下一步。

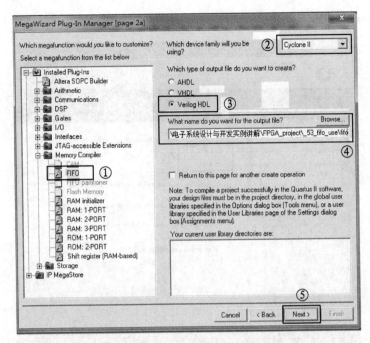

图 9.3.1.3　功能模块选择界面

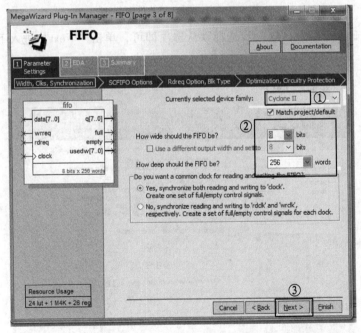

图 9.3.1.4　位宽、深度设置界面

（4）如图 9.3.1.5 所示，进入第二步的 FIFO 功能设置，主要是设置是否把一些标志信号设置成输出状态。

① 根据需要选择标志信号是否输出，这里设置 full（存储数据溢出指示信号）和 empty（FIFO 空指示信号）输出。

② 单击"Next"进入下一步。

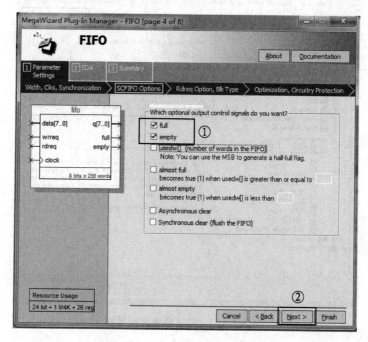

图 9.3.1.5　端口相关设置界面

（5）如图 9.3.1.6 所示，这一步选择默认选项即可，单击"Next"进入下一步。

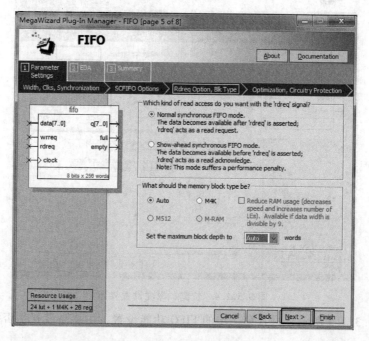

图 9.3.1.6　存储块模式

（6）如图 9.3.1.7 所示，这一步选择默认选项即可，单击"Next"进入下一步。

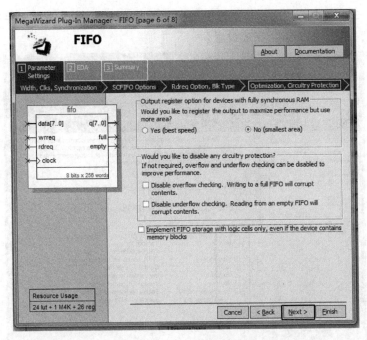

图 9.3.1.7 相关设置界面

（7）如图 9.3.1.8 所示，这一步选择默认选项即可，单击"Next"进入下一步。

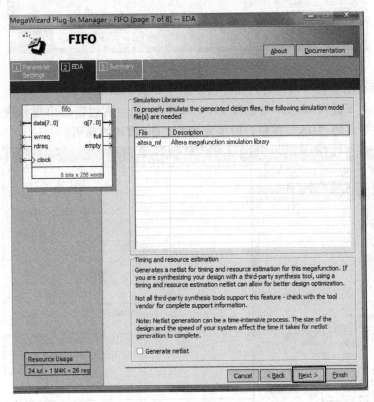

图 9.3.1.8 仿真库界面

（8）如图 9.3.1.9 所示，这一步主要设置输出文件的格式。首先在文件需要输出的格式前面的方框打钩，单击"Finsh"完成设置。

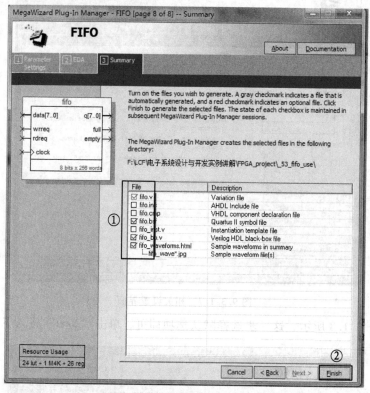

图 9.3.1.9　输出文件选择界面

（9）双击原理图空白界面，进入元件模块调用界面，如图 9.3.1.10 所示。在左上角的窗口，Project 文件夹下选择 fifo_use（创建 FIFO 时的命名），右边窗口出现相应的 fifo_use 电路模块图，单击左下角的"OK"按钮，即可完成 fifo_use 模块的调用。

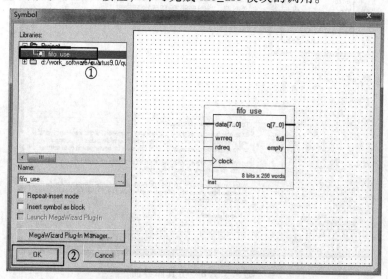

图 9.3.1.10　添加 FIFO 电路模块界面

2. 端口说明

如图 9.3.1.11 为 FIFO 的使用端口示意图。其中，data 为数据输入；wrreq 为写请求信号，rdreq 为读请求信号，读写请求信号均为高电平有效；clock 为控制时钟，q 为数据输出，full 为满信号，empty 为空信号。

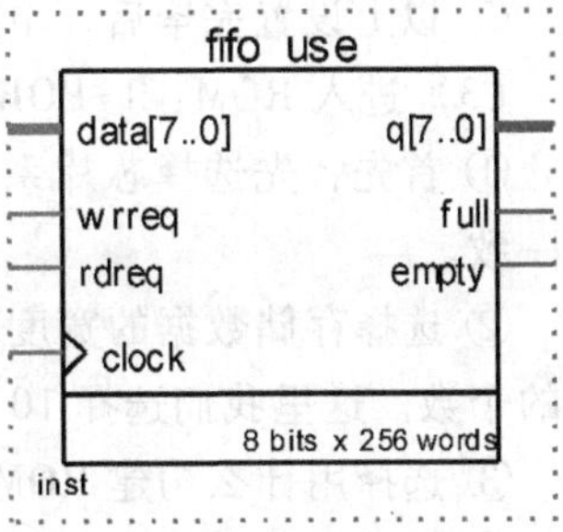

图 9.3.1.11　先进先出 FIFO 的
使用端口示意图

9.3.2　只读存储器 ROM

只读存储器 ROM，即存储的数据只能读取，掉电后数据不会丢失。常用于存储固定的程序或数据，比如第 10 章的 DDS 模块电路的设计，就使用了 ROM 存储正弦波数据表。ROM 的数据调用可通过地址查表法实现，读取时钟和地址有外部电路控制。

1. 使用方法

（1）新建宏功能模块的方法与 FIFO 的一致。

（2）如图 9.3.2.1 所示，进入创建一个新的宏功能模块窗口后，按图中的序号顺序操作。

① 左边的窗口选择 ROM：1-PORT。

② 在右上角，选择 FPGA 芯片的家族系列，这里选择 Cyclone II。

③ 选择想要创建输出的文件类型，这里选择 Verilog HDL。

④ 命名 IP 核、并选择 IP 核的存放路径，默认选择在工程文件夹下。

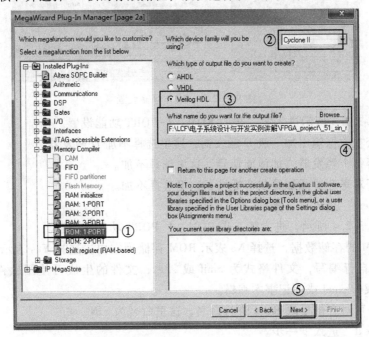

图 9.3.2.1　创建 ROM：1-PORT

⑤ 以上设置完毕后，单击 Next，进入 IP 核功能的设置。

（3）进入 ROM：1-PORT 设置，如图 9.3.2.2 所示。

① 首先，先选择芯片系列，选中 Match project/default，则表示与工程选择的芯片系列保持一致。

② 选择存储数据的宽度和深度，第一个表示选择的每个数据的位数，第二个表示选择数据的个数。这里我们选择 10 bit×1 024 word，表示有 1 024 个 10 位的数据。

③ 选择用什么构建 ROM 的存储块，可以选择 M4K 块或逻辑单元，这里选择 M4K 块。

④ 选择数据的输入和读出是否需要双时钟，一般选择单时钟。

⑤ 这里显示了该 ROM 模块占用的资源。

⑥ 单击"Next"进入下一步，Cancle 表示取消此次 IP 核的创建，Finish 表示完成此次 IP 核的创建。

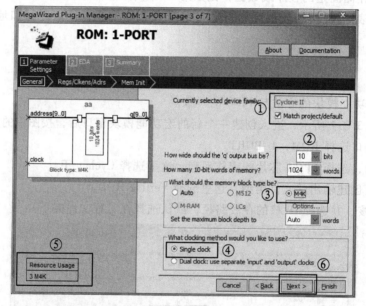

图 9.3.2.2　ROM 存储设置

（4）如图 9.3.2.3 所示进入第二步的 ROM：1-PORT 功能设置。

① 选择是否在数据输出加一级 D 触发器，这里选择不加 D 触发器。

② 选择是否每个触发器均加使能信号，这里选择不加。

③ 选择是否对寄存器添加异步清零端，这里选择不加。

④ 单击"Next"进入下一步。

（5）如图 9.3.2.4 所示，进入第三步 ROM：1-PORT 功能的设置。

① 选择 ROM 的存储数据，选择 No 表示 ROM 存储为空白，选择 Yes 表示 ROM 有存储数据，数据文件可自行编写，文件格式为 .mif 或 .hex，文件的生成可使用软件（比如 Guagle Wave 软件）生成、excel 或用记事本编辑。

② 勾选后，可对存储模块 ROM 进行命名，这里命名为 SIN。

③ 单击"Next"进入下一步。

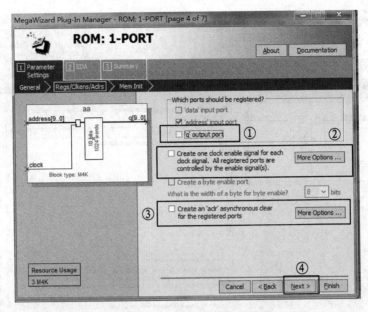

图 9.3.2.3　ROM 使能信号设置

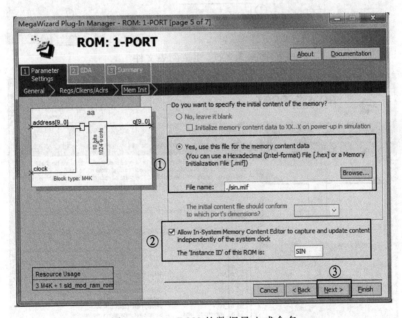

图 9.3.2.4　ROM 的数据导入或命名

（6）如图 9.3.2.5 所示，这里只是询问是否生成网表文件，本实例不选择，单击"Next"进入下一步。

（7）如图 9.3.2.6 所示，就是最后一步了，选择 ROM 模块要生成的文件格式，可多选，默认的有 .v 和 .bsf 文件，即 verilog 文件和原理图器件文件。单击"Finish"即完成 ROM 模块的设置。

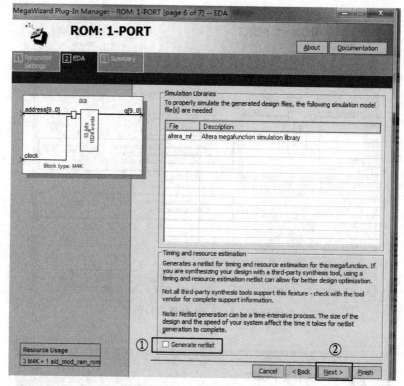

图 9.3.2.5　生成网表文件

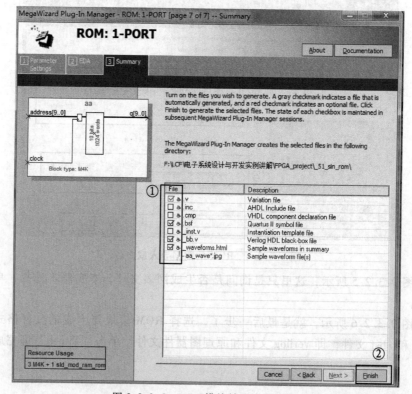

图 9.3.2.6　ROM 模块输出文件设置

（8）单击 Finish 后，出现图 9.3.2.7 所示窗口，直接选择 Yes。

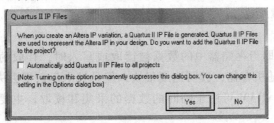

图 9.3.2.7　完成 ROM 模块设置

（9）双击原理图界面，出现图 9.3.2.8 所示窗口。在左上角的窗口，Project 文件夹下选择 sin_rom，右边窗口出现相应的 sin_rom 电路模块图，单击左下角的"OK"按钮，即可完成 sin_rom 模块的调用。

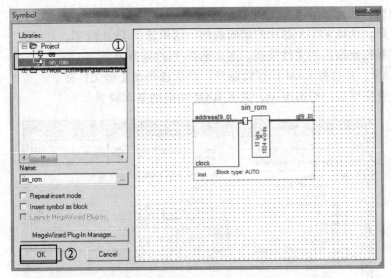

图 9.3.2.8　添加 ROM 电路模块

2. 端口说明

如图 9.3.2.9 为只读存储器 rom 使用端口示意图。其中，address 为地址线，clock 为控制时钟，q 为数据输出。

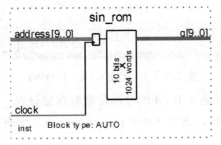

图 9.3.2.9　只读存储器 rom 使用端口示意图

9.3.3 随机存储器 RAM

随机存储器 RAM，即当存储器中的数据被读取或写入时，存取的速度与存储单元的位置无关的存储器。它可以随机存储，读写速度很快，但是掉电后数据丢失，所以主要用来存储短时间使用的程序或数据。RAM 可用于临时的数据的采集和读取，主要是通过寻址存储和读取数据。

1. 使用方法

（1）新建宏功能模块的方法与 FIFO 的一致。

（2）如图 9.3.3.1 所示，进入创建一个新的宏功能模块窗口后，按图中的序号顺序操作。

① 左边的窗口选择 RAM：1-PORT。

② 在右上角，选择 FPGA 芯片的家族系列，这里选择 Cyclone II。

③ 选择想要创建输出的文件类型，这里选择 Verilog HDL。

④ 命名 RAM、并选择 RAM 的存放路径，默认选择在工程文件夹下。

⑤ 以上设置完毕后，单击 Next，进入 RAM 功能的基本设置。

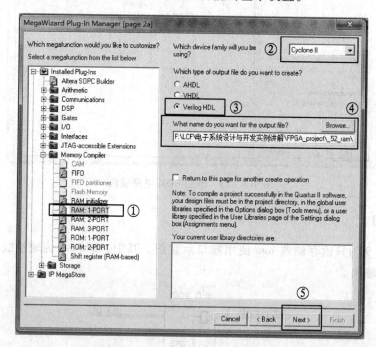

图 9.3.3.1　创建 RAM：1-PORT

（3）如图 9.3.3.2 所示，进入 RAM 的存储位宽和深度设置。

① 首先，先选择芯片系列，选中 Match project/default，则表示与工程选择的芯片系列保持一致。

② 选择存储数据的宽度和深度，第一个表示选择的每个数据的位数，第二个表示选择数

据的个数。这里选择 8 bit×1 024 word，表示有 1 024 个 8 位的数据。

③ 选择用什么构建 RAM 的存储块，可以选择 M4K 块或逻辑单元，这里选择 M4K 块。

④ 选择数据的输入和读出是否需要双时钟，一般选择单时钟。

⑤ 这里显示了该 RAM 模块占用的资源。

⑥ 单击"Next"进入下一步，Cancel 表示取消此次 IP 核的创建，Finish 表示完成此次 IP 核的创建。

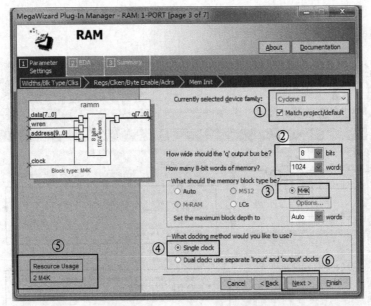

图 9.3.3.2 RAM 存储设置

（4）如图 9.3.3.3 所示，这一步设置 RAM 是否添加寄存器缓冲输出。打钩表示需要，单

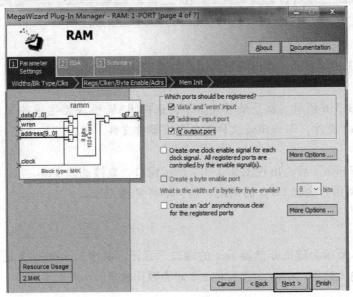

图 9.3.3.3 RAM 使能信号设置

击"Next"进入下一步。

（5）如图 9.3.3.4 所示，这一步设置 RAM 是否先存储数据到存储块内，及 RAM 存储块的命名。

① 选择 RAM 的存储数据，选择 No 表示 RAM 存储为空白，选择 Yes 表示 RAM 有存储数据，数据文件可自行编写，文件格式为 .mif 或 .Hex，文件的生成可使用软件（比如 Guagle Wave 软件）生成、excel 或用记事本编辑。

② 勾选后，可对存储模块 RAM 进行命名，这里命名为 RAMO。

③ 单击"Next"进入下一步。

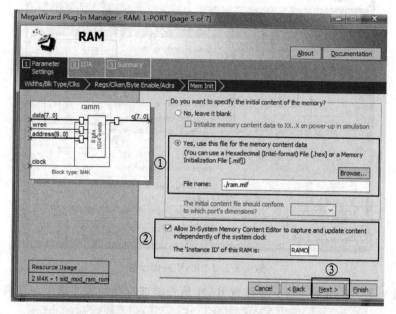

图 9.3.3.4　RAM 的数据导入或命名

（6）如图 9.3.3.5 所示，这里只是询问是否生成网表文件，本实例不选择，单击"Next"进入下一步。

（7）如图 9.3.3.6 所示，就是最后一步了，选择 RAM 模块要生成的文件格式，可多选，默认的有 .v 和 .bsf 文件，即 verilog 文件和原理图器件文件。单击"Finish"即完成 RAM 模块的设置。

（8）单击"Finish"后，出现图 9.3.3.7 所示窗口，直接选择 Yes。

（9）模块的调用方式与 FIFO 的调用一致，不再赘述。

2. 端口说明

如图 9.3.3.8 所示为随机存储器 ram 的端口示意图。其中，address 为地址线，clock 为控制时钟，data 为输入数据，wren 为读写控制，q 为数据输出。

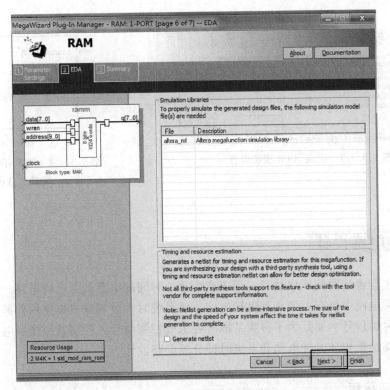

图 9.3.3.5　生成网表文件

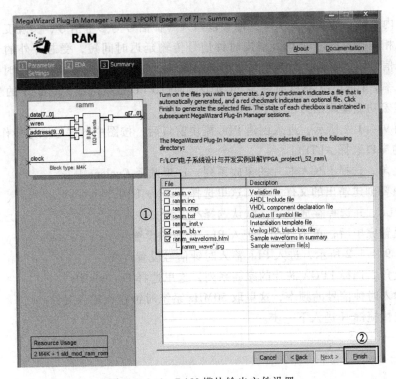

图 9.3.3.6　RAM 模块输出文件设置

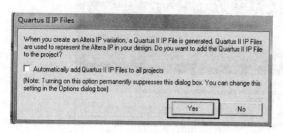

图 9.3.3.7　完成 RAM 模块设置

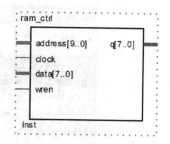

图 9.3.3.8　随机存储器 ram 的
端口示意图

9.4　时钟电路设计

任何电路工作都按时间顺序执行，用于产生这个时间的电路就是时钟电路。在现代数字系统设计中，时钟电路主要有：锁相环时钟电路、对系统时钟分频或直接使用外部的时钟等。时钟电路产生的时钟信号主要是为了得到基准时钟源或控制信号，控制其他模块电路完成系统功能。本节主要描述锁相环时钟电路和系统时钟分频电路设计。

9.4.1　锁相环倍频

在 FPGA 内部嵌入有锁相环 PLL，能够以输入时钟信号为参考信号，实现变频、移相、调整占空比等锁相功能。内嵌的 PLL 输出时钟信号传输延迟时间短，受芯片外的干扰少，能够输出稳定时钟信号。PLL 输出时钟信号常用于倍频输入时钟，得到更高频率的时钟信号，提高系统的工作速率。若 FPGA 系统时钟为 50 MHz，通过 PLL 倍频得到 100 MHz 的步骤如下。

（1）新建宏功能模块的方法与 FIFO 的一致。

（2）如图 9.4.1.1 所示，进入创建 PLL 模块窗口后，按图中的序号顺序操作。

① 左边的窗口选择 ALTPLL。

② 在右上角，选择 FPGA 芯片的家族系列，这里选择 Cyclone II。

③ 选择想要创建输出的文件类型，这里选择 Verilog HDL。

④ 命名 PLL、并选择存放路径，默认选择在工程文件夹下。

⑤ 以上设置完毕后，单击 Next，进入 PLL 功能的设置。

（3）如图 9.4.1.2 所示，进入 PLL 输入时钟信号设置界面。

① 在右上角，选择 FPGA 芯片的家族系列，这里选择 Cyclone II。

② 设定输入时钟信号的频率，这里取 50MHz 系统时钟作为输入时钟。

③ 直接按快捷键 N 进入下一步。

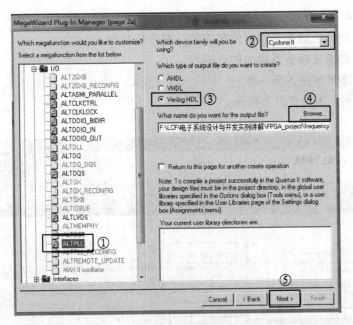

图 9.4.1.1　创建 PLL

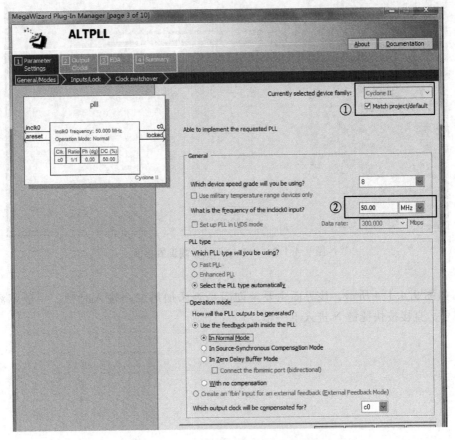

图 9.4.1.2　PLL 输入时钟信号设置界面

（4）如图 9.4.1.3 所示，进入创建 PLL 模块窗口后，按图中的序号顺序操作。

① 设置 PLL 的输入端是否添加使能信号，置位信号等。

② 设置 PLL 的输出端是否添加锁存信号。

③ 直接按快捷键 N 进入下一步。

④ 此设计实例无需设置以上信号。

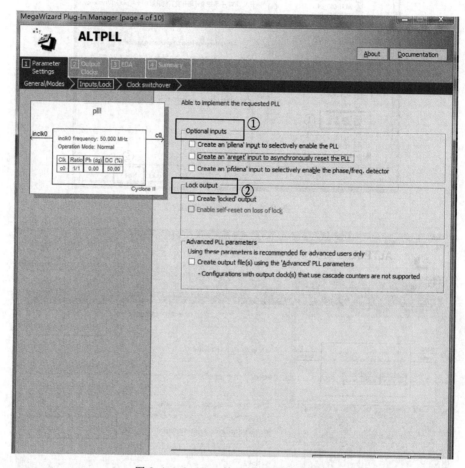

图 9.4.1.3　PLL 输入输出端设置界面

（5）如图 9.4.1.4 所示，该界面主要是询问是否添加第二个输入时钟，一般不添加第二个时钟信号，直接按快捷键 N 进入下一步。

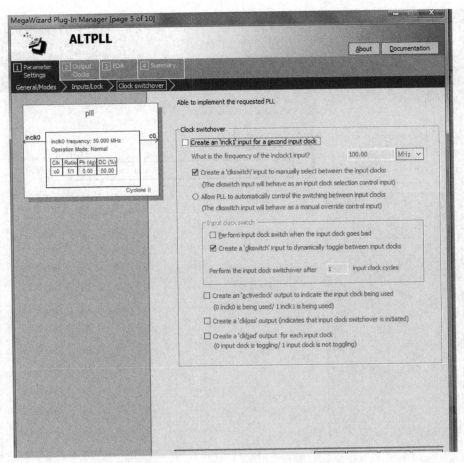

图 9.4.1.4　PLL 第二输入时钟设置界面

（6）如图 9.4.1.5 所示，进入 PLL 输出时钟 c0 通道设置界面。

① 设置 PLL 是否使用 c0 通道的输出时钟信号，勾选方框选择使用。

② 此处用于选择输出时钟信号的频率大小，选择第一个，可直接设置输出信号频率，选择第二个设置输出信号频率与输入信号频率的比值关系。该界面还可设置输出信号的占空比，相位等参数，此处直接设置输出时钟信号频率为 100 MHz。

③ 直接按快捷键 N 进入下一步。

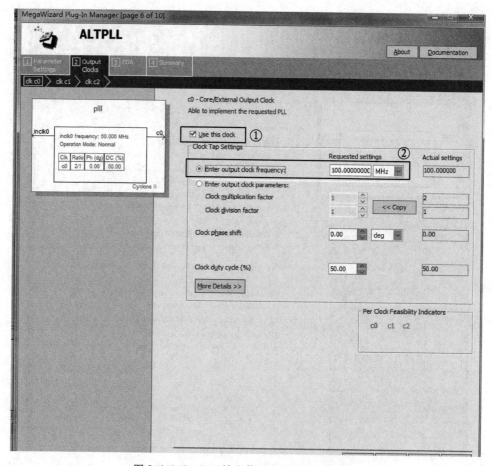

图 9.4.1.5　PLL 输出信号 c0 通道设置界面

（7）分别进入 PLL 输出时钟 c1 和 c2 通道设置界面，设置方法与 c0 一致。本实例不使用 c1 和 c2 通道，不勾选对话框，无需设置参数，可直接按快捷键 N 进入下一步。

（8）如图 9.4.1.6 所示，PLL 参数设置完成，直接按快捷键 N 进入下一步。

（9）如图 9.4.1.7 所示，进入 PLL 输出文件选择界面。

① 勾选需要输出的文件类型，比如 .v 文件、原理图文件等。

② 直接按快捷键 F 完成 PLL 设置。

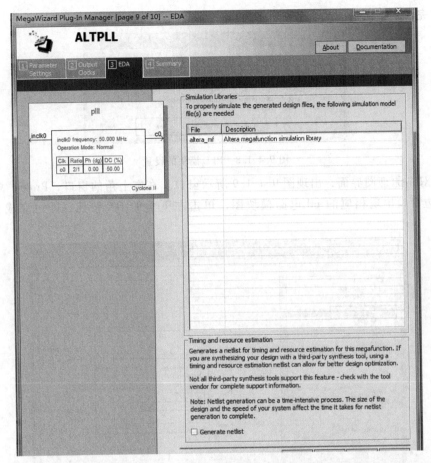

图 9.4.1.6　PLL 网表输出界面

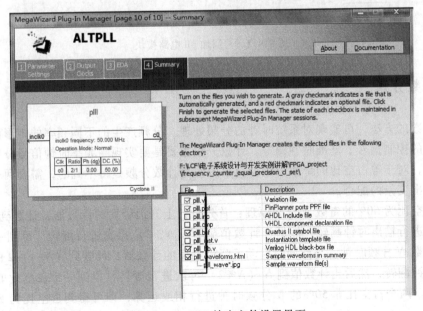

图 9.4.1.7　PLL 输出文件设置界面

（10）完成后，出现图 9.4.1.8 所示窗口，直接选择 Yes。

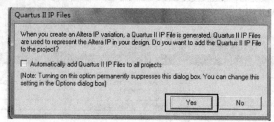

图 9.4.1.8　PLL 模块的设置

（11）双击原理图界面，出现图 9.4.1.9 所示窗口。在左上角的窗口，Project 文件夹下选择 pll，右边窗口出现相应的 pll 电路模块图，单击左下角的 OK 按钮，即可完成 pll 模块的调用。

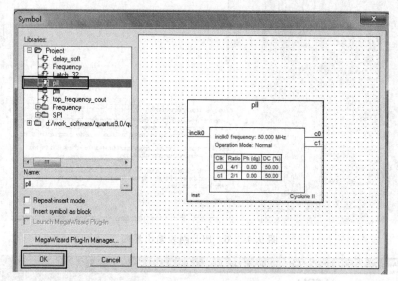

图 9.4.1.9　添加 pll 电路模块

9.4.2　计数分频

根据计数的方法，可实现对系统时钟的分频处理。分频产生的不同频率的矩形波，用作为系统电路中的控制信号、基准时钟源等。计数分频主要是要实现高频率时钟信号分频得到低频率时钟信号，对于等占空比的奇数分频，简单的使用计数分频是得不到的，需要两个计数器和两个时钟输出变量的配合。

实现占空比为 50% 的奇数 N 分频原理：首先设计上升沿触发的计数器，计数到 $(N-1)/2$ 的计数值时进行输出时钟翻转；然后当计数值到 $N-(N\%2)$ 再次进行翻转，得到一个占空比非 50% 的奇数 N 分频时钟。与此同时启动下降沿触发的计数器，计数到 $(N-1)/2$ 的计数值时进行输出时钟翻转，然后当计数值到 $N-(N\%2)$ 再次进行翻转，得到一个占空比非 50% 奇数 N 分频时钟。两个占空比非 50% 的 N 分频时钟进行相或运算，即可得到占空比为 50% 的奇数 N 分频时钟。

【例 9.4.2.1】 设计一个 5 分频的分频器，占空比 50%。

其模块例化示意图如图 9.4.2.1 所示：

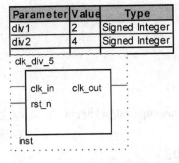

Parameter	Value	Type
div1	2	Signed Integer
div2	4	Signed Integer

图 9.4.2.1 5 分频器端口示意图

程序代码如下：

//程序可以修改为任意整数分频,修改分频时,需要注意计数器的计数范围(位数)

```
// *******************************************************************
module clk_div_5 ( clk_in, rst_n, clk_out );
input          clk_in;              //输入时钟
input          rst_n;               //异步复位,低电平有效
output         clk_out;             //5 分频信号输出

reg   [2:0]    cnt1;                //上升沿计数器
reg   [2:0]    cnt2;                //下降沿计数器
reg            clk_out1;            //时钟寄存输出
reg            clk_out2;
parameter      div1 = 2;
Parameter      div2 = 4;
// *******************************************************************
//div1 = 5/2, div2 = 5-(5%2) 5 为分频数,若将 5 改为其他整数则表示其他分频数。
    always @ ( posedge clk_in, negedge rst_n )   begin      //上升沿计数器
        if( !rst_n )                                        //异步复位
            cnt1 <= 1'b0;
        else if( cnt1 < div2 )                              //小于 4 则计数
            cnt1 <= cnt1 + 1'b1;
        else
            cnt1 <= 1'b0;
    end

    always @ ( negedge clk_in, negedge rst_n ) begin        //下降沿计数器
        if( !rst_n )                                        //异步复位
```

```
            cnt2 <= 1'b0;
        else if( cnt2<div2)                                    //小于 4 则计数
            cnt2 <= cnt2+1'b1;
        else
            cnt2 <= 1'b0;
    end

    always @ ( posedge clk_in, negedge rst_n) begin        //上升沿输出时钟控制
        if( !rst_n)                                            //异步复位
            clk_out1 <= 1'b0;
        else if( cnt1 = = div1)                                //为 2 时翻转
            clk_out1 <= ~ clk_out1;
        else if( cnt1 = = div2)                                //为 4 时翻转
            clk_out1 <= ~ clk_out1;
    end

    always @ ( negedge clk_in, negedge rst_n)    begin     //下降沿输出时钟控制
        if( !rst_n)                                            //异步复位
            clk_out2 <= 1'b0;
        else if( cnt2 = = div1)                                //为 2 时翻转
            clk_out2 <= ~ clk_out2;
        else if( cnt2 = = div2)                                //为 4 时翻转
            clk_out2 <= ~ clk_out2;
    end
    assign clk_out = clk_out1 | clk_out2;
endmodule
```

其时序仿真波形如图 9.4.2.2 所示：

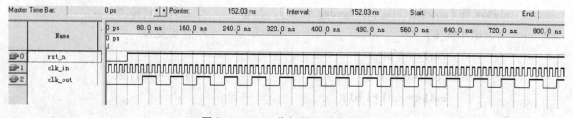

图 9.4.2.2 5 分频器的时序仿真

计数分频得到的分频时钟，一般只在 FPGA 内部电路使用，最好不要通过 I/O 口引脚输出作为时钟信号使用。FPGA 引脚输出的时钟信号存在较大的时钟偏斜，不适合作为频率较高的时钟信号使用，一般作为使能信号等使用。如果时钟信号频率较低，存在的时钟偏斜对信号的影响不大，可以直接通过 FPGA 的 I/O 口连接使用。

第 10 章 现代数字系统设计实例

10.1 基于 FPGA 的等精度测频模块设计

10.1.1 任务要求

设计一个等精度测频模块，要求对输入的正方波信号进行频率测量，输入幅值为 3.3 V，输入频率为 0.1 Hz～10 MHz，测量误差≤0.01%。

10.1.2 等精度测频原理

等精度测频原理如图 10.1.2.1 所示，等精度测频时序如图 10.1.2.2 所示。SCNT 和 XCNT 模块是两个可控的多位高速计数器，SENA 和 XENA 分别是它们的计数允许信号端，SCLK 和 XCLK 分别是标准频率信号和待测频率信号的输入端。

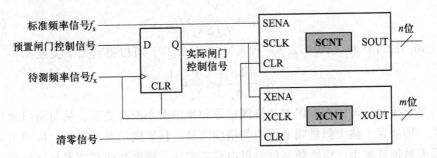

图 10.1.2.1 等精度测频原理图

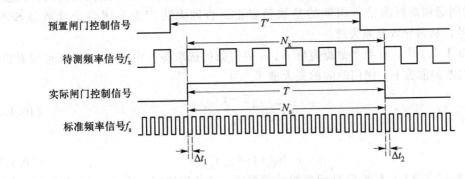

图 10.1.2.2 等精度测频时序图

　　未测频时，预置闸门控制信号处于低电平状态，则 D 触发器的 Q 端（即实际闸门控制信号端）输出低电平，两个计数器都不工作。开始测频前，通过先将两个计数器和 D 触发器重新置位。

　　在测量过程中，两个高速计数器 SCNT 和 XCNT 分别对标准频率信号 f_s 和待测频率信号 f_x 进行计数。预置闸门开启，此时两个高速计数器并不开始工作，而是等到输入信号 f_x 的上升沿触发时，D 触发器输出端 Q 端才置为高电平，两个高速计数器开始工作。T 秒后，预置闸门关闭时，此时两个高速计数器并没有马上停止工作，而是等到随后到来的输入信号 f_x 的上升沿到来时，才通过 D 触发器使两个高速计数器停止工作。这样便完成了 1 次测频过程。

　　假设预置闸门时间 T 内输入信号 f_x 的计数值为 N_x，标准频率信号 f_s 的计数值为 N_s，由图 10.1.2.2 可知关系式：$f_x/N_x=f_s/N_s$，于是通过转换得到频率与计数值之间的关系式为

$$f_x = \frac{N_x}{N_s} \times f_s \tag{10.1.2.1}$$

如果忽略标准信号 f_s 的误差，则测频可能产生的相对误差为

$$\delta = \frac{|f_{xe} - f_x|}{f_{xe}} \times 100\% \tag{10.1.2.2}$$

　　其中，f_{xe} 为待测信号频率的准确值。由图 10.1.2.2 可知，在测频过程中，由于 f_x 计数的开始时间与结束时间都是由该信号的上升沿触发控制的，所以在闸门时间 T 内对待测频率信号 f_x 的计数值 N_x 没有误差（$T = N_x/f_x$），对标准频率信号 f_s 的计数值 N_s 最多存在一个误差，即 $|\Delta N_s| \leqslant 1$，则其待测频率的准确值为

$$f_{xe} = \frac{N_x}{N_s + \Delta N_s} \times f_s \tag{10.1.2.3}$$

将式（10.1.2.1）和（10.1.2.3）代入（10.1.2.2），可以得到如下关系：

$$\delta = \frac{|\Delta N_s|}{N_s} \leqslant \frac{1}{N_s} = \frac{1}{Tf_s} \tag{10.1.2.4}$$

　　由此可见，测量频率的相对误差与待测信号频率的大小没有关系，只与闸门时间和标准信号频率有关，即实现了整个测量频率段的等精度测量。预置闸门时间增加，标准频率调高，测频的相对误差就能够减小。标准频率信号可由稳定度好、精度高的高频率晶体振荡器产生，在保证测量精度不变的前提下，提高标准信号频率，可减小闸门时间，从而提高测量速度。注意，闸门时间必须是待测信号周期的整数倍以上，否则无法产生关闭两个计数器 SCNT 和 XCNT 的信号，从而导致测频失败。

　　在图 10.1.2.1 中，计数器数据宽度 m、n 的值如何选取呢？由图 10.1.2.2 可以看出，在不考虑 ±1 误差的前提下，闸门时间的最大值 T_{max} 为

$$T_{max} = \frac{2^n - 1}{f_s} \tag{10.1.2.5}$$

则

$$n = \log_2(1 + T_{max} f_s) \tag{10.1.2.6}$$

才能满足计数器 SCNT 对标准信号频率的计数要求。当 f_s 固定时，由式（10.1.2.5）看出，n 的值越大，闸门时间越大，表示可以测量更低频率的待测信号；由式（10.1.2.6）得

$$N_x = \frac{f_x}{f_s} \times N_s \leqslant \frac{f_{xmax}}{f_s} \times (2^n - 1) \leqslant (2^m - 1) \qquad (10.1.2.7)$$

其中，f_{xmax} 是待测信号频率的最大值，令其与 f_s 的比值为 k，则

$$m \geqslant \log_2 [1 + (2^n - 1)k] \qquad (10.1.2.8)$$

才能满足计数器 XCNT 对待测信号频率的计数要求。

10.1.3 设计与仿真

1. 模块总体设计

模块总体设计框图如图 10.1.3.1 所示，主要由预置闸门、闸门同步、频率计数和输出锁存等模块构成。预置闸门产生预置闸门控制信号，与待测信号同步后产生实际闸门控制信号，与此同时启动频率计数模块开始计数。闸门时间结束后，频率计数模块停止计数，并把标准信号与待测信号的计数值送给输出锁存模块。当锁存信号有效时，输出锁存模块锁存标准信号与待测信号的计数值，以便外部设备读取。

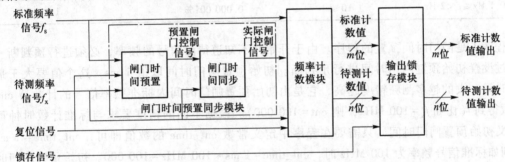

图 10.1.3.1 等精度测频模块总体设计框图

设 $f_s = 100$ MHz，由任务要求可知：$f_{xmin} = 0.1$ Hz（$T_{max} = 10$ s），$f_{xmax} = 10$ MHz。由式（10.1.2.6）可得标准信号计数器的位数至少为 $\log_2(1 + 10 \times 100 \times 10^6) \approx 30$，这里取 32 位。又由式（10.1.2.8）可得待测信号计数器的位数至少为 $\log_2 \left[1 + (2^{32} - 1) \times \dfrac{10 \times 10^6}{100 \times 10^6} \right] \approx 29$，这里取 32 位。

2. 闸门时间预置同步模块设计与仿真

该模块主要用于设置预置闸门时间并产生实际闸门控制信号，是等精度测频的核心部分。由式（10.1.2.4）可知，闸门时间 T 越长，标准信号频率越高，测频的相对误差就越小。假设标准时钟为 $f_s = 100$ MHz，任务要求测量精度达到 0.01%，可得

$$\frac{1}{Tf_s} < \frac{1}{10\ 000} \qquad (10.1.3.1)$$

则

$$T > \frac{10\ 000}{f_s} = \frac{10\ 000}{100 \times 10^6}\ s = 100\ \mu s \qquad (10.1.3.2)$$

最小闸门时间是由 100 MHz 标准信号计数 10 000 次得到。当闸门时间越大，测量精度越高，但测频时间就越长。可在保证测频时间允许的情况下，适当增加闸门时间提高精度。当 $T = 100\ \mu s$ 时，理论上只要标准时钟计数值达到 10 000 个，就可以满足精度达到 0.01% 的要求。但是要注意闸门时间不可小于待测信号的时间，即要保证待测信号的计数值 $N_x \geqslant 1$，因此所有频段范围不可采用同一的闸门时间，各个频段的预置闸门时间设置情况如表 10.1.3.1 所列。另外，由 $N_x = Tf_x$ 可得到不同频段待测信号的临界计数值，也如表 10.1.3.1 所列。

表 10.1.3.1　预置闸门时间及其理论误差

输入信号频率 f_x	预置闸门时间	理论测频精度相对误差	待测信号的临界计数值
$f_x \geqslant 10$ MHz	1 ms	0.001%	10 000
100 kHz $\leqslant f_x < 10$ MHz	10 ms	0.000 1%	1 000
1 kHz $\leqslant f_x < 100$ kHz	100 ms	0.000 01%	100
2 Hz $\leqslant f_x < 1$ kHz	1 s	0.000 01%	2
0.1 Hz $\leqslant f_x < 2$ Hz	10 s	0.000 001%	1

程序 1 是闸门时间预置的程序。由于开始并不知道待测信号的频率，必须进行预判断。可以通过设置初始预置闸门时间进行预判断。初始预置闸门时间取值 1 ms，这个值要大于最小闸门时间，大的越多测频精度越高，它是由初始预置闸门时间内标准频率信号的计数器 cnt 对 f_s 计数得到（比如 $f_s = 100$ MHz，则 cnt = 100 000）。根据不同的精度要求与标准计数时钟可以预定义初始预置闸门时间，只需要在程序中定义常数 cnt_time 的数值即可，cnt_time = 1 ms * f_s。例如标准信号频率为 100 MHz 时，cnt_time = 1 ms * 100 MHz = 100 000。初始预置闸门时间结束后，根据表 10.1.3.1 进行待测信号频率判断，从而获得不同的预置闸门时间和待测信号的临界计数值。同时，在整个预置闸门时间（包括初始预置闸门时间）内，待测和标准信号计数器（分别是 cnt_fx 和 cnt_b）同时进行计数。当 cnt_fx 计数达到待测信号的临界计数值后，如果预置闸门时间到达，cnt 值加 1 结束预置闸门时间过程，产生预置闸门控制信号，同时清除 cnt、cnt_fx 和 cnt_b 的值，为下一轮计数做准备。

程序 1：

```
//待测信号进行计数
always @ ( posedge fx , negedge rst )  begin      //fx:待测频率信号；rst:复位信号
    if( ! rst )  begin          //cnt_fx:待测信号在预置闸门时间内的计数值
        cnt_fx <= 0;
    end
    else   begin
        if( cl == 1 )  begin      //在整个预置闸门时间内,cnt_fx 不断计数
            cnt_fx <= cnt_fx + 1'b1;
        end
```

```
        else   begin                       //预置闸门时间结束,cnt_fx 清零,为下轮计数做准备
            cnt_fx<=0;
        end
    end
end
always @ ( posedge clk , negedge rst)     begin
    if( ! rst)   begin
        cnt<=0;                            //cnt：初始预置闸门时间内标准频率信号的计数器
        cnt_b<=0;                          //cnt_b：标准信号在预置闸门时间内的计数器
    end
    else   begin
        if( cnt<cnt_time)   begin          //初始预置闸门时间内,cnt 和 cnt_b 同时计数
            cnt<=cnt+1'b1;
            cnt_b<=cnt_b+1'b1;
        end
        else if( cnt = = cnt_time)   begin
        //初始预置闸门时间结束,进行待测信号频率判断,获得不同的预置闸门
        //待测频率 fx ≥10MHz,预置闸门时间 1ms,相对误差 0.001%
            if( cnt_fx >= 10000 && cnt_b = =cnt_time)   begin
        //cnt 值加 1 结束预置闸门时间过程
                cnt <= cnt + 1'b1;
            end
        //待测频率在 100kHz<=fx<10MHz,预置闸门时间 10 ms,相对误差 0.0001%
            else if( cnt_fx >= 1000 && cnt_b = =( cnt_time * 10)) begin
                cnt <= cnt + 1'b1;
            end
        //待测频率在 1kHz<=fx<100kHz,预置闸门时间 100ms,相对误差 0.00001%
            else if( cnt_fx >= 100 && cnt_b = =( cnt_time * 100))   begin
                cnt <= cnt + 1'b1;
            end
        //待测频率在 2Hz<=fx<1kHz,预置闸门时间 1s,相对误差 0.000001%
            else if( cnt_fx > 2 && cnt_b = =( cnt_time * 1000))   begin
                cnt <= cnt + 1'b1;
            end
        //待测频率在 0.1Hz<fx<2Hz,预置闸门时间 10s,相对误差 0.0000001%
            else if( cnt_fx > 1 && cnt_b = =( cnt_time * 10000))   begin
                cnt <= cnt + 1'b1;
            end
```

```
            else if( cnt_fx = = 1 && cnt_b>=( cnt_time * 10000) )    begin
   //待测频率在 fx=0.1Hz,预置闸门时间 10s,相对误差 0.0000001%
   //0.1Hz,预置闸门时间为 10s(一个待测频率周期)因此需等待其上升沿
                if( fx&! fx_reg)    begin        //等待待测信号上升沿
                    cnt <= cnt + 1'b1;
                end
                else    begin
                    cnt <= cnt;        //cnt 保持(若加 1 便结束预置闸门)
                end
            end
            else    begin
   //预置闸门时间内,cnt_b 不断计数,cnt 保持(若加 1 便结束预置闸门)
                cnt <= cnt;
                cnt_b <= cnt_b + 1'b1;
            end
        end
        else    begin
            if( cl = =0) begin        //预置闸门时间过程结束,cnt 和 cnt_b 清零
                cnt<=0;
                cnt_b<=0;
            end
            else    begin
                cnt<=cnt;
                cnt_b<=0;
            end
        end
    end
end
//产生预置闸门控制信号
always @ ( posedge clk, negedge rst)    begin
    if( ! rst)    begin
        cl_reg<=0;                    //cl_reg: 预置闸门控制信号
    end
    else    begin
        if( cnt<=cnt_time)    begin    //cnt≤cnt_time 时,预置闸门时间
            cl_reg<=1;
        end
        else    begin                    //预置闸门时间结束
```

```
            cl_reg<=0;
        end
    end
end
```

闸门时间预置部分时序仿真如图 10.1.3.2 所示。

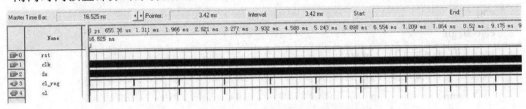

图 10.1.3.2　闸门时间预置部分时序仿真图

由图 10.1.2.2 可知，实际闸门控制信号应该和待测信号同步，即待测信号第一个上升沿到来时开始；直到实际闸门控制信号无效时，待测信号第一个上升沿到来时结束。所以需要设计以待测信号为时钟的 D 触发器来实现同步，程序如程序 2 所示。闸门时间同步部分时序仿真如图 10.1.3.3 所示，其中 cl_reg 为预置闸门控制信号，cl 为实际闸门控制信号。

程序 2：　//产生实际闸门控制信号

```
always @ (posedge fx, negedge rst)    begin
    if(！ rst)    begin
        cl <= 0;           //cl:实际闸门控制信号
    end
    else    begin              //实现预置闸门信号与待测信号同步(待测信号上升沿赋值)
        cl <= cl_reg;
    end
end
```

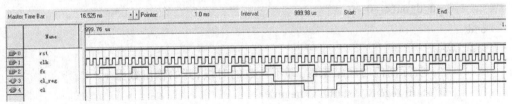

图 10.1.3.3　闸门时间同步部分时序仿真图

3. 频率计数模块设计与仿真

要完成对标准频率信号与待测频率信号的脉冲计数需要设计 32 位计数器。计数过程必须保证在实际闸门时间内，故计数器电路设计必须带有使能信号。当实际闸门控制信号有效（高电平）时，使能信号 start 有效，启动计数过程。如程序 3 所示，实际闸门时间内，完成对待测信号 clk_d 的脉冲进行计数，并保存在计数器 cnt_d 中；实际闸门时间结束后，计数值重新清零等待下一次计数过程。标准频率信号的计数器设计同理，不再赘述。

程序 3：

```
//待测时钟进行计数
always @ ( posedge clk_d,negedge rst)
begin
    if( ! rst)    begin
        cnt_d<= 32'b0;
    end
    else begin
        if( start = = 0)    begin
            cnt_d<= 0;
        end
        else begin
            cnt_d<= cnt_d+1'b1;
        end
    end
end
```

为了计数值的稳定输出，在计数过程结束之后，增加一级缓冲输出设计。以标准信号为触发时钟，实际闸门信号的下降沿为使能信号，并把最后计数结果保存在 32 位的数据寄存器中，如程序 4 所示。其中，cnt_d_out 为待测频率信号计数值，cnt_b_out 是标准频率信号计数值。

程序 4：

```
//计数结果缓冲输出
always @ ( posedge clk_b,negedge rst)
begin
    if( ! rst)    begin
        cnt_b_out<= 0;
        cnt_d_out<= 0;
    end
    else begin
        /* 实际闸门时间结束时,即不计数的时候,开始输出数据 */
        if( start_reg&&! start)    begin
            cnt_b_out<= cnt_b;
            cnt_d_out<= cnt_d;
        end
        else
        begin
            cnt_b_out<= cnt_b_out;
            cnt_d_out<= cnt_d_out;
        end
    end
```

end

为了判断实际闸门使能信号的下降沿，需要对实际闸门信号进行缓冲（寄存于寄存器 start_reg），如程序 5 所示。

程序 5：

```
assign   start = cl;
//计数使能信号缓存
always@ (posedge clk_b, negedge rst)   begin
    if(！rst) begin
        start_reg < = 1'b0;
    end
    else begin              //计数使能信号缓存
        start_reg < = start;
    end
end
```

频率计数模块时序仿真如图 10.1.3.4 所示。

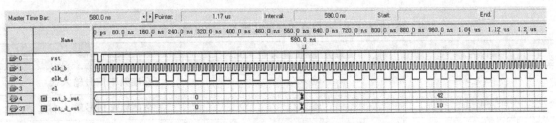

图 10.1.3.4　频率计数模块时序仿真图

4. 输出锁存模块设计

为了方便外部设备读取，需要对标准计数值和待测计数值锁存输出。当锁存信号有效时，输出锁存模块锁存标准计数值和待测计数值。具体实现如下程序，其中 data_in_1 为标准计数值输入，data_in_2 为待测计数值，latch_en 为锁存信号（低电平有效），data_out_1 为标准计数值输出，data_out_2 为待测计数值输出。

```
always @ (latch_en, data_in_1, data_in_2)
begin
    if(！latch_en)          //latch_en：锁存信号(低电平有效)
    begin                   //锁存信号有效,输入数据被锁存
        data_out_1 <= data_in_1;
        data_out_2 <= data_in_2;
    end
end
```

10.1.4 模块接口与注意事项

1. 模块接口

等精度测频模块的 FPGA 实现，最终由 Quartus II 软件例化得到的模块输入、输出端口示意如图 10.1.4.1 所示，各端口定义如表 10.1.4.1 所列。

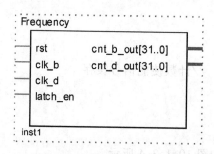

图 10.1.4.1　等精度测频模块输入、输出端口示意图

表 10.1.4.1　等精度测量模块输入、输出端口定义

端口名称	信号方向/宽度（位）	端口功能
clk_b	输入/1	标准频率信号输入端
clk_d	输入/1	待测频率信号输入端
rst	输入/1	模块复位端
latch_ en	输入/1	锁存输出使能端
cnt_b_out	输出/32	标准计数值输出
cnt_d_out	输出/32	待测计数值输出

2. 注意事项

（1）预置闸门信号要与待测信号实现同步化，减少误差。

（2）复位信号一般与整个系统电路的复位信号一致。

（3）闸门时间的预置是根据标准频率信号的周期计数所得，标准频率信号改变会引起闸门时间的变化，应根据实际的标准频率信号设置闸门时间，详见 10.1.3.5 节中 cnt_time 的介绍进行设定。

（4）等精度测频模块更多的应用设计，将在第 11 章中有更详细的描述。

10.2　基于 FPGA 的 DDS 模块设计

10.2.1　任务要求

设计一个 DDS 模块，使用 Quartus II 软件内嵌的 SignalTap II Logic Analyzer 观察结果。

10.2.2　DDS 工作原理与模块结构

所谓频率合成就是将具有低相位噪声、高精度和高稳定度等综合指标的参考频率源经过电路上的混频、倍频或分频等信号处理以便对其进行数学意义上的加、减、乘、除四则运算，从而产生大量具有同样精确度的频率源。

频率合成技术自提出以来，逐渐形成了目前的 4 种技术：直接频率合成技术，锁相频率合成技术、直接数字频率合成技术和混合式频率合成技术。

1971 年 3 月美国学者 J. Tiemcy，C. M. Rader 和 B. Gold 首次提出了直接数字频率合成 (Direct Digital Synthesis，DDS) 技术。这是一种从相位概念出发直接合成所需波形的全数字频率合成技术。同传统的频率合成技术相比，DDS 技术具有极高的频率分辨率、极快的变频速度，变频相位连续、相位噪声低，易于功能扩展和全数字化便于集成，容易实现对输出信号的多种调制等优点，满足了现代电子系统的许多要求，因此得到了迅速的发展。

1. DDS 工作原理

先用图简单地来理解下 DDS 的工作原理，如图 10.2.2.1 ~ 图 10.2.2.3 所示。对于一个正弦信号，其相位角为 0~2π，把 2π 进行均匀等分，可得到对应的幅度。假设取出等分相位角对应幅值的频率相同，则可得到离散的幅值，这样也就保证以一样的速度取不同点（即相位增量不同）得到不同频率的波形，如图 10.2.2.3 所示。

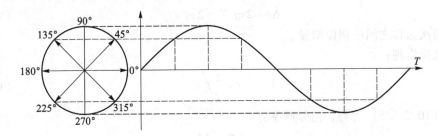

图 10.2.2.1　相位增量为 π/4 时相位幅度的映射关系

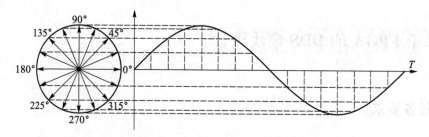

图 10.2.2.2　相位增量为 π/8 时相位幅度的映射关系

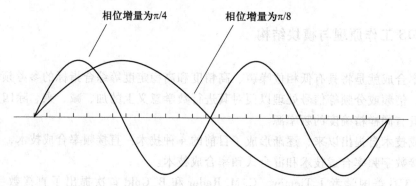

图 10.2.2.3　不同的相位增量可以得到不同频率的波形

一个纯净的单频信号可表示为

$$u(t) = U\sin(2\pi f_o t + \theta_0) \tag{10.2.2.1}$$

只要它的幅度 U 和初始相位不变，它的频谱就是位于 f_o 的一条谱线。为了分析简化起见，可令 $U=1$，初始相位 $=0$，这将不会影响对频率的研究。即

$$u(t) = \sin(2\pi f_o t) = \sin\theta(t) \tag{10.2.2.2}$$

如果对式（10.2.2.2）的信号进行采样，采样周期为 T_c（即采样频率为 f_c），则可得到离散的波形序列：

$$u(n) = \sin(2\pi f_o n T_c) \quad (n = 0, 1, 2\cdots) \tag{10.2.2.3}$$

相应的离散相位序列为

$$\theta(n) = 2\pi f_o n T_c = \Delta\theta \cdot n \quad (n = 0, 1, 2\cdots) \tag{10.2.2.4}$$

其中，

$$\Delta\theta = 2\pi f_o T_c = 2\pi f_o / f_c \tag{10.2.2.5}$$

它是连续两次采样之间的相位增量。

根据采样定理：

$$f_o < \frac{1}{2}f_c \tag{10.2.2.6}$$

由式（10.2.2.5）可得，信号频率：

$$f_o = \frac{\Delta\theta}{2\pi T_c} = \frac{\Delta\theta}{2\pi} \cdot f_c \tag{10.2.2.7}$$

现将整个周期的相位 2π 分成 M 份，每一份为 $\delta = 2\pi/M$，若每次的相位增量 $\Delta\theta$ 选择为 δ 的 K 倍，即可得到信号的频率：

$$f_o = \frac{K\delta}{2\pi} \cdot f_c = \frac{K \cdot (2\pi/M)}{2\pi} \cdot f_c = \frac{K}{M} \cdot f_c \qquad (10.2.2.8)$$

再由式（10.2.2.6）可得

$$\frac{K}{M} = \frac{f_o}{f_c} < \frac{1}{2} \qquad (10.2.2.9)$$

当满足式（10.2.2.9）要求时，根据采样定理，$u(n)$ 可以经过 D/A 转换和低通平滑滤波唯一地恢复出 $u(t)$。

若 M 固定，一般 f_c 也固定，由式（10.2.2.8）可知，只要控制 K 就可以改变信号的频率，所以 K 称为频率控制字。在整个 2π 周期中，$\Delta\theta$ 越大，意味着采样点减少，由式（10.2.2.4）可知 n 将减少，由式（10.2.2.7）可知 f_o 变大。式（10.2.2.8）是 DDS 的基本方程，是利用 DDS 进行频率合成的立足点。在实际应用中，一般取 $M = 2^N$，N 为正整数，于是 DDS 的基本方程可写成

$$f_o = \frac{K}{2^N} \cdot f_c \quad K = 1, 2, \cdots, 2^{N-1} \qquad (10.2.2.10)$$

由式（10.2.2.10）可以看出，当 $K = 1$ 时，DDS 系统输出信号的频率最小，而这个最小频率同时也是 DDS 系统的频率分辨率：

$$f_{omin} = \Delta f_o = \frac{f_c}{2^N} \qquad (10.2.2.11)$$

由式（10.2.2.10）同时可以得到频率控制字：

$$K = 2^N \cdot \frac{f_o}{f_c} \quad K = 1, 2, \cdots, 2^{N-1} \qquad (10.2.2.12)$$

通过以上的分析，可以得出以下几点结论：

（1）DDS 系统的输出频率 f_o 只与频率控制字 K、系统时钟频率 f_c、一个 2π 周期内取样点数（2^N）有关。在系统时钟频率和 N 固定时，通过控制频率控制字的值，就可以方便地控制输出信号的频率。

（2）DDS 系统的频率分辨率只与 f_c 和 N 有关。想要提高系统的分辨率，可以增加 N 或者是降低 f_c 的值。

（3）DDS 理论上最大输出频率不会超过系统时钟频率 f_c 的二分之一，但在实际应用中，由于 DDS 系统中的低通滤波器非理想特性（为什么需要一个滤波器请见 12.3 节说明），由通带到阻带之间存在着一个过渡带，工程中 DDS 最高输出频率只取到 f_c 的 40% 左右。

2. DDS 模块结构

DDS 模块一般由参考时钟信号、同步寄存器、相位累加器、相位调制器、ROM 查找表等模块组成，其结构框图如图 10.2.2.4 所示。其中，N 为相位累加器和频率控制字的位数，A 为 ROM 查找表（波形存储器）地址位数和相位控制字的位数，D 为 ROM 查找表的数据位字长。为了避免频率控制字和相位控制字变化时对相位累加过程的影响，DDS 模块结构中使用了同步寄存器模块。相位累加器是 DDS 最基本的组成部分，用于实现相位的累加并存储累加结果。而相位调制器模块是为了改变输出波形的相位，是在相位累加器输出所对应波形的基础

上叠加上一个相位，而相位控制字就是相位偏移量所对应地址的偏移。ROM 查找表存放输出波形的离散抽样数据，在系统时钟的作用下，根据相位累加器经相位调制后的查找地址，输出相应抽样数值。

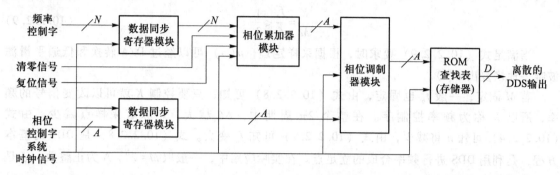

图 10.2.2.4　DDS 模块结构框图

DDS 模块的系统时钟通常由一个高稳定度的晶体振荡器来产生，用来作为整个系统各个组成部分的同步时钟。频率控制字（用 K 表示）实际上是二进制编码的相位增量值，简单地理解为 ROM 查找表的地址偏移量，它作为相位累加器的输入。相位累加器由加法器和寄存器级联而成，它将寄存器的输出反馈到加法器的输入端实现累加的功能。在每一个系统时钟脉冲下，相位累加器把频率字累加 1 次，累加器的输出相应增加一个步长的相位增量，由此可以看出，相位累加器的输出数据实质上是以 K 为步长的线性递增序列（在相位累加器产生溢出以前），它反映了合成信号的相位信息。相位累加器的输出经过调制之后与 ROM 查找表的地址线相连，相当于对 ROM 查找表进行查表，这样就可以把存储在 ROM 查找表中的信号抽样值（二进制编码值）查出。在系统时钟脉冲的作用下，相位累加器不停地累加，即不停地查表，并不停送出 ROM 查找表中的数据。

由于受到字长的限制，相位累加器累加到一定值后，就会产生一次累加溢出，这样 ROM 查找表的地址就会循环一次，输出波形循环一周。相位累加器的溢出频率即为合成信号的频率。可见，频率控制字 K 越大，相位累加器产生溢出的速度越快，输出频率也就越高。故改变频率字（即相位增量），就可以改变相位累加器的溢出时间，在系统时钟不变的条件下就可以改变输出信号的频率。

以 $N=3$，$A=2$ 为例，说明 DDS 的模块的工作过程。由于 ROM 存储单元有 4（2^2）个，那么 ROM 查找表地址从 00b~11b，假设存储的值依次用序号①~④表示。假设此时输入的频率控制字为 001b，相位控制字为 00b，则各模块的输出结果如表 10.2.2.1 所列。

表 10.2.2.1　DDS 模块各部分输出结果

系统时钟序列	相位累加器输出	相位调制器输出	ROM 查找表地址	离散的 DDS 输出
0	000b	00b	00b	①
1	001b	00b	00b	①
2	010b	01b	01b	②
3	011b	01b	01b	②

系统时钟序列	相位累加器输出	相位调制器输出	ROM 查找表地址	离散的 DDS 输出
4	100b	10b	10b	③
5	101b	10b	10b	③
6	110b	11b	11b	④
7	111b	11b	11b	④

10.2.3　DDS 模块设计

1. DDS 模块顶层设计

FPGA 内部包含有丰富的逻辑资源，可方便地实现 DDS 模块所需的加法器、寄存器和存储器的功能；其内部包含的锁相环可实现信号的倍频，为 DDS 模块提供很高频率的系统时钟。基于 FPGA 的这些特性，目前常采用 FPGA 实现 DDS 技术。下面以 $N=32$，$A=10$，$D=10$ 为例，简单介绍 DDS 技术的 FPGA 实现，其模块顶层电路原理图如图 10.2.3.1 所示。本模块中用到的加法器和寄存器以及 ROM 查找表都是直接调用 IP 核，IP 核调用方法请参考 9.3 节。

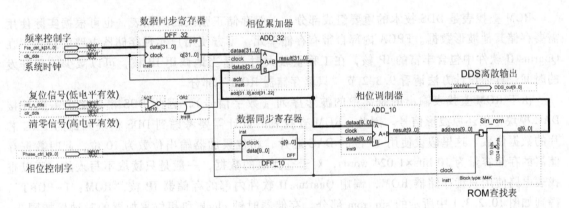

图 10.2.3.1　DDS 模块顶层电路原理图

2. DDS 数据同步寄存器设计

为了使频率控制字和相位控制字变化时，不会干扰相位累加器的正常工作，32 位的频率控制字和 10 位的相位控制字的输入均使用寄存器输入。在实现上，直接调用 IP 核中的一个 32 位（图 10.2.3.1 中的 DFF_32）和一个 10 位寄存器（图 10.2.3.1 中的 DFF_10）即可。32 位的频率控制字和 10 位的相位控制字从数据同步寄存器端口的 data 引脚输入，经 clock 同步后由 q 端输出。

3. DDS 相位累加器设计

DDS 技术的核心电路是相位累加器，其结构如图 10.2.3.2 所示。图 10.2.3.1 中的 32 位加法器 ADD_32 使用 1 级流水线处理，由于流水线时钟 clock 的引入，加法器内部生成了寄存器，所以只要将 ADD_32 的输出反馈回加法器的一个输入端，便构成了一个相位累加器。

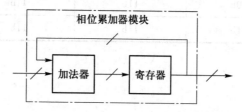

图 10.2.3.2　DDS 相位累加器结构框图

4. DDS 相位调制器设计

为了能够调整输出频率的初始相位，需要使用相位调制器。相位调制器的实质为一个加法器（图 10.2.3.1 中的 ADD_10），将相位累加器的相位输出加上一个相位偏移值（相位控制字）。当不使用相位调节时，相位控制字输入 0 即可。对于 ADD_10 加法器的位数，由 ROM 查找表的深度决定。

5. DDS 的 ROM 查找表设计

ROM 查找表是 DDS 技术的重要组成部分，一般存储正弦波的数据表，也可根据实际使用需要存储其他波形数据。FPGA 内部自带有存储单元，可方便用户实现存储器电路的搭建。在 Quartus II 软件中包含丰富的 IP 核，在工程量较大时，适当地调用 IP 核，可以减少工程开发的时间。具体设计方法请看 9.3.2 节"只读存储器 ROM"部分。

由于 ROM 查找表输出的是离散的波形序列（数字信号），因此 DDS 模块输出需要外接 DAC 模块，以还原波形信号。因此，ROM 查找表的设计需要考虑到 DDS 模块外部的 DAC 芯片的数据位数。这里假设使用 10 位的 DAC 芯片，相位累加器输出位数为 10 位，此时数据存储器的存储容量为 10 bits×1 024 words，对于查找表的数据，一般是只读取不写入的，所以查找表电路使用只读存储器 ROM，调用 Quartus II 软件内部的存储器 IP 核"ROM：1-PORT"，得到如图 10.2.3.1 中所示的 sin_rom 部分。存储器时钟 clock 和相位累加器的时钟保持同步；数据表地址 address 由相位累加器产生并经过相位调制器调制，主要用于对数据存储器内的数据进行读取输出；$q[9..0]$ 输出即为最后查表得到的 10 位数据输出，该数据直接输出到外部 DAC 芯片，位数与外部 DAC 芯片的数据位数保持一致。

10.2.4　DDS 模块测试与仿真

1. 模块接口

DDS 的 FPGA 实现，最终由 Quartus II 软件例化得到的模块输入、输出端口示意如图

10.2.4.1 所示，各端口定义如表 10.2.4.1 所列。

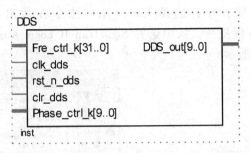

图 10.2.4.1　DDS 模块输入、输出端口示意图

表 10.2.4.1　DDS 模块输入、输出端口定义

端口名称	信号方向/宽度（位）	端口功能
clk_dds	输入/1	DDS 系统时钟
Fre_ctrl_k	输入/32	频率控制字
rst_n_dds	输入/1	复位信号
clr_dds	输入/1	DDS 清零信号
Phase_ctrl_k	输入/10	相位控制字
DDS_out	输出/10	DDS 输出

2. DDS 模块测试电路

使用 Quartus II 内部自带的逻辑分析仪 SignalTap II 仿真 DDS 输出波形，需要对 DDS 模块电路输入相应的信号。设初始相位为 0（相位控制字为 0），对于 50 MHz 的系统时钟，仿真输出一个 1 MHz 的正弦信号。则频率控制字为 85 899 345（$2^{32} \times 1/50$）；清零信号接地，不使用；复位信号接到外部的按键复位信号。DDS 模块测试电路如图 10.2.4.2 所示。

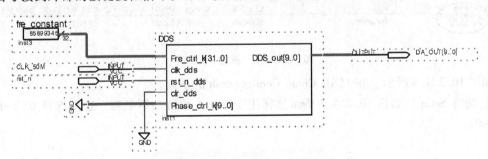

图 10.2.4.2　DDS 模块测试电路图

3. SignalTap II 仿真

SignalTap II 的使用步骤如下。

（1）成功地编译完工程，并且配置管脚完之后，如图 10.2.4.3 所示，从工具 Tool 下拉菜单中选择 SignalTap II Logic Analyzer，在项目中添加 STP 文件。

也可以在 Quartus Ⅱ 软件中，选择 File→New 命令在弹出的 New 对话框中，选择 Verification/Debugging Files 标签页，从中选择 SignalTap II Logic Analyzer File，在项目中添加 STP 文件，如图 10.2.4.4 所示。

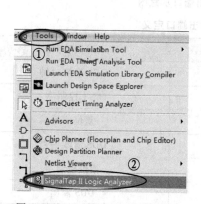

图 10.2.4.3　新建 stp 文件方法 1

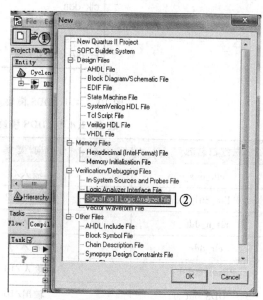

图 10.2.4.4　新建 stp 文件方法 2

（2）SignalTap II Logic Analyzer 打开后，可在实例管理器 Instance Manager 中进行新建，删除和命名仿真文件名（这里命名为 DDS），如图 10.2.4.5 所示。

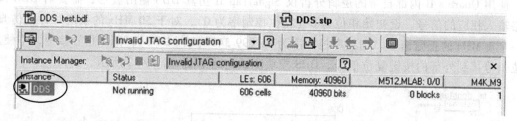

图 10.2.4.5　新建 stp 实例

如图 10.2.4.6 所示，在 JTAG Chain Configuration 的下面，

① 选择 Setup，如图 10.2.4.7 所示选择用于 FPGA 编程的下载器，这里选择 USB-Blaster [USB-0]。

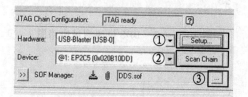

图 10.2.4.6　JTAG 调试选择

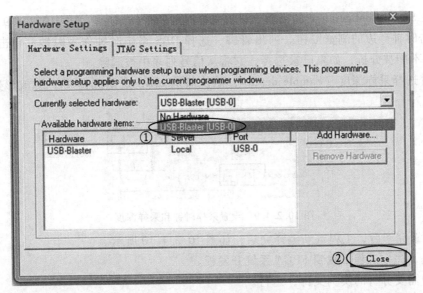

图 10.2.4.7　下载器选择

② 单击 Scan Chain，检测硬件是否连接及硬件连接的 FPGA 芯片类型；

③ 在 SOF Manger 一行，单击最后面的浏览按钮，选择要调试的工程的 .sof 文件，这里选择 DDS.sof。

(3) 根据需要添加仿真分析节点，如图 10.2.4.8 所示。

① 在实例 Instance 的下面，Setup 的窗口下，双击弹出如下窗口。

② 选择添加节点的类型。

③ 添加要被分析的节点，这里添加 DDS 的输出 DA_OUT。

④ 单击 OK 完成节点的添加。

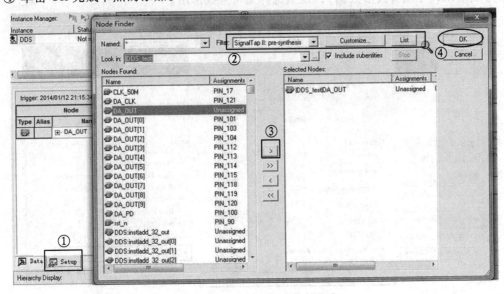

图 10.2.4.8　添加仿真分析节点

（4）在 Signal Configuration 的下面，设置采样时钟和采样深度，如图 10.2.4.9 所示。

① 单击时钟旁边的浏览按钮。列出管脚，选择 DDS 系统时钟作为时钟，单击 OK。用于时钟的信号不能被分析，如果已被选择，它将从信号列表中被删除。

② 接着选择采样深度（Sample depth），默认值是 128，这里选择 4k，对波形数据的观察更直观。

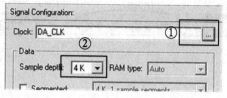

图 10.2.4.9　设置采样时钟和采样深度

（5）设置完毕后，工程重新编译完后，如图 10.2.4.10 所示。

① 首先，先把工程下载到 FPGA 系统开发板。

② 选中需要分析的实例文件，运行。

③ 可选择单步运行或连续运行，运行过程可停止下来，观察信号状态。

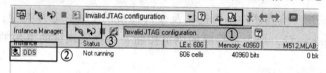

图 10.2.4.10　下载和运行

（6）运行后，可选择观察数据的显示格式，如图 10.2.4.11 所示。右击要分析的节点弹出对话框 1，选择最后一行 Bas Display Format，此时出现的就是数据的显示格式，常用的有如下几个：Hexadecimal（16 进制）、Unsigned Decimal（无符号 10 进制）、Unsigned Line Chart（无符号线形图，可观看波形数据），这里选择无符号线形图。

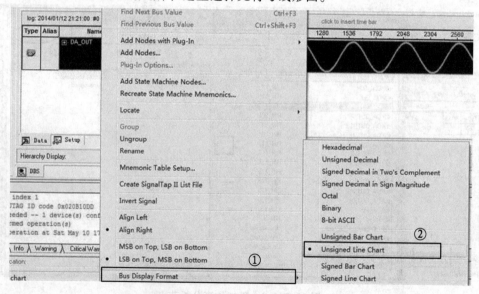

图 10.2.4.11　数据显示格式选择

（7）采用 SignalTap II Logic Analyzer 分析，可看到图 10.2.4.12 的正弦波波形数据。

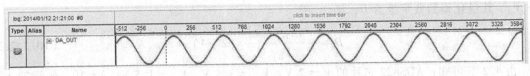

图 10.2.4.12　正弦波仿真波形

4. 注意事项

（1）实际使用 DDS 模块时，可根据需要修改数据存储器内的数据表。

（2）DDS 系统时钟可根据需要调节大小，需要遵循奈奎斯特采样定理。

（3）清零信号根据需要是否使用，不使用时直接接到低电平。

（4）复位信号一般与整个系统电路的复位信号一致。

（5）频率控制字和相位控制字可根据需要修改位宽，本模块 32 位频率控制字和 10 位相位控制字适用于绝大多数系统。

（6）DDS 输出的数据位数需要根据 DAC 芯片的数据位数调整，一般 DDS 输出数据位向 DAC 芯片的数据位高位对齐。

（7）DDS 模块更多的应用设计，将在第 12 章中有更详细的描述。

10.3　基于 FPGA 的高速数据采集系统设计

10.3.1　任务要求

通过 FPGA 控制高速 ADC 模块，采集频率为 100 kHz、峰峰值为 1.8 V 的正弦波、三角波和方波的波形数据，并用 SignalTap II Logic Analyzer 观察结果。

10.3.2　高速 ADC 模数关系与工作时序

FPGA 运行速度快且是并行操作，很适合控制 ADC 实现高速数据采集系统。模数转换器采用 TI 公司的 10 位高速 ADC 芯片 ADS822E，其采样频率范围在 10 kHz～40 MHz，输入电压范围为 2 Vpp，具体模块电路设计参见 4.2 节"高速 ADC 电路设计"。

1. 模数关系

对于像 ADS822E 这样的高速 ADC 芯片，一般具有两个正值的基准电压引脚，其模拟量和数字量的对应关系推导稍微复杂些。假设 ADC 芯片理论输入电压范围为 V_R，最大输入电压为 V_{max}，最小输入电压为 V_{min}，输入电压范围的中值 V_m（即此 ADC 芯片的偏移电压），则

$$V_R = V_{max} - V_{min} \qquad (10.3.2.1)$$

$$V_m = (V_{max} + V_{min})/2 \qquad (10.3.2.2)$$

假设 ADC 采样的位数为 N，理论分析，可知对于任意输入信号 u_i，经过偏移后信号变成 $u_i + V_m$，其量化得到数字量为 D，则

$$D = \frac{u_i + (V_m - V_{min})}{V_R} \times (2^N - 1) \qquad (10.3.2.3)$$

由 4.2 节可知：ADS822 芯片的 $V_R = 2\ V$，$V_{max} = 3.5\ V$，$V_{min} = 1.5\ V$，$N = 10$。假设输入正弦信号峰峰值为 $1.8\ V$，则其波峰值为 $0.9\ V$，波谷幅值为 $-0.9\ V$，它们对应的数字量分别为

$$D_1 = \frac{-0.9 + 2.5 - 1.5}{2} \times (2^{10} - 1) = 51 \qquad (10.3.2.4)$$

$$D_2 = \frac{0.9 + 2.5 - 1.5}{2} \times (2^{10} - 1) = 972 \qquad (10.3.2.5)$$

由式（10.3.2.3）反推，可得某一数字量对应的模拟量，方便采集数据后计算输入电压值：

$$u_i = \frac{D \times V_R}{2^N - 1} - (V_m - V_{min}) \qquad (10.3.2.6)$$

实际使用时注意，由于每一片 ADS822E 芯片的输入电压范围、最小输入电压和最大输入电压都会在正常允许范围内有偏差。如果为了得到更精确的采集电压值，除了良好的 PCB 布板和供电电源外，可以通过测量硬件电路确定这些电压值。具体方法如下：测量 ADS822E 的 19 脚和 22 脚即可知道 V_{max} 和 V_{min} 的值；把此高速 ADC 模块输入接地，测量 ADS822E 的 25 脚，可测得 V_R。

2. 工作时序

如图 10.3.2.1 所示，是 ADS822E 的时序图。由时序图可知，只有在 Clock 的上升沿才能进行数据的采集输出。

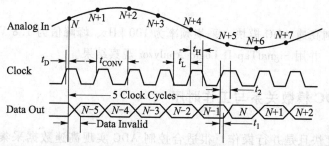

符号	含义	最小值	典型值	最大值	单位
T_{CONV}	转换时间	25		100 μs	ns
t_L	时钟脉冲低电平时间	11.5	12.5		ns
t_H	时钟脉冲高电平时间	11.5	12.5		ns
t_D	孔径延迟时间		3		ns
t_1	数据保持时间（$C_L = 0$ pF）	3.9			ns
t_2	新数据的延迟时间（$C_{Lmax} = 15$ pF）			12	ns

图 10.3.2.1 ADS822E 的时序图

10.3.3　系统设计与仿真

1. 系统组成与接口电路设计

系统组成与接口电路如图 10.3.3.1 所示。信号经过高速 ADC 模块后，通过 FPGA 控制数据采集并寄存。高速 ADC 芯片 ADS822E 有一个关断引脚 AD_PD，高电平时关断芯片的数据采集，设计时保持该引脚一直处于低电平状态，即保证 ADS822 输入一直有效。

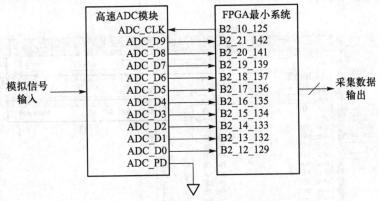

图 10.3.3.1　系统组成与接口电路

2. 高速 ADC 控制模块设计

由图 10.3.2.1 可知，由于 ADS822E 只需一个采样时钟的上升沿就可以完成一次数据的采集、转换和输出，无需编写复杂的时序状态程序。高速 ADC 控制模块主要包含数据寄存器和 D 触发器等。本模块以输入信号为 100kHz 为例来说明。根据奈奎斯特采样定理，采样频率要大于 200 kHz，即一个周期采样 2 个点。若需要更好地还原输入正弦信号波形，一个周期的采样点数至少要 64 点，即采样频率大于等于 6.4 MHz。FPGA 可以实现对 50 MHz 进行分频得到 6.4 MHz，但分频值不是整数会使程序设计更复杂，故可控制 ADC 采样频率为 25 MHz，对于 100 kHz 的输入信号，一个周期需采样 250 个数据。模块采用原理图编辑方式，得到模块顶层电路原理如图 10.3.3.2 所示。系统时钟、D 触发器和非门组成二分频电路，得到 25 MHz 的采样时钟信号；采集到的数据通过数据寄存器缓存，该寄存器时钟采用 50 MHz 系统时钟，提高缓存速度。

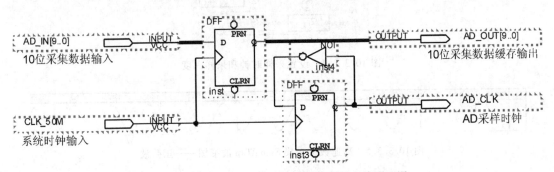

图 10.3.3.2　高速 ADC 控制模块顶层电路原理图

高速 ADC 控制模块中，ADC 采样时钟应根据实际系统要求设计，通常是由系统时钟分频或者 DDS 产生；数据采集位数可小于等于 ADC 位数，当小于 ADC 位数时，注意应向高位对齐，即舍弃低位。

3. 系统仿真

成功编译工程后，按图 10.3.3.1 配置完管脚，就可以使用 SignalTap II Logic Analyzer 进行仿真了。SignalTap II Logic Analyzer 具体的使用方法参见 10.2.4 小节。如图 10.3.3.3 所示，添加待分析的节点 AD_OUT。

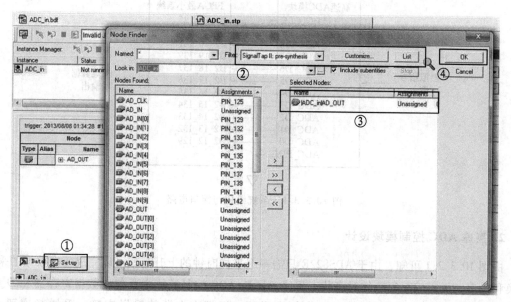

图 10.3.3.3　添加分析节点

在 Signal Configuration 的下面，设置采样时钟和采样深度，如图 10.3.3.4 所示。选择 ADC 采样时钟作为时钟，选择采样深度为 4K，可更直观查看波形数据。设置完毕后，工程重新编译下载，由 SignalTap II Logic Analyzer 分析可得图 10.3.3.5 的正弦波、图 10.3.3.6 的方波、图 10.3.3.7 的三角波波形数据。

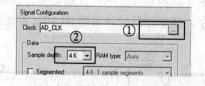

图 10.3.3.4　设置采样时钟和采样深度

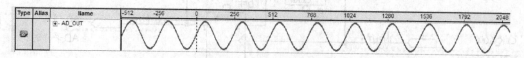

图 10.3.3.5　高速数据采集 SignalTap 波形图——正弦波

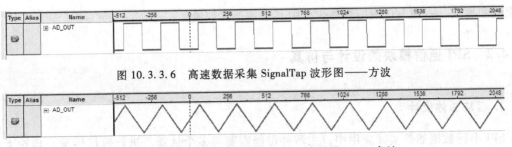

图 10.3.3.6　高速数据采集 SignalTap 波形图——方波

图 10.3.3.7　高速数据采集 SignalTap 波形图——三角波

10.4　FPGA 与微控制器的 SPI 通信模块设计

10.4.1　FPGA 与微控制器通信的几种常用方式

由于 FPGA 的数据处理能力比较差，常常需要把数据送到微控制器（比如单片机）处理。FPGA 和微控制器之间常用 SPI、并行、串口等接口进行通信。

1. SPI 串行数据通信

SPI 是一种串行通信接口，是在 CPU 和外围低速器件之间进行同步串行数据传输的。在主器件的移位脉冲下，数据按位传输，为全双工通信，且大多器件按高位在前、低位在后的顺序传输数据，数据传输速度总体来说比 I^2C 总线要快，速度可达到几 Mbps。以主从方式工作的 SPI 接口，通常有一个主器件和一个或多个从器件，其接口包括以下四种信号：

(1) MOSI：主器件数据输出，从器件数据输入。
(2) MISO：主器件数据输入，从器件数据输出。
(3) SCLK：时钟信号，由主器件产生。
(4) CS：从器件使能信号，由主器件控制。

通信过程中，只有在从器件使能信号有效时，时钟信号的上升沿到来时进行主器件发送数据从器件接收数据的操作，下降沿到来时进行从器件发送数据主器件接收数据的操作。SPI 总线方式占用 4 个 I/O 口，其通信速度居中，通信速度与微控制器产生的时钟和串行传输的数据位数有关，但传输协议较复杂。

2. 并行数据通信

并行数据通信是传输速度最快的数据通信方式。但是，并行数据通信需要占用更多的 I/O 口，比较浪费。一般在设计并行数据通信协议时，都会添加片选线和控制读写的使能信号。因为并行传输通信方式不是公认的协议，所以具体片选信号和读写信号何时有效，根据用户自行定义，没有严格要求。

3. RS232 串口数据通信

RS232 串口通信方式是目前比较常用的异步串口通信方式，三线经济型仅仅需要时钟线、数据线和地线，占用 I/O 线的数目少，但其通信速度较慢。

10.4.2　SPI 通信模块的设计与仿真

1. 模块总体设计

SPI 串行数据通信实际应用中，主器件可能需要与多个从器件进行数据传输，理论上可以增加多根片选使能信号，但比较浪费 I/O 资源，本模块设计对此进行了改进。本模块模拟 SPI 总线方式进行串行数据通信，以微控制器为主器件，FPGA 构建的各个功能模块为从器件。模块的总体设计框图如图 10.4.2.1 所示，主要由 SPI 信号缓存、SPI 时钟边沿检测、接收和发送等模块构成，图中各符号定义如表 10.4.2.1 和表 10.4.2.2 所列。由表 10.4.2.1 可以看出，SPI 通信信号线 5 根，把片选信号分成了地址和数据片选信号，增加了 1 根地址片选信号，目的是为了节省系统具有多个从器件时的片选信号。当 spi_cs_cmd 为低电平时，微控制器发送 cmd_width 位的串行地址数据，用于从器件的地址片选选择，cmd_width 位地址可以产生 2^{cmd_width} 个片选地址，也即该模块可以外接 2^{cmd_width} 个 SPI 外设；当 spi_cs_data 为低电平时，微控制器发送的是 data_width 位的串行数据。地址和数据位数可以根据需要进行修改，只需在程序中，定义常数 cmd_width 和 data_width 即可。SPI 通信模块由 Quartus II 软件例化得到的模块输入、输出端口示意如图 10.4.2.2 所示。

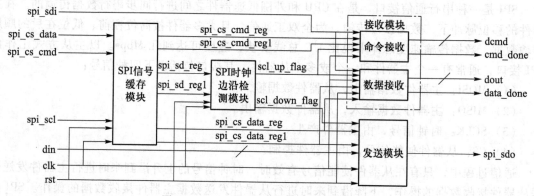

图 10.4.2.1　SPI 通信模块总体设计框图

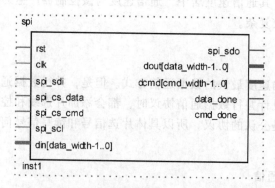

图 10.4.2.2　SPI 通信模块输入、输出端口示意图

表 10.4.2.1 FPGA 和微控制器之间 SPI 通信端口功能说明表

端口名称	信号方向/宽度（位）	含义	功能
clk	输入/1	FPGA 系统时钟	为各模块提供工作时钟，上升沿有效
rst	输入/1	FPGA 系统复位信号	各模块复位控制端口
din	输入/ data_width	FPGA 并行发送数据端口	FPGA 待发送的 data_width 位数据
spi_sdi	输入/1	SPI 串行数据输入	微控制器串行数据输出（FPGA 输入）
spi_cs_data	输入/1	SPI 数据片选信号	使能 FPGA 接收数据的片选信号，低电平有效
spi_cs_cmd	输入/1	SPI 地址片选信号	使能 FPGA 接收从器件地址的片选信号，低电平有效
spi_scl	输入/1	SPI 通信时钟	为微控制器与 FPGA 通信提供时钟，由微控制器产生
spi_sdo	输出/1	SPI 串行数据输出	微控制器串行数据输入（FPGA 输出）
dout	输出/ data_width	FPGA 接收数据的串转并端口	FPGA 接收数据的串并转换输出，通过 dcmd 的选择，输出给相应模块
dcmd	输出/cmd_width	FPGA 功能模块从器件地址	FPGA 功能模块的从器件地址，可提供 2^{cmd_width} 个片选地址，可实现多模块的 SPI 通信
cmd_done	输出/1	从器件地址接收完毕标志	高电平有效，表示 FPGA 接收完从器件地址
dout_done	输出/1	FPGA 数据收发完毕标志	高电平有效，表示 FPGA 收发完数据

表 10.4.2.2 SPI 通信模块 FPGA 内部控制信号功能说明表

信号名称	含义	功能
spi_cs_data_reg1	SPI 数据片选信号一级缓存	SPI 数据片选信号进行一级缓存
spi_cs_data_reg	SPI 数据片选信号二级缓存	SPI 数据片选信号进行二级缓存
spi_cs_cmd_reg1	SPI 地址片选信号一级缓存	SPI 地址片选信号进行一级缓存
spi_cs_cmd_reg	SPI 地址片选信号二级缓存	SPI 地址片选信号进行二级缓存
spi_scl_reg1	SPI 通信时钟一级缓存	SPI 通信时钟信号进行一级缓存
spi_scl_reg	SPI 通信时钟二级缓存	SPI 通信时钟信号进行二级缓存
scl_up_flag	SPI 通信时钟上升沿标志	高电平有效，表示 SPI 通信时钟上升沿到来
scl_down_flag	SPI 通信时钟下降沿标志	高电平有效，表示 SPI 通信时钟下降沿到来

2. SPI 信号缓存模块设计

为了避免毛刺信号的干扰和信号边沿检测的需要，SPI 的通信信号（spi_scl、spi_cs_cmd 和 spi_cs_data）需要使用寄存器进行两级缓存。spi_scl 的两级缓存程序如下，spi_cs_cmd 和 spi_cs_data 的两级缓存程序与其类似，这里不再赘述。

```
//通信时钟 spi_scl 信号两级缓存
//第一级缓存
always @ (posedge clk) begin
    if(！ rst)  begin
        spi_scl_reg1<=0;            //spi_scl_reg1:spi_scl 第一级缓存寄存器
    end
    else begin
        spi_scl_reg1<=spi_scl;
    end
end
//第二级缓存
always @ (posedge clk) begin
    if(！ rst)  bcgin
        spi_scl_reg<=0;            //spi_scl_reg:spi_scl 第二级缓存寄存器
    end
    else begin
        spi_scl_reg<=spi_scl_reg1;
    end
end
```

3. SPI 时钟边沿检测模块设计与仿真

在 SPI 通信中，在通信时钟的上升沿进行数据接收，下降沿进行数据发送。因此，需要对 SPI 时钟进行边沿判断。SPI 时钟边沿检测模块的程序如下。

```
//SPI 时钟边沿检测模块
//SPI 时钟上升沿判断模块
always @ (posedge clk) begin
    if(！ rst)  begin
        scl_up_flag<=0;            //scl_up_flag:SPI 时钟上升沿标志
    end
    else begin
    if(spi_scl_reg1==1&&spi_scl_reg==0) begin
            scl_up_flag<=1;
        end
```

```
                    else begin
                         scl_up_flag<=0;
                    end
               end
          end
//SPI 时钟下降沿判断模块
always @（posedge clk）begin
      if(！rst)   begin
                    scl_down_flag<=0;   //scl_down_flag:SPI 时钟下降沿标志
      end
      else begin
           if( spi_scl_reg1 == 0&&spi_scl_reg == 1) begin
                    scl_down_flag<=1;
           end
           else begin
                    scl_down_flag<=0;
           end
      end
end
```

SPI 时钟边沿检测模块的时序仿真如图 10.4.2.3 所示。在 180ns 处，检测到 spi_scl 信号的上升沿，输出一个系统时钟周期的高脉冲信号 scl_up_flag；在 280ns 处，检测到 spi_scl 信号的下降沿，输出一个系统时钟周期的高脉冲信号 scl_down_flag。

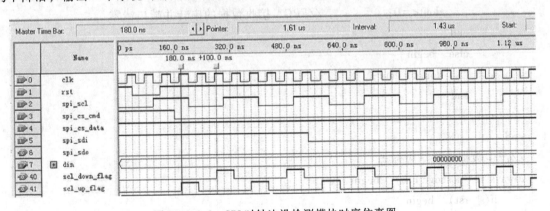

图 10.4.2.3　SPI 时钟边沿检测模块时序仿真图

4. SPI 接收模块设计与仿真

SPI 既可以接收数据，也可以接收 FPGA 内部构建的各功能模块（从器件）的地址。当接收从器件地址时，需 spi_cs_cmd 有效（低电平）后，在 spi_scl 上升沿，地址接收模块将 spi_sdi 串行数据经移位寄存器 dcmd 转成并行，cmd_width 个通信时钟后，FPGA 便可以从 dcmd 读取从器件地址数据；当接收数据时，与接收从器件地址类似，需 spi_cs_data 有效（低电平）后，在 spi_scl 上升沿，数据接收模块将 spi_sdi 串行数据经移位寄存器 dout 转成并行，data_width 个通信时钟后，可以从 dout 读取数据。从器件地址和数据接收完毕后，相应的结束标志信号 cmd_done 和 data_done 均变成高电平。数据接收模块的程序如下，地址接收模块与其类似，这里不再赘述。

```
//数据接收模块
always @ (posedge clk)    begin
    if( ! rst)    begin
        dout< = 0;                          //默认(复位)状态下接收到数据为 0
    end
    else    begin
        if( spi_cs_data_reg1 = = 0&&spi_cs_data_reg = = 0)    begin      //数据片选信号有效
            if( scl_up_flag)    begin
        //SPI 通信时钟上升沿时,,spi_sdi 串行数据左移输入
                dout[ data_width-1:0] < = { dout[ data_width-2:0] ,spi_sdi} ;
            end
            else    begin
                dout[ data_width-1:0] < =dout[ data_width-1:0] ;
            end
        end
        else if( spi_cs_data_reg1 = = 0&&spi_cs_data_reg = = 1)    begin
        //数据接收一开始,数据片选信号下降沿时
            dout< = 0;                //FPGA 接收数据的串转并端口清零
        end
        else    begin
            dout< = dout;
        end
    end
end
//产生数据接收结束标志
always @ (posedge clk)    begin
    if( ! rst)    begin
        data_done< = 0;
    end
    else    begin                        //数据片选上升沿(数据接收结束)
        if( spi_cs_data_reg1 = = 1&&spi_cs_data_reg = = 0)    begin
            data_done< = 1;
        end
```

```
      else    begin
             data_done<=0;
      end
  end
end
```

SPI 接收模块时序仿真如图 10.4.2.4 所示，仿真使用的地址位宽为 8，数据位宽为 32。在 160 ns 处，地址片选 spi_cs_cmd 有效（低电平），此后 spi_up_flag 开始有效，接收从器件地址数据；仿真输入的地址为二进制数 1000000b，8 个通信时钟后即在 1.96 μs 时接收完，从器件地址寄存器 dcmd 的值为 128，同时地址接收结束标志位 cmd_done 变成高电平。在 1.96 μs 处，数据片选 spi_cs_data 有效（低电平）；仿真输入最高位为 1、其余位均为 0 的数据，经过 32 个通信时钟后即 8.48 μs 时，数据接收完毕，接收数据的值为十六进制数 8000000H（在 dout 中），同时数据收发结束标志位 data_done 变成高电平。

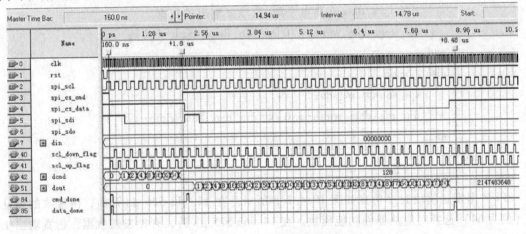

图 10.4.2.4　SPI 接收模块时序仿真图

5. SPI 数据发送模块设计与仿真

FPGA 发送数据时，首先也要先接收地址信息，才开始发送相应从器件功能模块的数据。在 spi_cs_data 为高电平期间，spi_scl 的下降沿一旦到来，就将 FPGA 要发送的数据存入数据发送数据寄存器 din_reg 中；在 spi_cs_data 信号为低电平时，spi_scl 下降沿一旦到来，din_reg 就将并行数据转成串行数据并经过 spi_sdo 端口输出给微控制器。经过 data_width 个通信时钟后，数据发送完毕。SPI 数据发送模块的程序如下。

```
//SPI 数据发送模块
always @ ( posedge clk )    begin
    if( ! rst )    begin
            spi_sdo<=0;                //默认输出数据为低电平
            din_reg<=0;                //din_reg：发送数据寄存器
    end
    else    begin                      //spi_cs_data 低电平时, din_reg 并转串输出
```

```
        if( spi_cs_data_reg1 = = 0&&spi_cs_data_reg = = 0) begin
            if( scl_down_flag)   begin      //通信时钟下降沿输出
                spi_sdo<=din_reg[ data_width-1];      //先发送最高位
                din_reg[ data_width-1:0]<= { din_reg[ data_width-2:0],1'b0} ;//左移
            end
            else   begin
                spi_sdo<=spi_sdo;
                din_reg[ data_width-1:0]<=din_reg[ data_width-1:0];
            end
        end
        else if( spi_cs_data_reg1 = = 0&&spi_cs_data_reg = = 1)   begin
            spi_sdo<=spi_sdo;
            //spi_cs_data 在高电平时,获取要输出的数据
            din_reg[ data_width-1:0]<=din[ data_width-1:0];
        end
        else   begin
            spi_sdo<=spi_sdo;
            din_reg[ data_width-1:0]<=din_reg[ data_width-1:0];
        end
    end
end
```

SPI 数据发送模块时序仿真如图 10.4.2.5 所示。在 12.143 525 μs 开始,由接收的地址信息(值为 64)选择对应从器件功能模块。在 14.063 525 μs 后,开始发送数据,仿真输出十六进制数 AAAAAAAAH,则从图中可以看出 spi_sdo 端口高低电平交替变换输出。数据发送完毕后,数据接收结束标志位 data_done 变成高电平。

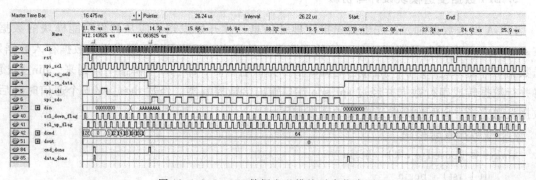

图 10.4.2.5　SPI 数据发送模块时序仿真图

6. 注意事项

(1) 模块复位信号一般与整个系统电路的复位信号保持一致。

（2）通过该模块，微控制器和 FPGA 之间如何进行 SPI 通信，FPGA 在该模块的基础上如何扩展多个从器件，具体的设计应用实例请参考第 11 章和第 12 章。

10.5　基于 FPGA 的曼彻斯特编码器设计

10.5.1　任务要求

1553B 总线可以传输命令、数据和状态三种类型信息，根据 1553B 总线协议的数据格式，基于 FPGA 设计一个曼彻斯特编码器。

10.5.2　曼彻斯特编码原理

1. 曼彻斯特码

曼彻斯特码又称数字双相码，是一种时钟自同步的编码技术，广泛应用于串行数据的传输。与其他编码相比，曼彻斯特码可以消除直流成分，具有时钟恢复和抗干扰性能力强的特点，更适合于在传输性能较差的信道中进行信息的传输。

曼彻斯特码利用码元中间时刻电平的跳变来表示二进制信息，即数据"0"用一个上升沿（"01"）表示，数据"1"用一个下降沿（"10"）表示。因此对于曼彻斯特码来说，不管传输信码的统计特性如何，在任一码元周期内都会出现一次跳变，从而信号正负电平各占一半，避免了直流分量的出现。同时位中间的跳变既可以作为时钟，又可以作为数据，因此曼彻斯特码编码也称为自同步编码。

2. 基于 1553B 总线数据格式的曼彻斯特编码

1553B 总线曼彻斯特码编码器的主要功能就是把来自外部的二进制数据转化为 1553B 总线上传输的串行信息，并且对这些串行数据进行曼彻斯特码编码，再加上同步头和奇偶校验码，使之成为能够以 1553B 总线协议所要求的格式在总线中传输的数据。1553B 总线协议的数据格式如图 10.5.2.1 所示。

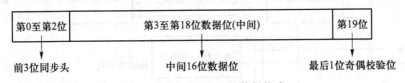

图 10.5.2.1　1553B 的数据格式

曼彻斯特码是以两个周期的位信息表示一个数据，所以由 1553B 总线协议的数据格式可知曼彻斯特编码需要 40 位的数据信息，其数据格式如图 10.5.2.2 所示。同步字头不进行曼彻斯特编码，其 6 位表示为"000111"，同步字头不能与中间的数据位重复，否则会导致接收端出现误码。中间的 32 位采取曼彻斯特编码规则表示的 16 位数据。最后为 2 位的奇偶校验位，如果 16 位输入数据中"1"的个数为偶数，则最后两校验位数据为"01"，反之，最后两校验位数据为"10"，因此校验位也可以用曼彻斯特码进行编码。由此也可见，编码的控制时钟（编码时钟）是数据位传送时钟（位率时钟）的 2 倍。

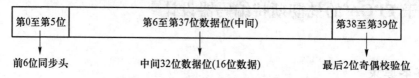

图 10.5.2.2　1553B 总线曼彻斯特编码的数据格式

假设输入数据为 0110b，则其编码方法如图 10.5.2.3 所示。只要将输入数据与对应位率时钟信息（与数据保持严格的同步）进行异或，就可以将输入数据"0"变成"01"一个（上升沿），"1"变成"10"（下降沿），符合曼彻斯特编码规则。

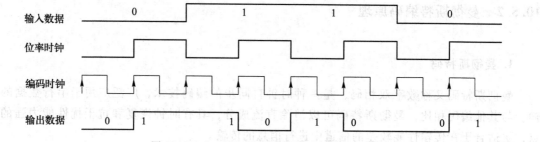

图 10.5.2.3　曼彻斯特数据编码实现示意图

10.5.3　设计与仿真

1. 模块总体设计

模块总体设计框图如图 10.5.3.1 所示，主要由数据输入、计数器控制、校验位统计和数据输出等模块构成。在编码时钟的作用下，数据一位一位地经过数据输入模块输入并通过校验位产生模块产生奇偶校验位，输入数据和校验位经过数据输出模块进行曼彻斯特编码后输出。

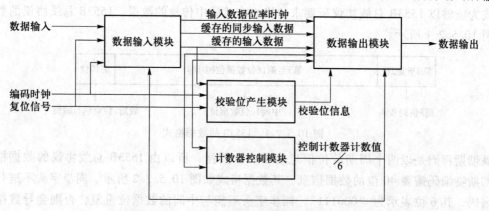

图 10.5.3.1　曼彻斯特编码器模块总体结构框图

2. 计数器控制模块设计

为了有序地完成数据同步头输出、数据编码、数据校验的工作，需要计数器控制模块进行计数控制。控制计数器使用编码时钟（clk_encode）作为其计数时钟，曼彻斯特编码器的其他模块根据控制计数器的计数值（ctrl_cnt）来进行相应的操作。当控制计数器计数值 ctrl_cnt 为 0~5 时，模块对同步字头数据进行处理；计数值为 6~37 时，对输入数据进行编码处理；计数值为 38~39 时，对奇偶校验数据进行处理。控制计数器模块程序如下。

```
//控制计数器模块
    always @ ( posedge clk_encode or negedge rst_n )      //clk_encode：编码时钟
    begin
        if( ! rst_n )
            ctrl_cnt <= 0;                   //ctrl_cnt：控制计数器计数值
        else                                 //使能有效且编码未结束,控制计数器才计数
            if( ( ! en ) && ( ! over ) )     //en:编码使能信号;over:编码结束信号
                ctrl_cnt <= ctrl_cnt + 1'b1;
            else
                ctrl_cnt <= 0;
    end
```

3. 数据输入模块设计与仿真

在计数器控制模块计数信号的作用下，数据输入模块一是完成同步头数据的加载和移位操作，但注意同步头数据只需要在模块初始化的时候加载一次就可以；二是完成待编码输入数据的 6 位缓冲器缓存操作，比如 3 位输入数据为 001b，则 6 位缓冲器数据为 000011b，这是由于每次模块使能之后同步头数据都要先循环移位 6 个编码时钟（ctrl_cnt≤5）才允许待编码数据输入；三是产生曼彻斯特编码的位率时钟 clk_data，用于编码使用。在数据输入过程中，每个编码时钟的上升沿，数据按高位在前低位在后的顺序移位进数据缓冲器，同时实现对编码时钟 clk_encode 的二分频（clk_data 取反一次），目的是为了保持与数据的严格同步。输入数据全部串行输出后（38 个编码时钟），在 ctrl_cnt = 38 和 39 时，clk_data 依然进行取反操作，目的是得到与校验位相关的时钟。由于编码时钟是位率时钟的 2 倍，因此 16 位的输入数据，需要 32 个编码时钟才能完成移位，再加上 6 位的数据缓存，一次需要 38 个编码时钟。数据输入模块的程序如下。

```
//数据输入进缓存
    always @ ( posedge clk_encode or negedge rst_n )
    begin
        if( ! rst_n )  begin     //复位时,需要将同步头数据加载到同步头数据缓存器中
            clk_data <= 0;                   //clk_data:输入数据位率时钟
            data_in_reg <= 6'b000000;        //data_in_reg:输入数据缓冲器
```

```
                    tb_head_reg <= 6'b000111;    //tb_head_reg:同步头数据缓存器
          end
       else   begin
          if( ctrl_cnt<=3'd5 )     //同步头数据循环左移同时输入数据左移缓存
          begin
              tb_head_reg[5:0] <= {tb_head_reg[4:0],tb_head_reg[5]};
              data_in_reg[5:0] <= {data_in_reg[4:0],data_in};
              //保证输入数据与位率时钟保持严格的同步
              clk_data <= ~clk_data;        //编码时钟二分频得到位率时钟
          end
          else
              if( ctrl_cnt<=6'd37 )   begin    //ctrl_cnt 为 6~37 时
                  tb_head_reg <= tb_head_reg;    //同步头数据寄存器不再移位
                  //输入数据继续移位缓存
                  data_in_reg[5:0]<={data_in_reg[4:0],data_in};
                  clk_data <= ~clk_data;
              end
              else
                  if( ctrl_cnt<=6'd39 )   begin      //ctrl_cnt 为 38 和 39 时
                      tb_head_reg <= tb_head_reg;  //同步头数据寄存器也不移位
                      data_in_reg[5:0] <= {data_in_reg[4:0],py}; //校验位移位缓存
                      clk_data <= ~clk_data;
                  end
                  else   begin      //一次编码结束
                      data_in_reg <= 6'b000000;   //数据输入寄存器清零
                      tb_head_reg <= tb_head_reg;
                      clk_data <= 0;  //位率时钟清零
                  end
       end
   end
```

数据输入模块的时序仿真如图 10.5.3.2 所示。复位后，加载同步头数据（tb_head_reg）；从 30 ns 开始，tb_head_reg 数据左移操作，输入数据进行移位缓存操作（data_in_reg），6 个编码时钟周期后，同步头数据移位完毕，输入数据继续移位，直到 38 个编码时钟后结束移位，完成数据输入过程。

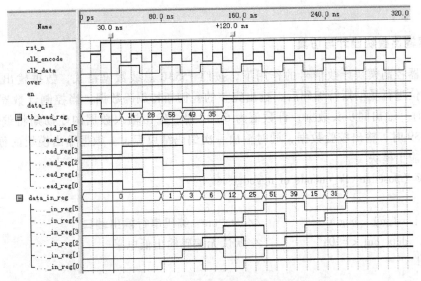

图 10.5.3.2   数据输入模块时序仿真图

4. 校验位产生模块

校验位产生模块统计输入数据"**1**"的个数并产生奇偶校验位数据。注意：编码时钟为数据位率时钟的 2 倍，使用编码时钟统计会重复计数，应采用位率时钟（高电平时）统计输入数据"**1**"的个数。校验位产生模块的程序如下。

```
//校验位产生模块
always @ ( posedge clk_encode or negedge rst_n)
begin
    if( ! rst_n)
        py <= 0;        //py:奇偶校验信息(1 表示数据奇数个"1",0 表示偶数个)
    else
        if( ctrl_cnt<=6'd39)      //整个编码过程(40 位数据输出过程)确定校验位信息
            if( ctrl_cnt<=6'd37)        //数据编码过程中进行统计
                if( ! clk_data)          //输入数据位率时钟为低电平时统计
                    if( data_in_reg[5])    //输入数据"1"时,校验(取反)统计
                        py <= ~py;
                    else
                        py <= py;          //输入数据不是"1"时,校验位保持不变
                else
                    py <= py;
            else
                py <= py;
        else                         //编码过程结束,则清零
            py <= 0;
```

end

5. 数据输出模块设计与仿真

在计数器控制模块计数信号的作用下，按照 1553B 总线数据格式，数据输出模块对输入数据和校验位进行曼彻斯特编码后，输出完整的曼彻斯特编码数据。当控制计数器计数值ctrl_cnt 为 0~5 时，输出同步头数据；计数值为 6~37 时，输出输入数据的曼彻斯特编码数据；计数值为 38~39 时，输出校验数据，同时输出一次编码结束标志。数据输出模块的程序如下。

```verilog
//数据输出模块
always @ ( posedge clk_encode or negedge rst_n)
begin
    if( ! rst_n)   begin           //data_out：编码串行输出端口
        data_out <= 0;             //默认无编码输出低电平
    end
    else
        if( ctrl_cnt <= 3'd5)     //ctrl_cnt 为 0~5 时,输出 6 位同步头数据
            data_out <= tb_head_reg[5];        //同步头数据缓存最高位输出
        else
        if( ctrl_cnt <= 6'd37)    //ctrl_cnt 为 6~37 时,输出 32 位编码数据
            data_out <= (data_in_reg[5] ^ clk_data);   //输入数据与位率时钟相异或
        else
            if( ctrl_cnt <= 6'd39)          //ctrl_cnt 为 38~39 时,输出校验数据
                data_out <= (clk_data^ py);       //奇偶统计结果与位率时钟相异或
end
always @ ( posedge clk_encode or negedge rst_n)
begin
    if( ! rst_n)
        over <= 0;
    else
        if( ctrl_cnt == 6'd39)   //一次编码结束
            over <= 1;
        else
            over <= 0;
end
```

数据输出模块的时序仿真如图 10.5.3.3 所示。30 ns 时同步头数据开始从 data_out 端口输出，直至 150 ns 时结束，与此同时开始输出编码数据；180 ns 时，中间数据的第一位数据 0 经曼彻斯特编码，以上升沿的方式输出；220 ns 时，中间数据 1 经曼彻斯特编码，以下降沿的方式输出；在 820 ns 时，中间数据输出结束，开始输出 2 位奇偶校验信息，以上升沿表示此时中间数据"1"的个数为偶数；奇偶校验信息输出完毕，编码结束标志位 over 产生一个编码时

钟周期的高电平脉冲。

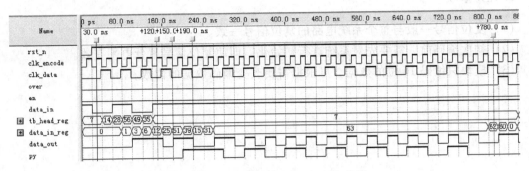

图 10.5.3.3　数据输出模块时序仿真图

10.5.4　模块接口与注意事项

1. 模块接口

曼彻斯特编码器的 FPGA 实现，最终由 Quartus II 软件例化得到的模块输入、输出端口示意如图 10.5.4.1 所示，各端口定义如表 10.5.4.1 所列。

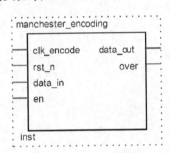

图 10.5.4.1　曼彻斯特编码器输入、输出端口示意图

表 10.5.4.1　曼彻斯特编码器输入、输出端口定义

端口名称	信号方向/宽度（位）	端口功能
rst_n	输入/1	复位信号
clk_encode	输入/1	编码时钟
en	输入/1	使能信号
data_in	输入/1	待编码数据输入
data_out	输出/1	数据编码输出
over	输出/1	编码结束信号

2. 注意事项

（1）复位信号一般与整个系统电路的复位信号一致。

（2）初次编码前，需要先对系统进行初始化，即使复位信号置低电平有效。

（3）模块只编码 16 位的数据，可根据需要改变编码数据的位数。

FPGA 系统设计训练

1. 设计一个 7 位的巴克码发生器和识别器：在使能信号作用下，巴克码发生器能在时钟控制下，串行输出一个七位的巴克码，即 "1110010" 序列；巴克码识别器能够实现对输入数据进行识别，当进入识别器的七位数据为巴克码 "1110010" 时，输出一个时钟周期高电平以表示识别。

2. 设计一个高速计数系统：对输入频率为 10 MHz、幅值为 3.3 V 的正方波信号进行计数，控制 LED 灯每 500 ms 切换状态一次。

3. 设计一个简易分频器：对输入频率为 2 kHz~5 MHz、幅值为 3.3 V 的正方波信号进行 25 分频输出。

4. 设计一个基于 1553B 总线数据格式的曼彻斯特译码器，对曼彻斯特编码数据进行解码。

5. 设计一个伪随机信号发生器用来模拟信道噪声：

（1）伪随机信号为 $f(x) = 1+x+x^4+x^5+x^{12}$ 的 m 序列；

（2）数据率为 10 Mbps，误差绝对值不大于 1%；

（3）输出信号峰峰值为 100 mV，误差绝对值不大于 10%。

6. 设计一个 DDS 扫频信号发生器，要求：

（1）频率范围：100 Hz~100 kHz；

（2）频率步进：10 Hz；

（3）输出的是正弦信号，幅值不限。

FPGA 系统设计训练

第四部分
综合系统设计

第 11 章　简易数字频率计（1997 国赛 B 题）

11.1 **功能要求**

一、任务

设计并制作一台数字显示的简易频率计（不能使用频率计专用模块）。

二、要求

1. 基本要求

（1）频率测量：
　　① 测量范围　信号：方波、正弦波；
　　　　　　　　幅度：0.5~5 V；
　　　　　　　　频率：1 Hz~1 MHz。
　　② 测试误差　≤0.1%。
（2）周期测量：
　　① 测量范围　信号：方波、正弦波；
　　　　　　　　幅度：0.5~5 V；
　　　　　　　　频率：1 Hz~1 MHz。
　　② 测试误差　≤0.1%。
（3）脉冲宽度测量：
　　① 测量范围　信号：脉冲波；
　　　　　　　　幅度：0.5~5 V；
　　　　　　　　脉冲宽度≥100 μs；
　　② 测试误差　≤0.1%。
（4）*显示器：十进制显示，显示刷新时间 1~10 s 连续可调，对上述三种测量功能分别用不同颜色的发光二极管指示。
（5）*具有自校功能，时标信号频率为 1 MHz。
（6）*自行设计并制作满足本设计任务要求的稳压电源。

2. 发挥部分

（1）扩展测量范围为 0.1 Hz~10 MHz（信号幅度 0.5~5 V），测试误差降低为 0.01%（最大闸门时间≤10 s）。

（2）测量并显示周期脉冲信号（幅度 0.5~5 V，频率 1 Hz~1 kHz）的占空比，占空比变化范围为 10%~90%，测试误差≤0.1%。

（3）在 1 Hz~1 kHz 范围内及测试误差≤0.1%的条件下，进行小信号的频率测量，提出并实现抗干扰的措施。

备注：

1. 根据本书构建的系统硬件电路，基本要求部分的第（4）点直接使用 TFT 液晶屏显示。

2. 自校（自检）是在时基单元提供的闸门时间内，对时标信号（频率较高的标准频率信号）进行计数的一种功能，用以检查计数器的整机逻辑功能是否正常。由于本系统采用 FPGA 测频，测量精度高，1 MHz 的自校信号可由 FPGA 锁相环的输出信号分频产生，本书不再对基本要求部分的第（5）点进行设计。

3. 基本要求部分第（6）点要求的电源是一个线性直流稳压电源，是非常常见的电路，本书不再说明。

11.2　方案论证与系统总体设计

11.2.1　方案论证

1. 总体方案论证

方案一：采用中小规模数字电路构成频率计，由计数器构成主要的测量模块。用定时器组成主要的控制电路。系统框图如图 11.2.1.1 所示。此方案软件设计简单，但外围芯片过多，且频带窄，实现起来较复杂，功能不强，而且不能程控和扩展。

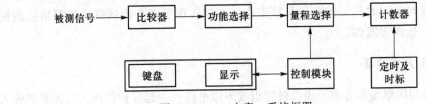

图 11.2.1.1　方案一系统框图

方案二：采用专用的频率计模块构成主要的控制及测量电路。系统框图如图 11.2.1.2 所示。特点是结构简单，外围电路不多，功能较强。题目要求不能够使用频率计专用模块。

图 11.2.1.2　方案二系统框图

方案三：采用 STM32 微控制器和大规模现场可编程逻辑器件 FPGA 实现。系统框图如图 11.2.1.3 所示。微控制器主要完成控制、计算和显示等功能；FPGA 主要完成对待测信号的计数并将测量的结果发送给微控制器的功能。利用微控制器可方便地实现数据的运算和显示；利用 FPGA 丰富的资源，可简化系统外围逻辑和时序芯片的数量。

图 11.2.1.3　方案三系统框图

综上所述，选择方案三。

2. 测频方案论证

方案一：直接测频法。在设置的闸门时间内，把待测信号的脉冲送计数器进行计数。本方法在待测频率较低时误差较大，增大闸门时间可以提高测量精度，但仍难以满足题目发挥部分的要求。直接测频法对待测信号计数产生 ±1 个字误差，并且测量精度与计数器中记录的数值有关，不适用于低频信号的测量。

方案二：直接测周法。在待测信号一个周期内，用标准信号进行计数，待测信号一个周期结束，标准信号计数值经过换算就是待测信号的频率。直接测周法同样对标准信号计数会产生 ±1 个字的误差，并且测量精度与计数器中记录的数值有关，不适用于高频信号的测量。

方案三：组合测频法。采用直接测频法和测周法结合的方法。在高频时采用直接测频法，低频时采用直接测量周期法测量信号的周期，然后换算成对应的频率。此方法能在一定程度上弥补直接测频法和测周法的不足，但是难以确定最佳的分割点，而且硬件电路较复杂。

方案四：等精度测频法。等精度频率测量技术又叫做多周期同步测量技术，是在直接测频方法的基础上发展起来的。它的闸门时间不是固定的值。而是待测信号周期的整数倍，即与待测信号同步，消除了对待测信号计数所产生的 ±1 个字误差，测量频率的相对误差与待测信号的频率无关，仅与闸门时间和标准信号频率有关，即实现了整个测试频段的等精度测量。

综上所述，选择方案四。

3. 波形整形方案论证

方案一：采用限幅整形方案。由二极管组成限幅电路，一起保护作用，二还能把输入非方波的周期性信号转成只有正电压的波形。施密特触发器 7414 对限幅电路输出的波形进行整形。由于施密特触发器的阈值电压一般都较高，无法对输入的小信号进行转换，所以本方案不合适。

方案二：采用放大整形方案。信号先放大，然后仍然采用施密特触发器 7414 进行整形。由于系统要求输入信号的幅值最小为 0.5 V，所以采用开关三极管组成零偏置放大电路，也可以采用高速运放和二极管组成限幅电路，这种方案硬件电路较复杂，也不好调试。

方案三：采用比较整形方案。采用高速比较器构成滞回比较器电路，通过阈值设置可以满足题目对输入信号幅值的要求，对输入的信号直接进行转换和整形。由于无需再对输入信号放大后再整形，因此本方案电路简单，成本也相对较低。高速比较器的输出波形存在些许抖动，对低频信号的响应特性差些，但由于系统采用 FPGA 芯片进行信号周期和频率的测量，因此可以很方便地通过软件编写延时消抖程序进行信号校正。

综上所述，选择方案三。

11.2.2　系统总体设计

系统整体框图如图 11.2.2.1 所示。系统主要由 FPGA（altera 公司的 EP2C5T144C8N）、STM32F103VCT6 微控制器和整形电路组成。FPGA 主要完成频率和脉宽的测量，统计待测信号和标准信号的个数从而完成频率测量，统计待测信号的高电平时间从而完成脉宽测量，当微控制器的读取信号到来时，FPGA 将测量值通过 SPI 串口传输给微控制器；STM32F103VCT6 微控制器主要完成对 FPGA 的控制，将 FPGA 测量的数据（通过 SPI 串口传输）读回，并进行相应的计算，最终将相应的测量结果显示在 TFT 液晶屏上；整形电路负责把输入信号变换成标准正矩形波信号，使之成为 FPGA 能够测量的信号。

图 11.2.2.1　系统整体框图

11.3　主要原理与理论分析

11.3.1　直接测频法和直接测周法原理

请看 7.1.2 节"频率测量原理"部分。

11.3.2　等精度测频法原理

请看 10.1.2 节"等精度测频原理"部分。

11.3.3　脉宽测量与占空比测量原理

1. 脉宽测量原理

脉冲宽度的测量即测量输入信号的高电平宽度，可采用和直接测周法类似的原理进行测量。经过整形电路后输入的待测信号上升沿到来时，使能计数器开始计数；当待测信号的下降沿到来时，停止计数器工作，得到的计数值 N_s 通过下式计算出脉冲宽度。

$$T_{wx} = \frac{N_s}{f_s} \tag{11.3.3.1}$$

$$\frac{\Delta T_x}{T_x} = \frac{\Delta N_s}{N_s} - \frac{\Delta f_s}{f_s} = \pm\frac{1}{N_s} - \frac{\Delta f_s}{f_s} = \pm\left(\frac{1}{T_x f_s}\mu \left|\frac{\Delta f_s}{f_s}\right|\right) \tag{11.3.3.2}$$

由式（11.3.3.2）可知：待测信号的脉宽 T_x 越大，±1 误差对精度的影响越小；标准计数时钟 f_s 越高，测量的误差越小。题目要求 $T_x \geqslant 100\ \mu s$，若 $f_s = 100$ MHz，在忽略晶振频率稳定度影响的情况下，精度要求达到 0.01%，符合题目要求。

2. 占空比测量原理

经过整形电路后的输入待测信号，先测得其脉冲宽度 T_{wx}，由等精度测频法可得待测信号的周期 T，则占空比由下式计算得到。

$$占空比 = \frac{T_{wx}}{T} \times 100\%$$

$$(11.3.3.3)$$

由于等精度测频的精度很高，在待测信号频率 1 Hz ~ 1 kHz 范围内的脉宽测量精度同样很高，可以满足题目要求。

11.4　系统硬件电路设计

本系统由整形电路、FPGA 测频模块和 STM32F103VCT6 微控制器控制模块等组成。FPGA 测频模块由 altera 公司的 EP2C5T144C8N 作为核心器件，搭接外部时钟电路、电源电路和 AS、JTAG 下载电路，共同组成 FPGA 最小系统。STM32F103VCT6 微控制器控制模块由 STM32F103VCT6 微控制器作为核心器件，搭接电源电路、外部晶振、复位电路和 TFT 液晶显示电路，共同组成 STM32F103VCT6 微控制器控制模块。

11.4.1　整形电路设计

由于系统测量频率要求达到 10 MHz，本系统的整形电路采用 TI 公司的高速比较器 TL3016 构成。为了提高系统的抗干扰能力，采用滞回比较电路。关于比较器电路的相关知识及要点，请看 2.4.3 节"低速和高速电压比较电路"部分。

11.4.2　FPGA 测量模块硬件电路设计

FPGA 最小系统设计请看 8.2 节"FPGA 最小系统电路设计"部分。
FPGA 与整形电路、STM32F103VCT6 微控制器的接口示意如图 11.4.2.1 所示。

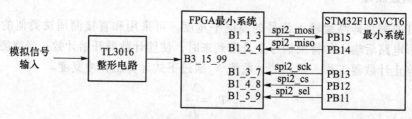

图 11.4.2.1　FPGA 与整形电路、STM32F103VCT6 的接口示意图

11.4.3　STM32F103VCT6 微控制器控制模块硬件设计

1. STM32F103VCT6 微控制器控制模块核心电路

请看 5.2 节 "STM32F103VCT6 微控制器最小系统电路设计" 部分。

2. TFT 液晶显示电路

请看 6.3 节 "2.8 寸 TFT 彩色液晶模块设计" 部分。

11.5　系统程序设计

11.5.1　FPGA 程序设计

1. 整体结构设计

FPGA 系统整体结构框图如图 11.5.1.1 所示。主要由锁相环倍频模块、软件延时消抖模块、频率脉宽测量模块和多外设 SPI 通信模块等构成。系统一经上电，系统时钟经锁相环倍频模块产生标准信号；待测信号由软件延时模块去除信号抖动后，经频率脉宽测量模块测量获得标准计数值、待测计数值和高电平计数值；当微控制器通过多外设 SPI 通信模块发送有效锁存信号后，多外设 SPI 通信模块将这些测量数据（标准计数值、待测计数值、高电平计数值）发送给微控制器处理。

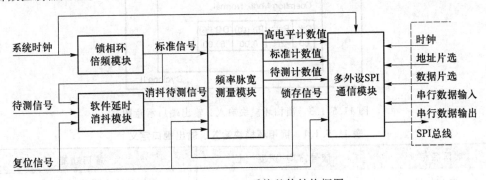

图 11.5.1.1　FPGA 系统整体结构框图

FPGA 系统顶层电路原理图如图 11.5.1.2 所示。

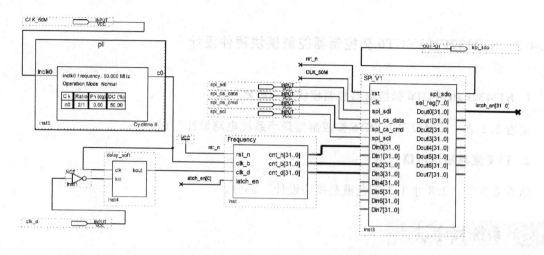

图 11.5.1.2　FPGA 系统顶层电路原理图

2. 锁相环模块

该模块用于产生稳定的高频时钟。系统外接 50 MHz 的有源晶振，经过该模块 2 倍频后产生 100 MHz 的时钟。该时钟可用作频率脉宽测量模块的标准时钟信号，也用作待测信号软件延时去抖动的计数时钟信号。锁相环模块的具体实现参见"9.4.1　锁相环倍频"的实例设计。锁相环模块输入、输出端口示意如图 11.5.1.3 所示，各端口定义如表 11.5.1.1 所列。

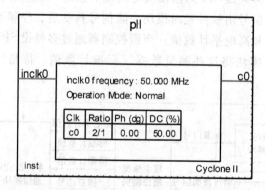

图 11.5.1.3　锁相环模块输入、输出端口示意图

表 11.5.1.1　锁相环模块输入、输出端口定义

端口名称	信号方向/宽度（位）	端口功能
inclk0	输入/1	外部输入系统时钟 50 MHz
C0	输出/1	锁相环倍频 100 MHz

3. 软件延时消抖模块设计

由于待测信号可能存在毛刺或者抖动，如果直接对其进行测量，测量结果必定会存在一定的误差，因此需要软件延时消抖模块对待测信号进行延时去抖动。对输入待测信号的高低电平

分别进行计数，只有当高电平（或低电平）计数值达到一定的个数（高电平（或低电平）持续时间达到一定的时钟周期）后，才确认输出高电平（或低电平）。其中的工作时钟 clk 的频率大小要视干扰信号和正常信号的宽度来定，高低电平的计数位宽和计数值也都可以根据实际的情况而调节。软件延时消抖模块的程序如下。

```
//kh:高电平计数值;kl:低电平计数值。
always @( posedge clk)  begin        //高电平脉宽计数
    if( !kin) kl<=kl+1'b1;           //kh:高电平计数值
    else      kl<=4'b0000;
end
always @( posedge clk)  begin        //低电平脉宽计数
    if( kin) kh<=kh+1'b1;            //kl:低电平计数值。
    else      kh<=4'b0000;
end
always @( posedge clk)  begin        //输出经消抖后的电平输出。
    //高电平持续时间达到 3 个计数时钟周期才认为是高电平
    if( kh>4'b0011)        kout   <=1'b1;
    //低电平持续时间达到 3 个计数时钟周期才认为是低电平
    else if( kl>4'b0011)      kout=1'b0;
end
```

软件延时消抖模块输入、输出端口示意如图 11.5.1.4 所示，各端口定义如表 11.5.1.2 所列。

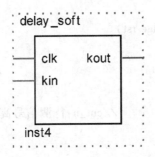

图 11.5.1.4　软件延时消抖模块输入、输出端口示意图

表 11.5.1.2　软件延时消抖模块输入、输出端口定义

端口名称	信号方向/宽度（位）	端口功能
clk	输入/1	标准时钟信号
kin	输入/1	待测信号
kout	输出/1	消抖待测信号

4. 频率与脉宽测量模块

采用等精度测频法测量输入待测信号频率，对输入待测信号个数和标准信号个数进行计数；采用测周法测量输入待测信号脉宽，对输入待测信号的高电平时间进行计数。因此，本模块只需在 10.1 节"基于 FPGA 的等精度测频模块设计"介绍的等精度测频模块的频率计数部分中加入脉宽测量部分即可。在待测信号为高电平时，待测信号高电平计数器开始计数，当待测信号下降沿到来时，将待测信号高电平计数器的计数值输出给待测信号计数值寄存器；当待测信号为低电平时，待测信号高电平计数值清零。为了检测待测信号的下降沿，在程序中需要对待测信号进行缓存。脉宽测量部分的程序如下。

```
//待测信号缓存
always @ ( posedge clk_b,negedge rst)
begin
    if( ! rst)
    begin
        clk_d_reg< = 1'b0;              //clk_d_reg:待测信号缓存
    end
    else
    begin
        clk_d_reg< = clk_d;
    end
end
//高电平计数
always @ ( posedge clk_b,negedge rst)
begin
    if( ! rst)
    begin
        cnt_h< = 0;                     //cnt_h:待测信号高电平计数器
    end
    else
    begin
        if( clk_d = = 0)                //待测信号高电平计数
        begin
            cnt_h< = 0;
        end
        else
        begin
            cnt_h< = cnt_h+1'b1;
        end
```

```
end
end
//高电平计数输出
always @ ( posedge clk_b , negedge rst)
begin
    if( ! rst)
    begin
        cnt_h_out< = 0 ;             //待测信号高电平计数值
    end

    else
    begin
        if( clk_d_reg&&! clk_d)      //待测信号下降沿,高电平计数输出
        begin
            cnt_h_out< = cnt_h ;
        end
        else
        begin
            cnt_h_out< = cnt_h_out ;
        end
    end
end
```

频率脉宽测量模块输入、输出端口示意图如图 11.5.1.5 所示，各端口定义如表 11.5.1.3
所列。

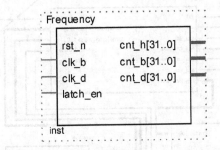

图 11.5.1.5　频率脉宽测量模块输入、输出端口示意图

表 11.5.1.3　频率脉宽测量模块输入、输出端口定义

端口名称	信号方向/宽度（位）	端口功能
clk_b	输入/1	标准频率信号输入端
clk_d	输入/1	待测频率信号输入端

续表

端口名称	信号方向/宽度（位）	端口功能
rst	输入/1	模块复位端
latch_en	输入/1	锁存输出使能端
cnt_b_out	输入/32	标准计数值输出
cnt_d_out	输出/32	待测计数值输出
cnt_h_out	输出/32	高电平计数值输出

5. 多外设 SPI 通信模块

频率与脉宽测量模块测量得到的数据包含待测信号计数值、标准信号计数值和高电平脉宽计数值三个值，根据系统总体设计构想，它们都需要通过 SPI 总线发送给 STM32F103VCT6 微控制器进行处理。这相当于微控制器通过 SPI 总线外挂了 3 个 SPI 外设，因此需要在 "10.4 FPGA 与微控制器的 SPI 通信模块设计" 介绍的 SPI 通信模块的基础上添加一个多路数据选择器和一个多路数据分配器来实现多个外设的 SPI 通信。此多外设 SPI 通信模块添加了一个 32 位的 8 路数据选择器和一个 32 位的 8 路数据分配器，其顶层电路原理图如图 11.5.1.6 所示。当微控制器要接收某个外设数据时，微控制器应先发送该外设的地址，8 路数据选择器根据接收的外设地址，输出相应地址的数据到 SPI 通信模块的 din 端口，接着发送给微控制器。当微控制器要发送数据给某个外设也是类似，微控制器应先发送该外设的地址，8 路数据分配器根据接收的外设地址，将 SPI 通信模块的 dout 数据输出给相应的外设。多外设 SPI 通信模块两个选择器可以根据需要设置选择的通道数，最大可设置 $2^{\text{cmd\_width}}$（cmd_width 位地址数据位宽）个通道，即最多可以连接 $2^{\text{cmd\_width}}$ 个外设。

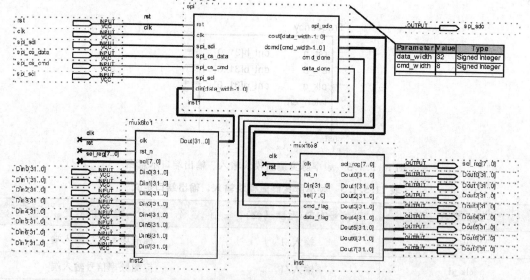

图 11.5.1.6 多外设 SPI 通信模块顶层电路原理图

32 位 8 路数据选择器的程序如下。选择器根据输入的 sel（由微控制器发送，数据分配器加载输出得到），查找相应端口（相应外设）的数据，作为选择器的输出，从而实现了将多个外设的数据按照地址选择性输出的功能。

```
always @ ( posedge clk ) begin
    if( ! rst_n ) begin
        Dout< = 32'd0 ;              //Dout:8 路数据选择器输出
    end
    else begin                      //数据选择器根据地址选择相应数据输出
        case( sel )                 //sel:外设地址
            8'd0 : Dout< = Din0 ;    //sel 为 0,则外设 0 的数据作为选择器输出,以下类同
            8'd1 : Dout< = Din1 ;
            8'd2 : Dout< = Din2 ;
            8'd3 : Dout< = Din3 ;
            8'd4 : Dout< = Din4 ;
            8'd5 : Dout< = Din5 ;
            8'd6 : Dout< = Din6 ;
            8'd7 : Dout< = Din7 ;
            default : Dout< = Dout ; //未找到相应地址则输出前一次地址的数据。
        endcase
    end
end
```

32 位的 8 路数据分配器的程序如下。数据分配器在 SPI 通信模块地址接收完毕（cmd_flag 为高电平）后，将地址载入到外设地址寄存器；在数据接收完毕（data_flag 为高电平）后，如果外设地址在分配地址范围内，则载入数据到数据寄存器中。最后，根据接收到的外设地址，将数据寄存器中的数据送到相应的输出端口。

```
//地址载入
always @ ( posedge clk )
begin
    if( ! rst_n )
        begin
            sel_reg< = 0 ;          //sel_reg:外设地址寄存器
        end
    else
    begin
        if( cmd_flag )
        begin                       //SPI 通信模块地址接收完毕
            sel_reg< = sel ;        //外设地址载入到外设地址寄存器
        end
```

```
                else
                begin
                    sel_reg<=sel_reg;
                end
            end
    end
//接收到的数据载入
always @ ( posedge clk )
begin
    if( ! rst_n )
        begin
            din_reg<=0;              //din_reg:数据寄存器
        end
    else
        begin
            if( data_flag )
            begin                    //SPI 通信模块数据接收完毕
                if( sel_reg>127 )    //外设地址在分配地址内才加载数据
                begin
                    din_reg<=Din;    //SPI 通信模块接收到的数据载入到数据寄存器
                end
                else
                begin
                    din_reg<=din_reg;
                end
            end
            else
            begin
                din_reg<=din_reg;
            end
        end
end
//数据分配
always @ ( posedge clk ) begin
        if( ! rst_n ) begin
            Dout0<=32'd0;            //Dout0~Dout7:数据输出端口 0~7
            Dout1<=32'd0;
            Dout2<=32'd0;
```

```
                    Dout3 <= 32'd0;
                    Dout4 <= 32'd0;
                    Dout5 <= 32'd0;
                    Dout6 <= 32'd0;
                    Dout7 <= 32'd0;
            end
        else
        begin
            case(sel_reg)        //根据接收的外设地址分配数据到相应端口
                //接收到的外设地址为128,将接收到的数据输出到输出端口0
                8'd128: Dout0 <= din_reg;
                8'd129: Dout1 <= din_reg;
                8'd130: Dout2 <= din_reg;
                8'd131: Dout3 <= din_reg;
                8'd132: Dout4 <= din_reg;
                8'd133: Dout5 <= din_reg;
                8'd134: Dout6 <= din_reg;
                8'd135: Dout7 <= din_reg;
                default:
                    begin
                        Dout0 <= Dout0;
                        Dout1 <= Dout1;
                        Dout2 <= Dout2;
                        Dout3 <= Dout3;
                        Dout4 <= Dout4;
                        Dout5 <= Dout5;
                        Dout6 <= Dout6;
                        Dout7 <= Dout7;
                    end
            endcase
        end
    end
```

多外设 SPI 通信模块输入、输出端口示意图如图 11.5.1.7 所示，各端口定义如表
11.5.1.4 所列。

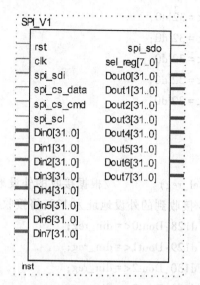

图 11.5.1.7　多外设 SPI 通信模块输入、输出端口示意图

表 11.5.1.4　多外设 SPI 通信模块输入、输出端口定义

端口名称	信号方向/宽度（位）	端口功能
clk	输入/1	FPGA 系统时钟
Din0～Din7	输入/32	外设并行发送数据端口
rst	输入/1	FPGA 系统复位信号
spi_scl	输入/1	SPI 通信时钟
spi_sdi	输入/1	SPI 串行数据输入
spi_cs_data	输入/1	SPI 数据片选信号
spi_cs_cmd	输入/1	SPI 地址片选信号
spi_sdo	输出/1	SPI 串行数据输出
sel_reg	输出/8	外设地址
Dout0～Dout7	输出/32	外设并行接收数据端口

11.5.2　STM32F103VCT6 微控制器程序设计

1. 主程序流程图

STM32F103VCT6 微控制器的主程序流程如图 11.5.2.1 所示。首先初始化微控制器 I/O 端

口、时钟、外部中断、彩屏，并显示测试界面；接着通过模拟 SPI 通信协议不断地从 FPGA 中读取待测信号的测量数据，通过得到的数据进行频率、脉宽、占空比和周期等的计算，并显示在彩屏上。

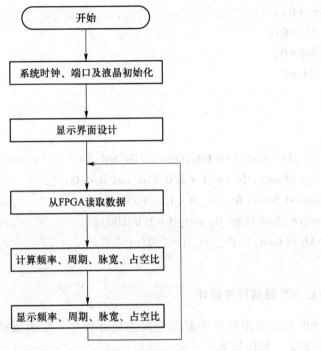

图 11.5.2.1　主程序流程图

2. 参数计算公式程序设计

微控制器从 FPGA 中读回的数据为标准计数值 flv_cnt_b、待测计数值 flv_cnt_d 和待测信号高电平计数值 flv_cnt_h，根据这些数据计算得到频率、脉冲宽度、占空比和周期，并最终显示在彩屏上。

由式（10.1.2.1）可知待测信号频率值计算公式如下：

$$flv\_pl = (float)(100000000lu \times (flv\_cnt\_d \times 1.0/flv\_cnt\_b)) \qquad (11.5.2.1)$$

由式（11.5.2.1）可知待测信号周期为

$$zq = (float)(flv\_cnt\_b \times 1.0/(flv\_cnt\_d \times 100)) \qquad (11.5.2.2)$$

待测信号的脉冲宽度，即待测信号高电平计数值乘以标准信号脉宽，本设计采用 10ns 标准信号脉宽，所以待测信号的脉冲宽度计算公式为

$$pluse = flv\_cnt\_h \times 1.0/100 \qquad (11.5.2.3)$$

待测信号的占空比，即待测信号高电平计数值占整个周期的百分比，计算公式如下：

$$zkb = (float)((flv\_cnt\_H \times 1.0/zq)) \qquad (11.5.2.4)$$

从频率和周期的计算公式可知：标准计数值和待测计数值是除法运算，所以需要对计数值进行判断处理。由于标准计数值和待测计数值在没有信号输入时才被同时清零的，所以只需对其中的一个值作判断即可。计算各参数的程序如下。

```
if(flv_cnt_d==0)
{
    flv_pl=0;
    zq=0;
    gdp=0;
    ddp=0;
    zkb=0;
}
else
{
    flv_pl=(float)(100000000lu*(flv_cnt_d*1.0/flv_cnt_b));      //频率计算
    zq=(float)(flv_cnt_b*1.0/(flv_cnt_d*100));                  //周期计算,以 µs 作为单位
    gdp=(float)(flv_cnt_H*1.0/100);                            //高电平计算,以 µs 作为单位
    ddp=(float)(zq-flv_cnt_H*1.0/100);                         //低电平计算,以 µs 作为单位
    zkb=(float)((flv_cnt_H*1.0/zq));                           //占空比计算
}
```

3. 模拟 SPI 通信程序设计

模拟 SPI 通信程序设计主要包含发送地址程序、发送数据程序和接收数据程序三部分。SPI 各端口宏定义操作如下：

```
#define    CS_CMD_Set                 (GPIO_SetBits(GPIOB,GPIO_Pin_13))
#define    CS_CMD_Clr                 (GPIO_ResetBits(GPIOB,GPIO_Pin_13))
#define    SPI_FPGA_MOSI_Set          (GPIO_SetBits(GPIOB,GPIO_Pin_11))
#define    SPI_FPGA_MOSI_Clr          (GPIO_ResetBits(GPIOB,GPIO_Pin_11))
#define    SPI_FPGA_SCL_Set           (GPIO_SetBits(GPIOB,GPIO_Pin_14))
#define    SPI_FPGA_SCL_Clr           (GPIO_ResetBits(GPIOB,GPIO_Pin_14))
#define    CS_DATA_Set                (GPIO_SetBits(GPIOB,GPIO_Pin_12))
#define    CS_DATA_Clr                (GPIO_ResetBits(GPIOB,GPIO_Pin_12))
```

（1）发送地址程序

该程序发送 FPGA 中某个 SPI 通信外设的地址，以确认收发数据的来源。根据 11.5.1 小节说明，本程序共设置了 256（2^8）个通道。其中，通道 0~127 为 FPGA 接收数据通道，通道 128~255 为 FPGA 发送数据通道。

发送地址程序的流程如图 11.5.2.2 所示。先将发送地址命令片选信号（CS_CMD）使能（低电平）；然后在 8 个 SPI 通信时钟 SPI_SCL 的上升沿作用下，将地址数据 send_data 按高位到低位的顺序输出，地址数据输出完成后禁止地址片选信号使能。需要注意的是，地址为 8 位数据。具体程序如下。

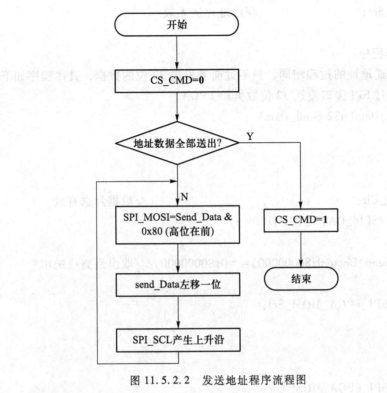

图 11.5.2.2　发送地址程序流程图

//微控制器通过 SPI 接口发送 8 位地址给 FPGA

```
void SPI2_Send_Cmd(u8 Send_Data)
{
    u8   i;
    CS_CMD_Clr;                    //地址片选有效
    for(i=0;i<SPI4_CMD_WIDTH;i++)
    {
        if((Send_Data&0x80)==0x80)
        {
            SPI_FPGA_MOSI_Set;
        }
        else
        {
            SPI_FPGA_MOSI_Clr;
        }
        Send_Data<<=1;            //高位在前
        SPI_FPGA_SCL_Clr;         //上升沿发送数据
        SPI_FPGA_SCL_Set;
    }
```

```
        CS_CMD_Set;                          //地址片选无效
}
```

（2）发送数据程序

发送数据和发送地址的过程相同，只不过前者发送 32 位的数据，具体程序如下。

```
//微控制器通过 SPI 接口发送 32 位数据给 FPGA
void SP2_Send_Data( u32 Send_Data)
{
    u8   i;

    CS_DATA_Clr;                             //数据片选有效
    for( i = 0;i<SPI4_DATA_WIDTH;i++)
    {
        if( ( Send_Data&0x80000000) = = 0x80000000)  //取出最高位送出
        {
            SPI_FPGA_MOSI_Set;
        }
        else
        {
            SPI_FPGA_MOSI_Clr;
        }
        Send_Data<< = 1;                      //高位在前
        SPI_FPGA_SCL_Clr;                     //上升沿发送数据
        SPI_FPGA_SCL_Set;
    }
    CS_DATA_Set;                             //数据片选无效
}
```

（3）接收数据程序

接收数据程序流程如图 11.5.2.3 所示。先将片选信号线 CS_DATA 拉低，使数据传输有效；然后在 32 个 SPI 通信时钟 SPI_SCL 的下降沿作用下，数据按高位到低位的顺序输入，并一位位地存入数据暂存变量 data_bufe 中，直至数据接收完毕。具体程序如下。

```
//微控制器通过 SPI 接口接收 FPGA 送来的 32 位数据
u32 SPI2_Rece_Data( void)
{
    u8i;
    u32 Data_Buf = 0;                        //接收到的数据
    CS_DATA_Clr;                             //数据片选有效
    for( i = 0;i<SPI4_DATA_WIDTH;i++)
    {
```

```
            SPI_FPGA_SCL_Set;                          //下降沿接收数据
            SPI_FPGA_SCL_Clr;
            Data_Buf<<=1;                               //左移
            Data_Buf=Data_Buf|SPI_FPGA_MISO;           //接收数据
        }
        CS_DATA_Set;                                    //数据片选无效
        return Data_Buf;                                //返回接收到的数据
    }
```

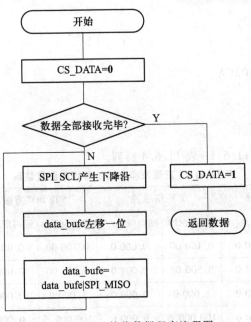

图 11.5.2.3　接收数据程序流程图

　　为了实现多外设数据 SPI 通信,将发送地址程序和发送数据程序、接收数据程序的调用组合起来,组合程序如下。

```
void SPI2_Send_Cmd_Data(u8 Cmd,u32 Send_Data)
    {
        SPI2_Send_Cmd(Cmd);                             //先发送地址
        SP2_Send_Data(Send_Data);                       //再发送数据
    }
u32 SPI2_Rece_Cmd_Data(u8 cmd)
    {
        SPI2_Send_Cmd(cmd);                             //先发送地址
        return(SPI2_Rece_Data());                       //再接收数据
    }
```

　　需要注意的是：SPI 通信一次只能读取其中的一个数据，但是微控制器需要同时从 FPGA 读取标准信号计数值和待测信号计数值，才能得到某刻输入信号的频率。为了实现同时读取功能，FPGA 对标准信号计数值和待测信号计数值进行了锁存处理。所以，每次读取标准信号计数值和待测信号计数值时，首先需更新锁存器中的值。更新操作由微控制器完成，比如，使用通道 128 的最低位作为锁存器更新的使能信号，微控制器可通过以下两条语句实现锁存更新使能：

```
SPI2_Send_Cmd_Data(128,0);        //发送上升沿给 FPGA 进行数据更新
SPI2_Send_Cmd_Data(128,1);
```

11.6　系统调试与误差分析

1. 测试仪器

示波器：RIGOL DS1102CA
信号源：AFG3102

2. 测试结果

各测量结果分别如表 11.6.1～表 11.6.4 所列。

表 11.6.1　正弦波和方波信号频率测量结果

待测值/Hz	500 mV 正弦波		5 V 正弦波		500 mV 方波		5 V 方波	
	测量值/Hz	相对误差/%	测量值/Hz	相对误差/%	测量值/Hz	相对误差/%	测量值/Hz	相对误差/%
0.1	0.099 99	0.010 0	0.100 00	0.000 0	0.100 00	0.000 0	0.100 00	0.000 0
0.5	0.500 01	0.002 0	0.500 04	0.008 0	0.500 00	0.000 0	0.500 00	0.000 0
1	1.000 1	0.010 0	1.000 0	0.000 0	1.000 0	0.000 0	1.000 0	0.000 0
100 000	100 000.6	0.000 6	100 000.6	0.000 6	100 000.6	0.000 6	100 000.6	0.000 6
1 000 000	1 000 006	0.000 6	1 000 006	0.000 6	1 000 006	0.000 6	1 000 006	0.000 6
5 000 000	5 000 030	0.000 6	5 000 030	0.000 6	5 000 030	0.000 6	5 000 030	0.000 6
10 000 000	10 000 060	0.000 6	10 000 060	0.000 6	10 000 060	0.000 6	10 000 060	0.000 6

表 11.6.2　正弦波和方波信号周期测量结果

待测值/μs	500 mV 正弦波		5 V 正弦波		500 mV 方波		5 V 方波	
	测量值/μs	相对误差/%	测量值/μs	相对误差/%	测量值/μs	相对误差/%	测量值/μs	相对误差/%
1	0.999 99	0.001 0	0.999 99	0.001 0	0.999 99	0.001 0	0.999 99	0.001 0
1 000	999.993 90	0.000 6	999.993 90	0.000 6	999.994 00	0.000 6	999.993 90	0.000 6
100 000	99 999.347 20	0.000 7	99 999.942 00	0.000 1	99 999.400 00	0.000 6	99 999.400 00	0.000 6
1 000 000	999 995.170 00	0.000 5	999 999.980 00	0.000 0	999 993.900 00	0.000 6	999 994.000 00	0.000 6

表 11.6.3　脉冲宽度测量结果

待测值/μs	500 mV 的脉冲信号		5 V 的脉冲信号	
	测量值/μs	相对误差/%	测量值/μs	相对误差/%
100	99.93	0.070 0	99.96	0.040 0
5 000	4 999.94	0.001 2	4 999.96	0.000 8
50 000	49 975.380 00	0.049 2	49 976.230 00	0.047 5
1 000 000	999 507.500	0.049 3	999 520.500	0.048 0

表 11.6.4　占空比测量结果

待测值/%	500 mV 1 Hz		500 mV 500 Hz		500 mV 1 kHz	
	测量值/%	相对误差/%	测量值/%	相对误差/%	测量值/%	相对误差/%
10	9.99	0.100 0	9.99	0.100 0	9.99	0.100 0
30	29.97	0.100 0	29.97	0.100 0	29.97	0.100 0
50	49.99	0.020 0	49.99	0.020 0	49.99	0.020 0
70	69.97	0.042 9	69.97	0.042 9	69.97	0.042 9
90	89.99	0.0111	89.99	0.011 1	89.99	0.011 1

待测值/%	5 V 1 Hz		5 V 500 Hz		5 V 1 kHz	
	测量值/%	相对误差/%	测量值/%	相对误差/%	测量值/%	相对误差/%
10	9.99	0.100 0	9.99	0.100 0	9.99	0.100 0
30	29.98	0.066 7	29.98	0.066 7	29.98	0.066 7
50	50.00	0.000 0	50.00	0.000 0	49.99	0.020 0
70	69.99	0.014 3	69.99	0.014 3	69.99	0.014 3
90	89.99	0.011 1	89.99	0.011 1	89.99	0.011 1

3. 误差分析

（1）等精度频率测量误差分析

① 标准频率误差

标准频率误差为 $\Delta f_s / f_s$，因为晶振的稳定度很高，标准频率误差可以进行校准，相对于量化误差，校准后的标准频率误差可以忽略。

② 量化误差

由式（10.1.2.4）可知，理论上如果预置闸门 T 和标准频率信号 f_s 的值无穷大，误差可以为 0。但实际应用中，两者都必可能存在一定的误差，故系统的误差只能满足一定的范围。STM32 微控制器进行浮点数运算时，也会有精度丢失问题，所以由公式计算出的频率值误差也会变大。

③ 整形输入信号的误差

外部输入的信号是经整形比较电路输入的，硬件电路带来的误差不可避免。比较器的上升时间不够，必然导致整形出来的信号上升沿不够陡峭，FPGA 对信号的上升沿判断出现误判，导致计数值出错，所以测得的频率值也会出现误差。

（2）脉冲宽度测量误差理论分析

脉冲宽度测量的误差除了"等精度频率测量误差分析"的①和③所述的，还有一个原因，因为待测信号高电平时间的标准信号计数值相差正负 1 个标准时钟周期，故标准信号的脉宽越大，误差越小，反之误差越大。

11.7　方案总结与改进

1. 总结

如图 11.7.1 所示，为测量时彩屏上显示的数据。从上到下数据依次为：标准计数值（单位：个）、待测计数值（单位：个）、频率（单位：Hz）、周期（单位：μs）、高电平（单位：μs）、低电平（单位：μs）和占空比（单位:%）。

根据测量结果，本设计满足了系统设计要求。由"2.4.3　低速和高速电压比较电路"中可知，高速比较器 TL3016 构成的整形电路的阈值电压为 147 mV，因此本系统在保证测量误差满足系统要求的前提下，实际能够对峰峰值 0.16~5 V、频率 0.1 Hz~11 MHz 的正弦波、方波和脉冲信号进行测量。

图 11.7.1　测量时彩屏上显示数据

另外，7.1 节基于 STM32F103VCT6 设计的简易数字频率计在指标性能也大致可以达到本题要求。但相比本章设计实现的数字频率计，精度要低，可扩展性要差些。

2. 调试过程遇到的主要问题及解决方法

（1）硬件调试

① 调试整形比较器电路时，发现波形出现振荡现象，后发现比较电路的反馈电阻取值偏小，加大反馈电阻的值，振荡现象得以解决。

② 调试 FPGA 最小系统板时，JTAG 下载口不能够正常下载，查阅相关手册，发现 JTAG 下载口上拉电阻取值偏小，换成 10 kΩ 电阻，能够正常下载。

（2）软件调试

FPGA 调试：

① 对于组合逻辑电路的设计，应该采用非阻塞赋值。

② 对于时序逻辑电路的设计，应该采用阻塞赋值。

③ 对于定义的寄存器如果没有进行初始化赋值，其值系统默认为不定状态。

④ 对于带复位端口的模块，复位信号应该尽量采用同步复位，若采用异步复位，复位端口如果有毛刺产生将造成系统的误操作。

⑤ 对于 if-else 语句，编程时应该将所有可能的条件列出，否则例化出的电路中可能产生锁存器。

⑥ 对于 case 语句，编程时同样要将所有可能的条件列出，或者添加 default 语句，否则例化出的电路中可能会产生锁存器。

⑦ 不要使用 initial 语句，initial 语句不能够被综合，只能够在编写激励文件时使用作初始化操作。

⑧ 设计组合逻辑电路时，应该将所有的输入信号写入敏感信号列表中，或者在敏感信号列表中写入 "＊"（系统自动将全部输入信号列入敏感信号表中），否则将出现意想不到的错误。

微控制器调试：

当改变测量结果的小数位数时，可能会导致前面的数值仍留在彩屏上，所以操作前需先进行清屏，但单纯的清屏会导致屏幕闪烁，不够人性化，因此可将待显示数据的数值没用到的元素以空格表示。

（3）软硬件调试

① 当信号频率为 10 kHz 和 20 kHz 时，TFT 彩屏上显示的频率测量结果出现跳动现象，10 kHz 信号会在 5 kHz、10 kHz 或 20 kHz 三个点跳变；20 kHz 信号会在 20 kHz、13 kHz 或 30 kHz 三个点跳变。

问题原因：STM32 微控制器读取标准计数值和待测计数值时不同步，即微控制器先读标准计数值，再读待测计数值。微控制器读标准计数值时，FPGA 可能又实现了一次闸门时间的计数，导致当微控制器再去读待测计数值时，数据已不是前一个时刻的待测计数值。如果两次闸门时间一样，数据不会出错，反之数据就会出错。

解决方法：在标准频率计数值和待测信号计数值输出部分添加一个锁存器，该锁存器同时对这两个值进行锁存。锁存使能信号由微控制器控制，微控制器要读取标准频率计数值和待测信号计数值时，先更新锁存器中的值。

② 信号频率在 10kHz 以下的，测频误差较大。

问题原因：当频率小于 10 kHz 时，预置闸门时间只选取 100 μs，待测计数值为 1，标准计数值的变化对频率的计算影响比较大，导致了测频精度的下降。

解决方法：修改预置闸门时间，在频率低的时候，预置闸门时间加大；频率高的时候，预置闸门时间变小。具体预置闸门时间选取情况请见表 10.3.1.1。

3. 方案改进

（1）改进整形比较器电路，使其能够整形更低幅值的输入信号，使其上升沿和下降沿更加陡峭。

（2）改进对 1 Hz 以下频率段的实际测频时间，在保证精度的情况下，尽量减小测频时间。

（3）根据 11.3.3 和 11.5.1 可知，本系统测量每个周期信号的高电平脉宽，但仅读取最后一次的测量值，误差相对较大。可以使用等精度测量技术测量高电平脉宽，从而提高脉宽和占空比的测量精度。即在预置闸门信号 T 内对输入信号的高电平脉宽进行多次测量，然后求平均，T 越大，±1 误差对测量精度的影响越小，测量精度越高。

第 12 章　正弦信号发生器（2005 国赛 A 题）

12.1　功能要求

一、任务

设计制作一个正弦信号发生器。

二、要求

1. 基本要求

（1）正弦波输出频率范围：1 kHz~10 MHz；

（2）具有频率设置功能，频率步进：100 Hz；

（3）输出信号频率稳定度：优于 10^{-4}；

（4）输出电压幅度：在 50 Ω 负载电阻上的电压峰-峰值 $V_{opp} \geqslant 1$ V；

（5）失真度：用示波器观察时无明显失真。

2. 发挥部分

在完成基本要求任务的基础上，增加如下功能：

（1）增加输出电压幅度：在频率范围内 50 Ω 负载电阻上正弦信号输出电压的峰-峰值 $V_{opp} = 6$ V±1 V；

（2）产生模拟幅度调制（AM）信号：在 1~10 MHz 范围内调制度 m_a 可在 10%~100% 之间程控调节，步进量 10%，正弦调制信号频率为 1kHz，调制信号自行产生；

（3）产生模拟频率调制（FM）信号：在 100 kHz~10 MHz 频率范围内产生 10 kHz 最大频偏，且最大频偏可分为 5 kHz/10 kHz 二级程控调节，正弦调制信号频率为 1 kHz，调制信号自行产生；

（4）产生二进制 PSK、ASK 信号：在 100 kHz 固定频率载波进行二进制键控，二进制基带序列码速率固定为 10 kbps，二进制基带序列信号自行产生；

（5）其他。

12. 2 方案论证与系统总体设计

12. 2. 1 方案论证

1. 正弦信号输出方案

方案一：利用 *RC*、*LC* 网络产生振荡信号

利用成熟的三点式晶体管振荡电路，可以通过改变电阻，电感，电容元件的参数，来改变正弦振荡的频率。这种电路的特点是频率稳定性较好，并且很容易起振，电路简单。但是如果要实现题目中要求的 1 kHz 至 10 MHz 那么宽的频率范围，很难做到，或者实现起来系统体积太大，功耗很高，容易产生杂波，不易精确调节振荡频率。因此该方案在设计之中不予考虑。

方案二：利用压控振荡器产生振荡信号

压控振荡器（又称为 VCO）产生波形的振荡频率与它的控制电压成正比，因此，调节可变电阻或可变电容可以调节波形发生电路的振荡频率。利用集成运放可以构成具有一定精度、线性较好的压控振荡器。并且，可以用数字电位器实现对电压的程控。但是，开环 VCO 的频率稳定度和频率精度较低，题目中的频率范围对于压控振荡器来说太宽，很难实现，加之压控振荡器产生的信号频率稳定度也达不到题目的设计要求。

方案三：采用 DDS（数字频率合成）技术，采用 FPGA 和微控制器相结合的方式来实现对频率的控制。这是当前任意波形发生器常用的方案。采用可编程逻辑器件 FPGA 实现复杂的逻辑控制，用存储器存储波形的量化数据，FPGA 产生不同频率的脉冲输出，按照不同频率要求，以频率控制字步进方式对相位增量进行累加，以累加值作为地址码去读取存储器相应地址单元里的量化数据，经 D/A 转换和幅值控制，再通过低通滤波器可得所需波形。由于题目要求操作较多，在 FPGA 内使用同一个控制寄存器，利用其合成一组控制命令寄存器，通过其与微控制器进行命令与数据的通信。FPGA 利用在寄存器不同地址单元的控制字，从而执行不同操作。本方案的大部分电路都集成在 FPGA 中，既减少了大量硬件连线，又降低了干扰，系统实现方便，性能稳定，故选择方案三。

2. 信号调制方案

方案一：采用 AD 公司的 DDS 专用芯片 AD9851 合成 FM 和 AM 的载波，采用传统的模拟调制方式来实现 AM 和 FM 调制。但这种方案的缺点是需要额外的模拟调制电路，也就难免引入一定的干扰，而且此方案中 PSK 的调制也不好实现。

方案二：采用 AD9851 合成 FM 和 AM 的载波，将 FM 调制信号离散化形成数字信号，通过改变 AD9851 的频率字来实现 FM 调制的频率偏移。这种设计方案减少了 FM 调制过程中引入的干扰，也大大简化了 FM 调制电路的设计。但是 AM 调制还是需要模拟乘法器，而 PSK 的调制也需要额外的电路。

方案三：采用 AD 公司的 AD9856 作为调制芯片。AD9856 是内含 DDS 的正交调制芯片，

可以实现多进制的数字幅度调制，多进制的数字相位调制和多进制的数字幅度相位联合调制。AM、PSK 和 ASK 调制都可以通过它实现。但是 AD9856 不便于调频，且控制复杂。

方案四：采用 FPGA+DAC 来实现 DDS。这样通过 FPGA 在数字域实现频率合成，然后通过 DAC 形成信号波形。由于信号都是由 FPGA 在数字域进行处理，可以很方便地将 FM 和 AM 等调制在数字域实现。所有调制电路的功能都由 FPGA 片内的数字逻辑电路来实现，整个系统的电路设计大为简化，同时由于数字调制避免了模拟调制带来的误差和干扰，大大提高了调制的性能，而且硬件电路设计的软件化，使得电路设计的升级改进工作大为简化。但是此方案由于受到 FPGA 接口速度和 DAC 转换速度的约束，载频最大输出受到限制。

综合以上各个因素，加上基础部分的正弦信号也是用 FPGA 来实现，至此，将基础部分和提高部分都通过 FPGA 来实现信号的合成，整个设计实现一体化。因此，选择了最适合的方案四作为本设计的信号调制方案。

3. D/A 输出信号滤波方案

D/A 输出信号存在高频噪声，需要加一级低通滤波电路。

方案一：用有源滤波电路

有源滤波电路设计简单，应用广泛，滤波性能良好。但截止频率不宜做得很大（一般推荐不超过 1 MHz），题目要求信号达到 10 MHz，故该方案无法满足系统要求。

方案二：用 LC 无源滤波电路

无源滤波电路无需电源供电，电路规模小，它的截止频率可做到几百兆赫兹，满足题目要求，该滤波电路实现同样阶数的滤波效果只需更少的元件。

综上，选用方案二。

4. 末级幅度放大方案

系统的输出要求在频率范围内 50 Ω 负载电阻上正弦信号输出电压的峰峰值为 $V_{opp} = 6\ V \pm 1\ V$，因此一定要在末级加上放大电路。

方案一：用晶体管组成放大电路

用分立的晶体管元件构成的放大电路，优点是灵敏度高、动态范围广、能承受的功率较大、通频带也较宽等。但是，分立元件组成的电路调试起来很困难，特别是在高频段，而且容易引入噪声和失真。

方案二：用运算放大器构成放大电路

一个较好的解决方案是利用集成的运算放大器，但是一般运放的频带都满足不了本系统 1 kHz~10 MHz 这么宽的范围，因此一定要采用低噪声，宽频带的高速运放。OPA690 具有高达 500 MHz 的频带，用来作末级放大，则可达到题目提出的高指标。

12.2.2　系统总体设计

系统以 FPGA 为核心，正弦波和调制波（AM、FM、ASK 和 PSK）通过 FPGA 设计的 DDS 模块产生。FPGA 通过 SPI 总线和控制芯片 STM32F103VCT6 微控制器进行通信。在微控制器的控制下，实现输出波形的选择、频率的设置、基带信号的设定等操作。FPGA 输出的数字信号经高速 DAC 模块（DAC900E 转化输出两路电流型模拟信号，再经 OPA690 做差分处理后输出）后再进行滤波、幅值放大，最后输出。系统整体框图如图 12.2.2.1 所示。

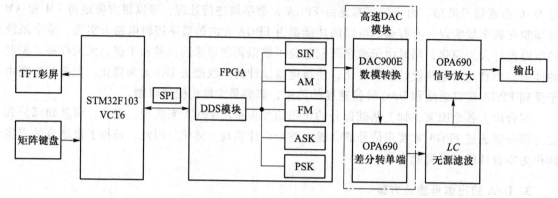

图 12.2.2.1　系统整体框图

12.3　主要原理与理论分析

12.3.1　奈奎斯特定理

本设计是利用对数字信号的处理来实现模拟周期信号的输出，其最根本的理论基础为奈奎斯特定理（又称为时域采样定理）：一个频谱在区间 $(-\omega_\mathrm{m}，\omega_\mathrm{m})$ 以外为零的频带有限信号 $f(t)$，可以唯一的由其在均匀间隔 T_s 上的样点值 $f(nT_\mathrm{s})$ 确定。从取样信号 $f_\mathrm{s}(t)$ 中恢复原信号 $f(t)$，需要满足两个条件：

（1）$f(t)$ 必须是带限信号，其频谱函数在 $|\omega_\mathrm{s}|>\omega_\mathrm{m}$ 各处为零；

（2）取样频率不能过低，其值必须大于 $2f_\mathrm{m}$。

奈奎斯特定理是模块信号数字化的基础，也是 DDS 技术得以实现的理论依据。

12.3.2　DDS 技术

1. DDS 的工作原理

请看 10.2.2 节"DDS 工作原理与模块结构"部分。

2. DDS 的基本结构

DDS 电路一般由参考时钟、相位累加器、波形存储器、D/A 转换器（DAC）和低通滤波器（LPF）等组成，其结构如图 12.3.2.1 所示。其中，N 为相位累加器和频率控制字位数，A 为波形存储器地址位数，D 为波形存储器的数据位字长和 D/A 转换器位数。

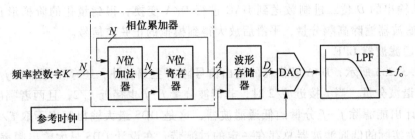

图 12.3.2.1　DDS 基本结构框图

在系统时钟脉冲的作用下，相位累加器不停地累加，即不停地查表。波形存储器的输出数据送到 D/A 转换器，D/A 转换器将数字量形式的波形幅度值转换成具有一定频率的模拟信号，从而将波形重新合成出来。若波形存储器中存放的是正弦波幅度量化数据，那么 D/A 转换器的输出是近似正弦波的阶梯波，还需要后级的低通平滑滤波器进一步抑制不必要的杂波就可以得到频谱比较纯净的正弦波信号。图 12.3.2.2 所示为 DDS 各个部分的输出信号。

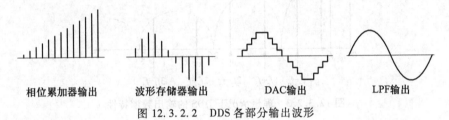

图 12.3.2.2　DDS 各部分输出波形

（1）相位累加器

相位累加器是 DDS 最基本的组成部分，用于实现相位的累加并存储累加结果。若当前相位累加器的值为 $\sum_n$，经过一个时钟周期后变为 $\sum_{n+1}$，则满足

$$\sum\nolimits_{n+1} = \sum\nolimits_n + K \qquad\qquad (12.3.2.1)$$

由式（12.3.2.1）可知 $\sum_n$ 为一等差数列，即得出

$$\sum\nolimits_n = nK + \sum\nolimits_0 \qquad\qquad (12.3.2.2)$$

其中 $\sum_0$ 为相位累加器的初始相位值。

（2）波形存储器（正弦查询表 ROM）

DDS 查询表所存储的数据是每一个相位所对应的二进制数字正弦幅值，在每一个时钟周期内，相位累加器输出序列的高 A 位对其进行寻址，最后的输出为该相位所对应的二进制正弦幅值序列。

由此可见，ROM 的存储量为 $2^A \times D$ 比特。若 $A = 10$，$D = 8$，可以算出 ROM 的容量为 8192 bits（8 KB）。虽然在一块 DDS 芯片中集成大的 ROM 存储量，可以提高输出信号的精度和无杂散动态范围，但会使成本提高，功耗增大，且可靠性下降，所以就有了许多压缩 ROM 容量的方法。而且，容量压缩还可以允许使用更大的 A 和 D 值，进而使 DDS 的杂散性能获得提高。

（3）数模转换器 DAC

数模转换器的作用是将数字信号转变成模拟信号。而实际上由于 DAC 分辨率有限，其输出信号并不能真正地连续可变，所以只能输出阶梯模拟信号。

从 ROM 输出的 D 位二进制数送到 DAC 进行 D/A 变换，得到量化的阶梯形正弦波输出，最后经低通滤波器滤除高频分量，平滑后放大得到模拟的正弦波信号。

（4）低通滤波器 LPF

如图 12.3.2.3 所示，D/A 转换器的输出信号除了主频 f_o 外，还存在分布在 f_c，$2f_c$，…两边 $\pm f_o$ 处的非谐波分量。当 f_o 接近 $f_c/2$ 时，非谐波分量 $f_c - f_o$ 也接近 $f_c/2$，且两者幅度趋于相等，这时很难设计出能滤除 $f_c - f_o$ 分量的低通滤波器，这是 DDS 最大输出频率不取 $f_c/2$ 而取 $2f_c/5$ 的原因，因为实际的低通滤波器总存在一定的过渡带，在设计 DDS 最大输出频率时要留有一定的余量。为了取出干净的主频 f_o，常在 D/A 输出端接入截止频率为 $f_c/2$ 的低通滤波器以抑制杂散信号。

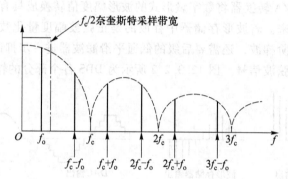

图 12.3.2.3　理想情况下 DDS 的输出频谱特性

3. 非理想情况下 DDS 的频谱特性

在 DDS 实际应用中，其输出包含的杂散信号频谱并不像图 12.3.2.3 描绘的那样只分布在某些频率点上，有的时候甚至是分布在整个频带范围内。实际上，由于波形存储器的地址线宽度 A 与相位累加器的位数 N 往往是不相等的，通常情况下 $A<N$，这就引入了相位截断误差。另外，由于波形存储器的字长有限，存放在波形存储器中的幅度量化数据也不是无限字长的，这必然带来幅度量化误差。因此在分析 DDS 系统的实际频谱时一定要考虑到这两个因素。除此之外，D/A 转换器的非线性和低通滤波器的非理想特性也会影响到 DDS 的输出频谱。图 12.3.2.4 描述了 DDS 杂散信号引入的数学模型。

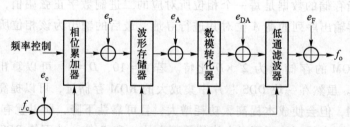

图 12.3.2.4　DDS 杂散信号引入的数学模型

其中 e_c 是参考时钟引入的杂散信号，e_p 是相位截断引入的杂散信号，e_A 是有限位数据量化引入的杂散信号，e_{DA} 是 DAC 非线性引入的杂散信号，e_F 是低通滤波器的非理想特性引入的杂散信号。此外，电源噪声干扰、外来电磁干扰等因素都会造成 DDS 输出频谱杂散指标恶化。

如果波形值采用 D 位来存储，那么有 $SNR = 6.02 \times D + 1.76$（dB），可以看出 D 值每增加一位，则信噪比将提高约 6 dB。

DDS 的杂散主要来自于相位舍位，相位舍位所引起的最大杂散幅度为 $P(\text{dB}) = 6.02(N-A)$，由该式可得，舍位每减少 1 位，就能够改善杂散约 6 dB。但是这就意味着要增大寻址位数，那么就需要大的 ROM 存储量，这在实际操作过程中实现起来还是比较困难的，毕竟资源是有限的。为了解决这个问题，就出现了存储波形值的压缩技术。

4. DDS 杂散抑制方法

杂散信号对 DDS 频谱有着非常严重的影响，对于频谱分量大于 $f_c/2$ 带外的杂散我们可以设计性能优良的低通滤波器加以滤除，但是对于频谱分量小于 $f_c/2$ 的带内杂散，必须采取必要的方法才能够降低杂散对输出信号频谱的不利影响。下面介绍几种常用的抑制杂散信号的方法。

（1）增大波形存储器的有效容量

相位舍位每减少一位，杂散改善约 6 dB。减少相位舍位意味着增大波形存储器的容量，有如下两种方法：

① 增大波形存储器的绝对容量

这种方法受硬件条件限制，不可能无限地增大，并且增大波形存储器的绝对容量也同时意味着成本的升高和功耗的增大。

② 可以通过压缩存储技术来等效增大存储器的数据寻址位

压缩存储一种有效的方法就是利用一些特殊波形的对称性（如正弦波），只保存其 $[0, \pi/2]$ 区间（即第一象限）的幅度码，然后利用对称性来恢复其他象限的幅值，这样可以得到 4:1 的压缩比，这一方法简单而且电路易于实现。对于正弦函数，其具体操作是将相位累加器的最高输出位决定正弦函数值的符号，次高位地址决定寻址指针是递增还是递减。当然还可以对数据进行进一步的压缩，如 Taylor 级数近似算法，它是近似对正弦函数在某一点进行 Taylor 级数展开，取其前三项分别赋予不同的权值后存于三个存储器中，最后由运算电路来合成波形。这种方法可以获得 64:1 的压缩比。需要指出的是，压缩存储技术只适用于具有对称性的信号。

（2）修改频率字 K 使其与 2^N 互质

设法使频率字 K 满足 $GCD(2^N, N) = 1$，即 K 与 2^N 保持互质，能使杂散改善 3.9 dB。要实现这一点很简单，只要强制 K 为奇数即可。

（3）选择恰当的 DAC 器件

在 DDS 电路中，DAC 器件的非线性对 DDS 输出信号频谱质量产生较大影响，主要影响因素包括 DAC 的分辨率、差分非线性（DNL, Differential Nonlinearity）、积分非线性（INL, Integral Nonlinearity）、DAC 转换过程的尖峰电流、转换速度等。DAC 的分辨率越高，合成的正弦波阶梯数越多，输出波形的精度也就越高；DAC 的转换速度越高，可以使得 DAC 输出信号的谐波成分尽量远离基波信号，对基波信号的影响就越小，经过低通滤波器后输出的信号质量越好。因此，在选择 DAC 器件时，应仔细研究 DAC 数据手册，查看其各项参数，争取选择最适合设计要求的 DAC 器件。

12.3.3　正弦信号

正弦信号是频率成分最为单一的一种信号，因这种信号的波形是数学上的正弦曲线而得名。任何复杂信号，例如音乐信号，都可以通过傅里叶变换分解为许多频率不同、幅度不等的正弦信号的叠加。一个正弦信号可表示为

$$f(t) = A\sin(\omega_o t + \varphi) = A\cos\left(\omega_o t + \varphi - \frac{\pi}{2}\right) \tag{12.3.3.1}$$

式中，A 为振幅，ω_o 为角频率（弧度/秒），φ 为初始相角（弧度）。正弦信号是周期信号，其周期 $T_o = 2\pi/\omega_o = 1/f_o$（其中，$f_o$ 为频率）。

正弦波在通信系统中使用广泛，常用于信号的单一频率的高频载波，此时对应的调制为正弦调制。

12.3.4　调制信号

在无线通信中，根据 $c = \lambda f$（c 为光速，λ 和 f 分别为无线电波的波长和频率）可知：当传输低频信号时，波长较长，就需要较长的天线尺寸，甚至长到实际无法实现的程度，因此就需要把低频信号调制到高频载波信号上，从而缩短发射天线。另外，不同的调制信号可以在一个载波信号上传输，实现了信道的复用，提高了信道的利用率。

调制是该系统的重要组成部分，它的主要功能是使高频载波信号携带上要传输的信息，也就是用调制信号去控制载波信号某个或几个参数（振幅、频率或相位）的变化过程。调制信号是由原始消息（声音、数据、图像等）转变成的低频或视频信号，未受调制的高频振荡信号称为载波，受调制后的振荡波称为已调波，它具有调制信号的特征。也就是说已经把要传送的信息载到高频振荡波上去了。

根据调制参数的不同，调制分为三种基本方式：振幅调制（调幅）、频率调制（调频）、和相位调制（调相），分别表示为 AM、FM 和 PM。当调制信号为数字信号时，称为键控，三种基本的键控方式：振幅键控（ASK）、频率键控（FSK）和相移键控（PSK）。本小节以单频信号作为调制信号为例简单介绍调制信号的原理。

1. AM 调幅信号

普通调幅方式是用低频调制信号去控制高频正弦波（载波）的振幅，使其随调制信号波形幅度的变化而呈线性变化。

设载波表示式为

$$u_c(t) = U_c\cos\omega_c t \tag{12.3.4.1}$$

假设调制信号为单频信号，其表达式为

$$u_\Omega(t) = U_\Omega\cos\Omega t \tag{12.3.4.2}$$

通常载波信号频率远大于调制信号频率，即有 $\omega_c \gg \Omega$。根据振幅调制信号的定义，AM 调幅信号 $U_{AM}(t)$ 的振幅 $U_m(t)$ 由载波的振幅 U_c 与调制信号的振幅 U_Ω 相加，且 $U_m(t)$ 随调制

信号 U_Ω 线性变化，故可得 AM 调幅信号的振幅表达式为

$$\begin{aligned}
U_m(t) &= U_c + \Delta U_c(t) \\
&= U_c + k_a U_\Omega \cos \Omega t \\
&= U_c(1 + m_a \cos \Omega t)
\end{aligned}$$

（12.3.4.3）

式中，m_a 为调制度，表示调制信号的变化振幅 $k_a U_\Omega$ 与载波振幅 U_c 的比值，调制度表达式为

$$m_a = \frac{k_a U_\Omega}{U_c}, \quad 0 < m_a \leqslant 1$$

（12.3.4.4）

其中，k_a 为比例系数，由调制电路确定，又称为调制灵敏度。

综上，AM 调幅信号 $U_{AM}(t)$ 的振幅 $U_m(t)$ 已知，频率为载波信号频率 $\cos \omega_c t$，故可以得到 AM 调幅信号表达式为

$$u_{AM}(t) = U_m(t) \cos \omega_c t = U_c(1 + m_a \cos \Omega t) \cos \omega_c t$$

（12.3.4.5）

AM 调幅信号的振幅由直流分量 U_c 和交流分量 $k_a U_\Omega \cos \Omega t$ 叠加而成，其中交流分量与调制信号成正比，或者说，调幅信号的包络（信号振幅各峰值点的连线）完全反映了调制信号的变化。调制波、载波和 AM 信号的波形如图 12.3.4.1 所示。

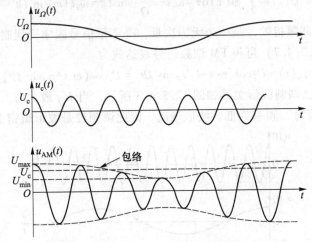

图 12.3.4.1　调制波、载波和 AM 信号的波形

显然，当 $m_a > 1$ 时，AM 调幅波的包络变化与调制信号不再相同，产生了失真称为过调制，调制信号如图 12.3.4.2 所示，故 AM 调幅信号要求 m_a 必须不大于 1。

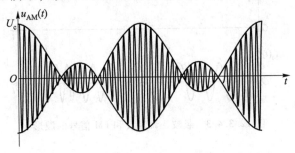

图 12.3.4.2　AM 过调制

2. FM 调频信号

FM 调频信号与 AM 调幅信号的区别在于其振幅保持不变，不受调制信号的影响，但载波的瞬时角频率受调制信号的控制作周期性的变化，变化的大小与调制信号呈线性关系，变化的周期由调制信号的周期所决定。

设载波为 $u_c(t)=U_c\cos\omega_c t$，单频的调制信号为 $u_\Omega(t)=U_\Omega\cos\Omega t$，由 FM 调频信号定义，其瞬时角频率随调制信号线性变化，则其瞬时角频率为

$$\omega(t)=\omega_c+\Delta\omega(t)=\omega_c+k_f u_\Omega(t)=\omega_c+\Delta\omega_m\cos\Omega t \qquad (12.3.4.6)$$

式中，k_f 是比例常数，又称为调频灵敏度，是单位调制电压产生的频偏值，表示 U_Ω 对最大角频偏的控制能力。$\Delta\omega_m=k_f U_\Omega$ 是相对于载频的最大角频偏（峰值角频偏），与之对应的 $\Delta f_m=\Delta\omega_m/2\pi$ 即为最大频偏，Δf_m 是衡量信号频率受调制程度的重要参数，表示 FM 调制信号的频率变化范围为 $f_c-\Delta f_m \sim f_c+\Delta f_m$，最大变化值为 $2\Delta f_m$。

调频信号的初始瞬时相位 $\varphi(t)$ 是瞬时角频率 $\omega(t)$ 对时间的积分，其表达式为

$$\varphi(t)=\int_0^t\omega(\tau)\mathrm{d}\tau=\omega_c t+\frac{\Delta\omega_m}{\Omega}\sin\Omega t=\omega_c t+m_f\sin\Omega t \qquad (12.3.4.7)$$

式中，$m_f=\Delta\omega_m/\Omega$ 为调频指数，是一个无因次量，是衡量信号频率受调制程度的重要参数。

综上，由式（12.3.4.7）可得 FM 调频信号表达式为

$$u_{FM}(t)=U_c\cos(\omega_c t+k_f U_\Omega\cos\Omega t)=U_c\cos(\omega_c t+m_f\sin\Omega t) \qquad (12.3.4.8)$$

载波、调制波和已调制波形关系如图 12.3.4.3 所示，当 U_Ω 最大时，$\omega(t)$ 也最高，波形密集，当 U_Ω 为负峰值时，频率最低，波形最疏，因此调频波是波形疏密变化的等幅波。

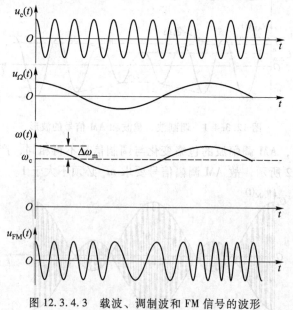

图 12.3.4.3　载波、调制波和 FM 信号的波形

3. PSK 相移键控

相移键控 PSK，即一种用载波相位表示输入信号信息的调制技术，分为绝对相移和相对相

移两种。以二进制调相为例，绝对相移即传送键控值为"**1**"信号时，发送起始相位为 π 的载波，传送"**0**"信号时，发送起始相位为 0 的载波；相对相移即传送键控值为"**1**"信号时，发送调制后载波与未调载波同相，传送"**0**"信号时，发送调制后载波与未调载波反相，此时"**1**"和"**0**"的调制后载波相位差为 180°。上面的描述是以二进制调相 2PSK 为例，PSK 实际还存在多进制调相（MPSK），比如常用的四进制调相 4PSK。绝对相移 2PSK 的实现方式和调制波形分别如图 12.3.4.4 和图 12.3.4.5 所示。

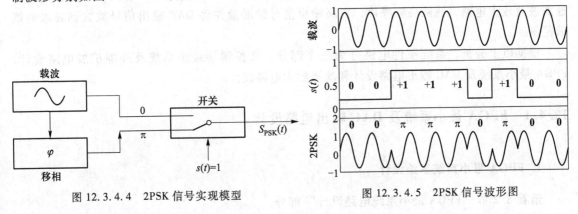

图 12.3.4.4　2PSK 信号实现模型　　　　图 12.3.4.5　2PSK 信号波形图

4. ASK 幅度键控

ASK 幅度键控，即传送"**1**"信号时，发送载波，传送"**0**"信号时，发送 0 电平，所以也称这种调制为通（on）、断（off）键控。ASK 同样存在二进制幅度键控 2ASK 和多进制幅度键控 MASK。2ASK 的实现模型和调制波形分别如图 12.3.4.6 和图 12.3.4.7 所示。

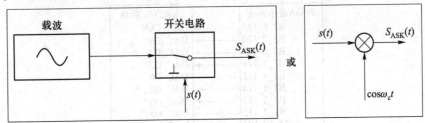

图 12.3.4.6　2ASK 信号实现模型

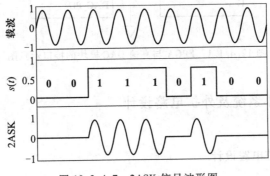

图 12.3.4.7　2ASK 信号波形图

12.4　系统硬件电路设计

根据最终的方案，需要用到的硬件资源有：FPGA 和高速 DAC 模块，使用 FPGA 内部丰富的逻辑资源及 DAC 构成波形产生和输出等功能；微控制器（STM32F103VCT6）及其外围扩展电路，实现人机交互（矩阵键盘扫描与液晶显示）和发送控制命令给 FPGA 等功能；无源低通滤波及放大电路，滤除高频噪声，提高输出信号的质量并将 DAC 输出信号放大到要求的幅值范围。

根据以上分析，系统硬件电路分为三个部分：微控制器最小系统及外围扩展电路设计、FPGA 最小系统及 DAC 输出电路设计和滤波放大电路设计。

12.4.1　FPGA 最小系统及 DAC 输出电路设计

1. FPGA 最小系统系统设计

请看 8.2 节"FPGA 最小系统电路设计"部分。

2. DAC 输出电路设计

DAC 电路设计请看 4.3 节"高速 DAC 模块设计"部分。FPGA 与高速 DAC 模块的接口示意如图 12.4.1.1 所示。高速 DAC 芯片 DAC900E 有一个关断引脚 DAC_PD，高电平时关断芯片的数据转换，设计时保持该引脚一直处于低电平状态，即保证 DAC900E 输入一直有效。

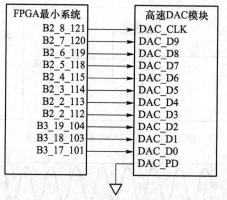

图 12.4.1.1　FPGA 与高速 DAC 模块的接口示意图

12.4.2　微控制器最小系统及外扩电路设计

1. 微控制器最小系统电路设计

请看 5.2 节"STM32F103VCT6 最小系统电路设计"部分。

2. 4×4 矩阵键盘模块电路

根据题目要求，需要进行不同波形输出选择、信号频率输入、调制度和频偏设置等操作，需要使用较多的按键。因此，本系统使用了 4×4 矩阵键盘电路，具体设计内容请看 "6.1　矩阵键盘模块设计" 部分。

3. TFT 液晶显示电路

请看 6.3 节 "2.8 寸 TFT 彩色液晶模块设计" 部分。

12.4.3　无源低通滤波及放大电路设计

1. 无源低通滤波电路设计

DDS 输出信号包含有多次谐波、杂散、以及时钟频率与主信号频率产生的镜像频率。这些信号会干扰主信号的输出，所以系统设计时需要在 DDS 输出进行滤波处理，本系统采用 7 阶无源 *LC* 低通巴特沃斯滤波器。使用 Filter Solution 软件设计该无源低通滤波器的具体过程请看 3.3 节 "模拟滤波器快速设计实例" 中的第 2 点部分。

2. 放大电路设计

由于高速 DAC 模块在基准电压为 1.25 V 时的最大输出幅值为 1 096 mV 左右，而题目要求在频率范围内 50 Ω 负载电阻上正弦信号输出电压的峰-峰值为 5~7 V，因此滤波之后的信号需要进行放大。由于信号频率较高，整个滤波放大电路的输入输出尽量都要使用射频线进行连接。经过滤波后，输入信号衰减一半，所以最后放大倍数约为 10~14 倍之间。放大电路如图 12.4.3.1 所示，使用了高速电压反馈型运放 OPA690 进行同相放大，理论上的放大倍数为 12.9 倍（$1+R_4/R_3$）。必须注意，考虑高频信号的衰减特性，放大倍数的选取必须留有一定余量。

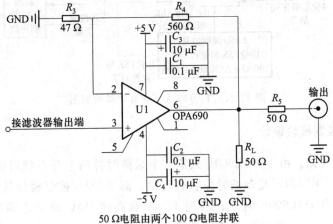

50 Ω电阻由两个100 Ω电阻并联

图 12.4.3.1　信号放大电路

12.5 系统程序设计

12.5.1 FPGA 部分

1. 整体结构设计

FPGA 系统整体结构框图如图 12.5.1.1 所示。主要由锁相环倍频模块、DDS 信号发生模块（含正弦波模块、AM 调制波模块、FM 调制波模块、ASK 及 PSK 调制波模块）、多选一 10位选择器模块、10 位数据缓存模块、固定数据模块（1 kHz 调制信号、100 kHz ASK_PSK 载波、10 位 PSK 相位控制字）、高速 DAC 控制模块和多外设 SPI 通信模块等功能模块构成。各功能模块选择和频率控制字由微控制器通过 SPI 接口发送，并由多外设 SPI 通信模块协调完成操作。最终波形由高速 DAC 控制模块控制高速 DAC 输出。

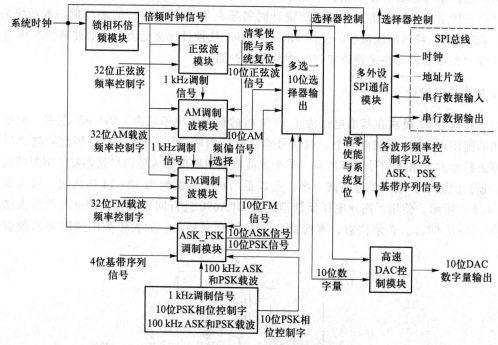

图 12.5.1.1 FPGA 系统整体结构框图

2. 高速 DAC 控制模块设计

由图 12.5.1.2 可知，由于 DAC900E 只需一个采样时钟的上升沿就可以完成一次 10 位数字量的转换和输出，无需编写复杂的时序状态程序。高速 DAC 控制模块就是由数据寄存器构成，目的是为了配合 DAC900E 时序，匹配 FPGA 和高速 DAC 模块之间数据传输速度，其 FPGA 实现的顶层电路原理图如图 12.5.1.3 所示。

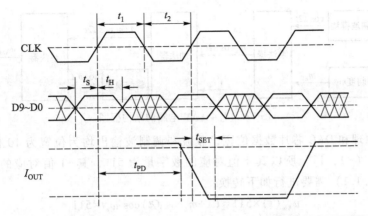

符号	含义	最小值	典型值	最大值	单位
t_1	时钟脉冲高电平时间		6.25		ns
t_2	时钟脉冲低电平时间		6.25		ns
t_S	数据建立时间		2		ns
t_H	数据保持时间		2		ns
t_{PD}	信号传输延迟时间		$(t_1+t_2)+1$		ns
t_{SET}	输出达到 0.1% 的建立时间		25		ns

图 12.5.1.2　DAC900E 的时序图

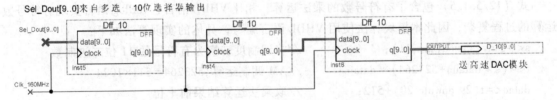

图 12.5.1.3　高速 DAC 控制模块顶层电路原理图

3. 正弦波的实现

正弦波信号的产生是将 DDS 模块产生正弦信号的数字量经高速 DAC 模块转化成模拟量实现的。DDS 模块的设计实现，请看 10.2 节 "基于 FPGA 的 DDS 模块设计" 部分。输出频率的大小由微控制器发送频率控制字控制，由于正弦波的输出不需要对相位进行控制，因此只需将相位控制字设置为 0 即可。

4. AM 调幅波的实现

假设 $U_c=1$，由式（12.3.4.5）得 AM 调幅波信号表达式为

$$u_{AM}(t)=(1+m_a\cos\varOmega t)\cos\omega_c t \tag{12.5.1.1}$$

由式（12.5.1.1）可以得到实现 AM 调幅电路的结构框图如图 12.5.1.4 所示，图中的调制波与载波均由 DDS 模块产生，实现方法和正弦波类似，这里不再介绍。

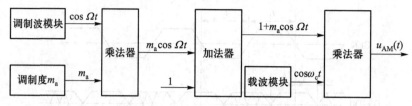

图 12.5.1.4　AM 电路的结构框图

根据 DDS 原理和 DAC 芯片数据位宽，载波和调制波输出均为位宽为 10 位的数字量，又余弦值的范围为（-1，1），所以其 1 值对应的数字量为 511，其-1 值对应的数字量为-512。因此，式（12.5.1.1）需要进行如下转换：

$$u_{AM}(t) \times 511 = (1 + m_a \cos \Omega t) \cos \omega_c t \times 511 \tag{12.5.1.2}$$

式（12.5.1.2）中，$\cos \omega_c t \times 511$ 即为载波数字量（10 位有符号数），因此可以变形为

$$u_{AM}(t) \times 511 = (1 + m_a \cos \Omega t) \times 载波数字量 \tag{12.5.1.3}$$

同理可得：

$$u_{AM}(t) \times 511 \times 511 = (511 + m_a \times 调制波数字量) \times 载波数字量 \tag{12.5.1.4}$$

由于 m_a 扩大了 1 024 倍（下文将解释为什么），因此式（12.5.1.4）转化成

$$u_{AM}(t) \times 511 \times 511 \times 1\,024 = (511 \times 1\,024 + m_a \times 调制波数字量) \times 载波数字量 \tag{12.5.1.5}$$

式（12.5.1.5）中，$u_{AM}(t)$ 的取值范围为（$-2 \times 1\,024 \times 511 \times 511$，$2 \times 1\,024 \times 511 \times 511$），由于 10 位的 DAC 芯片的数据范围为（0，1 023），因此需要将式（12.5.1.5）等号两边同时除以 2^{20}，并且加上 512 使取值范围满足 DAC 数字量输入范围。

式（12.5.1.5）包含了有符号数的乘法运算，相比 VHDL 语言，verilog 语言实现有符号数运算的过程复杂，因此本模块算法使用 VHDL 语言编写，具体的实现算法如下：

s<=conv_signed(ma,11);　　　　//将调制度转换为有符号的 11 位二进制数

t<=(s * dataim+523264) * dataic;　　//AM 调制运算,523264=511×1024

datao<=t(29 downto 20)+512;　　//取乘法运算结果前十位

在此实现过程中，dataim 变量对应式（12.5.1.5）中的调制波数字量，dataic 变量对应式（12.5.1.5）中载波数字量；参与运算的数据变量类型为有符号型，因此通过 conv_signed( ) 函数也将 m_a 转换为有符号数据，而 dataim 和 dataic 本身就为有符号数据，所以不进行转换。

以上实现算法中的 t 未满足 DAC 的数字量输入范围，根据前面的分析可知，需要将其除以 1 048 576，即右移 20 位，在此使用读取高 10 bit 的算法替代除法运算，最后还需加上 512 完成数据范围调整。

在运算过程中，FPGA 进行的数据运算为整形数据运算，会有精度丢失的情况，所以输出数据需要修正，使得输出的数据在 0 ~ 1 023 之间，即能使输出幅度不发生改变。修正算法如下：

AM_d=(AM_pre-jianshu) * (chengshu);

AM_out=AM_d/(11'd1024);

现将未满幅度的 AM 信号减去一定的量 jianshu，再乘以 chengshu，由于运算过程中数据扩大了 1 024 倍，所以最后需将其除以 1 024。

系统功能要求调制度 m_a 可在 10%～100% 之间程控调节，步进量 10%。因此可以令调制度 m_a 的数据位宽也为 10 位。所以最大的 $m_{amax} = 2^{10} - 1 = 1\,023$，10%～100% 的 10 个调制度对应的 m_a 数字量分别为 $10\% \times m_{amax} = 102$、$20\% \times m_{amax} = 204$、$\cdots$、$100\% \times m_{amax} = 1\,023$，具体数值如表 12.5.1.1 所列。

表 12.5.1.1　m_a 数字量数据

$m_a/\%$	10	20	30	40	50	60	70	80	90	100
m_a数字量	102	204	306	408	510	612	714	816	918	1 023

对于同一调制度的数据，其修正系数是固定的，在此使用一个模块里对调制度及修正系数进行定义。具体程序如下。

```
module Mux_1_10(clk,Sel,Ma,jianshu,chengshu);
input                clk;
input      [3:0]     Sel;

output reg [9:0]     Ma;        //调制度
output reg [7:0]     jianshu;   //AM 波形需要减去的数值
output reg [10:0]    chengshu;  //AM 波形需要乘上的比例
always@(posedge clk) begin
    case(Sel)
        4'd1:  begin            //调制度 10%
            Ma<='d102;jianshu<='d231;chengshu<='d1865;
        end
        4'd2:  begin            //调制度 20%
            Ma<='d204;jianshu<='d200;chengshu<='d1694;
        end
        4'd3:  begin            //调制度 30%
            Ma<='d306;jianshu<='d176;chengshu<='d1574;
        end
        4'd4:begin              //调制度 40%
            Ma<='d408;jianshu<='d151;chengshu<='d1460;
        end
        4'd5:begin              //调制度 50%
            Ma<='d510;jianshu<='d127;chengshu<='d1365;
        end
        4'd6:begin              //调制度 60%
            Ma<='d612;jianshu<='d95;chengshu<='d1270;
        end
        4'd7:begin              //调制度 70%
```

```
                Ma<='d714;jianshu<='d71;chengshu<='d1200;
          end
        4'd8:begin                        //调制度 80%
                Ma<='d816;jianshu<='d51;chengshu<='d1140;
            end
        4'd9:begin                        //调制度 90%
                Ma<='d918;jianshu<='d26;chengshu<='d1080;
            end
        4'd10:begin                       //调制度 100%
                Ma<='d1023;jianshu<='d0;chengshu<='d1023;
            end
        default:        begin
                Ma<='d1023;jianshu<='d0;chengshu<='d1023;
            end
        endcase
    end
    endmodule
```

AM 调幅信号 FPGA 实现的顶层电路原理图如图 12.5.1.5 所示。AM 调幅信号模块的输入、输出端口如图 12.5.1.6 所示，各个端口定义如表 12.5.1.2 所列。

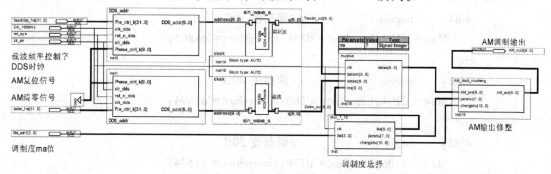

图 12.5.1.5　AM 调幅模块顶层电路原理图

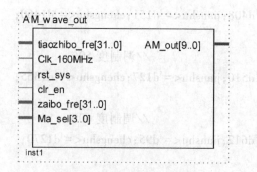

图 12.5.1.6　AM 模块输入、输出端口示意图

表 12.5.1.2　AM 调幅模块输入、输出端口定义

端口名称	信号方向/宽度（位）	端口功能
Clk_160 MHz	输入/1	160 MHz 时钟
tiaozhibo_fre	输入/32	调制波频率控制字
rst_sys	输入/1	AM 复位引脚
clr_en	输入/1	AM 清零引脚
zaibo_fre	输入/32	载波频率控制字
Ma_sel	输入/4	调制度选择输入
AM_out	输出/10	AM 调幅波输出

SignalTap II Logic Analyzer 在线仿真输出波形如图 12.5.1.7 所示，从上到下分别为载波、调制波和 AM 调幅波。从图中可以清晰地看到：载波的幅值随着载波幅度的变化而变化，并且在调制波达到波峰时，幅值最大，调制波达到波谷时，幅值最小；得到的 AM 上的载波频率与原先的载波频率相同。

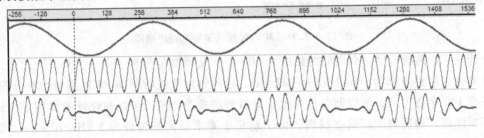

图 12.5.1.7　AM 仿真结果

5. FM 调频波的实现

由式（12.3.4.6）可知 FM 调频信号的频率表达式为

$$f_{FM} = f_c + \Delta f_m \cos \Omega t \tag{12.5.1.6}$$

根据 DDS 频率与频率控制字的关系，可把式（12.5.1.6）变形得

$$K_{FM} = K_c + \frac{\Delta f_m \cos \Omega t}{f_s / 2^N} \tag{12.5.1.7}$$

式中，f_s 为 DDS 系统时钟，K_{FM} 和 K_c 分别为 FM 调频信号频率控制字和载波信号频率控制字，由于 $\dfrac{\Delta f_m}{f_s / 2^N} = K_m$（最大频偏对应的频率控制字），因此

$$K_{FM} = K_c + K_m \cos \Omega t \tag{12.5.1.8}$$

由式（12.5.1.8）可得 FM 调频电路结构框图如图 12.5.1.8 所示，主要由调制信号查表时钟发生、调制信号地址计数器、频偏查找表、调频信号频率控制字产生和 DDS 等模块构成。实现过程为调制信号地址查找频偏查找表（存放 K_m 与载波的数值，这里 K_m 为最大频偏 5 kHz 的频率控制字），最后只要将查表结果加上载波的频率控制字即为 FM 调制波的瞬时频率控制

字，送给 DDS 模块即可输出 FM 调制波的数字量。其顶层电路原理图如图 12.5.1.9 所示。

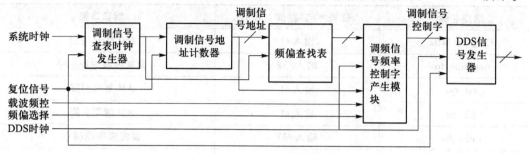

图 12.5.1.8　FM 调频电路结构框图

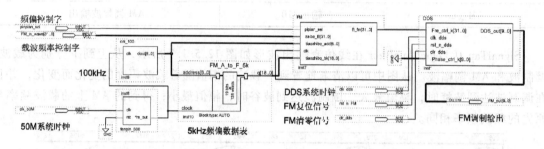

图 12.5.1.9　FM 调频模块顶层电路原理图

设计该 FM 调制信号一个周期的数据为 100 个，又调制信号频率为 1 kHz，因此查询每个数据点的查表时钟频率为 100×1 kHz=100 kHz，该时钟由系统时钟 50 MHz 进行 500 分频得到。因为只有 100 个数据点，所以调制信号地址计数器的模为 100。在查表时钟的作用下，地址计数器不断计数，遍历整个频偏查找表。由于题目中要求最大频偏分为 5 kHz/10 kHz 二级程控调节，而最大频偏影响的只有 K_m，并且当最大频偏为 10 kHz 时，频偏查找表的数据为最大频偏为 5 kHz 时的 2 倍，所以只需要一张最大频偏为 5 kHz 的频偏查找表即可实现。频偏查找表数据计算如表 12.5.1.3 所列，其中 134 218 为 5 kHz 在 DDS 标准时钟频率为 160 MHz 以及 DDS 位数为 32 位时的频率控制字。

表 12.5.1.3　5 kHz 频偏查找表数据计算

点值序号 k	0	1	2	…	98	99
载波数值 $y=\sin(360\times k/100)$	0	0.062 791	0.125 333	…	−0.125 33	−0.062 79
查找表数据 $f=134\ 218\times y$	0	8 428	16 822	…	−16 822	−8 428

由 FM 原理可知，FM 调制信号的频率变化范围为 $f_c-\Delta f_m \sim f_c+\Delta f_m$，最大变化值为 $2\Delta f_m$。在调频信号频率控制字产生模块中，主要实现的是载波频率控制字和频偏查找结果后进行的加减操作，完成 FM 瞬时频率控制字的输出。程序如下。

```
always @ ( posedge clk )　begin
    if( pipian_sel) begin        //pipian_sel:最大频偏选择,1 时最大频偏为 10kHz
        if( tiaozhibo_add>'d49)　begin      //调制信号地址计数器大于 49 时
            //载波频率控制字−频偏查找表数值
```

//最大频偏为 10kHz 时,频偏查找表数值应乘上 2
B_fm<=(zaibo_B-tiaozhibo_5k[17:0] * 2);
end
else begin　　　//载波频率控制字+频偏查找表数值
B_fm<=(tiaozhibo_5k[17:0]) * 2+zaibo_B;
end
end
else　begin　　　　　　　　　　　　　　　　　　//最大频偏为 5kHz
if(tiaozhibo_add>'d49)　begin
B_fm<=zaibo_B-(tiaozhibo_5k[17:0]);//载波频率控制字-频偏查找表数值
end
else begin
B_fm<=(tiaozhibo_5k[17:0])+zaibo_B;//载波频率控制字+频偏查找表数值
end
end
end

FM 模块输入、输出端口如图 12.5.1.10 所示，各个端口定义如表 12.5.1.4 所列。

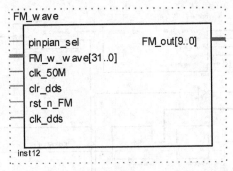

图 12.5.1.10　FM 模块输入、输出端口示意图

表 12.5.1.4　FM 调频模块输入、输出端口定义

端口名称	信号方向/宽度（位）	端口功能
clk_dds	输入/1	DDS 系统时钟
FM_w_wave	输入/32	FM 载波频率控制字
rst_n_FM	输入/1	复位信号
clr_dds	输入/1	清零信号
pinpian_sel	输入/1	最大频偏选择
clk_50M	输入/1	系统时钟
FM_out	输出/10	FM 调频波输出

SignalTap II Logic Analyzer 在线仿真输出波形如图 12.5.1.11 所示，从上到下分别为调制波、DDS 输出的数字量和 FM 调幅波。从图中可以看出，FM 的频率随着调制波幅度的改变而改变，并且在调制波为波峰的时候，FM 的频率达到最大，在其波谷处 FM 的频率最小。

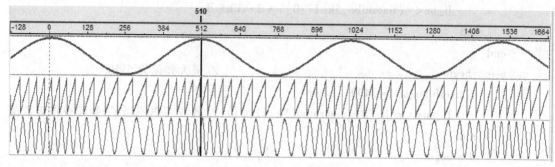

图 12.5.1.11 FM 仿真结果

6. ASK 幅度键控和 PSK 相位键控的实现

ASK 和 PSK 调制信号产生的电路图如图 12.5.1.12 所示，电路主要包含两路相位相差 180° 的载波信号产生电路、循环移位寄存器等。

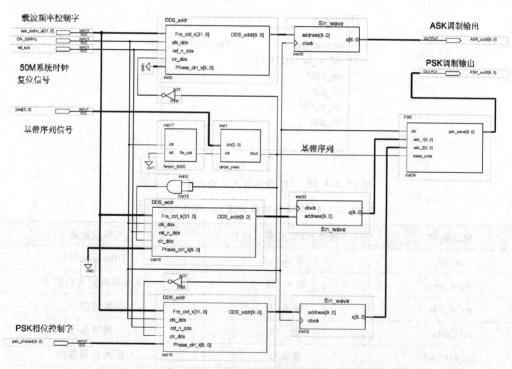

图 12.5.1.12 ASK 与 PSK 调制信号产生的电路图

根据 ASK 的原理分析，基带信号为 **1** 时输出载波，反之输出为 **0**，因此 ASK 可以通过将串行基带信号取反后，作为 DDS 模块的清零信号（高电平有效）来实现。对于输入的 4 位并行数据，需要经过 4 位循环移位寄存器将其转成串行输出，移位时钟信号频率与基带信号频率相同（10kHz），可以通过将 50 MHz 的系统时钟进行 5 000 分频得到。

　　PSK 的实现是由 2 路信号选择输出实现的：其中一路信号，当基带信号为 0 时输出初始相位为 0 的载波，为 1 时无信号输出；另一路信号，当基带信号为 1 时输出初始相位为 π 的载波，为 0 时无信号输出。这两路信号的实现与 ASK 的实现类似，这里不再赘述。在最后的 PSK 调制信号输出时，根据输入的串行基带信号选择相应信号输出，即基带信号为 0 时，选择初始相位为 0 的信号输出，反之选择初始相位为 π 的信号输出。具体的信号选择输出程序如下。

```
always @ ( posedge clk )    begin
    if( base_xulie = = 0 )    begin      //base_xulie:基带序列(基带信号)
        ask_1_r< = ask_1;                //ask_1_r:基带信号为 0 时输出初始相位为 0 度的载波
        ask_2_r< = 1'b0;                 //ask_2_r:基带信号为 1 时输出初始相位为 180 度的载波
    end
    else    begin
        ask_1_r< = 1'b0;
        ask_2_r< = ask_2;
    end
end
assign psk_wave = ask_1_r+ask_2_r;
```

ASK 和 PSK 模块输入、输出端口如图 12.5.1.13 所示，各个端口定义如表 12.5.1.5 所列。

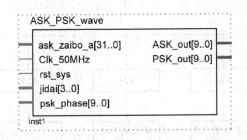

图 12.5.1.13　ASK 和 PSK 模块输入、输出端口示意图

表 12.5.1.5　ASK 和 PSK 模块输入、输出端口定义

端口名称	信号方向/宽度（位）	端口功能
Clk_50 MHz	输入/1	50 MHz 系统时钟
Ask_zaibo_a	输入/32	载波频率控制字
rst_sys	输入/1	复位信号
jidai	输入/4	2 进制基带信号
psk_phase	输入/10	相位控制字
ASK_out	输出/10	ASK 输出数字信号
PSK_out	输出/10	PSK 输出数字信号

7. 多外设 SPI 通信模块设计

SPI 通信接口模块的 FPGA 实现在第 11 章已有详细描述，不再赘述。

12.5.2　MCU 部分

1. 主程序流程图

STM32F103VCT6 微控制器的主程序流程如图 12.5.2.1 所示。系统启动后，先进行系统的初始化（比如 I/O 端口和界面等初始化操作），接着根据按键值执行不同的功能程序。

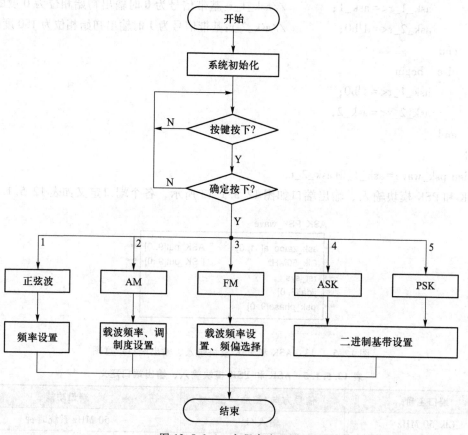

图 12.5.2.1　主程序流程图

2. 部分主要程序设计

MCU 的主要程序包含：TFT 驱动程序、按键扫描程序、SPI 通信程序、按键功能设置程序和键值转换程序等。

TFT 驱动程序请看 6.3 节"2.8 寸 TFT 彩色液晶模块设计"部分。

按键扫描程序请看 6.1 节"矩阵键盘模块设计"部分。

SPI 程序说明请看 11.5.2 节中的"3. 模拟 SPI 通信程序设计"部分。

按键功能设置程序根据如图 12.5.2.2 所示的 13 个按键的功能定义编写。其中，数字键 1~5 作为复合按键使用。

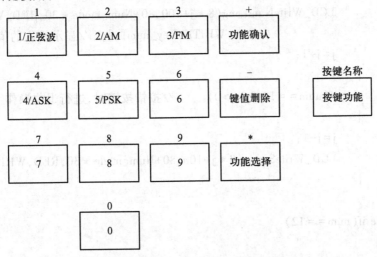

图 12.5.2.2 13 个按键的功能定义

本小节主要介绍键值转换程序，包括十进制数据输入及 4 位二进制载波序列输入子程序。

十进制数据输入子程序如下。其实现的功能：将输入的键值拼接成一个无符号长整形数据，并将输入的数据显示在液晶屏上。当确认键按下时，将拼接好的无符号长整形数据返回。

```
u32 Key_ldate(void)                      //返回按键值
{
    u32 Key_num[8];                      //键值输入缓存
    u32 j=0,i=0,k=0;                     //循环变量
    u32 num;                             //键值接收缓存
    u8 Debug_flag=0;                     //用于判断是否有数据输入
    u32 Return_date=0;                   //按键处理后的值
    u32 Pow_date=1;

    Debug_flag=1;                        //进入数据输入状态
    //Num_mode-8 位无符号整数,全局变量,用于设置输出波形模式
    LCD_WriteString(100,80+Num_mode*30,RED,WHITE,"            ");
    j=0;
    while(Debug_flag==1)                 //频率数字输入
    {
        Num=Key_date();                  //接收键值
        if(num<10|num==13)               //数字键或确定键
        {
```

```
            if( j<8 && num! =13)              //判断是否输入数据多于8个
                {
                    Key_num[j] =num;          //j 的值为0~7
                    LCD_WriteNumLong( 8 * j+100,80+Num_mode * 30,RED,\
                                   WHITE,Key_num[j]) ;//显示输入的值
                    j =j+1;
                }
            else if( num = =13 && j>0)        //按错按键时,进行退位操作
                {
                    j =j-1;
                    LCD_WriteString( 8 * j+100,80+Num_mode * 30,RED,WHITE,") ;
                }
            }
        else if( num = =12)
            {
                Debug_flag    =0;             //退出数据输入状态
                i             =j;
            }
        }
    while( i)                                 //将存在 Key_num 中的元素拼成一个整数
        {
            for( k =0;k<j-i;k++)
                {
                    Pow_date =Pow_date * 10;
                }
            Return_date =Return_date+Key_num[ i-1] * Pow_date;
            Pow_date    =1;
            i--;
        }
    return Return_date;
}
```

二进制载波序列的输入和十进制数据输入的原理是一样的,只是转换方式不同。二进制载波序列输入的子程序如下。
// ***
// * 函数功能:输入 8 bit 的二进制载波系列
// * 入口参数:二进制载波系列缓存地址指针
// * 返回参数:无
// * 注意事项:最多输入 8 bit 数据,当输入不满 8 bit 时,剩下的用 '0' 来补满 8 bit

```
// ********************************************************************
    u32 Key_sdate( u8 st[ ] )
    {
        u8 Key_num[4] = {0};
        u32 j=0,i=0,k=0;
        u32 num;
        u8 Debug_flag   = 0;
        u32 Return_date = 0;                //按键处理后的值
        u32 Pow_date = 1;

        Debug_flag = 1;                     //进入调试
        //Num_mode-8 位无符号整数,全局变量,用于设置输出波形模式
        LCD_WriteString(100,80+Num_mode * 30,RED,WHITE,"   ");
        j=0;
        while( Debug_flag == 1)             //频率数字输入
        {
            num = Key_date( );
            if( num<10 | num == 13)
            {
                if( j<8 && num! = 13)
                {
                    Key_num[j] = num;        //j 的值为 0~7
                    LCD_WriteNumLong( 8 * j+100,80+Num_mode * 30,RED,WHITE,\
                                    Key_num[j]);
                    j=j+1;
                }
                else if( num == 13 && j>0)   //按错按键时,进行退位操作
                {
                    j=j-1;
                    LCD_WriteString( 8 * j+100,80+Num_mode * 30,RED,WHITE,");
                }
            }
            else if( num == 12)
            {
                Debug_flag = 0;             //退出调试
                i=j;
            }
        }
```

```
        for( j = 0 ; j < 4 ; j++)
        {
            st[ j ] = Key_num[ j ] ;
        }
        return 1 ;
    }
```

对于二进制载波序列，当输入值为非'0'时，当做'1'来处理。SPI 发送的是长整形数据，需要对二进制载波序列数据转换为二值（'0'或'1'）数据，并将二进制载波序列转换为一个长整形数据，便于 SPI 发送数据。此转换操作如下：

```
Date2_B = 0 ;                               //转换为长整形后的数据
for( i = 0 ; i < 4 ; i++ )                   //循环 4 次
{
    if( temps[ i ] ! = 0 )                   //二进制载波序列非'0'
    {
        temps[ i ] = 1 ;                     //将非'0'数据转换为'1'
    }
    Date2_B+ = ( temps[ i ] << 3-i ) ;       //二进制载波序列转换为长整形
    temps[ i ]+ = 48 ;                       //将数字转换为 ASCII 值
}
temps[ 4 ] = '\0' ;                          //放置字符串结束标记
LCD_WriteString( 100 , 170 , BLACK , WHITE , temps ) ;   //显示二进制载波序列
```

当相应模式的相关参数设置完毕，需发送相应的控制字给 FPGA，对于载波频率控制字和正弦波频率控制字，由 DDS 原理可知，当驱动时钟为 160 MHz，累加器为 32 位时，频率控制字＝频率值 ∗ 26.88。

```
spi_send_cmd_data( 1+128 , Date1 * 26.88 ) ;     //载波频率控制字
spi_send_cmd_data( 3+128 , Date2_B ) ;           //二进制载波序列
spi_send_cmd_data( 5+128 , Date4 * 26.88 ) ;     //正弦波控制字
spi_send_cmd_data( 4+128 , Date5-1 ) ;           //波形选择
spi_send_cmd_data( 2+128 , Date6 ) ;             //AM 波调制系数 $m_a$
spi_send_cmd_data( 0+128 , Date7 ) ;             //最大频偏
```

12.6　系统调试与误差分析

1. 测试仪器

示波器：RIGOL DS2202

2. 测试结果

（1）正弦波测试结果如图 12.6.1~图 12.6.3 所示。

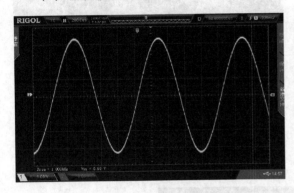

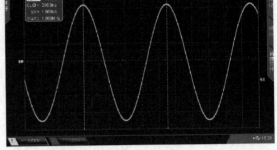

图 12.6.1　正弦波实测图（1 kHz）　　　　图 12.6.2　正弦波实测图（1 MHz）

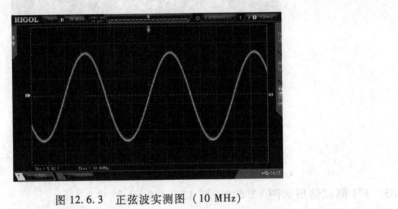

图 12.6.3　正弦波实测图（10 MHz）

从图 12.6.1~图 12.6.3 可以看出：正弦波输出频率范围可以达到；在频率 1 kHz~10 MHz 的范围内，在 50 Ω 负载电阻上正弦信号输出电压为 5~7 V，满足题目的要求。

（2）AM 测试结果如图 12.6.4~图 12.6.8 所示。

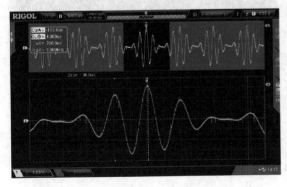

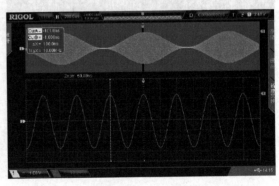

图 12.6.4　5 kHz 载波、100% 调制度的 AM 波　　　图 12.6.5　1 MHz 载波、100% 调制度的 AM 波

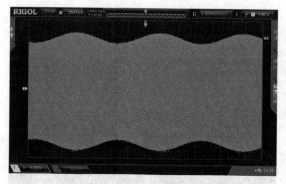

图 12.6.6　10%调制度的 AM 波

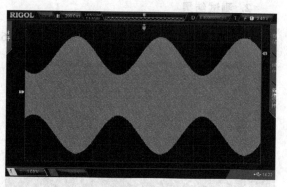

图 12.6.7　50%调制度的 AM 波

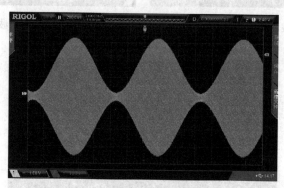

图 12.6.8　90%调制度的 AM 波

（3）FM 测试结果如图 12.6.9、图 12.6.10 所示。

图 12.6.9　FM 波形

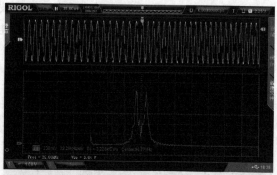

图 12.6.10　FM 频谱（载波 100 kHz、频偏 5 kHz）

（4）ASK 测试结果如图 12.6.11~图 12.6.13 所示。

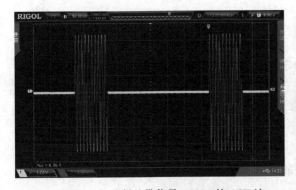

图 12.6.11　2 进制基带信号 = 0001 的 ASK 波

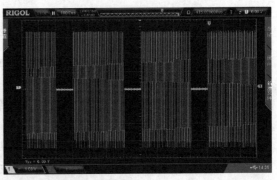

图 12.6.12　2 进制基带信号 = 0111 的 ASK 波

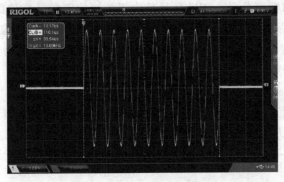

图 12.6.13　ASK 波形展宽图

（5）PSK 测试结果如图 12.6.14~图 12.6.16 所示。

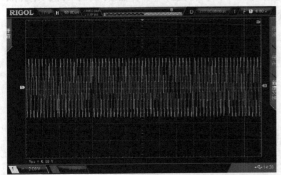

图 12.6.14　2 进制基带信号 = 0001 的 PSK 波

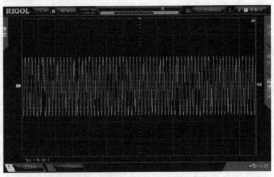

图 12.6.15　2 进制基带信号 = 0111 的 PSK 波

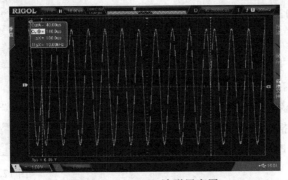

图 12.6.16　PSK 波形展宽图

3. 误差分析

（1）频率稳定度，等同于其时钟信号的稳定度。时钟信号由晶振产生，它的频率稳定度优于 10^{-6}。

（2）频率精度，取决于 DDS 的相位分辨率。即由 DDS 的相位累加器的字宽和 ROM 查找表决定。本题要求频率按 100 Hz 步进，由式（10.2.2.11）可知，实际上可以达到小于 1 Hz 的步进。所以说 DDS 可达到很高的频率分辨率。

（3）失真与杂波：可用输出频率的正弦波能量与其他各种频率成分的比值来描述。失真与杂波的成分可分为以下几个部分：

① 采样信号的镜像频率分量。DDS 信号是由正弦波的离散采样值的数字量经 D/A 转换为阶梯形来模拟波形的，所以存在着以采样频率为折叠频率的一系列镜像频率分量。

② D/A 的字宽决定了它的分辨率，它所决定的杂散噪声分量，满量程时，对信号的信噪比影响可表示为 $S/D+N=6.02B+1.76(dB)$。其中，B 为 D/A 的字宽，所用的 DDS 有 10 位的 D/A，信噪比可达到 60 dB 以上。

③ 相位累加器截断造成的杂波。这是由正弦波的 ROM 表样点数有限而造成的。通过提高时钟频率或采用插值的方法增加每个周期中的点数（过采样），可以减少这些杂波分量。

④ D/A 转换器的各种非线性误差形成的杂散频率分量，其中包括谐波频率分量，但这些杂波分量的幅度较小。

⑤ 其他杂散分量，包括时钟泄漏，时钟相位噪声的影响等。

⑥ D/A 后面的低通滤波器可以滤去镜像频率分量和谐波分量，可以滤去带外的高频杂散分量，但是，无法滤去落在低通带内的杂散分量。

12.7　方案总结与改进

1. 总结

如图 12.7.1 所示，是彩屏液晶显示界面，可以根据按键提示很方便地操作测试。根据测量结果，本设计满足了系统设计要求。其中，频率步进达到 1 Hz，优于题目要求的 100 Hz 步进值。

2. 调试过程遇到的主要问题及解决方法

（1）输出频率大于 1 MHz 后，幅值开始出现衰减。

问题原因：这是由于示波器探头本身的原因，一般示波器探头有 x1 挡和 x10 挡：在 x1 挡时，其 DC 使用带宽最大为 6～8 MHz；而 x10 挡则能够达到 100 M 以上。

解决方法：波形用插针形式输出时，示波器探头使用 x10 挡；波形用射频头形式输出时，进行 50 Ω 阻抗匹配设计后使用射频线连接示波器。

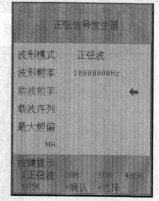

图 12.7.1　彩屏液晶显示界面

（2）*LC* 低通滤波器的阻带衰减不够。

问题原因：主要原因是电容到地的寄生电感和电容本身的寄生电感，和电容形成串联谐振电路，引起阻带内的陷波点。减小这些寄生电感，即可使陷波点往后移，使阻带衰减变大。这是由于示波器探头本身的原因，一般示波器探头有 x1 挡和 x10 挡：在 x1 挡时，其 DC 使用带宽最大为 6~8 MHz；而 x10 挡则能够达到 100 M 以上。

分析：实际制作 *LC* 滤波器时，引线和元器件都会有寄生电感和寄生电容，对电路会有严重的影响。到地的电容，由于引线的寄生电感，会导致阻带内出现不应有的陷波点，从而导致陷波点后面的衰减下不来，严重影响滤波器的特性。实际制作 *LC* 滤波器电路时，注意底层铺地，顶层布信号线，到地的元器件应通过过孔连接到底层的地；过孔要靠近元器件的位置，可以多打几个过孔以减小寄生电感，基板越薄越好；电容可以使用两个大小一致只有一半容量的电容相并联，理论上可使电容的寄生电感减小一半；选取的高 *Q* 值的电感元件，可提高通带平坦度。

（3）生成的波形出现了严重的振荡，好几个相近频点的波形混合在一起。

问题原因：DDS 中 ROM 存储的数据为 10 位，当输出频率增加时，频率控制字随之增大。这样，一个完整的周期在 0~1023 中，采到的点数变少，导致输出波形的平滑性大大降低。另外一点，每个周期的相位累加器的值每完成一个周期后余下的量会累加到下一个周期的起始时刻。比如，频率控制字的步进为 50，当采到 20 个点时为 1 000，则余下为 23，完成了这个周期的采样。当下一个周期开始时，23 便被带入到下一个周期了，即 27、77、127……，于是每个周期采到的点就不一致，便导致了好几个相近频点的波形混合在一起。另外一个关键点在于 DAC 的转换速度和位数，DAC 的转换速度的快慢直接决定了输出频率的多少。

解决方法：根据输出频率、系统时钟、频率控制字的关系，将系统时钟抬高。由于频率控制字与输出频率成反比，在输出频率相同的时候，频率控制字减小。同时，尽可能选用更高位数的 DAC。系统一开始使用 DAC908E 为 8 位数模转换，后改用 DAC900 为 10 位的转换器，输出的波形质量得到明显的改善。改善的原因也是很明显的，比如输出波形的幅度为 5 V，8 位时的最小精度为 $5\,000/(2^8/2-1)=39.37$ mV（波峰到波谷，只要半个周期，故除以 2）；而 10 位时的最小精度接近 $5\,000/(2^{10}/2-1)=9.78$ mV。输出低频段波形时，这种精度差值可以忽略；但随着频率的增加，采样点数大大地减少了，最小精度是成倍数被放大的，两者输出的波形差别非常大。

3. 方案改进

（1）根据 ASK 和 PSK 的原理分析，PSK 可以通过两个 ASK 信号进行代数和计算得到。而本系统 PSK 设计使用了两个查找表，占用的资源比较大。

（2）本系统的 FPGA 设计中，使用了比较多的 ROM 查找表，建议通过压缩存储技术来等效增大存储器的数据寻址位，从而减少 FPGA 面积占用，也可以更加有效地抑制 DDS 产生的杂散信号。

第13章 红外光通信装置（2013 国赛 F 题）

13.1 功能要求

一、任务

设计并制作一个红外光通信装置。

二、要求

1. 基本要求

（1）红外光通信装置利用红外发光管和红外光接收模块作为收发器件，用来定向传输语音信号，传输距离为 2 m，如图 13.1.1 所示。

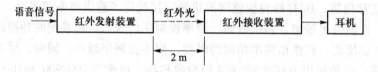

图 13.1.1 红外光通信装置方框图

（2）传输的语音信号可采用话筒或 Φ3.5 mm 的音频插孔线路输入，也可由低频信号源输入；频率范围为 300~3 400 Hz。

（3）接收的声音应无明显失真。当发射端输入语音信号改为 800 Hz 单音信号时，在 8 Ω 电阻负载上，接收装置的输出电压有效值不小于 0.4 V。不改变电路状态，减小发射端输入信号的幅度至 0 V，采用低频毫伏表（低频毫伏表为有效值显示，频率响应范围低端不大于 10 Hz、高端不小于 1 MHz）测量此时接收装置输出端噪声电压，读数不大于 0.1 V。如果接收装置设有静噪功能，必须关闭该功能进行上述测试。

（4）当接收装置不能接收发射端发射的信号时，要用发光管指示。

2. 发挥部分

（1）增加一路数字信道，实时传输发射端环境温度，并能在接收端显示。数字信号传输时延不超过 10 s。温度测量误差不超过 2 ℃。语音信号和数字信号能同时传输。

（2）设计并制作一个红外光通信中继转发节点，以改变通信方向 90°，延长通信距离 2 m，如图 13.1.2 所示。语音通信质量要求同基本要求（3）。

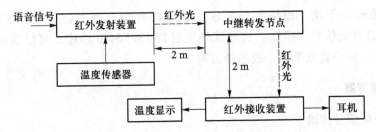

图 13.1.2　红外光通信中继转发装置方框图

中继转发节点采用 5 V 直流单电源供电，电路见图 13.1.3。串接的毫安表用来测量其供电直流电流。

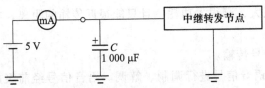

图 13.1.3　中继转发节点供电电路

（3）在满足发挥部分（2）要求的条件下，尽量减小中继转发节点供电电流。

（4）其他。

三、说明

1. 本装置的通信信道必须采用红外光信道，不得使用其他通信装置。发射端及转发节点必须采用分立的红外发光管作为发射器件，安装时需外露发光管，以便检查。不得采用内部含有现成通信协议的红外光发射芯片或模块。

2. 中继转发节点除外接的单 5 V 供电电源外，不得使用其他供电装置（如电池、超级电容等）。

13.2　方案论证与系统总体设计

13.2.1　方案论证

1. 红外接收方案

方案一：分立元件搭建接收电路。

红外接收管接收到光信号并转换成电信号，电信号与接收到的光强成正比。接收信号经放大处理，噪声同时被放大，接入微控制器进行判决处理。但是这样判决误差大，电路复杂。在本系统中不采用。

方案二：红外接收模块。

红外接收集成芯片灵敏度高，同时内部集成运放、滤波器，将接收到的信号放大，滤波处理，有效地消除噪声干扰。根据指标要求，红外接收端选择方案二即采用红外接收模块 TFDU4100 实现红外光信号的接收。其与红外发射管 TSFF6410 匹配，可以直接和一个脉冲调制的 I/O 口连接，简单且效率高。故选择方案二。

2. 红外传输方案

方案一：模拟信号传输。

采用分立的红外器件发射接收。语音信号经 300 Hz~3.4 kHz 的带通滤波器滤除干扰，到放大电路放大，加上偏置之后由三极管驱动红外管发射出去。另外一端接收管接收到发射过来的信号，到放大滤波电路，再由功放电路放出声音，这样就可以实现声音的传输。但这种传输方式受外界白光的影响很大，有很大功耗，且只能很近传输的距离，电路复杂。在本系统中不采用。

方案二：硬件调制信号传输。

采用 CD4046 直接对语音信号进行调制、解调。语音信号经前级放大之后，到 CD4046 对语音信号频率调制，输出频率随输入电压变化的方波信号，由三极管驱动红外管发射出去。接收管接收到发射过来的信号，经放大电路对信号放大，到 CD4046 把语音信号解调出来，再由功放电路放出声音。这种方式可以实现对语音的不失真传输，受外界影响小，但只能对单一连续变化的信息进行传输，再要传输温度或者其他信息时电路就变得很复杂、很难实现。在本系统中不采用。

方案三：数字编码信号传输。

采用对红外光进行数字编码的方式传输，由微控制器、FPGA 或 DSP 等控制 AD 对语音信号采样数字化处理，把得到数字信息按照一定的规律进行‘0’、‘1’电平的数字编码，再按设定好的通讯协议方式（如 IrDA）由 I/O 口输出数字信号，控制红外发射管发射开关信号。接收管接收到开关的红外信号后，由微控制器、FPGA 或 DSP 等对收到的数字编码信号按协议进行解调，得到发射端传输的信息。这种传输方式不但可以传输语音信号，也可以对多种信息进行编码同时发送，电路简单，发射功耗低。故选方案三。

3. 微控制器选型方案

方案一：DSP 数字信号处理芯片。

DSP 运算速度快，通用性强，可以与串行设备如编解码器或串行 A/D 转换器直接通信，同时还可提供 A-律和 μ-律压扩。但 DSP 芯片的价格比较高，需外接 AD、DA 芯片。本系统不采用。

方案二：STM32F103VCT6 微控制器

STM32F103 以 ARM Cortex-M3 为内核，可以用库函数直接对用到的资源进行配置，采用 C 语言编程简单。微控制器的时钟最高能达到 72 MHz，内集成有 ADC、DAC 等其他模块，资源丰富。在本系统中使用方便，无需外接其他芯片，芯片价格也便宜，且处理的速度可以达到本系统的需要。故选方案二，以 STM32F103VCT6 微处理器作为本系统的控制芯片。

13.2.2　系统总体设计

　　系统采用数字编码通信方式：在发射端，微控制器实时采集语音和温度信号并转成数字信号，通过红外器件定向不失真地发送给中继转发模块；中继模块接收信号后转发；在接收端，通过另一个微控制器控制红外接收电路接收中继转发来的数字信号，并实时解调出声音信号和温度信号，声音信号经过带通滤波后由功放输出播放，温度信号用 LCD1602 液晶显示。系统包括以下几个模块：STM32F103VCT6 微控制器控制电路、红外发射电路、红外接收电路、中继转发模块、语音信号放大滤波电路、语音信号功放输出电路、温度采集电路、LED 指示灯指示电路、LCD1602 液晶显示模块等。系统整体框图如图 13.2.2.1 所示。

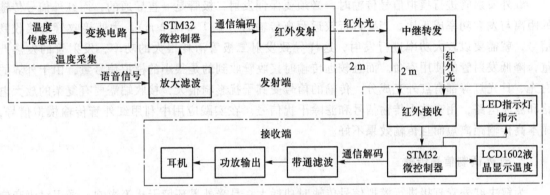

图 13.2.2.1　系统整体框图

13.3　主要原理与理论分析

13.3.1　模拟信道与数字信道

　　能传输模拟信号的信道称之为模拟信道，模拟信号的幅值是连续变化的。而数字信道传输的是离散取值的数字波形，幅值被限制在有限个数值之内，它不是连续的而是离散的。

　　语音信号是典型的模拟信号。利用模拟信道可以直接传输，利用数字信道则必须用 AD 模数转换器进行抽样、量化和编码，把模拟量转化为数字量进行传输。传输电话的音质通常只占用 4 kHz 左右的带宽，而数字信号要占 20~60 kHz 的带宽，需要较大的带宽。

　　但数字通信有很多优点：抗干扰能力强，且噪声不累积；传输的差错可控，易于加密，处理保密性好。随着数字技术的高速发展，数字信道可提供更高的通信服务质量，因此，模拟传输方式正在被数字传输方式所代替。现在计算机通信所使用的通信信道已基本是数字信道。

13.3.2　红外信号传输方式

1. 红外模拟信号传输

红外发射二极管的发射强度随着加载在发射管两端电压的变化而变化，相应的接收管随着收到光强的变化输出电流跟着变化，利用这原理可以通过红外器件来传输连续变化的模拟信号。红外模拟信号传输采用分立的红外元器件，一端用红外管发射，另一端用红外接收管接收。传输的信号需要有一定的电位偏置，最低电压要大于发射管的 PN 结开启电压以保证不会出现截止失真，这样模拟信号就可以在上面进行不失真的传输。

红外发射管进行模拟信号传输时，必须要保证发射二极管是一直导通的，而红外信号传输的距离与发射功率成正比。当要进行较远距离传输时（如 1 m 或 2 m），为使接收管能接收到信号，就需要以较大功率进行发射，这样导致发射二极管消耗很大的功率，发射管的发热严重，降低发射管的使用寿命。而且较远传输时接收管收到的是很小的模拟信号量，由于外界的白光、日光灯等都有红外光成分，传输的信号受其干扰影响很大，接收端需要有复杂的放大电路和滤波电路，用来放大传输信号和滤除干扰信号。在实践应用中利用红外管传输模拟信号，成本高传输距离短而且传输效果不好。

2. 红外调制信号传输

为解决红外管直接进行模拟信号传输时功耗大、易受外界环境干扰等影响，采用对语音信号进行调制，再解调的方法传输，可以有效地克服红外管直接进行模拟信号传输的弊端。一般可以采用硬件电路直接对信号调制，调制的方式有调幅、调频、调相三种。调频调制具有电路简单，调制的频率高，抗干扰性好等长处。在发射端对语音信号进行调频之后传输，接收端再对收到信号进行解调后即可不失真地还原出语音信号。

调制电路采用锁相环集成电路芯片 CD4046。CD4046 构成的电路，调整频率简单，只需外接一个电容和电阻设置调制的中心频率即可。CD4046 芯片内部集成有压控振荡器，输出频率随输入信号电平的变化而变化的方波，调制信号输出经三极管驱动接到红外发射二极管即可构成发射机电路。接收机由红外接收管接收信号，经放大电路放大再由 CD4046 搭成的解调电路解调输出到功放电路就可以实现声音的传输和播放。要注意一点调制和解调的电路 CD4046 所设的中心频率一定要一样。

3. 红外数字编码信号传输

红外调制信号可以实现距离几米内音质较好的传输。但这样的方式也存在问题，只能对单一连续变化的信息进行传输，要传输多路或者多种信息时电路就变很复杂、很难实现。

采用对红外光进行数字编码的方式传输，解决了单一的由硬件电路调制红外信号时，不能传输多种信息及硬件电路较复杂等缺陷。红外数字编码信号传输采用单片机、FPGA、DSP 等微控制器进行控制，把传输信息按照一定的规律进行'0'、'1'的数字编码；再按预定的通讯协议方式，输出控制红外发射管开关而发射红外光。接收端，微控制器对红外接收管接收到的数字编码按协议解调出来。

红外发射的功率越大，接收管能收到的功率就越大，传输的信噪比就越高，能传输的距离就越远。但红外发射管能承受的发射功率有限，不能长时间按最大功率一直发射，这会降低红外器件的使用寿命甚至烧坏元件。但红外能承受的较大瞬时功率，这就能发送得比较远。根据这一特性，在对要传输的信息进行数字编码时，采用专门的算法尽可能地在传输过程中缩短开启红外管的时间。如 4PPM 编码：对 2 bits 的信息用 1/4 脉冲的相位进行调制，即 4 个脉冲就可以传输 8 bits 的信息。采用编码方式大大减少了开启红外管的时间，从而可以使用较大瞬时功率的光脉冲来传输信息，这样提高了信噪比，也就延长了红外信号传输的距离，同时也减小了发射的总功耗。

13.3.3　红外光发射的距离与功率的关系

根据光照度平方反比定律，接收管接收到的光照度与发射管发光强度、接收管的表面及发射管在空间的位置有关，其大小与发射管的光强和光线入射角的余弦成正比，而与发射管至被照物体表面的距离的平方成反比。接收管光照强度与接收管发射管之间距离的关系为

$$E = I\cos\theta / R^2 \tag{12.3.3.1}$$

其中，E 为接收管接收到的光照强度，I 为发射管光照强度，R 为发射管与接收管间的距离，θ 为发射管与接收管的夹角。

接收管必须接收到一定的光照强度才能正确输出传输过来的信号。根据上式可知，为使接收管在 2 米的距离能接收到的光照强度最大，I 要大，θ 要小。因此，除了增加发射管的发射功率、选用聚光性好的发射管，还必须使接收管对准发射管最大辐射方向。

13.3.4　红外信道编码

对红外信道编码一般有三种方式：开关键控调制（OOK 编码）、脉冲位置调制（PPM 编码）、脉冲宽度调制（PWM 编码）。

OOK 编码：即在 1 bit 的时间里信号'1'用光脉冲发送；信号'0'关闭光脉冲。这种编码方式传输的速率直接取决于红外器件能达到的最大开关速度，因此传输的速率是最快的，但 OOK 编码方式为不归零编码，容易出现一长串连续的高电平'1'，红外发射消耗功率较大，不适合低功耗应用。

PPM 编码：是将一个二进制的 n 位数据组映射为由 2^n 个时隙组成的时间段上的某一个时隙处的单个脉冲信号。PPM 为归零编码，与 OOK 编码相比频带利用率较低。但红外传输所需功耗明显降低，不过程序编写复杂。

PWM 编码：是用统一的频率方波来发送信号，用方波的占空比不同来区别'0'和'1'信号。与 PPM 编码方式一样，PWM 编码频带利用率比 OOK 编码低，用红外传输所需功耗较低，其编码简单，现在很多的微控制器都有内部硬件集成 PWM 输出，程序编写非常方便。

本系统要求不能采用成通信协议的芯片，现有的红外通信协议都很复杂，基于此用微控制器编写通信编解码协议。为减小发射功率，采用高电平脉宽固定，改变低电平脉宽的方式进行

PWM 编码。编码格式如图 13.3.4.1 所示，用高电平脉宽 2 μs、低电平脉宽 10 μs 表示逻辑‘1’；用高电平脉宽 2 μs、低电平脉宽 5 μs 表示逻辑‘0’。用高电平脉宽 2 μs、低电平脉宽 15~80 μs 表示起始位，以方便接收端判别后开始接收信号。编码时，高电平脉宽在不影响接收管识别的条件下要尽量小，以降低发射的总体功耗。这种通信方式，有利于提高发射管的瞬时功耗，从而提高信噪比，延长通信距离。

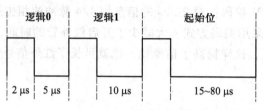

图 13.3.4.1　编码格式

13.4　系统硬件电路设计

13.4.1　红外发射端电路设计

红外发射端电路包括有：微控制器控制电路、语音放大滤波电路、温度采集电路、红外发射电路，红外发射端各电路间连接接口示意图如图 13.4.1.1 所示，具体电路设计如下。

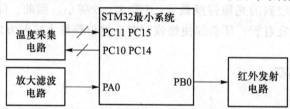

图 13.4.1.1　红外发射端各电路间连接接口示意图

1. 微控制器控制电路设计

红外发射端的控制芯片采用 STM32F103VCT6 微控制器，其具体电路设计请看 5.2 节“STM32F103VCT6 最小系统电路设计”部分。

2. 语音放大滤波电路设计

语音放大滤波电路由前置放大电路和带通滤波器组成，语音信号先放大之后再进行滤波处理，才送微控制器进行采集。

（1）前置放大电路

语音信号由电脑、手机、MP3、MP4 等载体输入，频率在 300~3 400 Hz 范围内。一般直接输出或者采集得到的语音信号幅度都比较小，需要进行高倍数的放大处理。为减小干扰信号，使微控制器 AD 采集得到较大的语音信号，在语音信号的输入端设计高倍交流放大电路，对语音信号进行放大。其电路如图 13.4.1.2 所示。

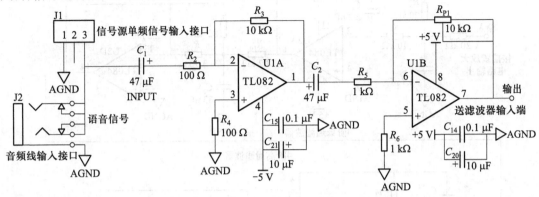

图 13.4.1.2　前置放大电路

放大器选择 TI 公司的 TL082 运放芯片，该芯片具有低功耗，较宽的共模和差模电压范围、低的输入偏置电压和失调电流，总谐波失真只有 0.003%，带宽 3 MHz，很适合在本电路中使用。电路采用两级反相放大，第一级放大−100 倍（$-R_3/R_2$），第二级放大倍数在 −1~−10 之间（$-R_{P1}/R_5$，可根据输入声音的大小调整），R_{P1} 为 10 kΩ。输入的语音信号有直流偏置，加入 C_1 和 C_2 隔直电容，对其进行隔直处理，滤除直流分量，使之不影响后级放大，在这取 $C_1 = C_2 = 47$ μF。

（2）带通滤波器电路

为了滤除除音频信号以外的干扰信号，在前置放大之后，使用 300~3 400 Hz 的带通滤波器对语音信号进行滤波。由于带通滤波器的中心频率 $= \sqrt{3\,400 \times 300}$ Hz $\approx 1\,010$ Hz，其品质因数 $Q = 1\,010/(3\,400-300) \approx 0.326$，Q 值小于 10，故本滤波器为宽带滤波器，可以采用低通滤波器与高通滤波器级联的方式构成。其电路如图 13.4.1.3 所示，前级是一个截止频率为 3 400 Hz 的 4 阶有源低通滤波器，后级是一个截止频率为 300 Hz 的 4 阶有源高通滤波器，它们都是多重反馈型的巴特沃兹滤波器。滤波电路的运放采用 TI 公司的 TL084 芯片，该芯片内部有四个运放，具有高精度、低温漂、低噪声等特性。可以使用 FilterPro 软件设计该带通滤波器，具体方法请看第 3 章 3.2 节和 3.3 节的相关内容。

3. 红外发射电路设计

红外通信的距离跟红外器件自身的光学特性、发射功率和环境光照的影响有关。在不同的环境下都要能实现长距离、高信噪比的通信，就要选择聚光性好、发射功率大的红外发射管。同时采用较高的频率对红外进行编码控制、发射，以此减小红外管的平均发射功率从而提高抗干扰能力，这就需要红外管需要有较高频率特性。

本系统采用 VISHAY 公司的 TSFF6410 红外发射二极管。该红外二极管的波长为 870 nm，有很高的调制带宽（24 MHz），高辐射功率和高辐射强度；正向工作电压 V_F 的典型值为 1.5 V，最大值为 1.8 V；其最大的正向峰值电流（I_{FM}）可达 200 mA，很适合在这个系统中使用。

由于 STM32F103VCT6 微控制器输出电流的最大值为 25 mA，而红外发射管驱动（正向）电流 I_F 的数值决定了红外发射距离。因此，红外发射管需要构建驱动电路，以增加发射距离。

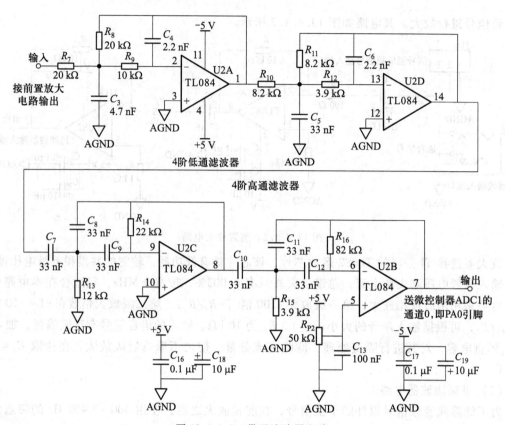

图 13.4.1.3　带通滤波器电路

红外发射电路如图 13.4.1.4 所示，其中 R_2 为三极管基极限流电阻。三极管的选用主要考虑三极管的最大集电极电流（I_{CM}），其值要大于红外发射管的 I_{FM} 值，8050 的驱动电流较大，符合要求。红外发射管的限流电阻 R_1 二极管由下式选取：

$$R_1 = (5\ \text{V} - U_{CES} - V_F)/I_C \qquad (13.4.1.1)$$

其中，U_{CES} 为三极管集电极-发射极的饱和导通压降，一般取 0.3 V；I_C 为三极管的集电极电流，因为本电路中，红外发射管工作时以 PWM 编码方式发射信号，为获得最佳的发射距离，可取 $I_C \approx 2I_{FM}$，但不要超过 $2I_{FM}$，否则容易损坏红外发射管。则 $R_1 \geq 8\ \Omega$，可取值为 22 Ω。

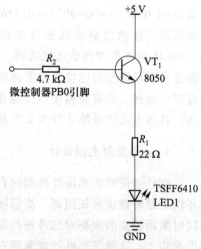

图 13.4.1.4　红外发射电路

4. 温度采集电路设计

本系统要求的环境温度测量误差小于 2 ℃，对测量的精度要求较低。热敏电阻是敏感元件的一类，是低成本的温度传感器，按照温度系数不同分为正温度系数热敏电阻（PTC）和负温度系数热敏电阻（NTC）。本电路采用的是负温度系数热敏电阻器（NTC），当温度越高时电阻值越低，并且由于其存在非线性特性，使得最终测得的温度值的误差会随着温度的升高越来越大。在低温小于 50 ℃时，有较高的精度；在 50 ℃以上的较高温度范围内，热敏电阻的读数精度降低，温度越高，精度越低。

　　温度采集电路如图 13.4.1.5 所示。R_T 为 NTC 热敏电阻，型号为 NTC-MF52AT，常温下的阻值为（$10\pm5\%$）kΩ，B 值为（$3\,950\pm3\%$）K，表 13.4.1.1 列出了 0～50 ℃时该热敏电阻的温度和阻值对照表；R_S 为 10 kΩ 的高精度电阻，C_1 和 C_2 为选用容值相同的 X7R 电容。PC11 和 PC15 引脚作为输入口，设置成上拉输入方式；PC10 和 PC14 引脚作为输出口，设置成推挽方式。通过微控制器 I/O 口控制电容 C_1 和 C_2 的充放电过程，不管是漏极开路还是推挽方式，微控制器 I/O 口的输出电阻都很大，因此电容的充放电时间取决于对应端口串联的电阻。在 C_1 和 C_2 充分充电的前提下，则 R_T 和 C_1 回路的放电时间常数 $\tau_T = R_T C_1$，R_S 和 C_2 回路的放电时间常数 $\tau_S = R_S C_2$，又 $C_1 = C_2$，因此，

$$R_T = R_S \times \tau_T / \tau_S \tag{13.4.1.2}$$

这两个回路的放电时间可以通过微控制器定时器计数得到，因此测量它们的放电时间就可以得到 R_T 的值，再通过查表 13.4.1.1 可以得到环境温度。

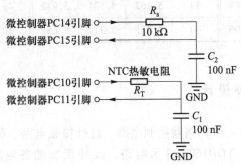

图 13.4.1.5　温度采集电路

　　特别注意的是：为提高温度测量的精度，基准电阻 R_S 必须要用高精度的电阻，取值要适中，过大造成充放电时间变长，过小可能造成充放电电流过大而烧坏微控制器 I/O 口；C_1 和 C_2 要用漏电小的无极性电容；微控制器 I/O 不能再外接上拉电阻，否则会使温度测量变得不准。

表 13.4.1.1　0～50 ℃时温度和阻值对照表（单位：kΩ）

$R_{25} = (10\pm5\%)$ kΩ　$B_{25/50} = (3\,950\pm3\%)$ K										
T/℃	R_{min}	R_{cen}	R_{max}	T/℃	R_{min}	R_{cen}	R_{max}	T/℃	R_{min}	R_{cen}	R_{max}
0	30.10	32.83	35.72	7	21.39	23.09	24.86	14	15.43	16.49	17.57
1	28.64	31.19	33.88	8	20.39	21.98	23.63	15	14.74	15.73	16.74
2	27.25	29.64	32.15	9	19.45	20.94	22.48	16	14.09	15.02	15.96
3	25.95	28.18	30.52	10	18.56	19.95	21.38	17	13.47	14.34	15.22
4	24.71	26.79	28.98	11	17.72	19.01	20.35	18	12.89	13.69	14.51
5	23.54	25.49	27.52	12	16.91	18.12	19.37	19	12.33	13.08	13.85
6	22.44	24.25	26.15	13	16.15	17.28	18.45	20	11.79	12.50	13.21

$R_{25} = (10\pm5\%)\,k\Omega$			$B_{25/50} = (3\,950\pm3\%)\,K$						
$T/℃$	R_{min}	R_{cen}	R_{max}	$T/℃$	R_{min}	R_{cen}	R_{max}	$T/℃$	R_{min}	R_{cen}	R_{max}

$T/℃$	R_{min}	R_{cen}	R_{max}	$T/℃$	R_{min}	R_{cen}	R_{max}	$T/℃$	R_{min}	R_{cen}	R_{max}
21	11.29	11.95	12.61	31	7.270	7.712	8.161	41	4.750	5.102	5.466
22	10.81	11.42	12.04	32	6.959	7.392	7.833	42	4.558	4.902	5.258
23	10.35	10.92	11.50	33	6.664	7.087	7.519	43	4.375	4.710	5.059
24	9.915	10.45	10.99	34	6.382	6.796	7.219	44	4.200	4.528	4.868
25	9.500	10.00	10.50	35	6.114	6.519	6.933	45	4.033	4.353	4.686
26	9.080	9.570	10.06	36	5.858	6.254	6.660	46	3.874	4.186	4.511
27	8.680	9.161	9.645	37	5.615	6.002	6.399	47	3.722	4.026	4.344
28	8.301	8.772	9.247	38	5.383	5.761	6.150	48	3.576	3.873	4.184
29	7.940	8.401	8.868	39	5.162	5.531	5.912	49	3.437	3.727	4.031
30	7.597	8.049	8.506	40	4.951	5.312	5.684	50	3.304	3.587	3.884

13.4.2 红外接收端电路设计

红外接收端电路包括有：微控制器控制电路、红外接收电路、带通滤波电路、功放输出电路、LED 指示灯指示电路、LCD1602 显示电路，红外接收端各电路间连接接口示意图如图 13.4.2.1 所示，具体电路设计如下。

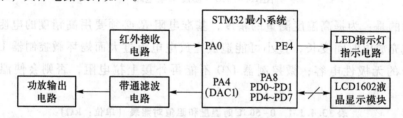

图 13.4.2.1 红外接收端各电路间连接接口示意图

1. 微控制器控制电路与 LCD1602 液晶显示电路设计

红外接收端的控制芯片也采用 STM32F103VCT6 微控制器，其具体电路设计请看 5.2 节 "STM32F103VCT6 最小系统电路设计" 部分。

LCD1602 液晶显示电路请看 6.2 节 "1602 字符型液晶显示模块及应用" 部分。

2. 红外接收电路设计

红外接收电路如图 13.4.2.2 所示，为使接收的效果更好，红外接收管采用集成的一体化红外数据传输模块 TFDU4100。TFDU4100 是 VISHAY 公司生产的集成红外发射接收一体的红外数据传输模块。0~6 V 的供电电压，2.7~5 V 的宽操作电压范围，最低只需要 1.3 mA 的供电电流。它内部集成有自动增益放大器、比较器、输出驱动等电路，可对红外接收到的信号进行放大比较和驱动输出，由于是集成在芯片内部，所以具有很强的抗干扰能力。采用最新的 IrDA 物理层通信协议 SIR，其通信速率高达 115.2 kbit/s；采用 VFIR 协议最高通信速率可达 16 Mbit/s。TFDU4100 良好的性能很适合在这个系统中使用。

接收电路采用 TFDU4100 芯片手册所给的参考电路：+5 V 电源经 47 Ω 电阻接到芯片的电源引脚，R_3 与 C_2、C_3 构成低通滤波器，用于滤除电源不稳定带来的影响。C_2 取 10 μF 的钽电容，C_3 取 0.1 μF 的陶瓷电容。在电路板布线时 C_2、C_3 应尽可能地靠近芯片的电源引脚，以抑制射频噪声，提高整个接收管的灵敏度。

SC 引脚为接收管的灵敏度控制引脚。当设置为逻辑高电平，可降低收发器的最小检测辐射度阈值，增大接收红外信号的灵敏度，提高传输范围可达到 3 米。但引脚 SC 设置为逻辑高电平也使得收发器里更易受到由于灯光干扰的敏感性增加传输错误。整个红外通信传输装置的通信距离只要求 2 米，为使系统在光照明亮的环境下也能很好地进行传输，SC 引脚悬空或设置为逻辑低电平。

Rxd 为芯片接收管接收到红外信号的输出引脚，是集电极开路引脚。芯片内部接有 20 kΩ 的上拉电阻到电源。但在实际应用的时候发现当传输频率较高时，该脚输出电平上升较缓慢，容易使信号出现误判或丢失。在芯片外接上拉电阻 R_4，R_4 取值较内部小 3.3 kΩ，以提升输出电平的上升速度，使传输更可靠。

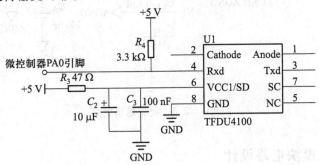

图 13.4.2.2　红外接收电路

3. 带通滤波电路设计

微控制器的 DA 输出为阶梯波，又输出的是语音信号，所以需要经 300~3 400 Hz 的带通滤波器滤波处理，使信号平滑输出。该带通滤波器的电路设计与 13.4.1 小节发射端的带通滤波器一样。本系统采用 STM32F103VCT6 微控制器的 DAC1 控制输出语音信号。

4. 功放输出电路设计

微控制器 DA 输出语音信号，经过带通滤波后，需要再经过语音信号功放电路，才能在 8 Ω 的喇叭上放出声音。功放输出电路采用 ST 公司的双通道单片集成功率放大芯片 TDA2822M。它无需接外部反馈回路，电路简单、供电电压范围较大、双通道输出音质好等优点，通常被用于作为便携式音频播放器，收音机和 CD 播放器等电路中，可工作于立体声以及桥式放大的电路形式下。

根据 TDA2822M 芯片资料设计立体声功放输出电路如图 13.4.2.3 所示。R_{P1} 电位器为信号输入分压电阻，通过调整电位器 R_{P1} 可以调节输入语音信号的大小，从而调节输出音量大小。R_1、R_2 为偏置电阻，该电阻值用来调整输入端的直流电平，使输入直流电平接近 1/2 电源电压，以得到最大的输出功率。设计电路时根据电源电压选取电阻的数值，芯片的供电电压为 5 V，取 $R_1 = R_2 = 10\ \text{k}\Omega$。$C_{13}$、$C_{14}$ 为输入耦合电容，与 R_1、R_2 构成高通滤波器以滤除低频信号，取 $C_{13} = C_{14} = 100\ \mu\text{F}$。$C_{17}$，$C_{18}$ 为输出耦合电容，根据芯片资料取值为 470 μF。另外有 $C_{19} = C_{20} = 0.1\ \mu\text{F}$，串接 4.7 Ω 的电阻 R_3 和 R_4 到地，接在输出电容 C_{17}、C_{18} 的引脚与喇叭引线之间，做高频相位转移电路。

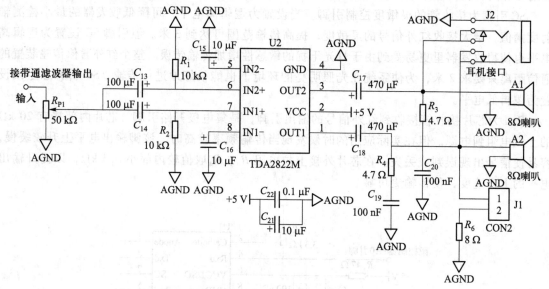

图 13.4.2.3　功放输出电路

13.4.3　中继转发模块电路设计

系统要求中继模块到发射模块距离 2 米，转向 90°到接收模块距离 2 米。红外光信号接收信号电路和红外光发射信号电路是中继模块所不可或缺的两个重要组成部分。直接把 TFDU4100 的输出引脚接到发射电路的输入引脚，就构成了中继模块电路。但由于接收管 TFDU4100 输出方波信号时的上升速度有点缓慢，加上红外发射的瞬时功率较大，发射和接收之间就会造成相互影响，从而导致传输时容易出现误码和丢码的情况。为解决这问题，在发射和接收之间加入施密特反向触发器隔离前后级信号，同时也有利于对信号进行整形。中继转发模块电路如图 13.4.3.1 所示。U2 为一体化红外接收管，LED2 为红外发射管，发射和接收电路和前两个小节的相关电路设计一样，这里不再重复。U3 为施密特反向触发器，串接在发射端和接收端之间，选用 TI 公司的单路施密特反向触发器 SN74LVC1G14：−0.5～6.5 V 的操作电压；超低功耗：最大 10 μA 的供电电流；5 V 供电时最大只有 4.4 ns 的延时，很适合在高速电路整形等场合应用。

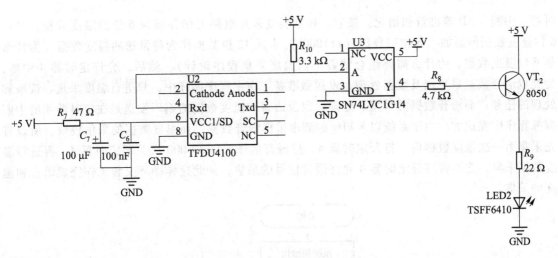

图 13.4.3.1　中继转发模块电路

13.5　系统程序设计

　　根据红外光的传输特性，采用时分复用的方式进行传输，发送一次数据的数据帧格式如图 13.5.1 所示。先发一个帧头即起始位，接着发 8 位的语音数据，最后加一位的温度数据。本系统传输的是语音信号，频率为 300 Hz~3.4 kHz，根据采样定理，要不失真地还原出语音信号，则 AD 的采样频率必须大于 3.4 kHz 的两倍，这里取 8 kHz。在 125 μs 内要发送完一帧数据，从而可以算得本系统的通信速率为 80 kbit/s。

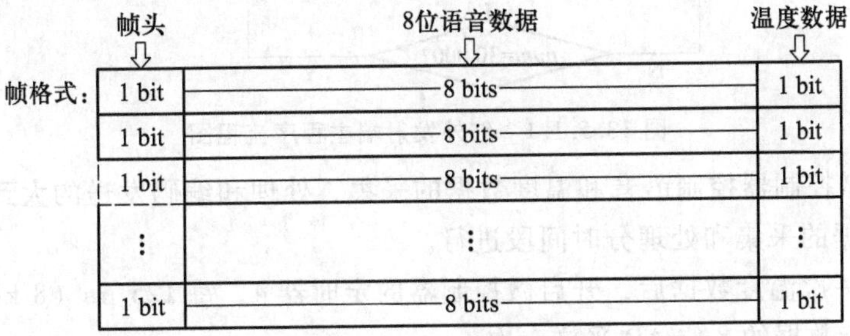

	帧头	8位语音数据	温度数据
帧格式：	1 bit	8 bits	1 bit
	1 bit	8 bits	1 bit
	1 bit	8 bits	1 bit
	⋮	⋮	⋮
	1 bit	8 bits	1 bit

图 13.5.1　数据帧格式

　　整个通信装置的程序包括：发射端程序、接收端程序两部分，分别由独立两块 STM32F103VCT6 微控制器系统同时运行。中继收发模块由纯硬件电路实现，无需编写程序。

13.5.1　红外发射端程序设计

1. 红外发射端主程序设计

　　红外发射端主程序流程如图 13.5.1.1 所示，其中，*num* 是中断次数计数值，每计数 30 000 次退出中断，待温度测量后再进入中断。微控制器上电之后，首先对程序需要用到的定时器、中断、AD 等进行初始化。接着，控制温度采集电路工作并读取 6 位的温度数据，并在 6 位温度数据前面加入 6 位引导码（111000b）合成 12 位数据作为待发送的温度数据（为什么是 6 位温度数据，为什么需要组合请看下面温度采集程序设计）。然后，允许定时器 4 中断，为完成语音数据采集以及数据处理、发送做准备。在主程序循环中，只进行温度采集、读取和处理的任务；而语音数据的采集、处理，以及语音和温度数据的编码发送是在定时器 4 的中断服务程序中完成的。由于系统以 8 kHz 的频率采样语音数据，而温度数据的采集较快，所以首先采集第一次温度数据后，打开定时器 4，待语言信号采集 30 000 次关闭定时器 4，再进行温度数据采集，之后再打开定时器 4 允许语音信号的采集，如此这样循环交替工作完成语音和温度的采集。

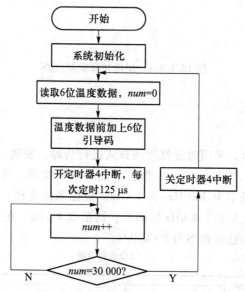

图 13.5.1.1　红外发射端主程序流程图

在发射端，微控制器控制语音和温度数据的采集、处理和编码发送的大致过程如下：

（1）温度数据的采集和处理分时间段进行。

（2）读取第一次温度数据后，开启微控制器的定时器 4，每 125 μs（8 kHz 频率）定时中断一次，进行语音数据的 8 位 AD 采样一次。

（3）当 125 μs 定时的 AD 采样完成后，利用微控制器的定时器 4 定时中断，对采样得到的 8 位语音数据按从高到到低的顺序依次一位一位取出编码后发送出去。接着取出温度数据的第 12 位，编码发送。这样第一帧数据被发送完成。再等 8 kHz 采样到来，得到第二个 8 bits 语音信号发送出去。然后再发送温度数据的第 11 位，第二帧数据被发送完成。如此循环下去直到第 1 位温度数据被发送完，才重新再读取一次温度继续发送。在第一次发送数据结束到第二次发送数据的时间比发送一位的时间长很多，解码的时候把它拿来当起始位作为数据开始的识别。

2. 定时器 4 中断服务程序设计

由于 AD 采用 8 kHz 频率采样，所以采用定时器 4 的定时中断时间为 125 μs。AD 使用

STM32F103VCT6 微控制器的 ADC1 的通道 0 进行，使用 8 位模式。定时器 4 主要完成 8 位语音数据的采集和处理操作，具体程序代码如下。

```
//定时器 4 初始化
void TIM4_Config(void)
{
        TIM_TimeBaseInitTypeDef    TIM_InitStructure;
        NVIC_InitTypeDef    NVIC_InitStructure;
        //使能 TIM4 时钟
        RCC_APB1PeriphClockCmd(RCC_APB1Periph_TIM4,ENABLE);
        //设置在下一次更新事件装入自动重装载寄存器的值
        TIM_InitStructure.TIM_Period = 1;
        //时钟的预分频值
        TIM_InitStructure.TIM_Prescaler = 4500-1;
        //向上计数模式
        TIM_InitStructure.TIM_CounterMode = TIM_CounterMode_Up;
        //设置时钟不分割
        TIM_InitStructure.TIM_ClockDivision = 0;
        TIM_TimeBaseInit(TIM4,&TIM_InitStructure);
        //使能 TIM4 更新中断
        TIM_ITConfig(TIM4,TIM_IT_Update,DISABLE);
        //使能 TIM4
        TIM_Cmd(TIM4,ENABLE);
        //选择定时器 4 中断通道:先占优先级 0,副优先级 0
        NVIC_InitStructure.NVIC_IRQChannel = TIM4_IRQn;
        NVIC_InitStructure.NVIC_IRQChannelPreemptionPriority = 0;
        NVIC_InitStructure.NVIC_IRQChannelSubPriority = 0;
        NVIC_InitStructure.NVIC_IRQChannelCmd = ENABLE;
        NVIC_Init(&NVIC_InitStructure);
}
//ADC1 初始化
void ADC1_Init(void)
{
    //AD 采集的 I/O 配置
    RCC_APB2PeriphClockCmd(RCC_APB2Periph_GPIOA,ENABLE);
    GPIO_InitStructure.GPIO_Pin    =    GPIO_Pin_0;
    //配置 PA0 为模拟输入
    GPIO_InitStructure.GPIO_Mode    =    GPIO_Mode_AIN;
    GPIO_Init(GPIOA,&GPIO_InitStructure);
```

```
        ADC_Configuration();
    }
    //ADC1 配置
    void ADC_Configuration(void)
    {
        ADC_InitTypeDef ADC_InitStructure;
        //使能 ADC1 时钟
        RCC_APB2PeriphClockCmd(RCC_APB2Periph_ADC1,ENABLE);
        //ADC_CLK 时钟选择系统时钟的 6 分频
        RCC_ADCCLKConfig(RCC_PCLK2_Div6);
        RCC_APB2PeriphClockCmd(RCC_APB2Periph_AFIO,ENABLE);
        ADC_InitStructure.ADC_Mode=ADC_Mode_Independent;        //独立模式
        ADC_InitStructure.ADC_ScanConvMode=DISABLE;             //单通道模式
        ADC_InitStructure.ADC_ContinuousConvMode=DISABLE;       //单次转换模式
        //软件触发转换
        ADC_InitStructure.ADC_ExternalTrigConv=ADC_ExternalTrigConv_None;
        ADC_InitStructure.ADC_DataAlign=ADC_DataAlign_Right;    //数据格式右对齐
        ADC_InitStructure.ADC_NbrOfChannel=1;                   //选择通道数目
        ADC_Init(ADC1,&ADC_InitStructure);
        ADC_Cmd(ADC1,ENABLE);
        ADC_ResetCalibration(ADC1);                             //复位校准
        While(ADC_GetResetCalibrationStatus(ADC1));            //等待复位校准完
        ADC_StartCalibration(ADC1);                            //开始校准
        while(ADC_GetCalibrationStatus(ADC1));                 //等待校准完毕
        //使能指定的 ADC1 软件转换启动功能
        ADC_SoftwareStartConvCmd(ADC1,ENABLE);
        //设置采样时间
        ADC_RegularChannelConfig(ADC1,ADC_Channel_0,1,ADC_SampleTime_239Cycles5);
    }
    //定时器 2 中断服务程序
    void TIM4_IRQHandler(void)
    {
        u32 addat=0;
        if(TIM_GetITStatus(TIM4,TIM_IT_Update)! =RESET)        //判断是否进入中断
        {
            TIM_ClearITPendingBit(TIM4,TIM_IT_Update);         //清除中断待处理位
            addat=ADC1_Collect();                              //AD 数据采集
            ADVal_Handler(addat);                              //数据并转串
```

```
        DataSend();                                      //数据发送
    }
    num++;                                               //计数中断次数
    if( num = = 30000)
    {
        num = 0;
        TIM_ITConfig( TIM4,TIM_IT_Update,DISABLE);       //关闭 TIM4 中断
    }
}

//ADC 数据采集
u32 ADC1_Collect( void)
{
    u32 addat = 0;
    ADC_SoftwareStartConvCmd( ADC1,ENABLE);              //启动 AD 采样
    While(! ADC_GetFlagStatus( ADC1,ADC_FLAG_EOC));      //等待 AD 转换完成
    addat = ADC_GetConversionValue( ADC1);               //获得 AD 转换的值
    return addat;                                        //返回数字量
}
//为了方便数据发送,将 8 位语音数据和某位温度数据存放在字节单元里
void    ADVal_Handler( u32 dat)
{
    u8 cnt = 0;
    dat = dat>>4;                                        //去除语音信号低四位
    for( cnt = 0;cnt<8;cnt++)                            //处理 8 位语音数据
    {
        dat_buf[ 7-cnt] = ( dat & 0x001);                //移位取出各位语音数据独立存储
        dat = dat>>1;                                    //数据右移一位
    }
    if( j> = 12)
    {
        j = 0;
        T_dat = temperature;                             //12 位温度数据处理完才重新读取
    }
    dat_buf[ 8] = ( u8)(( T_dat&0x8000)>>11);            //移位取出各位温度数据独立存储
    T_dat = T_dat<<1;                                    //数据左移一位
    j++;                                                 //计数温度数据位个数
}
```

3. 红外编码发送程序设计

为了不影响语音数据 8 kHz 频率的 AD 采样，红外编码发送程序在定时器 4 的中断函数中执行，流程图如图 13.5.1.2 所示。编码规则见图 13.3.4.1，高低电平时间用系统延时函数实现。特别注意，由于在赋值定时初值之后退出定时中断之前的程序执行需要时间，所以实际定时初值要比实际大。

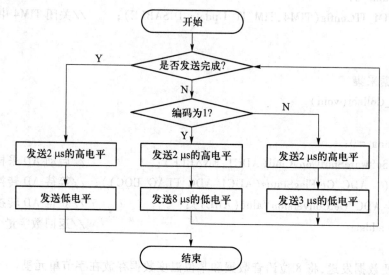

图 13.5.1.2　红外编码发送程序流程图

红外编码发送程序如下：

```
//数据发送
void DataSend(void)
{
    int i = 0;
    for(i = 0; i < 9; i++)              //一次发送九位数据
    {
        if(0 == dat_buf[i])            //发送"0"，高电平 2μs，低电平 5μs
        {
            SendOut = 1;
            delay_us(2);
            SendOut = 0;
            delay_us(5);
        }
        else                           //发送"1"，高电平 2μs，低电平 10μs
        {
            SendOut = 1;
            delay_us(2);
```

```
        SendOut = 0;
        delay_us(10);
    }
}
SendOut = 1;                          //发送这段时序作为帧头
delay_us(2);
//中断处理时间 125μs,扣除前九位发送和其他语句处理所用时间,
//剩下都是 SendOut = 0 的时间
SendOut = 0;
}
```

4. 温度采集程序设计

根据温度采集电路硬件设计部分说明以及式（13.4.1.2），可得如图 13.5.1.3 所示的温度采集程序流程图。

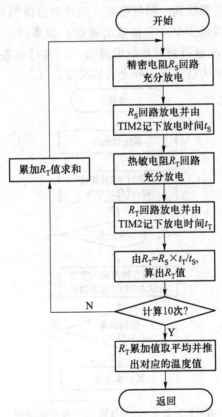

图 13.5.1.3　温度采集程序流程图

通过微控制器 I/O 口控制电容的充放电过程并由定时器 2（TIM2）记下放电时间，TIM2 工作于计数方式。微控制器的 PC10 或 PC14 端口设置为高电平时，电容开始充电；当它们为低电平时，电容开始放电，启动 TIM2 开始计数，一直检测到 PC11 或 PC15 端口为低电平时，

停止计数，记录下从开始放电到端口转变为低电平的时间。

特别注意的是：由表 13.4.1.1 可知，NTC 热敏电阻的电阻值和温度是非线性的关系，如果直接通过查表方式求出阻值，精度肯定不准。可以采用分段拟合的方法提高测量精度。系统要求测试的是环境温度，这里设计的测量范围为 0~50 ℃，因此温度数据是 6 位（000000b~110010b）。数据传输过程中，可能出现比如红外线被遮挡等情况而无法正常接收数据的现象，为了保证可靠通信，和红外编码类似，在温度数据前加入引导码。引导码取值不要在温度测量范围即可，这里取为"111000b"（56）。

13.5.2　红外接收端程序设计

1. 红外接收端主程序设计

红外接收端主程序流程如图 13.5.2.1 所示。微控制器上电之后，首先对程序需要用到的定时器、中断、DA 等进行初始化。接着，开启定时器 5 的脉宽捕捉功能并允许中断，准备接收红外发射端发送的数据。当接收到一帧数据后，经处理后得到 8 位的语音信息和 1 位的温度信息，语音信息通过微控制器的 DAC0 直接输出播放；如果进一步判断得到温度数据的引导码，则送 1602 液晶模块显示测量得到的环境温度值。一直持续接收过程，就可以实时接收到红外发射端发送过来的信息，从而实现红外光通信功能。

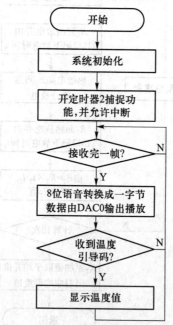

图 13.5.2.1　红外接收端主程序流程图

2. 红外接收解码程序设计

因为温度值的显示速度较慢，所以红外接收解码操作放在定时器 5 中进行，其解码程序的流程如图 13.5.2.2 所示。

定时器 5 设为上升沿捕捉模式，用于编码电平时间的测量，这种模式可使测量的时间误差更小。通过捕捉前后两次上升沿的时间，对接收到的 1 位数据进行识别：若时间在 7 μs 左右，则识别为编码数据'**0**'并存储；若时间在 12 μs 左右，则识别为编码数据'**1**'并存储；若时间在 15~65 μs 之间，则识别起始位，为一次数据的开始。当识别到起始位时，马上对接下来接收到的数据进行一位一位的接收存储。若收到起始位后，接着接收语音和温度的数据信号，直到一帧数据完全接收完整，重新等待下帧数据起始位的到来，重新存储。

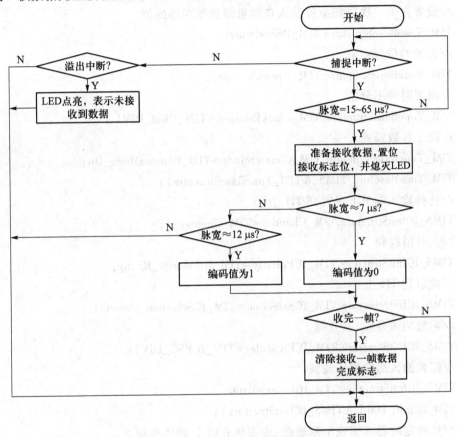

图 13.5.2.2　红外接收解码程序流程图

红外接收解码程序如下：

```
//定时器 5 初始化
void TIM5_Cap_Init( u16 arr, u16 psc)
{
    TIM_ICInitTypeDef    TIM5_ICInitStructure;
    GPIO_InitTypeDef  GPIO_InitStructure;
    TIM_TimeBaseInitTypeDef    TIM_TimeBaseStructure;
    NVIC_InitTypeDef NVIC_InitStructure;
    //使能 TIM5 时钟
    RCC_APB1PeriphClockCmd( RCC_APB1Periph_TIM5, ENABLE);
```

```
RCC_APB2PeriphClockCmd(RCC_APB2Periph_GPIOA,ENABLE);
GPIO_InitStructure.GPIO_Pin = GPIO_Pin_0;
//定义 PA0 为捕获方式的浮空输入
GPIO_InitStructure.GPIO_Mode = GPIO_Mode_IN_FLOATING;
GPIO_Init(GPIOA,&GPIO_InitStructure);
GPIO_ResetBits(GPIOA,GPIO_Pin_0);
//设置在下一次更新事件装入自动重装载寄存器的值
TIM_TimeBaseStructure.TIM_Period = arr;
//时钟的预分频值
TIM_TimeBaseStructure.TIM_Prescaler = psc;
//设置时钟不分割
TIM_TimeBaseStructure.TIM_ClockDivision = TIM_CKD_DIV1;
//向上计数模式
TIM_TimeBaseStructure.TIM_CounterMode = TIM_CounterMode_Up;
TIM_TimeBaseInit(TIM5,&TIM_TimeBaseStructure);
//选择输入端 IC1 映射到 TI1 上
TIM5_ICInitStructure.TIM_Channel = TIM_Channel_1;
//上升沿捕获
TIM5_ICInitStructure.TIM_ICPolarity = TIM_ICPolarity_Rising;
//映射到 TI1 上
TIM5_ICInitStructure.TIM_ICSelection = TIM_ICSelection_DirectTI;
//配置输入分频,不分频
TIM5_ICInitStructure.TIM_ICPrescaler = TIM_ICPSC_DIV1;
//配置输入滤波器不滤波
TIM5_ICInitStructure.TIM_ICFilter = 0x00;
TIM_ICInit(TIM5,&TIM5_ICInitStructure);
//选择定时器 5 捕获中断通道:先占优先级 2,副优先级 0
NVIC_InitStructure.NVIC_IRQChannel = TIM5_IRQn;
NVIC_InitStructure.NVIC_IRQChannelPreemptionPriority = 2;
NVIC_InitStructure.NVIC_IRQChannelSubPriority = 0;
NVIC_InitStructure.NVIC_IRQChannelCmd = ENABLE;
NVIC_Init(&NVIC_InitStructure);
//置位中断和捕获标志位
TIM_ITConfig(TIM5,/ * TIM_IT_Update| * /TIM_IT_CC1,ENABLE);
TIM_Cmd(TIM5,ENABLE);
}
//LED 初始化
void LED_GPIO_Init(void)
```

```
{
    GPIO_InitTypeDef GPIO_InitStructure;
    RCC_APB2PeriphClockCmd(RCC_APB2Periph_GPIOE,ENABLE);
    GPIO_InitStructure.GPIO_Pin = GPIO_Pin_5;
    GPIO_InitStructure.GPIO_Speed = GPIO_Speed_50 MHz;
    GPIO_InitStructure.GPIO_Mode = GPIO_Mode_Out_PP;//设置 PE5 为推挽输出
    GPIO_Init(GPIOE,&GPIO_InitStructure);
    GPIO_ResetBits(GPIOE,GPIO_Pin_5);
}
//中断服务程序
void TIM5_IRQHandler(void)
{
    if(TIM_GetITStatus(TIM5,TIM_IT_CC1)! = RESET)//判断是否发生捕获事件
    {
        TIM_ClearITPendingBit(TIM5,TIM_IT_CC1|TIM_IT_Update);//清除标志位
        counter = TIM_GetCounter(TIM5);              //计时:两次上升沿时间
        TIM_SetCounter(TIM5,0);                      //TIM5 计数清零
        if((counter>=15)&&(counter<=65))             //判断引导起始码
        {
            start_flag = 1;                          //置位接收标准位
            DA = 0;                                  //清零为再次接收做准备
            Num = 0;
        }
        if(1 = = start_flag)                         //收到引导起始码
        {
            GPIO_SetBits(GPIOE,GPIO_Pin_5);          //熄灭 LED
            if((counter>=5)&&(counter<=9))           //判断是否接收到 0
            {
                irdata[num] = 0;
                num++;
            }
            else if((counter>=10)&&(counter<=14))//判断是否接收到 1
            {
                irdata[num] = 1;
                num++;
            }
            if(num>=9)                               //判断是否接收完一帧数据
            {
```

```
            start_flag = 0;                            //接收完一帧数据清除接收标志位
            num = 0;
            for(i = 0;i<8;i++)                         //语音数据处理输出
            {
                DA = DA<<1;
                DA = DA+irdata[i];
            }
            //8 位右对齐,送入 DAC 数字量
            DAC_SetChannel1Data(DAC_Align_8b_R,DA);
            DAC_SoftwareTriggerCmd(DAC_Channel_1,ENABLE);
            T_data = (T_data<<1)|irdata[8];            //接收每次一位的温度信号
            if((T_data>>6) = = 0x38)                   //判断温度引导码
            {
                temperature = (T_data & 0x3F);         //接收到完整的温度值
                T_data = 0;                            //清零为再次接收做准备
            }
        }
    }
    else if(TIM_GetITStatus(TIM5,TIM_IT_Update)! = RESET)
    {
        GPIO_ResetBits(GPIOE,GPIO_Pin_5);             //点亮 LED,数据未接收
        TIM_ClearITPendingBit(TIM5,TIM_IT_Update);    //清除标志位
    }
}
```

接收完一帧数据后,清除一帧数据接收完成标志 start_flag。主程序中,判断 start_flag 为 1 后,开始接收一帧数据。为了接收处理方便,在定时器 5 中断中,帧信息的每一位都是按字节进行存放的(放在每个字节的最低位),因此需要前 8 个字节的语音信息合并成 1 个字节的数据才能送 DAC0 输出播放。而一次中断中,只获取 1 位的温度信息,存放在第 9 个字节(即最后一个字节)中,因此需要 12 次中断才能得到完整的温度数据。由于数据收发都是按高位在前、低位在后的顺序进行的,所以每次中断接收温度信息时都将前次的数据向左移一位,新的数据存在最低位。当温度数据接收处理后若得到引导码(即前 6 位等于 0x38),则表示温度数据接收成功,后 6 位温度数据用于显示。

13.6 系统调试与误差分析

1. 测试仪器

示波器: RIGOL DS2202

信号源：AFG3102

低频毫伏表：AS2294D

四位半数字万用表：VC980$^+$

MP4、米尺、温度计等

2. 测试结果

正弦波测试结果

表 13.6.1 为题目要求的性能指标及本系统实际测量的结果。

表 13.6.1　红外通信的测量结果表

测试项目		指标要求	测试结果	结果分析
基本 1	测试红外通信距离	2 m	2 m，基本无失真传输数据	达到要求
基本 2	通过 Φ3.5 mm 的音频插孔线路输入一段 MP4 语音信号，在接收端用耳机或喇叭接听，测试语音质量；或者用信号源输入（频率范围为 300~3 400 Hz），用示波器观察接收端波形	接收端无明显失真	语音良好，波形基本不失真（如图 13.6.1 所示）	系统稳定
基本 3	发射端输入 800 Hz 单音信号时，在 8 Ω 电阻负载上，用低频毫伏表表测试接收装置的输出电压有效值	(1) 接收装置的输出电压不小于 0.4 V	当发端输入有效值为 0.7 V 时，交流毫伏表示数为 0.78 V	性能良好
		(2) 减小发端信号至 0 V，接收装置的输出噪声不大于 0.1 V	输出端噪声电压为 2.5 mV	性能良好
基本 4	接收装置不能接收信号时，要用发光管显示	要求同本项目	使用纸片遮挡时，接收装置上的发光管即刻由暗变亮，反应迅速，功能正常	微控制器反应迅速，功能正常
发挥 1	实时传送发射端环境温度值，语音信号和温度信号能同时传输	时延 10 s 内，温度误差 2 ℃ 内	时延 <1 s，温度误差 <1 ℃，可以实时播放音乐和显示环境温度	微控制器工作正常，系统能可以实时传送语音和温度信号

续表

测试项目		指标要求	测试结果	结果分析
发挥 2	增加一个中继转发节点，延长通信距离 2 m	要求同项目 2	当发端输入有效值为 0.7 V 时，交流毫伏表示数为 0.76 V，如图 13.6.1 所示	结果与直接传输效果一致，转发端用施密特触发器整形效果良好
			输出端噪声电压为 2.8 mV，比直接传输时略有提高，如图 13.6.2 所示	
发挥 3	中继转发节点采用 5 V 供电，测量电流	满足 2 m 通信距离的前提下，电流尽量小	电流实测值为 26 mA	功耗较低

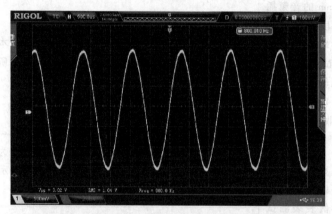

图 13.6.1　发送 800 Hz 正弦波时接收端输出实测波形图（带 8 Ω 负载测量）

图 13.6.2　输入 1 V_PP、800 Hz 正弦波，接收端输出电压

图 13.6.3 为输入信号接近 0 时，接收端的输出电压。

图 13.6.3　输入信号接近 0，接收端输出电压

另外，图 13.6.4 是红外接收端收到的发射端红外编码图片。

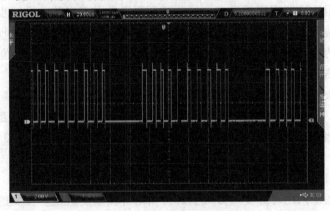

图 13.6.4　接收端编码实测波形图

3. 误差分析

由图 13.6.1 可以看出，输出波形不是非常光滑，这是由于本系统的 AD 采样率才 8 kHz，对于频率大的信号，采样点数明显不足，即使输出使用了带通滤波器也无法完全还原输入信号。

13.7　总结与方案改进

1. 系统总结

本系统采用 STM32F103VCT6 作为控制器，采用自定义的红外通信编解码，实现了语音信号和温度信号的实时数字传输。其通信距离达 2 米，传输的速率达 80 kbit/s。可加入中继模块改变传输的方向延长通信距离，理论上可以一直用中继模块无限延长通信距离。传输过程语音不失真；温度数据传输不出现丢码。在整体要求和性能指标上，本系统实现了设计并完全达到要求。

2. 调试遇到的问题以及解决的办法

（1）使用普通红外收发管，红外通信距离很短，接收灵敏度差。

问题原因： 普通红外发射管驱动电流小，发射功率低；普通红外接收管通信速率低，接收到的信号比较微弱，抗干扰能力也差。

解决方法： 在红外接收管后级增加信号放大和滤波电路进行信号调理，通信距离有所增加，但仍然无法达到 2 m 的要求，且很难实现温度信号的数字通信。选用调制带宽可达 24 MHz、正向峰值电流可达 200 mA 的 TSFF6410 红外发射二极管作为发射管，选用通信速率高达 115.2 kbit/s（采用最新 IrDA 物理层通信协议时）的一体化红外数据传输模块 TFDU4100 作为接收管，问题得到解决。

（2）红外信号传输距离加长，接收的语音信号出现一些杂声，距离拉得越长些，杂声越大。

问题原因： 使用示波器观察后发现，接收到的语音数据不完整，进一步检测发现接收端红外接收管输出信号波形上升的速度很缓慢，可能出现一位数据还没正常接收完整就续接收下一位数据的现象（因为发射端是按照通信协议一直发送数据的），导致这一位数据接收出错，接收到的声音信号自然就出现杂音了。

解决方法： 在查阅接收管的资料后发现，接收管的输出引脚端虽然接有上拉电阻，但其 22 kΩ 的阻值太大，导致接收到输出波形的上升沿很缓慢，就有可能出现逻辑'0'之后的逻辑'1'信号不够时间升到 5 V 的电平而导致丢码。在接收管输出端外加 3.3 kΩ 的上拉电阻，提升信号上升时间，问题得到解决。

（3）采用 DS18B20 数字温度传感器，系统无法正常采集温度值。

问题原因： 本系统采用时分复用方式实时传输语音和温度数据。在发送端，语音数据的采样率为 8 kHz，一旦开始启动微控制器 AD 采样，中间过程不允许暂停。DS18B20 的总线控制器通过读/写时间间隙来读/写数据，其输出的数据在读时间间隙下降沿出现后的 15 μs 内有效，因此微控制器读数据的时间必须在 15 μs 内完成。这样微控制器就必须在采集语音数据过程中，不间断地去读取温度数据，语音数据采集和温度数据读取相互争夺微控制器控制权，又程序中语音数据采集的优先权高于温度数据读取，所以导致读取温度数据出错。

解决方法： 更改温度采集方案，采用热敏电阻作为温度传感器，热敏电阻的温度数据的读取和处理可以在语音数据的 AD 采样间隙分段完成而不受影响。

（4）温度采集电路中，C_1 和 C_2 使用普通的铝电解电容，温度测量误差较大。

问题原因： 本温度采集电路采用 RC 充放电原理来测量 NTC 热敏电阻的阻值，再根据查表程序求出相应温度。热敏电阻的阻值计算是由两个 RC 构成的充放电回路的放电时间决定的，放电时间又由 RC 数值决定，因此，电阻与电容的数值精度很大程度决定了测量精度。普通铝电解电容的介质损耗、容值误差以及漏电流都较大，即使标称相同的电容，其容值也不一定相同，因此 RC 放电时间无法和式（13.4.1.2）保证较好的对应关系，从而导致测量精度降低，产生了与预想结果有较大误差的现象。

解决方法：使用温度稳定型的陶瓷电容——X7R 电容代替铝电解电容。

（5）中继收发电路接入整个系统之后不能正常地通信，放出的声音都是杂音。

问题原因：检查电路之后发现是因为电路电阻值计算出错，红外发射电路基极限流电阻太小，三极管电流放大过大，导致红外发射管发射功率过大，致使中继的发射和接收互相影响，使接收出错。

解决方法：加大红外发射电路基极限流电阻为 4.7 kΩ，同时在红外接收的输出端和红外发射的输入端之间加入施密特反向触发器 SN74LVC1G14 隔离前后级信号，中继电路正常工作。

3. 方案改进

（1）从图 13.6.1 的测试图片可以看到，800 Hz 正弦输出的波形有点失真，这是因为 AD 采用频率为 8 kHz。要使波形效果更好，可以采用更高的采样频率，相应的更高的波特率进行传输。本系统由于微控制器的处理速度有限没办法太高，可以将微控制器换成 FPGA，FPGA 的运行速度很快，可以提高通信的波特率。加入语音算法、A 律 13 折线法非均匀量化等可以使通信更加可靠、传输的音质更好，传输距离更远。

（2）红外发射管加上光学聚光装置，降低光束发散程度，可以用更低的工作电流发射更远的距离，从而进一步减少中继电流。

附录 电子系统设计开发板与部分信号调理模块实物照片

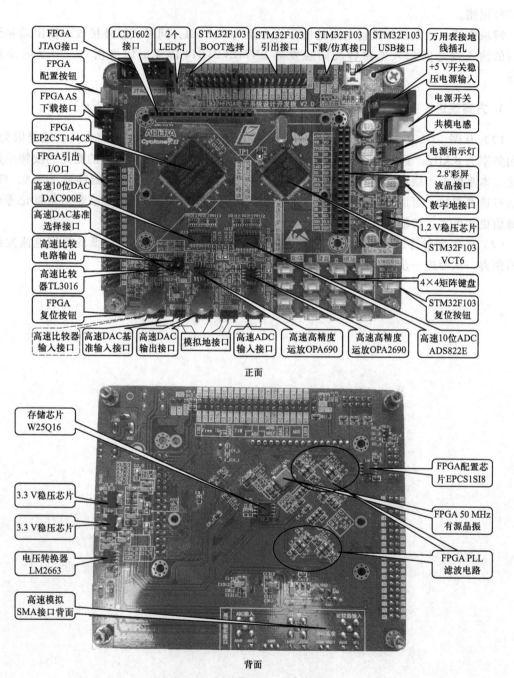

图 1 电子系统设计开发板实物照片

图 2 通用放大模块实物照片

图 3 模拟开关和运放组成的程控放大器模块实物照片

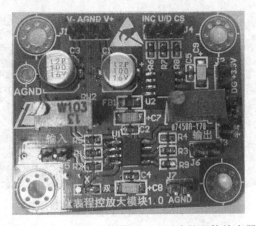

图 4 仪表放大器 AD620 和数字电位器 x9318 组成的程控放大器模块实物照片

图 5 基于 VCA810 的程控放大器模块实物照片

图 6 基于 AD603 的程控放大器模块实物照片

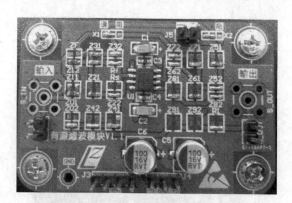

图 7 通用 4 阶有源滤波器模块实物照片

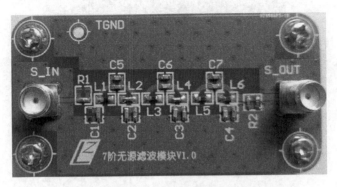

图 8　通用 7 阶无源滤波器模块实物照片

图 9　无源滤波+高速放大：正弦信号发生器用调理模块实物照片

图 10　音频放大滤波模块实物照片

图 11 音频滤波功放模块实物照片

图 12 红外发射和接收模块实物照片

参考文献

［1］童诗白，华成英. 模拟电子技术基础 ［M］. 4 版. 北京：高等教育出版社，2006.

［2］［美］科特尔，曼西尼. 运算放大器权威指南 ［M］. 3 版. 姚剑清译. 北京：人民邮电出版社，2010.

［3］［日］远坂俊昭. 测量电子电路设计-滤波器篇 ［M］. 彭军译. 北京：科学出版社，2006.

［4］［美］Arthur B. Williams，Fred J. Taylor. 电子滤波器设计 ［M］. 宁彦卿，姚金科译. 北京：科学出版社，2008.

［5］王建校. 电子系统设计与实践（电工电子实验系列教材）［M］. 北京：高等教育出版社，2008.

［6］阮秉涛. 电子设计实践指南 ［M］. 北京：高等教育出版社，2013.

［7］STMicroelectronics. STM32F10x 微控制器参考手册.

［8］STMicroelectronics. STM32F103CDE 基本型系列数据手册.

［9］薛小铃，刘志群，贾俊荣. 单片机接口模块应用与开发实例详解 ［M］. 北京：北京航空航天大学出版社，2010.

［10］Altera Corporation. Cyclone II Device Handbook.

［11］夏宇闻. Verilog 数字系统设计教程 ［M］. 3 版. 北京：北京航空航天大学出版社，2013.

［12］樊昌信，曹丽娜. 通信原理 ［M］. 7 版. 北京：国防工业出版社，2012.

［13］曾兴雯. 高频电路原理与分析 ［M］. 5 版. 西安：西安电子科技大学出版社，2013.

［14］高吉祥. 电子仪器仪表设计 ［M］. 北京：高等教育出版社，2013.

［15］高吉祥. 模拟电子线路设计 ［M］. 北京：高等教育出版社，2013.

［16］李秀霞. 电子系统 EDA 设计实训 ［M］. 北京：北京航空航天大学出版社，2011.

［17］余小平，奚大顺. 电子系统设计基础篇 ［M］. 2 版. 北京：北京航空航天大学出版社，2010.

［18］黄根春. 全国大学生电子设计竞赛教程：基于 TI 器件设计方法 ［M］. 北京：电子工业出版社，2011.

［19］何小艇. 电子系统设计 ［M］. 杭州：浙江大学出版社，2008.